21世纪高等院校教材

大学化学

（第二版）

邱治国　张文莉　主编

科学出版社

北京

内 容 简 介

全书分上、下两篇。上篇为化学基本理论，包括化学反应的基本原理、溶液和离子平衡、氧化还原与电化学、物质结构基础、配位化合物；下篇为化学与人类发展，包括化学与生命、化学与环境、化学与能源、化学与材料。上篇主要介绍化学的基本知识和原理，是本书的基础；下篇则选择与化学密切相关而又被社会特别关注的学科，介绍化学在这些学科领域中的应用。全书注重化学与其他学科的交叉，强调化学与社会、经济、技术的联系，重视科技新内容和新发展，追踪学科前沿，强调案例教学，突出科学思维方法和创新能力的培养，注重素质教育。

本书可作为高等学校非化学化工类各理工专业的工科化学（普通化学）课程教材，也可作为高等学校文科、财经、政法类等专业化学选修课的教材。

图书在版编目(CIP)数据

大学化学/邱治国 张文莉主编. —2 版. —北京：科学出版社，2008
21 世纪高等院校教材
ISBN 978-7-03-022047-9

Ⅰ. 大… Ⅱ. ①邱…②张… Ⅲ. 大学化学-高等学校-教材 Ⅳ. O6

中国版本图书馆 CIP 数据核字(2008)第 094331 号

责任编辑：赵晓霞 / 责任校对：陈玉凤
责任印制：阎 磊 / 封面设计：耕者设计工作室

科 学 出 版 社 出版
北京东黄城根北街 16 号
邮政编码：100717
http://www.sciencep.com
铭浩彩色印装有限公司 印刷
科学出版社发行 各地新华书店经销
*
2003 年 8 月第 一 版 合肥工业大学出版社
2008 年 9 月第 二 版 开本：B5(720×1000)
2013 年11月第七次印刷 印张：17 1/2 插页：1
字数：340 000

定价：30.00 元

（如有印装质量问题，我社负责调换）

第二版前言

当今世界，知识成为提高综合国力和国际竞争力的决定性因素，人力资源成为推动经济社会发展的战略性资源，这对我国高等教育提出了人才培养的更高要求。2007 年，教育部颁发了关于进一步深化本科教学改革，提高教学质量的若干意见[教高(2007)1 号、2 号文件]，强调了实施“质量工程”的重要性和必要性，同时指出在“质量工程”重点建设的六个基础性、引导性的项目中，课程和教材建设是提高高等教育质量的关键环节。

“工科化学”课程是高等教育中实施化学素质教育的基础课程，其课程特点在第一版前言中已做了明确的阐述。本书第一版于 2003 年由合肥工业大学出版社出版，经过几年的使用，广大读者对第一版提出不少有益的意见和建议，同时编者也深感第一版需要进行必要的修订，以适应新时期对本科教学教材的需求。

在本书编写过程中，编者主要做了以下工作：

(1) 在保持第一版教材体系下，对某些章节的内容做了相应的调整和增删。例如，在第 4 章中，增加“价层电子对互斥理论”；在第 6 章中，增加“药物与化学”；在第 9 章中，扩充“纳米材料”；删除原书第 10 章等。

(2) 在重要的化学名词和外国人名后加注英文，营造学习外语的氛围，对利用网络搜索外文文献提供一些帮助。

(3) 对第一版中相当一部分附图进行重新绘制。例如，第 4 章中很多附图是以平面表示的立体图形，重新绘制后成三维图形，加强了视觉效果。

(4) 应广大读者要求，适当增加课后习题量，以增强学生对所学知识的吸收和消化。

本书由合肥工业大学和江苏大学合作编写。参加编写的人员有：史成武(合肥工业大学，绪论)，邱治国(合肥工业大学，第 1、4、6 章)，张文莉(江苏大学，第 2、5 章)，张海岩(合肥工业大学，第 3 章)，蒋英(合肥工业大学，第 6 章“药物与化学”部分)，朱卫华(江苏大学，第 7 章)，王德萍(江苏大学，第 8 章)，张锡凤(江苏大学，第 9 章)、陈祥迎(合肥工业大学，第 9 章“纳米材料”部分)。全书由邱治国和张文莉统稿，英文注释由陈祥迎校勘，习题由陈祥迎和蒋英编写。

总之，这次修订是希望将本书进一步完善和优化，既方便教师教学，又方便学生学习，使之成为工科专业化学素质教育的良好载体。同时也是精品课程建设和立体化教材建设中重要的一环。

向关心本书编写并提出宝贵意见的倪良教授(江苏大学)和其他各位同仁表示衷心的感谢,也向为本书第一版的出版工作付出辛勤劳动的合肥工业大学出版社及其工作人员表示诚挚的谢意。

由于编者水平有限,时间仓促,书中谬误之处在所难免,敬请读者批评指正。

编　者

2008年6月

第一版前言

当今世界，科学技术突飞猛进，知识经济已见端倪，国力竞争日趋激烈。为把高水平、高效益的高等教育带入21世纪，合肥工业大学和江苏大学经过广泛深入地调研，认识到工科大学化学的教学，必须转变教育思想与教育观念，改革现有的课程体系、教学内容、教学方法和教学手段。为此，本着"加强基础，注重素质，立足工程背景，突出工科特色，关注社会、生活热点论题，丰富时代气息"的基本思路，编写了这本适用于高等学校非化学化工类各专业的《大学化学》教材。

联合国教科文组织在1988年底提出的国际合作研究新项目中指出：数学、物理、化学、生物是一切学科的基础，也是进行科学、工程、医学、农业和科技专业教育的基础。原国家教委高教司和高等教育出版社于1994年初曾召开了"关于为高等学校文科、财经、政法类专业学生开设化学选修课的教学和教材建设"研讨会，会议认为国家之现代化和社会之进步有赖于同时建设物质文明和精神文明，落实到大学课程设置上，文科和理科当有适当交叉，文科和理科可分别设置若干科学和文史课程，且现代科学技术和社会的关系已经远远超过生活和生产的范围，国家和地方的某些法律和法令以及某些政策和法规的制定，都有明显的科技背景，如分子机器人、分子计算机、克隆技术、纳米科技等，文理渗透已是不争的事实。因此，对理工科学生来说，化学与数学、物理一样，也是一切学科和专业教育的基础，即使是文史、政法、财经等类专业学生，为其开设化学选修课和编写切合他们需要的实用教材，是培养其具备现代化学素养的当务之急。

"工科化学"(非化学化工类)课程是高等工程教育中实施化学素质教育的基础课程，是培养"基础扎实、知识面宽、能力强、素质高"的迎接新世纪挑战的高级工程科技人才所必需的。通过本课程教学活动，可使学生掌握现代化学的基本知识和理论，了解化学科学在发展过程中与其他学科相互交叉渗透的特点，了解化学在工程、生活、社会各重要领域中所起的作用，培养学生正确的科学观、科学的社会观。学生可以通过化学事例认识自然科学与社会科学的相互联系，达到提高科学文化素养、开阔视野的目的。

本书是集体智慧的结晶，在编写时特别注意了以下几点：

以现代化学的基本知识和原理为基础，注重与化学密切相关而又被社会特别关注的能源、材料、信息、环境和生命等学科的交叉内容，强调化学与社会(social)、经济(economic)、技术(technological)的联系，力图使其成为工程技术教育的基础。

在保持化学基本理论系统性的同时，重视科技新内容和新发展，追踪学科前沿,力求做到经典与现代并重。

强调案例教学。通过对耗散结构理论的建立,诺贝尔的成长,从阿司匹林到磺胺类药物、再到青霉素、头孢菌素的发展过程等许多案例,突出科学思维方法和创新能力的培养。

本书由合肥工业大学和江苏大学合编。各部分编写人分别为:内容简介、前言、绪论,史成武、倪良;第1章,史成武、范广能;第2章,张文莉;第3章,张海岩、陈祥迎;第4章,邱治国、蒋英;第5章,倪良、张文莉;第6章,邱治国、蒋英;第7章,朱卫华;第8章,李体海;第9章,倪良;第10章,史成武、陈祥迎;全书由史成武和倪良统稿定稿。

本书在编写过程中得到了合肥工业大学和江苏大学的大力支持,合肥工业大学出版社为本书的编辑出版做了大量的工作,在此谨向他们表示衷心的感谢。此外,本书编写时参考了许多兄弟院校的教材和公开出版的书刊中的有关内容,在此也向有关的作者和出版社表示深切的谢意。

由于编者水平有限,书中仍会有不妥甚至错误之处,敬请读者批评指正。

史成武　倪　良

2005年3月1日

目　录

下篇 化学与人类发展

绪　论

化学与数学、物理等同属于自然科学，是高等教育中实施素质教育的必备基础课程，是高等工科学校多数专业不可缺少的一门基础课，是化学与工程技术间的桥梁，是培养全面发展的现代工程技术人员知识结构和能力的重要组成部分，是造就“基础扎实、知识面宽、能力强、素质高”的迎接新世纪挑战的高级工程科技人才所必需的课程。

化学是一门具有中心性、实用性和创造性的科学，是研究和创造物质的科学。若按照研究对象由简单到复杂的程度，学科可分为上、中、下游。数学、物理是上游，上游学科研究的对象比较简单，但研究的深度很深。化学是中游，是自然科学中一门承上启下的中心科学。生物、医药和社会科学等是下游，下游学科的研究对象比较复杂，除了用本门学科的方法外，如果移上游科学之花，接下游科学之木，往往能取得突破性的成就。

化学是在原子和分子水平上研究物质的组成、结构、性能及其变化规律和变化过程中能量关系的学科。其研究的物质对象包括原子、分子、生物大分子、超分子和物质凝聚态（如宏观聚集态晶体、非晶体、流体、等离子体，以及介观聚集态纳米、溶胶、凝胶、气溶胶等）等多个层次。若按研究对象或研究目的的不同，可将化学分为无机化学、有机化学、高分子化学、分析化学和物理化学五大分支学科（化学的二级学科）。

(1) 无机化学是研究无机物的组成、结构、性质和无机化学反应与过程的化学。无机化学研究的动向主要在现代无机合成、配位化学、原子簇化学、超导材料、无机晶体材料、稀土化学、生物无机化学、无机金属与药物、核化学和放射化学等方面。

(2) 有机化学是研究碳氢化合物及其衍生物的化学，也有人称之为“碳的化学”。世界上每年合成的近百万个新化合物中约70%以上是有机化合物。有机化学的迅速发展产生了不少分支学科（三级或四级学科），包括有机合成化学（如天然复杂有机分子的全合成、不对称合成等）、金属有机化学、有机催化、元素有机化学、天然有机化学（如天然产物的快速分离和结构分析、传统中草药的现代化研究、天然产物的衍生物和组合化学、生物技术等）、物理有机化学（如分子结构测定、反应机理、分子间的弱相互作用等）、生物有机化学、有机分析、有机立体化学等。

(3) 高分子化学（包括高分子物理和高分子成型）研究的是链状大分子的合成、大分子的链结构和聚集态结构以及大分子聚合物作为高分子材料的成型及应用。其研究领域有:高分子合成、高分子高级结构和尺度与性能的关系、高分子物理、高分子成型、功能高分子、通用高分子材料及合成高分子的原料。

(4) 分析化学是测量和表征物质组成和结构的学科。随着生命科学、信息科学和计算机技术的发展,使分析化学进入一个崭新的阶段,它不只限于测定物质的组成和含量,而要对物质的状态(氧化还原态、各种结合态、结晶态)、结构(一维、二维、三维空间分布)、微区、薄层和表面的组成与结构以及化学行为和生物活性等做出瞬时追踪,无损和在线监测等分析及过程控制,甚至要求直接观察到原子和分子的形态和排列。未来的分析方法应具有更高的灵敏度、更低的检测限,最终实现单分子(原子)检测;更好的选择性、更少的干扰,更高的准确度、更好的精密度,同时进行多元素、多组分(分析物)分析,更小的样品量、要求并且实现微损或无损分析,更大的应用范围,原位(in situ)、活体内(in vivo)和实时(real time)分析等特点。因此,分析化学的新生长点可能在光谱分析、电化学分析、色谱分析、质谱分析(MS)、核磁共振(NMR)、表面分析、放射化分析、单分子(原子)检测系统和仪器的研制等方面。

(5) 物理化学是研究所有物质系统的化学行为的原理、规律和方法的学科。它是化学学科以及在分子层次上研究物质变化的其他学科领域的理论基础。在物理化学发展过程中,逐步形成了若干分支学科:结构化学、化学热力学、化学动力学、液体界面化学、催化化学、电化学、量子化学等。

化学科学的发展,已经从宏观深入到微观,从定性走向定量,从描述过渡到推理,从静态推进到动态,从平衡态拓宽到非平衡态,从线性研究到非线性,从体相外延到表相。一方面,19 世纪形成的无机化学、分析化学、有机化学、物理化学四大学科的内部,在分化、综合、交叉、渗透发展中继续填平鸿沟、模糊界线;另一方面,化学与物理学、生命科学、材料科学、环境科学、信息科学及自然科学的其他学科乃至人文和社会科学等众多学科相互交叉、渗透、融合、促进,逐渐向更大、更多的综合趋势发展。有人估计,21 世纪的化学化工及其相关产品将成为国际市场上仅次于电子产品的第二大竞争产品,将成为国力竞争的重要因素。

美国著名化学家 G. C. Pimentel 在《化学中的机会——今天和明天》一书中精辟地指出,化学正在成为"一门满足社会需要的中心学科"。当今人类面临的能源、粮食、环境、人口、资源等五大全球性问题无不与化学密切相关,化学已渗透到机械、电气、热力、能源、材料、信息、生命等各个科技领域之中。中国科学院院士唐有祺教授在《中国科学院院士谈 21 世纪科学技术》一书中指出,"物质和运动是同一个统一体的两个侧面,它们理当分属化学和物理两个学科。因此,比较全面的提法显然是,化学与物理合在一起在自然科学中形成了一个轴心。"谢友柏院士指出,"我们搞润滑理论,如果只在力学中转圈子,不管润滑油的材料,不管摩擦的材料,那是很难做出什么在技术上有意义的结果的。实际上,很多技术上的进展,都与材料制备技术的突破分不开，而其中很大一部分是与化学的发展有关的。化学常常为解决难题提供出乎想像的可能性。例如，在电磁轴承系统中辅助轴承占的空间太大，我们就在磁铁表面做一层涂层巧妙地把它代替了。”成都理工大学地质专家刘宝君院士指出，“地质学家在研究物质成分方面都尽可能使用化学的方法，包括尽可能使用最先进的测试仪器。在理论的建立方面，化学原理是极其重要的支撑。”中国工程院院士、重庆大学仪器科学与技术学科专家黄尚廉教授指出，“工程是各种各样的，但其基础仍是相通的。化学已深入到信息工程中来了。精密仪器及机械学科的特点就是多学科相互交叉、渗透、融合。它是在基础学科（物理、化学、数学、生物）与应用学科（材料、机械、电子、自控、计算机）发展的基础上形成的一门综合性学科。工科大学中的基础化学教育是需要的，不能只看局部、眼前而就事论事。”中国工程院院士、大连理工大学土木工程专家赵国藩教授指出，“化学作为基础科学很重要。化学在工程中的应用很多、很广泛。土木工程中应用化学的有很多方面，如建筑材料，给水、排水，污水处理等。材料的腐蚀是我们搞工程的务必关注的重要问题之一，例如，钢筋的腐蚀对工程影响很大，如何防止腐蚀的问题我们也要解决。”雷廷权院士指出，“有些人认为，上述六大基础（指能源、信息、材料、粮食、环境和生命）中，信息最不需要化学。其实信息需要的化学知识也很多，因为信息离不开载体和介质，而载体和介质的组成和化学状态对信息有很大影响。如计算机硅片、大规模集成电路的制备及其质量保证都离不开化学，而这些都是保证计算机性能和正常运转的必要条件。”上述这些都体现了化学学科的基础性和巨大的渗透力。因此，实施高等教育层次的化学教育是十分必要的，它将有力地提高新世纪的高级人才对科学信息的评价、决策和分析、创新能力。

发达国家的高等教育对化学教育是相当重视的。例如，美国麻省理工学院所有的系都开设化学方面的课程。美国麻省理工学院及圣迭戈州立大学机械系教学计划中“普通化学”均列为必修课，学分为5。美国大学电气工程与计算机科学系一般均把“大学普通化学”列为公共必修基础课，学分为5。英、美教育界把化学称为“中心科学”。原苏联高教部颁布的普通化学大纲中明确规定，“化学是一门基础自然科学，化学知识是当代任何专业工程师从事卓有成效、富有创造性的工作所必需的。”重视理工科专业基础化学教育，已引起众多有识之士的共鸣，非化学化工类专业的大学化学教育正出现一片勃勃生机。

工科化学课程简明地反映了化学学科的一般原理，学生通过学习本课程，能提高对物质世界和人类社会及其相互关系的认识。能用化学观点，即从分子原子层次出发并深入到电子运动、扩展到聚集状态的观点来理解宏观物质变化及其伴随能量变化的原因和规律。以化学在物理学、生命科学、材料科学、环境科学、信息科学、能源科学、海洋科学、空间科学等领域中的应用为实例，帮助非化学化工类学生明确学习化学原理、应用化学原理的方法，培养学生正确的科学观、科学的社会观，并突出科学思维方法和创新能力的培养，把化学的理论、方法与工程技术的观点结合起来，培养迎接新世纪挑战的高级工程科技人才，逐步树立辩证唯物主义世界观。

工科化学课程的教学内容，主要分为三大部分。

(1) 理论化学：包括化学热力学、化学动力学、化学平衡、氧化还原和物质结构基础。

(2) 应用化学：包括化学与能源、环境、材料、信息、生命和健康，以及与人文社会科学的关系和相互渗透等。

(3) 实验化学：主要是性质或理论的验证，重要数据的测定，结合工程、社会生活的应用化学实验和设计性实验，并训练实验基本操作和现代化仪器的使用等。

上　篇

化学基本原理

第 1 章　化学反应的基本原理

1.1　热化学与能量变化

1.1.1　基本概念

1. 系统与环境

同其他科学研究一样，为了研究方便常把被研究的对象从其他物质中独立出来，在化学热力学中将被研究的对象称为系统(system)；将系统之外，与系统密切相关、影响所及的部分称为环境(surrounding)(准确地说是狭义上所指的环境)，广义上的环境是指除系统之外的一切事物。

系统与环境是人为划定的，可根据讨论问题的需要来确定，两者之间并无严格的界限。系统与环境之间可以有实际的界面，也可以没有实际的界面。

按照系统与环境之间物质和能量交换情况，可将系统分为三类：

(1) 敞开系统(open system)。与环境之间既有物质交换又有能量交换的系统，又称开放系统。

(2) 封闭系统(closed system)。与环境之间没有物质交换，但可以有能量交换的系统。在化学热力学中，我们主要研究封闭系统。

(3) 隔离系统(isolated system)。与环境之间既无物质交换又无能量交换的系统，又称孤立系统。应当注意，真正的隔离系统是不存在的，热力学中有时把与系统有关的部分环境与系统合并在一起视为隔离系统。

2. 相

根据系统中物质存在的形态和分布的不同，又将系统分为不同的相(phase)。相是系统中具有相同的物理性质和化学性质的均匀部分。所谓均匀是指其分散度达到分子或离子大小的数量级(分散粒子直径小于 10^{-9}m)。相与相之间有明确的物理界面，超过此相界面，一定有某些宏观性质(如密度、组成等)发生突变。

通常任何气体均能无限混合，所以系统内无论含有多少种气体都是一个相，称为气相。均匀的溶液也是一个相，称为液相。浮在水面上的冰不论是 2kg 还是 1kg，不论是一大块还是许多小块，都是同一个相，称为固相。相的存在和物质的量的多少无关，可以连续存在，也可以不连续存在。

系统中相的总数目称为相数。根据相数不同,可将系统分为单相系统和多相系统。

3. 状态与状态函数

由一系列表征系统性质的物理量所确定下来的系统的存在形式称为系统的状态(state)。用来表征系统状态的物理量称为状态函数(state function)。系统所处的状态一旦确定,表征其状态的所有状态函数也随之确定。如果此时某一状态函数发生变化,则此系统便非彼系统,而处于另一种状态。

由于系统的状态函数是由其所处的状态唯一确定的,因而当系统从一种状态变化到另一种状态时,其状态函数的改变量只取决于系统的起始状态和最终状态,而与发生这种变化所经历的具体途径无关。这是状态函数最基本和最重要的性质。

状态函数的数学组合仍是状态函数,这是状态函数另一个重要的性质。例如,质量 m 和体积 V 均是状态函数,二者之比 $\frac{m}{V}$ 仍是状态函数,其实就是密度 ρ。

系统的状态函数之间密切关联,相互影响,而非彼此独立。如果系统中某个状态函数发生变化,那么至少将引起另外一个甚至多个状态函数随之发生变化。例如,封闭的理想气体系统中 p、V、T 之间,一旦三者其一发生变化,必将引起其他函数发生变化。

有些状态函数(如物质的量、质量等)与系统所含物质的物质的量成正比,具有加和性,即系统状态函数总量等于各部分之和,称为系统的容量性质(extensive properties,又称广度性质)。而另一些状态函数(如温度、密度等)与物质的量无关,不具有加和性,称为系统的强度性质(intensive properties)。是否具有加和性是区分一个状态函数的容量性质和强度性质的本质依据。

4. 过程和途径

系统的状态发生变化,从始态变到终态,我们称系统经历了一个热力学过程(thermodynamical process),简称为过程(process)。实现这个过程可以采取许多种不同的具体步骤,我们就把这每一种具体步骤称为一种途径。例如,将一个物体温度从 20℃升高到 40℃,可以采用加热的方法,也可以采用摩擦做功的方法或者同时采用加热和做功的方法等,这里每一种实现该变化的方法都称为一种途径(path)。

虽然一个过程可以由多种不同的途径来实现,但是状态函数的改变量只取决于过程的始态和终态,与采取哪种途径来完成这个过程无关,即过程的着眼点是始态和终态,而途径则是具体方式。正如上面示例,不管采用哪一种途径,物体温度的改变量都是 20℃。

如果系统经过某过程由状态 1 到达状态 2 之后,当系统沿该过程的逆过程又从状态 2 回到状态 1 时，若原来过程对环境产生的一切影响同时被消除（系统和环境完全复原），这种理想化的过程称为热力学可逆过程（reversible process）。反之，如果用任何方法都不可能使系统和环境完全复原的过程称为热力学不可逆过程（irreversible process）。必须指出，可逆过程是一种理想的过程，是一种科学的抽象，是系统在接近于平衡的状态下发生的无限缓慢的过程。它和平衡态密切相关，且指明了能量利用的最大限度，可用来衡量实际过程完善的程度，并将其作为改善、提高实际过程效率的目标。所以，热力学中的可逆过程有着重要的理论与现实意义。客观世界中的实际过程都是不可逆过程，只可能无限地趋近于它。

5. 反应进度

在研究化学反应的过程中，对涉及反应过程中物质的量的变化，国际纯粹与应用化学联合会（IUPAC）推荐使用比利时化学家唐德（T. de Donder）提出的“反应进度”（extent of reaction）的概念，用符号 ξ 表示。

对于一般的化学反应方程式：

$$a\mathrm{A}+b\mathrm{B}+\cdots = x\mathrm{X}+y\mathrm{Y}+\cdots$$

可改写为

$$0=(-a)\mathrm{A}+(-b)\mathrm{B}+\cdots+x\mathrm{X}+y\mathrm{Y}+\cdots$$

或表述为

$$0=\sum_{\mathrm{R}}\nu_{\mathrm{R}}\mathrm{R}$$

式中，$\sum$ 表示对通式 $\nu_{\mathrm{R}}\mathrm{R}$ 求和；R 表示任意物质；ν_{R} 表示该物质的化学反应计量数（stoichiometric coefficient of chemical reaction），量纲为 1，对反应物取负值，对产物取正值。

如果选反应开始时 $\xi=0$，则反应进度

$$\xi=\frac{n_{\mathrm{R}}(\xi)-n_{\mathrm{R}}(0)}{\nu_{\mathrm{R}}}=\frac{\Delta n_{\mathrm{R}}}{\nu_{\mathrm{R}}} \tag{1-1}$$

式中，$n_{\mathrm{R}}(0)$是任一组分 R 在反应开始时（$\xi=0$）的物质的量；$n_{\mathrm{R}}(\xi)$是该组分在反应进度为 ξ 时的物质的量。显然，ξ 的量纲是 mol。

引入反应进度的最大优点是在反应进行到任意时刻时，可用任意一种反应物或产物来表示反应进行的程度，所得值总是相等的。以合成氨反应为例，对于反应式：

	$N_2(g)$	$+3H_2(g)$	$=2NH_3(g)$
反应开始时物质的量/mol	10	20	0
反应至 t 时物质的量/mol	9	17	2

则各物质的反应进度为

$$\xi(N_2)=\frac{\Delta n_{(N_2)}}{\nu_{(N_2)}}=\frac{9mol-10mol}{-1}=1mol$$

$$\xi(H_2)=\frac{\Delta n_{(H_2)}}{\nu_{(H_2)}}=\frac{17mol-20mol}{-3}=1mol$$

$$\xi(NH_3)=\frac{\Delta n_{(NH_3)}}{\nu_{(NH_3)}}=\frac{2mol-0mol}{2}=1mol$$

由此可见,对于同一个反应方程式,不论选用哪种物质表示反应进度均是相同的。但是,必须注意反应方程式中的化学计量数与化学反应方程式的写法有关。对同一反应,反应方程式写法不同,ν_R 就不同,因而 ξ 也就不同。所以当使用反应进度时,必须指明对应的化学反应方程式。

1.1.2 热力学第一定律

系统与环境之间的能量交换有两种方式,一种是热传递,另一种是做功。在化学中的功有体积功、电功和表面功等,本章所研究的仅是体积功,不考虑非体积功。

我们将系统内分子的平动能、转动能、振动能、分子间势能、原子间键能、电子运动能、核内基本粒子间核能等能量的总和称为热力学能(U)。热力学第一定律指出,若封闭系统由状态1(设热力学能为 U_1)变化到状态2(设热力学能为 U_2),同时系统从环境吸热 Q,环境对系统做功 W,则系统热力学能的变化为

$$\Delta U=U_2-U_1=Q+W \tag{1-2}$$

这就是封闭系统的热力学第一定律的数学表达式。不难看出,热力学第一定律的实质就是能量守恒,它表示封闭系统以热和功的形式传递的能量,必定等于系统热力学能的变化。

热力学中规定,凡是能使系统热力学能增加的取正值。即若系统吸热,Q 取正值,系统放热,Q 取负值;若环境对系统做功,W 取正值,系统对环境做功,W 取负值。

1.1.3 化学反应的热效应和焓

在研究的体积功的系统和反应中,化学反应的热效应是指当反应始态与反应终态的温度相同时,化学反应过程中所吸收或放出的热量。化学反应的热效应一般称为反应热,通常考虑恒容反应热和恒压反应热两种。现从热力学第一定律来分析两种热效应的特点。

1. 恒容反应热

在恒容、不做非体积功的条件下,$\Delta V=0$,$W=-p\Delta V=0$,$Q=Q_V$,根据热力学

第一定律式(1-2)有

$$\Delta U = U_2 - U_1 = Q_V \tag{1-3}$$

这里的 Q_V 表示恒容反应热，右下标 V 表示恒容过程，表明恒容反应热全部用于改变系统的热力学能。虽然热不是状态函数，但在恒容反应的条件限制下，恒容反应热可以用热力学能的改变量来衡量。故恒容反应热也只取决于始态和终态，这是恒容反应热的特点。

2. 恒压反应热

在恒压、不做非体积功的条件下，$W=-p\Delta V=-p(V_2-V_1)$，$Q=Q_p$，根据热力学第一定律式(1-2)有

$$\Delta U = U_2 - U_1 = Q_p - p\Delta V = Q_p - p(V_2 - V_1) \tag{1-4}$$

这里的 Q_p 表示恒压反应热，右下标 p 表示恒压过程。

3. 恒容反应热与恒压反应热关系

由式(1-3)和式(1-4)可得

$$Q_V = Q_p - p\Delta V = Q_p - p(V_2 - V_1)$$

对于理想气体，有 $pV=nRT$，所以上式可改写为

$$Q_V = Q_p - RT(n_2 - n_1) = Q_p - \Delta nRT \tag{1-5}$$

或

$$Q_p = Q_V + \Delta nRT \tag{1-6}$$

式中，Δn 为反应后和反应前所有气体物质的量之和的改变量。式(1-5)和式(1-6)反映了恒容反应热与恒压反应热的关系，这一点对于实践有很大的指导意义。在反应热的测定过程中，为了避免物质和热量损失，反应通常在密闭容器中进行。也就是说测定恒容反应热比较方便，而恒压反应热则可以通过以上两个关系式计算出来。

【例 1-1】 298.15K 时，向刚性密闭反应器中冲入 1mol H_2 和 0.5mol O_2，完全反应生成 1mol 液态 H_2O 时放出热量 282.1kJ。试计算该温度下生成 2mol 液态 H_2O 时的恒压反应热。

解　按题意，反应方程式为

$$H_2(g) + \frac{1}{2}O_2(g) \xlongequal{\quad} H_2O(l)$$

1mol H_2 和 0.5mol O_2，完全反应生成 1mol 液态 H_2O 时放出热量 282.1kJ，即 $Q_V=-282.1\text{kJ}$。

$$\Delta n = [0-(1+0.5)]\text{mol} = -1.5\text{mol}$$

根据式(1-6)，有

$$\begin{aligned} Q_p &= Q_V + \Delta nRT = -282.1\text{kJ} + (-1.5\text{mol}) \times 8.314\text{J}\cdot\text{mol}^{-1}\cdot\text{K}^{-1} \times 298.15\text{K} \\ &= -285.8\text{kJ} \end{aligned}$$

所以，当生成 2mol 液态 H_2O 时的恒压反应热为 −571.6kJ。

4. 焓与焓变

将式(1-4)整理可得到

$$Q_p = (U_2 + pV_2) - (U_1 + pV_1) \tag{1-7}$$

式中,等号右侧括号中具有相同的表达式,定义 $H \equiv U + pV$,这里的 H 就是焓(enthalpy)。由于 H 是状态函数 U、p、V 的组合,所以 H 也是状态函数。焓的改变量称为焓变,记为 ΔH。显然有

$$\Delta H = H_2 - H_1 = (U_2 + p_2V_2) - (U_1 + p_1V_1) \tag{1-8}$$

恒压条件下,$p_2 = p_1 = p$,再结合式(1-7)和式(1-8),可得

$$\Delta H = H_2 - H_1 = Q_p \tag{1-9}$$

式(1-9)说明在恒压反应的条件限制下,恒压反应热可以用焓的改变量来衡量,故恒压反应热与恒容反应热一样也具有只取决于始态和终态的特点。

对于恒压反应,若 $\Delta H > 0$,表示系统吸热,即反应为吸热反应;$\Delta H < 0$,表示系统放热,即反应为放热反应。

综上所述,在恒容或恒压条件下,化学反应的反应热只与反应的始态和终态有关,而与变化的途径无关,这就是盖斯定律。1840 年,赫斯(G. H. Hess)从大量热化学实验中总结出来的反应热总值一定定律,它为热力学第一定律的建立起了不可磨灭的作用,而在热力学第一定律建立(1850 年)后,它就成为其必然推论。

1.1.4 化学反应的标准摩尔焓变

1. 热力学标准状态

H 与 U 相似,其绝对值也无法确定。但实际应用中人们只需要知道在反应或过程中系统的 ΔH,所以相对的焓值比绝对的焓值更具有实际意义。为此,热力学选定了一个公共的参考状态作为标准状态(简称标准态),以规定相对的焓值。

热力学中规定,对于纯气体,在温度为 T,压力为标准压力 $p^\ominus$,具有理想气体性质的状态为标准态;对于理想溶液,在标准压力 $p^\ominus$ 下,浓度为标准浓度 $c^\ominus$ 时的状态为该溶液的标准态;对于纯液体或纯固体,在标准压力 $p^\ominus$ 下的状态为标准态。根据国家标准的规定,标准压力 $p^\ominus = 100\text{kPa}$(过去曾规定为 101.325kPa 或 1atm),标准浓度 $c^\ominus = 1\text{mol} \cdot \text{dm}^{-3}$。

由此可进一步规定系统的热力学标准状态。如果系统处于标准态,则系统中所有气态物质(包括反应物和生成物)的压力均为标准压力 $p^\ominus$,所有的溶液离子(包括反应物和生成物)的浓度均为标准浓度 $c^\ominus$。应该指出,在工程实际中,绝对理想的标准状态是不存在的,但标准态的规定可以给我们提供一个估算的依据。

必须注意，标准态没有规定温度，一般选用 298.15K 作为参考温度。

2. 反应的标准摩尔焓变

反应的摩尔焓变是指反应进度为 1mol 时的焓变。如果反应式中的各物质都处于标准态，则此时反应的摩尔焓变就称为反应的标准摩尔焓变，以符号 $\Delta_r H_m^{\ominus}$来表示。符号中的下标 r 表示反应，上标⊖代表标准状态，下标 m 表示此反应的反应进度 ξ=1mol。

例如，反应 $2H_2(g)+O_2(g)$══$2H_2O(l)$的标准摩尔焓变的意义就是：标准状态下，由 2mol $H_2(g)$和 1mol $O_2(g)$反应生成 2mol $H_2O(l)$时的焓变。

3. 物质的标准摩尔生成焓

对于单质和化合物的相对焓值，规定在标准状态时，由指定单质生成单位物质的量的纯物质时反应的标准摩尔焓变，称做该物质的标准摩尔生成焓，以符号 $\Delta_f H_m^{\ominus}$(298.15K)来表示。符号中的下标 f 表示生成反应，上标⊖代表标准状态，下标 m 表示此反应的反应进度 ξ=1mol，298.15K 为参考温度。

定义中的指定单质通常是温度为 298.15K 和标准压力 $p^{\ominus}$时的最稳定单质。例如，氢是 $H_2(g)$，氧是 $O_2(g)$，溴是 $Br_2(l)$，碳是石墨；磷例外，指定单质为白磷，而不是性质上更稳定的红磷。

需要指出的是，物质的标准摩尔生成焓定义中，暗示着对反应方程式的约束，即反应物全部为指定单质，生成物只有一种，且系数为 1。例如，$H_2O(l)$的标准摩尔生成焓应等于 $H_2(g)+\frac{1}{2}O_2(g)$══$H_2O(l)$的标准摩尔焓变，而不等于 $2H_2(g)+O_2(g)$══$2H_2O(l)$的标准摩尔焓变。

对于水合离子的相对焓值，规定以水合氢离子的标准摩尔生成焓为零，参考温度通常也选定为 298.15K。据此，可以获得其他水合离子在 298.15K 时的标准摩尔生成焓。

显然，指定单质和水合氢离子在 298.15K 时的标准摩尔生成焓为零。本书附录 4 中列出了一些单质、化合物和水合离子的标准摩尔生成焓的数据，其常用单位为 $kJ \cdot mol^{-1}$。

4. 反应的标准摩尔焓变的计算

根据赫斯定律和物质的标准摩尔生成焓的定义，对于一般的化学反应方程式：

$$0=\sum_R \nu_R R$$

在 298.15K 时反应的标准摩尔焓变的计算公式为

$$\Delta_r H_m^{\ominus}(298.15K) = \sum_R \nu_R \Delta_f H_{m,R}^{\ominus}(298.15K) \tag{1-10}$$

即 298.15K 下反应的标准摩尔焓变等于同温度下此反应中各物质的标准摩尔生成焓与其化学计量数乘积之和。

【例 1-2】 某公司已根据下列反应制成化学贮能装置。

$$Na_2S(s) + 9H_2O(g) = Na_2S \cdot 9H_2O(s)$$

已知 $Na_2S(s)$ 和 $Na_2S \cdot 9H_2O(s)$ 在 298.15K 时的标准摩尔生成焓分别为 $-372.86kJ \cdot mol^{-1}$ 和 $-3079.41kJ \cdot mol^{-1}$，试求 1mol 干燥的 $Na_2S(s)$ 吸收水蒸气变成 $Na_2S \cdot 9H_2O(s)$ 时所放出的热量。

解 查附录 4 中 $H_2O(g)$ 的标准摩尔生成焓。

	$Na_2S(s)$	$+9H_2O(g)$	$=Na_2S \cdot 9H_2O(s)$
$\Delta_f H_m^{\ominus}(298.15K)/(kJ \cdot mol^{-1})$	-372.86	-241.82	-3079.41

$$\Delta_r H_m^{\ominus}(298.15K) = \sum_R \nu_R \Delta_f H_{m,R}^{\ominus}(298.15K)$$

$$= [(-1)\times(-372.86) + (-9)\times(-241.82) + 1\times(-3079.41)]kJ \cdot mol^{-1}$$

$$= -530.17kJ \cdot mol^{-1}$$

故 1mol 干燥的 $Na_2S(s)$ 吸收水蒸气变成 $Na_2S \cdot 9H_2O(s)$ 时所放出的热量为 530.17kJ。

【例 1-3】 计算 298.15K 时下列反应的标准摩尔焓变。

$$CaO(s) + H_2O(l) = Ca^{2+}(aq) + 2OH^-(aq)$$

解 查附录 4 中各物质的标准摩尔生成焓。

	$CaO(s)$	$+H_2O(l)$	$=Ca^{2+}(aq)$	$+2OH^-(aq)$
$\Delta_f H_m^{\ominus}(298.15K)/(kJ \cdot mol^{-1})$	-635.09	-285.83	-542.83	-229.99

$$\Delta_r H_m^{\ominus}(298.15K) = \sum_R \nu_R \Delta_f H_{m,R}^{\ominus}(298.15K)$$

$$= [(-1)\times(-635.09) + (-1)\times(-285.83) + 1\times(-542.83) + 2\times(-229.99)]kJ \cdot mol^{-1}$$

$$= -81.89kJ \cdot mol^{-1}$$

通过上面的计算，我们可以看到，利用标准摩尔生成焓的数据计算反应的标准摩尔焓变时应注意：

(1) 书写反应方程式时一般要注明物质的状态，如 s(solid，表示固体)、g(gas，表示气体)、l(liquid，表示纯液体)、aq(aqueous，表示水溶液)等。特别要指出的是同一物质在同一温度下可能有不同的聚集状态，例如，气态的水与液态的水等，它们的标准摩尔生成焓是不同的。

(2) 式(1-10)中的化学计量数，对反应物取负值，对产物取正值。

(3) 各物质的标准摩尔生成焓的数值有正有负，在查表和运算过程中，正负号不能疏忽和混淆。

(4) 若系统的温度不是 298.15K,反应的焓变会随温度而有所改变,但如果无相变发生,则反应的焓变随温度变化一般不大,为了简便起见,本书中不考虑温度对反应焓变的影响。即

$$\Delta_r H_m^{\ominus}(T) \approx \Delta_r H_m^{\ominus}(298.15\text{K})$$

1.2　化学反应进行的方向和吉布斯函数变

1.2.1　自发反应与焓变和熵变

在给定条件下能自动进行的反应或过程叫做自发反应或自发过程。用自发反应和非自发反应来描述化学反应进行的方向,因此,反应能否自发进行,与给定的条件有关。

如何判断一个化学反应能否自发进行,一直是化学家所极为关注的问题。自然界中能看到不少自发进行的过程,如水从高处流向低处,表明系统倾向于取得最低的势能,还有许多自发反应也是放热反应($\Delta H<0$),系统的能量降低,这说明焓变是影响反应能否自发进行的主要因素之一。

系统内物质微观粒子的混乱度(或无序度)可用熵(entropy)来衡量,即系统的熵是系统内物质微观粒子混乱度(或无序度)的量度,以符号 S 来表示。在统计热力学中有 $S=k\ln\Omega$,其中 Ω 为热力学概率(或称混乱度),是与一定宏观状态对应的微观状态总数,k 为玻耳兹曼常量。因此,系统内物质微观粒子的混乱度越大,系统的熵值也越大。

在自然界中存在的另一类自发过程,如在一杯水中滴入几滴黑墨水,则黑墨水就会自发地扩散到整杯水中,这表明该过程能自发地向着混乱程度增大(有序变为无序)的方向进行,即系统倾向于取得最大的混乱度(或无序度),说明熵变也是影响反应能否自发进行的主要因素之一。

1.2.2　物质的标准摩尔熵

系统内物质微观粒子的混乱度与物质的聚集状态和温度等有关。人们根据一系列低温实验事实,推测在绝对零度时,一切纯物质的完美晶体的熵值都等于零。因为在绝对零度时,理想晶体内分子的各种运动都将停止,物质微观粒子处于完全整齐有序的状态,热力学概率 $\Omega=1$,$S(0\text{K})=k\ln 1=0$。因此,若知道某一物质从绝对零度到指定温度下的一些热化学数据(如热容等),就可以求出此温度时的熵值,称为这一物质的规定熵(与热力学能和焓不同,物质的热力学能和焓的绝对值是难以求得的)。单位物质的量的纯物质在标准状态下的规定熵叫做该物质的标准摩尔熵,参考温度通常也选定为 298.15K,以符号 $S_m^{\ominus}(298.15\text{K})$来表示。

与标准摩尔生成焓相似,对于水合离子,因溶液中同时存在正负离子,规定处于标准状态下水合氢离子的标准摩尔熵值为零,从而得出其他水合离子在298.15K时的标准摩尔熵(这与水合离子的标准摩尔生成焓相似,水合离子的标准摩尔熵是相对值)。

虽然水合氢离子在298.15K时的标准摩尔熵为零,但需注意指定单质在298.15K时的标准摩尔熵不是零。有关物质的标准摩尔熵的数据可从有关的化学、化工手册中查到,本书附录4中列出了一些单质、化合物和水合离子的标准摩尔熵的数据,其常用单位为$J \cdot mol^{-1} \cdot K^{-1}$。

1.2.3 反应的标准摩尔熵变的计算

与反应的标准摩尔焓变的计算相似,对于一般的化学反应方程式:

$$0 = \sum_{R} \nu_R R$$

在标准状态和温度为298.15K下,反应进度ξ=1mol时的标准摩尔熵变的计算公式为

$$\Delta_r S_m^{\ominus}(298.15K) = \sum_R \nu_R S_{m,R}^{\ominus}(298.15K) \qquad (1\text{-}11)$$

即298.15K下反应的标准摩尔熵变等于同温度下此反应中各物质的标准摩尔熵与其化学计量数乘积的总和,常用单位为$J \cdot mol^{-1} \cdot K^{-1}$。同样,若系统的温度不是298.15K,反应的熵变会随温度而有所改变,但如果无相变发生,则反应的熵变随温度变化一般不大,为了简便起见,本书中也不考虑温度对反应熵变的影响,即

$$\Delta_r S_m^{\ominus}(T) \approx \Delta_r S_m^{\ominus}(298.15K)$$

1.2.4 反应自发性的判断和吉布斯函数变

1. 吉布斯函数变

1875年,美国化学家吉布斯(J. W. Gibbs)提出了一个把焓和熵结合在一起的热力学函数:

$$G = H - TS \qquad (1\text{-}12)$$

式中,热力学函数G就称为吉布斯函数(Gibbs function),它是状态函数H、T和S的组合,显然也是状态函数。

在等温条件下,其反应或过程的吉布斯函数变为

$$\Delta G = \Delta H - T\Delta S \qquad (1\text{-}13)$$

式(1-13)称为吉布斯等温方程,是化学上最重要和最有用的方程之一。

2. 反应自发性的判断标准

对于恒温、恒压、不做非体积功的一般反应，其自发性的判断标准为：

$\Delta G<0$　自发反应，反应能向正方向自发进行；

$\Delta G=0$　反应处于平衡状态；

$\Delta G>0$　非自发反应，反应能向逆方向自发进行。

1.2.5　反应的摩尔吉布斯函数变的计算

1. 298.15K 时反应的标准摩尔吉布斯函数变的计算

(1) 利用物质的 $\Delta_f G_m^{\ominus}(298.15K)$ 数据来计算。

与物质的焓相似，物质的吉布斯函数也采用相对值。规定在标准状态时，由指定单质生成单位物质的量的纯物质时反应的吉布斯函数变，叫做该物质的标准摩尔生成吉布斯函数，以符号 $\Delta_f G_m^{\ominus}(298.15K)$ 来表示。对于水合离子，也是以水合氢离子为参照物来获得其他水合离子的标准摩尔生成吉布斯函数。因而，任何指定单质和水合氢离子在 298.15K 时的标准摩尔生成吉布斯函数为零。298.15K 时，有关的一些单质、化合物和水合离子的标准摩尔生成吉布斯函数的数据见附录 4，常用单位为 $kJ \cdot mol^{-1}$。

298.15K 时，$\Delta_r G_m^{\ominus}(298.15K)$ 的计算与反应的标准摩尔焓变的计算相似，其公式为

$$\Delta_r G_m^{\ominus}(298.15K) = \sum_R \nu_R \Delta_f G_{m,R}^{\ominus}(298.15K) \tag{1-14}$$

(2) 利用物质的 $\Delta_f H_m^{\ominus}(298.15K)$ 和 $S_m^{\ominus}(298.15K)$ 数据来计算。

利用 $\Delta_f H_m^{\ominus}(298.15K)$ 和 $S_m^{\ominus}(298.15K)$ 的数据先计算出 $\Delta_r H_m^{\ominus}(298.15K)$ 和 $\Delta_r S_m^{\ominus}(298.15K)$，然后，再用吉布斯等温方程来计算 $\Delta_f G_m^{\ominus}(298.15K)$，即

$$\Delta_r G_m^{\ominus}(298.15K) = \Delta_r H_m^{\ominus}(298.15K) - 298.15K \cdot \Delta_r S_m^{\ominus}(298.15K) \tag{1-15}$$

【例 1-4】 利用 $\Delta_f G_m^{\ominus}(298.15K)$ 的数据，计算反应：$2NO(g)+2CO(g) = N_2(g)+2CO_2(g)$，在 298.15K 时的标准摩尔吉布斯函数变。

解　查附录 4 中各物质的标准摩尔生成吉布斯函数。

	$2NO(g)+$	$2CO(g) =$	$N_2(g)+$	$2CO_2(g)$
$\Delta_f G_m^{\ominus}(298.15K)/(kJ \cdot mol^{-1})$	86.55	−137.17	0	−394.36

$$\begin{aligned}\Delta_r G_m^{\ominus}(298.15K) &= \sum_R \nu_R \Delta_f G_{m,R}^{\ominus}(298.15K) \\ &= [(-2)\times 86.55+(-2)\times(-137.17)+1\times 0+2\times(-394.36)]kJ \cdot mol^{-1} \\ &= -687.48kJ \cdot mol^{-1}<0\end{aligned}$$

说明在标准状态、298.15K 时，该反应能向正方向自发进行。

2. 其他温度时反应的标准摩尔吉布斯函数变的计算

温度为 T 时，$\Delta_r G_m^\ominus(T)$ 的计算可采用吉布斯等温方程，其计算公式如下：

$$\Delta_r G_m^\ominus(T) = \Delta_r H_m^\ominus(T) - T\Delta_r S_m^\ominus(T)$$

$$\approx \Delta_r H_m^\ominus(298.15\text{K}) - T\Delta_r S_m^\ominus(298.15\text{K}) \quad (1\text{-}16)$$

由于 $\Delta_r H_m^\ominus$ 和 $\Delta_r G_m^\ominus$ 的常用单位为 $\text{kJ} \cdot \text{mol}^{-1}$，而 $\Delta_r S_m^\ominus$ 的常用单位为 $\text{J} \cdot \text{mol}^{-1} \cdot \text{K}^{-1}$，所以在使用上述公式进行计算时必须注意单位的统一。

从式(1-16)可以看出与标准摩尔焓变和标准摩尔熵变不同，在温度 $T \neq 298.15\text{K}$ 时，$\Delta_r G_m^\ominus(T) \neq \Delta_r G_m^\ominus(298.15\text{K})$。

【例 1-5】 估算反应：$CaCO_3(s) = CaO(s) + CO_2(g)$，在标准状态下，能向正方向自发进行的温度。

解　标准状态下，若使反应能够正向自发进行，则应满足 $\Delta_r G_m^\ominus(T) \approx \Delta_r H_m^\ominus(298.15\text{K}) - T\Delta_r S_m^\ominus(298.15\text{K}) < 0$。

查附录 4 中各物质的标准摩尔生成焓和标准摩尔熵数据如下：

	$CaCO_3(s)$ =	$CaO(s)$ +	$CO_2(g)$
$\Delta_f H_m^\ominus(298.15\text{K})/(\text{kJ} \cdot \text{mol}^{-1})$	−1206	−635.09	−393.51
$S_m^\ominus(298.15\text{K})/(\text{J} \cdot \text{mol}^{-1} \cdot \text{K}^{-1})$	92.9	39.75	213.74

$$\Delta_r H_m^\ominus(298.15\text{K}) = \sum_R \nu_R \Delta_f H_{m,R}^\ominus(298.15\text{K}) = 178.32\text{kJ} \cdot \text{mol}^{-1}$$

$$\Delta_r S_m^\ominus(298.15\text{K}) = \sum_R \nu_R S_{m,R}^\ominus(298.15\text{K}) = 160.59\text{J} \cdot \text{mol}^{-1} \cdot \text{K}^{-1}$$

将 $\Delta_r H_m^\ominus(298.15\text{K})$ 和 $\Delta_r S_m^\ominus(298.15\text{K})$ 数据代入上述不等式，有

$$178.32\text{kJ} \cdot \text{mol}^{-1} - T \times 160.59\text{J} \cdot \text{mol}^{-1} \cdot \text{K}^{-1} < 0$$

解得

$$T > 1110\text{K}$$

说明在标准状态、温度高于 1110K 时，该反应能向正方向自发进行。

3. 任意状态下反应的摩尔吉布斯函数变的计算

对于任意状态下的一般气体化学反应：

$$a\text{A(g)} + b\text{B(g)} + \cdots = x\text{X(g)} + y\text{Y(g)} + \cdots$$

其反应的摩尔吉布斯函数变 $\Delta_r G_m(T)$ 的计算公式如下：

$$\Delta_r G_m(T) = \Delta_r G_m^\ominus(T) + RT\ln Q$$

$$= \Delta_r G_m^{\ominus}(T) + 2.303RT\lg Q \tag{1-17}$$

式中，R 为摩尔气体常量，数值为 8.314J · mol^{-1} · K^{-1}；T 为温度；Q 为反应商。其中反应商表达式为

$$Q = \prod_{R}\left[\frac{p(R)}{p^{\ominus}}\right]^{\nu_R} \tag{1-18}$$

式中，$\prod$ 表示对通式 $\left[\frac{p(R)}{p^{\ominus}}\right]^{\nu_R}$ 求积；R 表示任意气体物质；p(R)表示该物质的分压；$p^{\ominus}$ 表示标准压力；ν_R 表示该物质的化学反应计量数。

利用上述公式计算反应的摩尔吉布斯函数变 $\Delta_r G_m(T)$ 时应注意：

(1) 标准摩尔吉布斯函数变 $\Delta_r G_m^{\ominus}(T) \approx \Delta_r H_m^{\ominus}(298.15\text{K}) - T\Delta_r S_m^{\ominus}(298.15\text{K})$，如果温度不是 298.15K，不可用 $\Delta_r G_m^{\ominus}(298.15\text{K})$ 代替 $\Delta_r G_m^{\ominus}(T)$。

(2) 吉布斯函数变 $\Delta_r G$ 的常用单位为 kJ · mol^{-1}，$RT\ln Q$ 的常用单位为 J · mol^{-1}，运算时要注意单位的统一。

(3) 书写反应商 Q 的表达式时，对于反应式中的固态、液态纯物质或稀溶液中的溶剂(如水)，则其不列入反应商的表达式中；对于气体，用 $\frac{p(R)}{p^{\ominus}}$ 列入反应商的表达式，对于溶质中的水合离子，用 $\frac{c(R)}{c^{\ominus}}$[c(R)表示任意物质的浓度，$c^{\ominus}$ 表示标准浓度]列入反应商的表达式，并以反应式中的化学计量数为指数。例如

$$MnO_2(s) + 2Cl^-(aq) + 4H^+(aq) = Mn^{2+}(aq) + Cl_2(g) + 2H_2O(l)$$

该反应的反应商表达式为

$$Q = \left[\frac{c(Cl^-)}{c^{\ominus}}\right]^{-2}\left[\frac{c(H^+)}{c^{\ominus}}\right]^{-4}\left[\frac{c(Mn^{2+})}{c^{\ominus}}\right]^{1}\left[\frac{p(Cl_2)}{p^{\ominus}}\right]^{1}$$

或写成分式形式：

$$Q = \frac{\left[\frac{c(Mn^{2+})}{c^{\ominus}}\right]^{1}\left[\frac{p(Cl_2)}{p^{\ominus}}\right]^{1}}{\left[\frac{c(Cl^-)}{c^{\ominus}}\right]^{2}\left[\frac{c(H^+)}{c^{\ominus}}\right]^{4}}$$

必须注意，写成分式表达式时，所有反应物都应在分母上，所有生成物都应在分子上，且指数分别为相应物质化学计量数的绝对值。

【例 1-6】 已知空气的压力 $p=101.325\text{kPa}$,空气中所含 CO_2 的体积分数 $\varphi(CO_2)=0.03\%$,试估算 $CaCO_3(s)=CaO(s)+CO_2(g)$,在空气中敞口反应,能向正方向自发进行的温度。

解 CO_2 的体积分数 $\varphi(CO_2)=0.03\%$,由此可得

$$p(CO_2)=p\times\varphi(CO_2)=101.325\text{kPa}\times0.03\%\approx0.03\text{kPa}\neq p^{\ominus}$$

说明反应式中 CO_2 处于非标准态。欲使敞口反应能向正方向自发进行,则应满足:

$$\Delta_r G_m(T)<0$$

根据式(1-17),有

$$\begin{aligned}\Delta_r G_m(T)&=\Delta_r G_m^{\ominus}(T)+RT\ln Q\\&=\Delta_r H_m^{\ominus}(298.15\text{K})-T\Delta_r S_m^{\ominus}(298.15\text{K})+RT\ln Q\\&=\Delta_r H_m^{\ominus}(298.15\text{K})-T\Delta_r S_m^{\ominus}(298.15\text{K})+RT\ln\frac{p(CO_2)}{p^{\ominus}}<0\end{aligned}$$

将例 1-5 已计算的 $\Delta_r H_m^{\ominus}(298.15\text{K})$ 和 $\Delta_r S_m^{\ominus}(298.15\text{K})$ 数据,以及 $p(CO_2)=0.03\text{kPa}$,$p^{\ominus}=100\text{kPa}$ 代入上述不等式,解得

$$T>782\text{K}$$

说明在空气中,当温度高于 782K 时,该反应能向正方向自发进行。

1.2.6 恒压下温度对反应自发性的影响

根据 $\Delta G=\Delta H-T\Delta S$,则恒压下温度对反应自发性的影响与 ΔH 和 ΔS 数值的正负有关,其温度对反应自发性的影响结果见表 1-1。

表 1-1 恒压下温度对反应自发性的影响

序 号	ΔH	ΔS	$\Delta G=\Delta H-T\Delta S$	反应的自发性	实 例
1	−	+	−	自发(任何温度)	$2H_2O_2(g)=2H_2O(g)+O_2(g)$
2	+	−	+	非自发(任何温度)	$2CO(g)=2C(s)+O_2(g)$
3	+	+	低温+ 高温−	反应在高温下能自发进行	$CaCO_3(s)=CaO(s)+CO_2(g)$
4	−	−	低温− 高温+	反应在低温下能自发进行	$N_2(g)+3H_2(g)=2NH_3(g)$

1.2.7 反应的耦合

1. 平衡系统中反应的耦合

设系统中发生两个化学反应,若一个反应的产物在另一个反应中是反应物之一,则我们说这两个反应是耦合的。耦合反应可以影响反应的平衡位置,甚至使不

能进行的反应得以通过另外的途径而进行。

我们以 TiO_2 制备 $TiCl_4$ 为例来说明：

$$TiO_2(s)+2Cl_2(g)=TiCl_4(l)+O_2(g) \quad \Delta_r G^{\ominus}_{m,1}(T)=161.94kJ \cdot mol^{-1} \quad (1)$$

$$C(s)+O_2(g)=CO_2(g) \quad \Delta_r G^{\ominus}_{m,2}(T)=-394.38kJ \cdot mol^{-1} \quad (2)$$

在上述条件下，反应(1)的 $\Delta_r G^{\ominus}_{m,1}(T)$ 的正值很大，在宏观上可以认为反应是不能进行的，而反应(2)的 $\Delta_r G^{\ominus}_{m,2}(T)$ 的值很负，是能自发进行的，反应(1)通过与反应(2)的耦合得反应(3)，即可完成从 TiO_2 制备 $TiCl_4$。

(1)+(2)=(3)得

$$C(s)+TiO_2(s)+2Cl_2(g)=TiCl_4(l)+CO_2(g)$$

$$\Delta_r G^{\ominus}_{m,3}(T)=\Delta_r G^{\ominus}_{m,1}(T)+\Delta_r G^{\ominus}_{m,2}(T)=-232.44kJ \cdot mol^{-1}<0$$

上例说明了通过反应(2)的 $\Delta_r G^{\ominus}_{m,2}(T)$ 的值很负，抵消了反应(1)的 $\Delta_r G^{\ominus}_{m,1}(T)$ 的正值，而把反应(1)带动起来。当然这只是从平衡态的角度，讨论了利用耦合反应，使原先不能进行的反应，在耦合另一反应后，可以获得所需要的产物。但这仍然只是一种可能性，这种可能性能否实现，还必须结合反应的速率进行综合分析。

2. 非平衡系统中反应的耦合

金刚石在所有已知物质中硬度最高，导热性能比银和铜还要好，折射率高和透光性好，因此在工业上具有很高的应用价值，在民间也一直被视为珍宝和财富的象征。从经典平衡热力学相图的计算中可知碳在低压下的稳定相是石墨，而金刚石是亚稳相，因此预测必须在高于大气压强的 15000 倍的条件下才可能实现从石墨到金刚石的转变，并经过人类不断的努力于 1954 年利用高压法从石墨制得人造金刚石。由此普遍地认为，根据热力学的预测在低压下是不可能得到人造金刚石。但在 1970 年前后苏联学者 Deryagin 和 Spitsyn 等在低压条件下引入超过平衡浓度的氢原子(简称超平衡氢原子)从甲烷或石墨经过气相生长人造金刚石得到成功，对这一成果当时多数学者都不相信。后来经过日本学者 Setaka 和美国学者 Roy 一再重复证实，直到 1986 年才为全世界所接受，并采用热丝法、等离子体法、火焰燃烧法等方法都成功地经过气相生长出金刚石。

其非平衡系统中耦合反应的基本要点如下：

(1) $C(graphite)=C(diamond) \quad \Delta G_1>0 \quad (T, p\leqslant 10^5 Pa)$

(2) $H^*=0.5H_2 \quad \Delta G_2 \ll 0 \quad (T_{激活}\gg T, p\leqslant 10^5 Pa)$

(3) $=(1)+\chi(2)$： $C(graphite)+\chi H^*=C(diamond)+0.5\chi H_2$

$$\Delta G_3=\Delta G_1+\chi\Delta G_2$$

只要耦合系数 χ 不是很小，超平衡氢原子 H^* 又有足够的浓度，则有 $\Delta G_3<0$，

说明在低压下石墨与超平衡氢原子作用生成氢分子和金刚石在热力学上是完全合理的。至于石墨与超平衡氢原子耦合的机理此处将不做阐述。

因此,严格按照热力学基本原理,没有引入其他假定就得到似乎与传统的经典平衡热力学完全相反的结论——在低压下石墨有可能转变成金刚石。可见,平衡热力学有很大的局限性。它的结论只适用于平衡系统,而实际生产中遇到的几乎都是非平衡系统。显然对平衡系统应该采用平衡热力学,而对非平衡系统应该采用非平衡热力学。所以在平衡条件下不可能在低压下从石墨得到金刚石,以及非平衡条件下可以在低压下从石墨得到金刚石,或者稳定地实现低压金刚石气相生长,都是符合热力学基本定律的。

1.3 化学反应进行的程度和化学平衡

1.3.1 化学平衡和平衡常数

1. 化学平衡的特点

自发反应总是单向地趋向于平衡状态。当一个反应进行到一定限度(极限)时,也就是达到了平衡状态。此时,从宏观上看,因为持续进行着的正、逆反应的效果相互抵消,所以各组分的浓度或分压不再随时间而改变;从微观上看,正、逆反应并没有停止,只是其正、逆反应的速率相等;从热力学上看,反应失去了推动力,$\Delta G=0$。换句话说,化学平衡是一种动态平衡。

2. 实验平衡常数

实验表明,在一定温度下,当化学反应处于平衡状态时,各产物与各反应物平衡时的浓度或分压以其反应方程式中的化学计量数的绝对值为指数的乘积之比是一个常数。

例如,对于一般的气体化学反应:

$$aA + bB + \cdots \longrightarrow xX + yY + \cdots$$

$$K_p = \frac{[p^{eq}(X)]^x[p^{eq}(Y)]^y\cdots}{[p^{eq}(A)]^a[p^{eq}(B)]^b\cdots} \quad (当各物质均为气体时) \qquad (1\text{-}19)$$

$$K_c = \frac{[c^{eq}(X)]^x[c^{eq}(Y)]^y\cdots}{[c^{eq}(A)]^a[c^{eq}(B)]^b\cdots} \quad (当各物质均为离子时) \qquad (1\text{-}20)$$

K_p 与 K_c 分别称为分压平衡常数与浓度平衡常数,通常是从实验数据中得到的,所以叫做实验平衡常数(有时也叫做经验平衡常数)。其表达式中的上标 eq 表示"平衡"(equilibrium);p 代表各物质的分压;c 代表各物质的浓度。由于不同反应中反应物系数之和($a+b+\cdots$)与生成物系数之和($x+y+\cdots$)并不完全相等,所以一般情况下，K_p 与 K_c 量纲并不一定都是1(或者说是纯数)，且随反应方程式的不同，量纲也不相同，很不方便，为此引入标准平衡常数 $K^\ominus$。

3. 标准平衡常数

对于任意状态的化学反应，其反应的摩尔吉布斯函数变为

$$\Delta_r G_m(T) = \Delta_r G_m^\ominus(T) + RT\ln Q$$

如果起始状态下 $\Delta_r G_m(T)<0$，反应可以正向进行。随着反应的进行，反应物浓度(或分压)逐渐降低，而生成物浓度(或分压)逐渐增加，$\Delta_r G_m(T)$的代数值不断增大。当 $\Delta_r G_m(T)$增大到0时，反应不能再正向进行，反应进行到极限，即达到了平衡。此时，平衡时的反应商 Q^{eq}满足：

$$\Delta_r G_m^\ominus(T) + RT\ln Q^{eq} = 0 \tag{1-21}$$

对于某个特定的化学反应在一定温度下的标准摩尔吉布斯函数变 $\Delta_r G_m^\ominus(T)$为一常数，所以当达到平衡时反应商 Q^{eq}也是一个常数，我们称之为标准平衡常数。换句话说，标准平衡常数就是反应达到平衡时的反应商，即

$$K^\ominus = Q^{eq} \tag{1-22}$$

并且由式(1-21)和式(1-22)可得

$$\Delta_r G_m^\ominus(T) = -RT\ln K^\ominus \quad 或 \quad \ln K^\ominus = \frac{-\Delta_r G_m^\ominus(T)}{RT} \tag{1-23}$$

由式(1-22)和(1-23)可知，标准平衡常数 $K^\ominus$量纲为1，其数值大小取决于反应的本性、温度以及标准态的选择，而与压力或组成无关。即对于给定反应，$K^\ominus$只是温度的函数。

虽然标准平衡常数就是反应达到平衡时的反应商，且具有相似的表达式，但必须注意二者还是有明显区别的。对于给定条件下的反应，反应商 Q 依赖反应所处的状态，会随着反应的进行，反应物和生成物浓度(或分压)的改变而改变。例如，一定温度下合成氨反应：$N_2(g)+3H_2(g)$══$2NH_3(g)$，当起始 1mol N_2 + 3mol H_2 与 1mol N_2+1mol H_2 两种情况下，随着反应的进行，任意时刻它们的反应商是不同的，只有当反应都达到平衡时，才具有相同的反应商。而标准平衡常数 $K^\ominus$不依赖反应所处的状态，不管反应是否达到平衡都存在，而且是一个定值，不会随着反应的进行而变化。

在书写标准平衡常数表达式时要特别注意以下两点：

(1) 标准平衡常数 $K^\ominus$的表达式可直接根据化学反应方程式写出，其写法与反应商 Q 的表达式相似，只是表达式中相应物质的浓度(或分压)均是达到平衡时物质的浓度(或分压)。对于反应式中的固态、液态纯物质或稀溶液中的溶剂(如水)，

则不列入表达式中。

例如,对于反应:

$$MnO_2(s)+2Cl^-(aq)+4H^+(aq)\longrightarrow Mn^{2+}(aq)+Cl_2(g)+2H_2O(l)$$

该反应的标准平衡常数表达式为

$$K^{\ominus}=\left[\frac{c^{eq}(Cl^-)}{c^{\ominus}}\right]^{-2}\left[\frac{c^{eq}(H^+)}{c^{\ominus}}\right]^{-4}\left[\frac{c^{eq}(Mn^{2+})}{c^{\ominus}}\right]^{1}\left[\frac{p^{eq}(Cl_2)}{p^{\ominus}}\right]^{1}$$

或写成分式形式:

$$K^{\ominus}=\frac{\left[\frac{c^{eq}(Mn^{2+})}{c^{\ominus}}\right]^{1}\left[\frac{p^{eq(Cl_2)}}{p^{\ominus}}\right]^{1}}{\left[\frac{c^{eq}(Cl^-)}{c^{\ominus}}\right]^{2}\left[\frac{c^{eq}(H^+)}{c^{\ominus}}\right]^{4}}$$

(2) 标准平衡常数 $K^{\ominus}$ 的数值与化学反应方程式的写法有关,因此在讲 $K^{\ominus}$ 的数值时,必须指出此 $K^{\ominus}$ 的数值所对应的化学反应方程式。

例如,对于合成氨反应,其反应式可以写成下述①式:

$$N_2(g)+3H_2(g)\longrightarrow 2NH_3(g) \qquad ①$$

$$K_1^{\ominus}=\frac{\left[\frac{p^{eq}(NH_3)}{p^{\ominus}}\right]^{2}}{\left[\frac{p^{eq}(N_2)}{p^{\ominus}}\right]\left[\frac{p^{eq}(H_2)}{p^{\ominus}}\right]^{3}}$$

也可以写成下述②式:

$$\frac{1}{2}N_2(g)+\frac{3}{2}H_2(g)\longrightarrow NH_3(g) \qquad ②$$

$$K_2^{\ominus}=\frac{\frac{p^{eq}(NH_3)}{p^{\ominus}}}{\left[\frac{p^{eq}(N_2)}{p^{\ominus}}\right]^{\frac{1}{2}}\left[\frac{p^{eq}(H_2)}{p^{\ominus}}\right]^{\frac{3}{2}}}$$

显然,①=2×②,在相同的温度条件下,有

$$K_1^{\ominus}=(K_2^{\ominus})^2$$

4. 多重平衡规则

从上述平衡常数表达式的写法中,可以总结出一个有用的运算规则。如果某个反应可以看成是两个或多个反应(含乘以不同的系数)的组合,假如反应方程式①、②、③、④有以下关系:

$$①=2\times②+\frac{1}{2}\times③-3\times④$$

则反应①的平衡常数与组成它的各反应的平衡常数(相同温度下)之间满足:

$$K_1^\ominus=\frac{(K_2^\ominus)^2\times(K_3^\ominus)^{\frac{1}{2}}}{(K_4^\ominus)^3}$$

这就是多重平衡规则。利用多重平衡规则,可以从一些已知反应的平衡常数求出相同温度下许多未知反应的平衡常数,如解多相离子平衡和配合平衡等问题中常要用到多重平衡规则。

5. 温度对平衡常数的影响

根据式(1-16)和式(1-23)有

$$\begin{aligned}\ln K^\ominus&=\frac{-\Delta_r H_m^\ominus(T)}{RT}+\frac{\Delta_r S_m^\ominus(T)}{R}\\&\approx\frac{-\Delta_r H_m^\ominus(298.15\text{K})}{RT}+\frac{\Delta_r S_m^\ominus(298.15\text{K})}{R}\end{aligned}\qquad(1\text{-}24)$$

式(1-24)表明,$\ln K^\ominus$与$\frac{1}{T}$成线性关系,斜率决定于$\Delta_r H_m^\ominus(298.15\text{K})$的符号。对于吸热反应,$\Delta_r H_m^\ominus(298.15\text{K})>0$,斜率为负,随温度$T$升高,标准平衡常数$K^\ominus$的数值增大;而对于放热反应,$\Delta_r H_m^\ominus(298.15\text{K})<0$,斜率为正,随温度$T$升高,标准平衡常数$K^\ominus$的数值减小。反之也可以由标准平衡常数$K^\ominus$随温度$T$的变化关系判断出反应是吸热反应,还是放热反应,如图 1-1 所示。

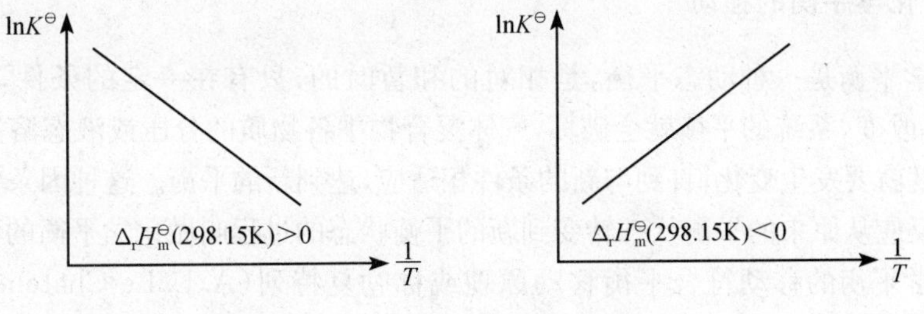

图 1-1　$\ln K^\ominus$与$\frac{1}{T}$的关系示意图

如果已知某一给定反应在不同温度T_1和T_2时的标准平衡常数$K^\ominus(T_1)$和$K^\ominus(T_2)$,则可以根据式(1-24)计算出反应的标准摩尔焓变和标准摩尔熵变。

$$\Delta_r H_m^\ominus(298.15\text{K})=\frac{RT_1T_2\ln\frac{K^\ominus(T_2)}{K^\ominus(T_1)}}{T_2-T_1}\qquad(1\text{-}25)$$

$$\Delta_r S_m^{\ominus}(298.15K) = \frac{RT_2 \ln K^{\ominus}(T_2) - RT_1 \ln K^{\ominus}(T_1)}{T_2 - T_1} \tag{1-26}$$

【例 1-7】 已知 $K_1^{\ominus}$、$K_2^{\ominus}$ 和 $K_3^{\ominus}$ 分别为下列反应①、②和③的标准平衡常数：

① $Fe(s) + CO_2(g) \longrightarrow FeO(s) + CO(g)$　　$K_1^{\ominus}$

② $Fe(s) + H_2O(g) \longrightarrow FeO(s) + H_2(g)$　　$K_2^{\ominus}$

③ $CO_2(g) + H_2(g) \longrightarrow CO(g) + H_2O(g)$　　$K_3^{\ominus}$

在 973K 时，$K_1^{\ominus}(973K) = 1.47$，$K_2^{\ominus}(973K) = 2.38$；在 1273K 时，$K_1^{\ominus}(1273K) = 2.48$，$K_2^{\ominus}(1273K) = 1.49$。试估算反应③的 $\Delta_r H_m^{\ominus}(298.15K)$ 和在 1073K 时的 $K_3^{\ominus}(1073K)$。

解　因为③=①−②，根据多重平衡规则有

$$K_3^{\ominus} = \frac{K_1^{\ominus}}{K_2^{\ominus}}$$

所以，在 $T_1 = 973K$ 时，$K_3^{\ominus}(973K) = 0.62$；在 $T_2 = 1273K$ 时，$K_3^{\ominus}(1273K) = 1.66$。

根据式(1-25)，有

$$\Delta_r H_m^{\ominus}(298.15K) = \frac{8.314J \cdot mol^{-1} \cdot K^{-1} \times 973K \times 1273K \times \ln \frac{1.66}{0.62}}{1273K - 973K} = 33.8kJ \cdot mol^{-1}$$

将 $T_1 = 973K$(或 $T_1 = 1273K$)、$T_2 = 1073K$ 和 $\Delta_r H_m^{\ominus}(298.15K) = 33.81kJ \cdot mol^{-1}$ 代入式(1-25)，有

$$33.8kJ \cdot mol^{-1} = \frac{8.314J \cdot mol^{-1} \cdot K^{-1} \times 973K \times 1073K \times \ln \frac{K_3^{\ominus}(1073K)}{0.62}}{1073K - 973K}$$

解得在 1073K 时，$K_3^{\ominus}(973K) = 0.92$。

1.3.2 化学平衡的移动

化学平衡是一种动态平衡，是相对的和暂时的，只有在一定的条件下才能保持，条件改变，系统的平衡就会破坏，气体混合物中各物质的分压或液态溶液中各溶质的浓度就要发生变化，直到与新的条件相适应，达到新的平衡。这种因条件的改变使化学反应从原来的平衡状态转变到新的平衡状态的过程叫做化学平衡的移动。

化学平衡的移动符合平衡移动原理或称勒夏特列(A. L. Le Chatelier)原理，即如果改变平衡系统的条件之一，如浓度、压力或温度，平衡就向能减弱的方向移动。

化学平衡移动的实质是重新考虑反应的自发性，这可通过化学热力学来说明。

由于 $\Delta_r G_m(T) = \Delta_r G_m^{\ominus}(T) + RT\ln Q$ 和 $\Delta_r G_m^{\ominus}(T) = -RT\ln K^{\ominus}$，所以有

$$\Delta_r G_m(T) = RT\ln \frac{Q}{K^{\ominus}}$$

因此，所谓浓度、压力或温度等条件的改变，其实就是改变了 Q 和 $K^{\ominus}$ 值的相

对大小，从而使化学平衡发生移动。

当 $Q<K^{\ominus}$，则 $\Delta_r G_m(T)<0$，反应正向自发（平衡向正反应方向移动）；

当 $Q=K^{\ominus}$，则 $\Delta_r G_m(T)=0$，平衡状态（平衡不移动）；

当 $Q>K^{\ominus}$，则 $\Delta_r G_m(T)>0$，反应逆向自发（平衡向逆反应方向移动）。

1.4　化学反应速率

1.4.1　化学反应动力学和化学反应速率

前面我们讨论了化学反应方向问题，即反应的可能性问题，知道当反应的摩尔吉布斯函数变 $\Delta_r G_m(T)<0$ 时反应可以正向自发进行。下面看两个例子：

$$N_2(g)+3H_2(g)\!=\!=\!=2NH_3(g) \qquad \Delta_r G_m^{\ominus}(298.15K)=-33.9kJ\cdot mol^{-1}<0$$

$$2CO(g)+2NO(g)\!=\!=\!=2CO_2(g)+N_2(g) \qquad \Delta_r G_m^{\ominus}(298.15K)=-343.8kJ\cdot mol^{-1}\ll 0$$

从以上两个反应的标准摩尔吉布斯函数变数据可以看出，理论上在标准状态下，298.15K 时两个反应均可以正向自发进行。如果是这样的话，合成氨工业将不需要在高温下进行，汽车尾气也不再是一个让人头痛的问题了。实际上，这两个反应在 298.15K 时是难以进行的。难道说我们所研究的化学热力学出现了偏差？

其实，关于化学反应还有另外一个重要的方面，即反应的现实性问题。上述两个反应之所以在 298.15K 时难以进行，不是因为正向不可能进行，而是因为反应速率极慢，以至于我们认为不能发生反应。所以，化学反应速率（rate of chemical reaction）对化学反应同样具有重要的实际意义。化学动力学（kinetics of chemical reaction）就是研究化学反应速率和机理的学科，可以为我们解决反应的现实性问题。

必须指出，化学热力学和化学动力学所研究的是化学反应的两个不同的方面。化学热力学偏重于研究化学反应的热效应、反应的方向以及反应的平衡等问题，而化学动力学则偏重于研究反应的速率、反应的机理和如何使反应尽快达到平衡等问题。一定条件下，化学热力学上可以发生的反应，动力学上不一定能够实现；而化学热力学上不可以发生的反应，动力学上一定不能实现。所以，在化工生产和化学实验等众多实际问题上，往往要从两方面综合考虑。

关于化学反应速率的概念，本书采用以浓度为基础的化学反应速率的定义，用单位时间单位体积内发生的反应进度来表示反应速率（以 v 表示）。

对于一般的化学反应方程式：

$$0=\sum_{R}\nu_R R$$

$$v=\frac{1}{V}\frac{d\xi}{dt}$$

对于恒容反应,有

$$d\xi = \frac{1}{\nu_R}dn_R \quad dc_R = \frac{1}{V}dn_R$$

所以,反应速率的常用定义式为

$$v = \frac{1}{\nu_R}\frac{dc_R}{dt}$$

上述常用反应速率的定义中引入化学计量数 ν_R,最大优点在于反应速率的量值与所研究反应中物质 R 的选择无关,即选择任何一种反应物或产物来表达反应速率,都可得到相同的数值。但需注意化学计量数 ν_R 与化学反应方程式的写法有关,即在化学热力学和动力学中,首先要写出化学反应方程式。

化学反应速率常用的单位为 $mol \cdot dm^{-3} \cdot s^{-1}$。对于较慢的反应,时间单位也可采用 min、h 或 a 等。

影响反应速率的因素主要有三类:一是反应物本身的性质;二是反应物的浓度和系统的温度、压力、催化剂等条件;三是光、电、磁、微波等外场。本书着重讨论浓度和温度对化学反应速率的影响。

1.4.2 浓度对化学反应速率的影响

1. 速率方程

实验表明,在一定温度下,反应的速率与反应物浓度有关。对于元反应(base reaction,或称基元反应,即一步完成的反应),反应速率与反应物浓度以化学反应方程式中相应物质化学计量数的绝对值为指数的乘积成正比。例如,对于元反应:

$$aA + bB \longrightarrow yY + zZ$$

其反应速率 v 与$[c(A)]^a$ 和$[c(B)]^b$ 成正比,称为质量作用定律表达式(必须注意,质量作用定律只适用于元反应)。

$$v = k[c(A)]^a \cdot [c(B)]^b$$

式中,比例常数 k 称为反应速率常数。对于某一给定的反应,k 值与反应物的浓度无关,而与反应物的本性、温度、催化剂和反应接触面积等有关,不同的反应或同一反应在不同的温度和催化剂等条件下,k 值不同。k 的物理意义是各反应物浓度都为 $1mol \cdot dm^{-3}$ 时的反应速率。k 的单位取决于速率方程中浓度项指数的总和$(a+b)$。

速率方程中各反应物浓度项指数的总和$(a+b)$称为反应级数(overall order),其中对反应物 A 为 a 级反应,对反应物 B 为 b 级反应,整个反应的反应级数为$(a+b)$。反应物如果是固体或者是纯液体,不计入速率方程式中。例如,以下元反应:

$$2Na(s) + 2H_2O(l) \longrightarrow 2NaOH(aq) + H_2(g)$$

$v=k$ ，零级反应，零级反应的反应速率与反应物浓度无关

$$C_2H_5Cl(g) \longrightarrow C_2H_4(g) + HCl(g)$$

$$v = kc(C_2H_5Cl) \qquad \text{一级反应}$$

$$NO_2(g) + CO(g) \longrightarrow NO(g) + CO_2(g)$$

$$v = kc(NO_2) \cdot c(CO) \qquad \text{二级反应}$$

$$2NO(g) + O_2(g) \longrightarrow 2NO_2(g)$$

$$v = k[c(NO)]^2 \cdot c(O_2) \qquad \text{三级反应}$$

对于非元反应，速率方程仍可以表示成上述方程形式，只是各物质浓度指数并不一定是相应物质化学计量数的绝对值。例如，以下几个非元反应：

$$H_2(g) + Cl_2(g) \longrightarrow 2HCl(g)$$

$$v = kc(H_2) \cdot [c(Cl_2)]^{1/2} \qquad 1\frac{1}{2}\text{ 级反应}$$

$$H_2(g) + Br_2(g) \longrightarrow 2HBr(g)$$

$$v = \frac{kc(H_2) \cdot [c(Br_2)]^{\frac{1}{2}}}{1 + k'\dfrac{c(HBr)}{c(Br_2)}} \qquad \text{无法判断是几级反应}$$

必须指出，一个化学反应是无法通过其反应方程来确定它是元反应还是非元反应的，当然也无法通过其反应方程直接确定其速率方程。事实上，所有的速率方程都应该是通过实验确定的，即通过实验确定出各反应物的反应级数。而反应级数，又可以为研究反应的反应机理（或称反应历程）提供依据。

2. 简单反应和复合反应

由一个元反应构成的化学反应称为简单反应，由两个或两个以上元反应构成的化学反应称为复合反应。复合反应是由哪几个元反应所构成，可通过进一步研究该反应的反应机理得出。

对于简单反应，符合质量作用定律，其反应级数可直接从元反应的化学方程式或其速率方程中得到；对于复合反应，质量作用定律往往不适用，其反应级数要通过实验来测定。但需注意，符合质量作用定律的反应不一定是简单反应，而不符合质量作用定律的反应一定是复合反应（或非元反应）。例如

$$H_2(g) + I_2(g) \longrightarrow 2HI(g)$$

$$v = kc(H_2) \cdot c(I_2) \qquad \text{二级反应}$$

长期以来，人们一直认为这个反应是元反应。近年来，无论从实验上或理论上都证明，它并不是一步完成的元反应，它的反应历程可能是经过如下两个元反应：

$$I_2 \rightleftharpoons I + I \quad (快) \qquad ①$$

$$H_2 + 2I \longrightarrow 2HI \quad (慢) \qquad ②$$

因为步骤②是慢反应，所以它是总反应的定速步骤，这一步反应的速率即为总反应的速率，这一元反应步骤的速率方程为

$$v = k_2 c(H_2) \cdot [c(I)]^2$$

步骤②的速率慢，致使可逆反应①这个快反应始终保持着正逆反应速率相等的平衡状态，故有

$$v_{1正} = v_{1逆}$$

即

$$k_{1正} c(I_2) = k_{1逆} [c(I)]^2$$

$$[c(I)]^2 = k_{1正} \cdot (k_{1逆})^{-1} \cdot c(I_2)$$

所以

$$\begin{aligned} v &= k_2 c(H_2) \cdot [c(I)]^2 \\ &= k_2 \cdot k_{1正} \cdot (k_{1逆})^{-1} \cdot c(H_2) \cdot c(I_2) \\ &= kc(H_2) \cdot c(I_2) \end{aligned}$$

因此，尽管有时由实验测得的速率方程，与按元反应的质量作用定律写出来的速率方程完全一致，但不能就此认为这种反应肯定是元反应。还应当注意，通常所写的化学反应方程式是没有考虑反应机理的化学计量方程式，按热力学原理，这种反应式是有意义的，但从动力学来看，只有考虑了反应机理才有意义。

3. 一级反应

若化学反应速率与反应物浓度的一次方成正比，即为一级反应。一级反应较为普遍，例如，某些元素的放射性衰变，一些物质的分解反应(如 $2H_2O_2 = 2H_2O + O_2$，非元反应)，蔗糖转化为葡萄糖和果糖的反应等均属一级反应。其中，某些元素的放射性衰变是估算考古学发现物、化石、矿物、陨石、月亮岩石以及地球本身年龄的基础。如 K-40 和 U-238 通常用于陨石和矿物年龄的估算，C-14 用于确定考古学发现物和化石的年代。

根据一级反应的速率方程，可得出有关一级反应的两个重要公式：

$$v = -\frac{dc}{dt} = kc$$

如果设在反应开始时，即反应时间 $t=0$ 时的反应物浓度为 c_0，反应进行到反应时间 $t=t$ 时的反应物剩余浓度为 c_t，则有

$$\int_{c_0}^{c_t} -\frac{dc}{c} = \int_0^t k dt$$

$$\ln\frac{c_0}{c_t}=kt \quad 或 \quad 2.303\lg\frac{c_0}{c_t}=kt \tag{1-27}$$

在化学上，把反应物消耗一半所需的时间，称为半衰期，以符号 $t_{1/2}$ 来表示。则可得出一级反应的半衰期与其速率常数之间的关系式。

当反应时间 $t=t_{1/2}$，根据半衰期的定义则有 $c_t=\frac{1}{2}c_0$，代入式(1-27)得

$$\ln\frac{c_0}{\frac{1}{2}c_0}=kt_{1/2} \tag{1-28}$$

$$t_{1/2}=\frac{\ln 2}{k}\approx\frac{0.693}{k}$$

根据以上分析可得出一级反应的三个特征，其中任何一个特征均可作为判断反应是否为一级反应的依据：

(1) 以 $\ln c_t$ 对 t 作图应是一条直线，斜率为 $-k$。

(2) 半衰期 $t_{1/2}$ 与反应物的起始浓度无关，只与速率常数 k 有关。

(3) 速率常数 k 具有(时间)$^{-1}$的量纲，常用单位为 s^{-1}。

【例 1-8】 宇宙射线恒定地产生碳的放射性同位素 ^{14}C，$^{14}_{7}N+^{1}_{0}n \longrightarrow ^{14}_{6}C+^{1}_{1}H$，植物又不断地将 ^{14}C 吸收进其组织中，使其微量的 ^{14}C 在总碳含量中维持在一个固定的比例——$1.10\times10^{-13}\%$。一旦树木被砍伐，种子被采摘，从空气中吸收 ^{14}C 的过程便停止了。由于 ^{14}C 不断地发生放射性衰变，使得 ^{14}C 在总碳中含量不断下降。因此，活着的动植物体内 ^{14}C 和 ^{12}C 两种同位素的比值和大气中 CO_2 所含的这两种同位素的比值是相等的，但动植物死亡后，^{14}C 和 ^{12}C 的比值就不断下降，考古工作者正是根据发现物中 ^{14}C 和 ^{12}C 比值的变化，来推算生物化石等考古发现物的年龄。已知 ^{14}C 的衰变反应为一级反应，$^{14}_{6}C \longrightarrow ^{14}_{7}N+^{0}_{-1}e$，$t_{1/2}=5720a$，如周口店山顶洞遗址出土的斑鹿骨化石的 ^{14}C 和 ^{12}C 的比值是现生存动植物的 0.109 倍，试估算该化石的年龄。

解　根据 $t_{1/2}=\frac{0.693}{k}$，有

$$k=\frac{0.693}{t_{1/2}}=\frac{0.693}{5720a}\approx1.21\times10^{-4}a^{-1}$$

再根据 $\ln\frac{c_0}{c_t}=kt$，有

$$\ln\frac{c_0}{0.109c_0}=1.21\times10^{-4}t$$

得

$$t=1.83\times10^{4}a$$

故该化石距现在已有 $1.83\times10^{4}a$。

1.4.3 温度对化学反应速率的影响

温度对化学反应速率的影响特别显著。实验表明,对于大多数反应,温度升高反应速率增大,即速率常数 k 随温度升高而增大。但也有一些特殊情况,如爆炸反应和酶催化反应等。

范特霍夫(van't Hoff)根据大量的实验结果,提出了一个近似的经验规律:温度每上升 10℃,反应速率大约要变为原来速率的 2～4 倍。虽然不很精确,但当数据缺乏时,用它作粗略的估算仍是有用的。从范特霍夫经验规律可以看出温度对反应速率的影响是很大的。

阿伦尼乌斯(S. Arrhenius)根据大量实验和理论验证,提出了反应速率常数与温度的定量关系式:

$$k = A\mathrm{e}^{-\frac{E_a}{RT}} \tag{1-29}$$

$$\ln k = -\frac{E_a}{RT} + \ln A \tag{1-30}$$

$$\ln\frac{k_2}{k_1} = 2.303\lg\frac{k_2}{k_1} = -\frac{E_a}{R}\left(\frac{1}{T_2} - \frac{1}{T_1}\right) \tag{1-31}$$

以上三式中,A 为指前因子,与速率常数 k 具有相同的量纲;E_a 称反应的活化能,常用单位为 $\mathrm{kJ \cdot mol^{-1}}$;$R$ 为摩尔气体常量。A 与 E_a 都是反应的特性常数,基本与温度无关,均可通过实验来求得。例如,分别测量温度 T_1 和 T_2 时的速率常数 k_1 和 k_2,代入式(1-31)求 E_a,至今仍是求活化能的重要方法,当然要注意 E_a 与 R 的单位统一。

活化能的大小反映了反应速率随温度变化的程度。由于活化能 E_a 一般为正值,所以,对活化能较大的反应,温度对反应速率的影响较显著,升高温度能显著地加快反应速率;活化能较小的反应则不显著。

有关活化能的概念,请参阅相关教材中的反应速率理论(如有效碰撞理论和过渡状态理论),此处不再详述。

影响反应速率的因素还有很多,如催化剂。凡能加快反应速率的催化剂叫正催化剂,凡能减慢反应速率的催化剂叫负催化剂。一般提到催化剂,若不明确指出是负催化剂时,则指的是加快反应速率的正催化剂。催化剂之所以能加快反应速率,主要是由于催化剂改变了反应的历程,有催化剂参加的新的反应历程和无催化剂时的原反应历程相比,活化能降低了,故反应速率加快。例如,合成氨反应没有催化剂时反应的活化能为 $326.4\mathrm{kJ \cdot mol^{-1}}$,加 Fe 作催化剂时,活化能降低到 $175.5\mathrm{kJ \cdot mol^{-1}}$。若设温度为 773K,可计算出加入催化剂后正反应的速率增加到原来的 1.57×10^{10} 倍,可见催化剂对反应速率的影响十分显著。此外,加入催化剂后,由于正反应活化能降低的数值是等于逆反应活化能降低的数值,表明催化剂不仅加快正反应的速率，同时也加快逆反应的速率。有关催化剂方面的知识，此处也不做展开。

习　题

1. 298.15K时向刚性密闭容器中加入1.0g正辛烷（C_8H_{18}，l），然后冲入足量的氧气，完全燃烧后降温至298.15K，测得反应热效应为－47.79kJ。试估算正辛烷完全燃烧反应的恒容热效应和标准摩尔焓变。
2. 液化气（以C_3H_8计）和天然气（以CH_4计）都是常用燃料，试计算标准状态下，298.15K时液化气和天然气完全燃烧反应的标准摩尔焓变，并比较单位质量燃料产生的热量大小。通过比较可以说明什么？已知$\Delta_f H_m^{\ominus}(C_3H_8, g, 298.15K) = -103.85 kJ \cdot mol^{-1}$。
$$C_3H_8(g) + 5O_2(g) \xlongequal{} 3CO_2(g) + 4H_2O(g)$$
$$CH_4(g) + 2O_2(g) \xlongequal{} CO_2(g) + 2H_2O(g)$$
3. 试通过计算回答，常温（298.15K）下金属锡的制件在空气中能否被氧化？若要使金属锡的制件在常温下的空气中不被氧化，理论上要求空气中氧的最高压力是多少？
4. 若用生石灰吸收废气中二氧化硫以净化环境，反应为
$$CaO(s) + SO_2(g) + 1/2O_2(g) \xlongequal{} CaSO_4(s),$$
试根据有关热力学数据计算：
(1) 在标准条件下反应自发进行的温度条件；
(2) 当温度为1250K，$p(SO_2) = 10kPa$和$p(O_2) = 20kPa$时，反应的摩尔吉布斯函数变并判断反应的方向；
(3) 计算温度为1500K时的反应的标准平衡常数。
5. 实验室中在处理含有CO的尾气时，通常可以尾气通过灼热的CuO(s)粉末发生如下反应以除去CO（设各物质均处于标准态）：
$$CuO(s) + CO(g) \xlongequal{} Cu(s) + CO_2(g)$$
(1) 试计算298.15K时，上述反应的标准摩尔焓变、标准摩尔熵变、标准摩尔吉布斯函数变和标准平衡常数；
(2) 若温度为698.15K，上述反应的标准摩尔吉布斯函数变和标准平衡常数各为多少？与(1)比较说明了什么？
6. 某些技术处理中，往往由NH_3分解产生的H_2作还原性气体，N_2作保护性惰气。
$$2NH_3(g) \xlongequal{} N_2(g) + 3H_2(g)$$
(1) 计算298.15K和398.15K时，标准状态下反应的摩尔吉布斯函数变；
(2) 若系统中的$p(N_2) = p(H_2) = p(NH_3) = 1000kPa$，计算在300℃反应的摩尔吉布斯函数变。
7. Ag_2O遇热易分解，分解反应如下：
$$2Ag_2O(s) \xlongequal{} 4Ag(s) + O_2(g)$$
(1) 将Ag_2O放入密闭的真空容器中，试分别计算在298.15K时和498.15K时容器中氧气的分压。

(2) 欲使容器中的氧气的分压达到 100kPa,应使温度达到多少?

(3) 若在敞口状态下进行分解,则最低分解温度是多少?(已知空气压力为 101.325kPa,O_2 体积分数为 20.95%)

8. 设汽车内燃机内温度因燃料燃烧反应达到 1300℃,试估算反应:

$$N_2(g)+O_2(g)=\!=\!=2NO(g)$$

在 1300℃时的标准摩尔吉布斯函数变和 K^θ 的数值,并联系反应速率简单说明在大气污染中的影响。

9. 已知元反应:

$$2NO(g)+Cl_2(g)=\!=\!=2NOCl(g)$$

(1) 写出该反应的速率方程?

(2) 指出它的级数是多少?

(3) 其他条件不变,如果将容器的体积增加到原来的 2 倍,反应速率如何变化?

(4) 如果容器体积不变,而将 NO 的浓度增加到原来的 3 倍,反应速率又将怎样变化?

10. H_2O_2 的分解反应是一级反应,$H_2O_2(l)=\!=\!=H_2O(l)+1/2\ O_2(g)$,某温度下此反应的反应速率常数 $k=0.041min^{-1}$。现有 $1.0mol \cdot dm^{-3}$ 的 H_2O_2 溶液开始分解,试问 30.0min 后,剩余 H_2O_2 的浓度为多少? H_2O_2 分解一半需要多长时间?

第 2 章　溶液和离子平衡

无机化学反应大多数都是在溶液中进行的，许多物质的性质，也是在溶液中呈现的。溶液的某些性质决定于溶质，而溶液的另一些性质则与溶质的本性无关。因此，对多种类型的溶液进行讨论，了解其各有的性质，具有重要的实际意义。

2.1　溶液的通性

溶液中由于有溶质的分子或离子的存在，其性质与原溶剂已不相同。这些性质变化分为两类：第一类性质变化决定于溶质的本性，如溶液的颜色、密度和导电性等；第二类性质变化仅与溶质的多少有关而与溶质的本性无关，如溶液的蒸气压下降、沸点上升、凝固点下降和渗透压等。我们把这些仅取决于溶质的质点数而与溶质本性无关的性质称为稀溶液的依数性，或称稀溶液的通性。

2.1.1　非电解质稀溶液的通性

1. *溶液的蒸气压下降——拉乌尔定律*

将某纯溶剂放在留有空间的密闭容器中，在一定温度下，由于部分溶剂分子会克服液体分子间的引力发生蒸发形成气相；同时气相中的溶剂分子也会被吸引到液相中发生凝结，经过一定时间，便会在液体与其蒸气之间建立起液-气平衡。平衡状态时的蒸气称饱和蒸气，所产生的压力称饱和蒸气压，简称为蒸气压。以水为例，在一定温度下，液-气间的相平衡可表示为

$$H_2O(l) \underset{冷凝}{\overset{蒸发}{\rightleftharpoons}} H_2O(g)$$

其标准平衡常数　　$K^{\ominus} = \dfrac{p(H_2O)}{p^{\ominus}}$

$p(H_2O)$就是该温度下纯水的饱和蒸气压。100℃时，$p(H_2O) = 101.325$kPa。所有的纯液体在某温度下都有一定的蒸气压。由于水的蒸发是吸热过程，温度升高，$K^{\ominus}$增大，所以水的蒸气压因温度的升高而增大，如图 2-1 中曲线 *oa*。

实验证明，纯液体中溶解了任何一种难挥发的物质时，难挥发物质溶液的蒸气压总是低于纯溶剂的蒸气压。这里所谓溶液的蒸气压实际是指溶液中溶剂的蒸气压。同一温度下，纯溶剂蒸气压与溶液蒸气压之差，叫做溶液的蒸气压下降。

蒸气压下降的原因，一是因为溶剂中溶解了难挥发溶质后，溶剂表面被一定数

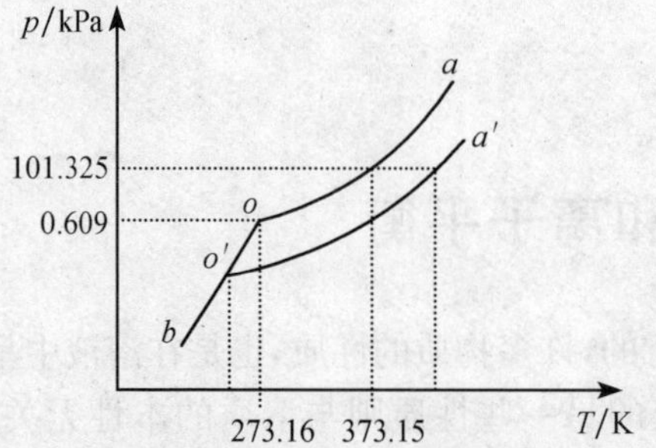

图 2-1　水、冰和溶液的蒸气压与温度的关系

量的溶质粒子占据着,因此,在单位时间内从溶液中蒸发出来的溶剂分子数比从纯溶剂中蒸发出来的溶剂分子数少;二是溶质粒子(分子、离子)与溶剂分子间的作用力大于溶剂分子之间的作用力。因此,达到平衡时难挥发物质溶液的蒸气压低于纯溶剂的蒸气压。显然,溶液浓度越大,溶液的蒸气压下降得越多,如图 2-1 中曲线 $o'a'$所示。

1887 年,法国物理学家拉乌尔(F. M. Raoult)根据实验结果总结出如下规律:在一定温度下,难挥发、非电解质稀溶液的蒸气压下降与溶质在溶液中的摩尔分数成正比,而与溶质本性无关。这个规律称为拉乌尔定律,其数学表达式为

$$\Delta p = p^* \cdot x_B \tag{2-1}$$

式中,Δp 表示溶液的蒸气压下降值;p^* 表示纯溶剂的蒸气压;x_B 表示溶质 B 的摩尔分数,即 $x_B=\dfrac{n_B}{n_A+n_B}$;n_A、n_B 分别为溶剂 A 和溶质 B 的物质的量。

2. 溶液的沸点上升和凝固点下降

日常生活中可以看到,在寒冬晾洗的衣服上结的冰可逐渐消失;大地上的冰雪不经融化也可逐渐减少乃至消失;樟脑球在常温下也可挥发。这些现象都说明固体表面的分子也能蒸发。如果把固体放到密闭器内,固体(固相)和它的蒸气(气相)之间也可达到平衡,此时固体便具有一定的蒸气压,且随温度的升高而增大,如图 2-1 中曲线 ob。

曲线 oa、ob 交于 o 点,称为水的三相点。

由图 2-1 可见,冰的蒸气压曲线 ob 的坡度比水的蒸气压曲线 oa 的坡度要大。说明随着温度上升,冰的蒸气压增加得比水的要快。这是由于冰变成蒸汽的蒸发热大于水变成蒸汽的缘故。

当某一液体的蒸气压等于外界压力时,液体就会沸腾,此时的温度称为沸点(T_b)。而当某物质的液相蒸气压和固相蒸气压相等时,固液达到平衡,此时的温度称为凝固点(T_b)或熔点(T_m)。若固相蒸气压大于液体蒸气压,则固相就要向液相转变,即固体熔化。反之,若固相蒸气压小于液相蒸气压,则液相就要向固相转变即液体凝固。总之,若固液两相蒸气压不等,两相就不能共存,必有一相要向另一相转化。

实验表明,难挥发溶质溶液的沸点总是高于纯溶剂,而凝固点则低于纯溶剂。这是由于溶液的蒸气压比纯溶剂的低,只有在更高的温度下才能使蒸气压达到与

外压相等而沸腾，这就是沸点上升的原因所在。同样，由于溶液的蒸气压下降，低于冰的蒸气压，只有在更低的温度下才能使溶液与冰的蒸气压相等，这就是溶液凝固点下降的原因。由于蒸气压下降是与溶液的浓度有关的，因此，溶液的沸点上升和凝固点下降也必然与溶液浓度有关。根据实验可归纳出如下规律：难挥发的非电解质稀溶液的沸点上升和凝固点下降与溶液的质量摩尔浓度成正比，而与非电解质溶液本性无关。如果用数学表达式表示这一规律即为

$$\Delta T_b = K_b \cdot b_B \tag{2-2}$$

$$\Delta T_f = K_f \cdot b_B \tag{2-3}$$

式中，K_b 与 K_f 分别为溶剂的沸点上升常数和凝固点下降常数；b_B 为溶质 B 的质量摩尔浓度，并有 $b_B = \frac{n_B}{m_A}$（n_B 为溶质 B 的物质的量，m_A 为溶剂的质量）。一些溶剂的 K_b 与 K_f 列于表 2-1。

表 2-1　一些溶剂的凝固点下降常数和沸点上升常数

溶　剂	凝固点/K	$K_f/(K \cdot kg \cdot mol^{-1})$	沸点/K	$K_b/(K \cdot kg \cdot mol^{-1})$
水	273.15	1.86	373.15	0.52
乙酸	289.81	3.90	391.15	2.93
苯	278.65	5.12	353.25	2.53
氯仿	—	—	334.30	3.62
乙醇	—	—	315.55	1.22
乙醚	—	—	307.85	2.02
萘	353.35	6.94	491.11	5.80

【例 2-1】 2.6g 尿素 $CO(NH_2)_2$ 溶于 50g 水中，计算此溶液的凝固点和沸点。

解　尿素 $CO(NH_2)_2$ 摩尔质量为 $60g \cdot mol^{-1}$。

尿素的质量摩尔浓度 $b_B = \frac{n_B}{m_A} = \frac{\frac{2.6g}{60g \cdot mol^{-1}}}{50g} = 0.866mol \cdot kg^{-1}$，则

$$\Delta T_b = K_b \cdot b_B = 0.52K \cdot kg \cdot mol^{-1} \times 0.886mol \cdot kg^{-1} = 0.45K$$

$$\Delta T_f = K_f \cdot b_B = 1.86K \cdot kg \cdot mol^{-1} \times 0.886mol \cdot kg^{-1} = 1.61K$$

溶液的沸点：　　373.15K＋0.45K＝373.60K

溶液的凝固点：　　273.15K－1.61K＝271.54K

溶液的沸点上升和凝固点下降，具有实际意义。若在汽车、拖拉机的水箱（散热器）中加入乙二醇、酒精、甘油等可使凝固点下降而防止结冰；有机化学实验中常用测定沸点或熔点的方法来检验化合物的纯度，这是因为含杂质的化合物可看作是一种溶液。化合物本身是溶剂，杂质是溶质，所以含杂质的物质的熔点比纯化合

物低,沸点比纯化合物高。

3. 溶液的渗透压

渗透须通过一种膜进行,这种膜上的微孔只能允许溶剂分子通过,而不允许溶质分子通过,这种膜叫做半透膜。半透膜有两类:天然半透膜有动物膀胱、肠衣、细胞膜等;人工半透膜有硝化纤维素等。若被半透膜隔开的两种溶液的浓度不同,则可发生渗透现象。当作用于溶液上的压力达到一定数值时,在单位时间内,从两个相反的方向穿过半透膜的溶剂分子数目相等,这时系统在膜两侧达到了平衡状态。作用于溶液上的额外压力叫做渗透压(图 2-2)。在一定温度下,溶液越浓,渗透压越大。

如果外加在溶液上的压力超过了渗透压,则反而会使浓溶液中的溶剂向稀溶液中扩散,这种现象叫做反渗透。反渗透为海水淡化、工业废水或污水处理和溶液浓缩等提供了一个重要的方法(图 2-3)。

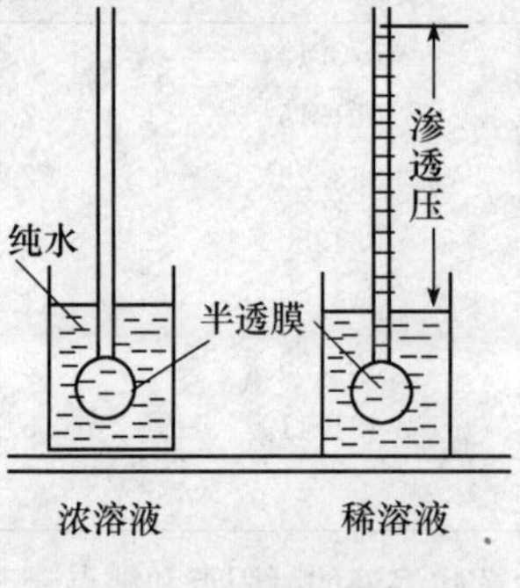

图 2-2　渗透压示意图

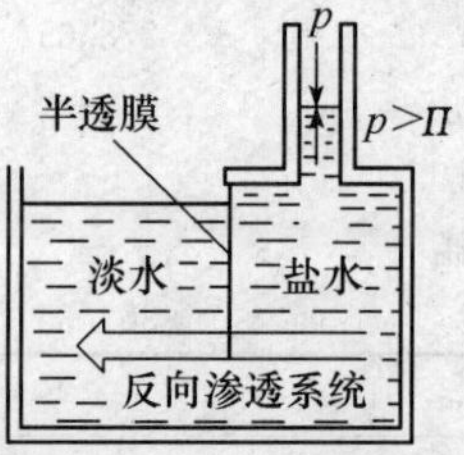

图 2-3　反渗透净化水

1886 年,荷兰物理学家范特霍夫发现非电解质稀溶液的渗透压可用与气体状态方程式完全相似的方程式来计算,称范特霍夫方程式,即

$$\Pi V = n_B RT$$

或

$$\Pi = \frac{n_B}{V}RT = c_B RT \qquad (2-4)$$

式中,Π 为溶液的渗透压;c_B 为溶液中溶质 B 的体积摩尔浓度(简称 B 的浓度),并有 $c_B = \frac{n_B}{V}$(n_B 为溶质 B 的物质的量,V 为溶液的体积);R 为摩尔气体常量;T 为热力学温度。此式表明在一定体积和温度下,溶液的渗透压只与溶液中所含溶质的物质的量有关,而与溶质本性无关。

【例 2-2】 血红素 1.0g 溶于水配成 100cm^3 溶液，此溶液在 20℃时的渗透压为 366Pa。计算：(1)溶液的物质的量浓度；(2)血红素的摩尔质量。

解　(1) $\Pi = c_B RT$，则

$$c_B = \frac{\Pi}{RT} = \frac{366\text{Pa}}{8.314\text{J} \cdot \text{mol}^{-1} \cdot \text{K}^{-1} \times 293.15\text{K}}$$
$$= 0.15\text{mol} \cdot \text{m}^{-3} = 1.5 \times 10^{-4}\text{mol} \cdot \text{dm}^{-3}$$

(2) 设血红素的摩尔质量为 M_B，则

$$c_B = \frac{n_B}{V} = \frac{\frac{m_B}{M_B}}{V}$$

$$M_B = \frac{m_B}{c_B V} = \frac{1.0\text{g}}{1.5 \times 10^{-4}\text{mol} \cdot \text{dm}^{-3} \times 100\text{cm}^3} = 6.7 \times 10^4\text{g} \cdot \text{mol}^{-1}$$

大多数有机体的细胞膜有半透膜的性质，因此渗透现象对生命有着重大意义。例如，为什么生理盐水的浓度必须是 0.9%呢？这就跟渗透压有关。人体的血液是由白细胞和液体血浆组成。血细胞有红细胞、白细胞和血小板三种，其中红细胞占绝大多数。在正常情况下，红细胞内的渗透压跟它周围血浆的渗透压相等，它们是等渗溶液（人体血液的渗透压约为 0.78MPa），为了维持血管里正常的渗透压，向血管里输液时，也要用等渗溶液，0.9%食盐水就是与血浆等渗的溶液。

若遇到特殊情况，如大面积烧伤引起血浆严重脱水，就要用低浓度的盐水补充血浆里的水分；如病人失钠过多，引起血浆的水分相对增多时，为了调节血浆的浓度，就要用高浓度的盐水，即高渗盐水。

2.1.2　电解质稀溶液的通性

强电解质在水溶液中完全解离，不存在分子和离子间的解离平衡。根据强电解质组成结构的不同，其水溶液解离有两种情况：一是离子型化合物的解离；二是共价型极性化合物的解离。由于离子间存在着相互作用，因此每一离子周围在一段时间内总有一些带异号电荷的离子包围着，这种周围带异号电荷的离子形成了所谓的“离子氛”。在溶液中的离子不断运动，使离子氛随时拆散，又随时形成。由于离子氛的存在，离子受到牵制，不能完全独立运动，这就是强电解质溶液实验测得的解离度小于 100%的原因。这种由实验测得的解离度，并不代表强电解质在溶液中的实际解离百分率，所以叫做表观解离度。溶液越浓或离子电荷数越大，强电解质的表观解离度越小。

为了定量描述强电解质溶液离子间相互牵制作用,引入活度概念。所谓活度其实质是指溶质在溶液中真正起作用的那部分浓度,即离子的有效浓度。通常用 a 表示活度,它与实际浓度 c 的关系为

$$a = f \cdot c \tag{2-5}$$

式中,f 为离子的活度系数。用活度代替浓度后所进行的一些计算,较符合实验结果。

活度系数直接反映了溶液中离子相互牵制作用的大小。一般说来,活度系数越大,表示离子活动的自由程度越大。溶液越稀,活度系数越接近于 1;当溶液无限稀释时,活度系数等于 1,离子活动的自由程度为 100%(表示离子间距离远,相互没有影响)时,活度等于离子的浓度。在一般化学计算中,准确度要求不高时,强电解质在稀溶液中的离子浓度往往以 100%解离计算。

电解质溶液也与非电解质稀溶液一样具有溶液蒸气压下降、沸点上升、凝固点下降和渗透压等性质。电解质溶液蒸气压下降原理具有实际意义,如氯化钙、五氧化二磷以及浓硫酸等可用作干燥剂的原因就是由于这些物质表面吸收水蒸气后形成了溶液,其蒸气压比空气中水的蒸气压要低。因此,将陆续吸收水蒸气,直至由于溶液变稀,蒸气压回升并与空气中的水蒸气相等,从而建立起液-气平衡为止。利用溶液凝固点下降这一性质,盐和冰的混合物可以作为冷冻剂。例如,采用氯化钠和冰的混合物,温度可以降低到 251K;用氯化钙和冰的混合物,可以降低到 218K;在水泥砂浆中加入食盐或氯化钙,冬天可照样施工而不凝结。在金属表面处理中,利用溶液沸点上升的原理,使工件在高于 373K 的水溶液中进行处理,如使用含 NaOH 和 $NaNO_2$ 的水溶液能将工件加热到 413K 以上。

2.2 酸碱理论

人们对酸碱的认识经历了一段很长的历史。最初从物质的一些性质来认识酸碱,把凡有酸味,能使紫色石蕊变红的物质称为酸;把凡有涩味,能使紫色石蕊变蓝的物质称为碱。随着科学技术和生产的发展,逐渐提高对酸碱的认识,并提出了一系列的理论。1887 年,瑞典化学家阿伦尼乌斯提出了酸碱解离理论,他把凡是在水溶液中解离产生的阳离子全部是 H^+ 的物质称为酸;解离产生的阴离子全部都是 OH^- 的称为碱,酸碱反应的实质就是 H^+ 和 OH^- 结合生成水的反应。酸碱解离理论从物质的化学组成上研究了酸碱的实质,这是人们从现象到本质对酸碱认识的质的飞跃,对化学的发展起到了很大的作用,直到现在这个理论仍在普遍使用。但是随着科学实验的不断发展,酸碱解离理论的局限性也不断地

表现出来。例如，很多反应都是在非水溶剂中进行的，而且许多不含 H^+ 和 OH^- 的物质也表现出酸碱的性质，这是解离理论无法解释的。此外，解离理论把碱限制为氢氧化物，因而氨水呈现碱性这一事实也无法解释，使人们长期误认为 NH_3 溶于水后，先生成 NH_4OH，再解离出 OH^-，因而显碱性。但科学家们至今也未能分离出 NH_4OH 这种物质，这说明酸碱理论尚不完善，还需要进一步的补充和发展。

为了弥补阿伦尼乌斯酸碱解离理论的不足，丹麦化学家布朗斯台德(J. N. Bronsted)和英国化学家劳瑞(T. M. Lowry)在 1923 年分别提出了酸碱质子理论，同年美国化学家路易斯(G. N. Lewis)提出了广义酸碱电子理论等。这些理论的发展克服了解离理论的局限性，大大扩大了酸碱的范围。

2.2.1　酸碱质子理论

酸碱质子理论认为：凡能给出质子(H^+)的物质都是酸；凡能接受质子的物质都是碱。例如，HCl、HAc、HCO_3^-、NH_4^+、$[Al(H_2O)_6]^{3+}$ 等都能给出质子，它们都是酸。

$$HCl \rightleftharpoons H^+ + Cl^-$$

$$HAc \rightleftharpoons H^+ + Ac^-$$

$$HCO_3^- \rightleftharpoons H^+ + CO_3^{2-}$$

$$NH_4^+ \rightleftharpoons H^+ + NH_3$$

$$[Al(H_2O)_6]^{3+} \xrightleftharpoons{H_2O} H^+ + [Al(OH)(H_2O)_5]^{2+}$$

酸解离出质子后余下的部分在一定条件下也可接受质子，因此就是碱。如上所述，Cl^-、Ac^-、CO_3^{2-}、NH_3 等都是碱。这种关系可用通式表示：

$$酸 \rightleftharpoons 碱 + H^+$$

酸与碱这种相互依存、相互转化的关系称为酸碱的共轭关系。以上列出的这些方程式中，左边的酸是右边碱的共轭酸，而右边的碱则是左边酸的共轭碱，这种对应关系称做共轭酸碱对。

由此可见，这种共轭酸碱对的半反应是不能单独存在的，有酸才有碱，有碱必有酸。所以酸碱是互相依存又可以相互转化的，彼此之间通过质子相互联系。根据酸碱的共轭关系不难理解，酸越容易解离出质子，其共轭碱就越难结合质子，即酸越强其共轭碱就越弱；反之，酸越弱，其共轭碱就越强。

表 2-2 列出一些常见的共轭酸碱对，表中符号“$\rightleftharpoons$”表示酸、碱的共轭关系，并非解离平衡关系。表示共轭酸碱之间可以相互转化。

表 2-2　一些常见的共轭酸碱对

	酸 $\rightleftharpoons$ 质子＋碱	
酸性增强 ↑	$HCl \rightleftharpoons H^+ + Cl^-$	碱性增强 ↓
	$H_3O^+ \rightleftharpoons H^+ + H_2O$	
	$HSO_4^- \rightleftharpoons H^+ + SO_4^{2-}$	
	$H_3PO_4 \rightleftharpoons H^+ + H_2PO_4^-$	
	$HAc \rightleftharpoons H^+ + Ac^-$	
	$[Al(H_2O)_6]^{3+} \overset{H_2O}{\rightleftharpoons} H^+ + [Al(OH)(H_2O)_5]^{2+}$	
	$H_2CO_3 \rightleftharpoons H^+ + HCO_3^-$	
	$H_2S \rightleftharpoons H^+ + HS^-$	
	$H_2PO_4^- \rightleftharpoons H^+ + HPO_4^{2-}$	
	$NH_4^+ \rightleftharpoons H^+ + NH_3$	
	$HCO_3^- \rightleftharpoons H^+ + CO_3^{2-}$	

2.2.2　酸碱电子理论

由于酸碱质子理论把酸局限在含氢的物质中,对一些不含氢的物质表现出的酸性无法解释。1923 年,美国化学家路易斯根据反应物分子的价电子在反应中重新分配而提出酸碱定义,把酸碱反应与化学键联系起来。路易斯酸碱可简单地定义为:酸是任何可以接受外来电子对的分子或离子,是电子对的接受体;碱则是可以给出电子对的分子和离子,是电子对的给予体。所以路易斯的酸碱理论又叫酸碱电子理论或广义酸碱理论。酸碱之间以共价配键相结合,生成配合物或加合物并不发生电子转移。例如:

(1) H^+ 与 OH^- 反应生成 H_2O。这是典型解离理论的酸碱中和。根据酸碱电子理论,二者反应时,OH^- 给出电子对,是碱;H^+ 接受电子对,是酸,最终以共价键形成酸碱的加合物 H_2O。

(2) 氯化氢和氨在气相中反应,生成氯化铵,氯化铵是由铵离子和氯离子组成的离子化合物。在这一反应中,氯化氢中的氢转移给氨,生成铵离子和氯离子,这是一个质子转移反应。但是,按照电子理论,氯化氢是酸,可以接受电子对,氨是碱,可给出电子对,氨与氯化氢结合生成铵根离子 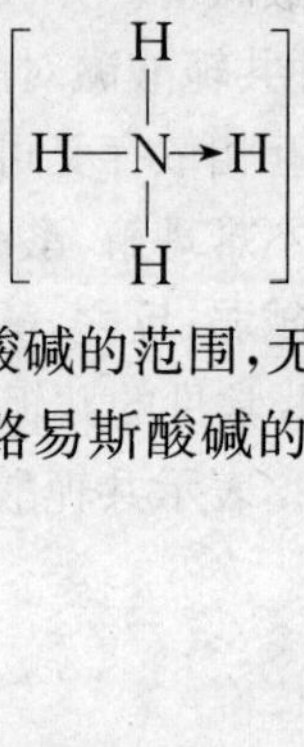 和氯离子 Cl^- 。

通过上述讨论说明:路易斯酸碱理论扩大了酸碱的范围,无论在固态、液态、气态或在溶液中,大多数无机化合物都可以看作是路易斯酸碱的加合物。特别是对研究配合物,酸碱的电子理论更为重要。

2.3　弱电解质的解离平衡

2.3.1　水的离子积和 pH

水是一种重要的溶剂，许多化学反应能在水中进行，因此必须首先解决水自身的解离问题。根据酸碱质子理论，水既可以是质子酸又可以是质子碱，能自偶解离或发生自身的酸碱反应。

$$H_2O + H_2O \rightleftharpoons H_3O^+ + OH^-$$

简写成

$$H_2O \rightleftharpoons H^+ + OH^-$$

精确的实验测得在 298.15K 纯水中：

$$c^{eq}(H^+) = 1.0 \times 10^{-7} mol \cdot dm^{-3}$$
$$c^{eq}(OH^-) = 1.0 \times 10^{-7} mol \cdot dm^{-3}$$

根据平衡原理，298.15K 时 $K_w^\ominus = \frac{c^{eq}(H^+)}{c^\ominus} \cdot \frac{c^{eq}(OH^-)}{c^\ominus} = 1.0 \times 10^{-14}$，$K_w^\ominus$是一个重要常数，通常称为水的离子积常数，简称水的离子积。

水的离子积 $K_w^\ominus$与温度有一定的关系，随温度升高 $K_w^\ominus$增大。从表 2-3 可以看出 $K_w^\ominus$随温度变化不十分明显，一般室温下，常用 $K_w^\ominus = 1.0 \times 10^{-14}$。

表 2-3　不同温度时水离子积常数

T/K	273	283	293	298	323	373
$K_w^\ominus$	1.1×10^{-15}	2.9×10^{-15}	6.8×10^{-15}	1.0×10^{-14}	5.5×10^{-14}	5.5×10^{-13}

由于许多化学反应和几乎全部的生物生理现象都是在 H^+ 浓度极小的溶液中进行，因此用物质的量浓度来表示溶液的酸碱度很不方便，常用 pH 表示溶液的酸度。pH 等于$\frac{c^{eq}(H^+)}{c^\ominus}$的负对数，即

$$pH = -\lg \frac{c^{eq}(H^+)}{c^\ominus}$$

如果 pH 改变 1 个单位，相应于 $c^{eq}(H^+)$改变了 10 倍。与 pH 相似，$c^{eq}(OH^-)$和$K_w^\ominus$也可分别用 pOH 和 p$K_w^\ominus$来表示，即

$$pOH = -\lg \frac{c^{eq}(OH^-)}{c^\ominus}$$

$$pK_w^\ominus = -\lg K_w^\ominus$$

298.15K 时对于同一溶液，有

$$pH + pOH = pK_w^\ominus = 14$$

pH 和 pOH 使用范围一般在 0～14,在这个范围以外,用物质的量浓度($mol \cdot dm^{-3}$)表示酸度和碱度反而更方便。

2.3.2 一元弱酸、弱碱的解离平衡

一元弱酸如乙酸(HAc)和一元弱碱如氨水($NH_3 \cdot H_2O$),它们在水溶液中只是部分解离,绝大部分以未解离的分子存在。溶液中始终存在着未解离的弱电解质分子与解离产生的正、负离子之间的平衡。这种平衡称解离平衡。

$$HAc \rightleftharpoons H^+ + Ac^- \qquad K_a^\ominus = \frac{\frac{c^{eq}(H^+)}{c^\ominus} \cdot \frac{c^{eq}(Ac^-)}{c^\ominus}}{\frac{c^{eq}(HAc)}{c^\ominus}}$$

$$NH_3 + H_2O \rightleftharpoons NH_4^+ + OH^- \qquad K_b^\ominus = \frac{\frac{c^{eq}(NH_4^+)}{c^\ominus} \cdot \frac{c^{eq}(OH^-)}{c^\ominus}}{\frac{c^{eq}(NH_3)}{c^\ominus}}$$

在一定温度下,上述各体系达到平衡后则有如上关系式,$K_a^\ominus$、$K_b^\ominus$称为解离平衡常数。

解离平衡常数是化学平衡常数的一种,表示弱酸弱碱的解离趋势,K 值越大,解离程度越大。附录 5 列出了一些常见的弱电解质的解离常数,我们可以根据解离常数的大小判断弱电解质的相对强弱。通常情况下人们把 $K_a^\ominus$($K_b^\ominus$)介于 10^{-2}～10^{-7} 的酸(碱)叫弱酸(碱),而小于 10^{-7} 的酸(碱)叫极弱酸(碱)。对于给定的电解质而言,解离常数与温度有关而与浓度无关。但一般说来受温度的影响不大,而且研究多为常温下的解离平衡。

【例 2-3】 计算 $0.10 mol \cdot dm^{-3}$ HAc 溶液 pH 及解离度 α($K_a^\ominus = 1.75 \times 10^{-5}$)。

解 首先考虑一般情况,设任意一元弱酸 HA 初始浓度为 c_0 $mol \cdot dm^{-3}$,平衡时有 x $mol \cdot dm^{-3}$ 的 HA 发生解离,则平衡时溶液中的 H^+ 浓度就是 x $mol \cdot dm^{-3}$(忽略水的自身解离),根据平衡方程有

	HA $\rightleftharpoons$	H^+ +	A^-
初始浓度/($mol \cdot dm^{-3}$)	c_0	0	0
平衡时浓度/($mol \cdot dm^{-3}$)	$c_0 - x$	x	x

$$K_a^\ominus = \frac{\frac{c^{eq}(H^+)}{c^\ominus} \cdot \frac{c^{eq}(A^-)}{c^\ominus}}{\frac{c^{eq}(HA)}{c^\ominus}} = \frac{x^2}{c_0 - x}$$

解得

$$x = \frac{-K_a^\ominus + \sqrt{(K_a^\ominus)^2 + 4c_0 K_a^\ominus}}{2} \tag{2-6}$$

如果浓度 c_0 不太低且解离常数比较小(或不考虑单位时如果 $c_0/K_a^{\ominus}\geqslant 500$),解离部分通常很少,相对于初始浓度来说可以忽略,即 $c_0-x\approx c_0$,上式可简化为

$$K_a^{\ominus}=\frac{\frac{c^{eq}(H^+)}{c^{\ominus}}\cdot\frac{c^{eq}(A^-)}{c^{\ominus}}}{\frac{c^{eq}(HA)}{c^{\ominus}}}=\frac{x^2}{c_0-x}\approx\frac{x^2}{c_0}$$

解得

$$\frac{c^{eq}(H^+)}{c^{\ominus}}=x\approx\sqrt{c_0K_a^{\ominus}} \tag{2-7}$$

对于本题,$\frac{c_0}{K_a^{\ominus}}=\frac{0.1}{1.75\times10^{-5}}=5.71\times10^3\gg 500$,所以可以利用式(2-7)计算,即

$$\frac{c^{eq}(H^+)}{c^{\ominus}}=x\approx\sqrt{0.1K_a^{\ominus}}=\sqrt{0.1\times1.75\times10^{-5}}=1.32\times10^{-3}$$

$$c^{eq}(H^+)\approx1.32\times10^{-3}\text{mol}\cdot\text{dm}^{-3}$$

$$\alpha=\frac{c^{eq}(H^+)}{c(HAc)}\times100\%=\frac{1.32\times10^{-3}\text{mol}\cdot\text{dm}^{-3}}{0.1\text{mol}\cdot\text{dm}^{-3}}\times100\%=1.32\%$$

$$pH=-\lg\frac{c^{eq}(H^+)}{c^{\ominus}}=-\lg1.32\times10^{-3}=3-\lg1.32=2.88$$

对于一元弱碱的解离,当初始浓度为 c_0,且 $c_0/K_b^{\ominus}\geqslant 500$,也可同样处理,并有

$$\frac{c^{eq}(OH^-)}{c^{\ominus}}\approx\sqrt{c_0K_b^{\ominus}} \tag{2-8}$$

2.3.3　多元弱电解质的分级解离

分子中含有两个或两个以上可解离的氢原子的酸,称为多元酸。氢硫酸(H_2S)、碳酸(H_2CO_3)为二元弱酸,磷酸(H_3PO_4)为三元酸。多元弱酸在溶液中的解离平衡比一元弱酸要复杂些。一元弱酸的解离平衡是一步完成的,而多元弱酸的解离分步(级)进行,氢离子依次解离出来,其解离常数分别用 K_{a_1},K_{a_2},…表示。例如,H_2S 解离:

第一级解离　　$H_2S \rightleftharpoons H^+ + HS^-$

$$K_{a_1}^{\ominus}=\frac{\frac{c^{eq}(H^+)}{c^{\ominus}}\cdot\frac{c^{eq}(HS^-)}{c^{\ominus}}}{\frac{c^{eq}(H_2S)}{c^{\ominus}}}=9.1\times10^{-8}$$

第二级解离　　$HS^- \rightleftharpoons H^+ + S^{2-}$

$$K_{a_2}^{\ominus}=\frac{\frac{c^{eq}(H^+)}{c^{\ominus}}\cdot\frac{c^{eq}(S^{2-})}{c^{\ominus}}}{\frac{c^{eq}(HS^-)}{c^{\ominus}}}=1.1\times10^{-12}$$

可以看出,氢硫酸的第一级解离远远大于第二级解离,这是多元弱酸解离的一个规律,即 $K_{a_1}^{\ominus}\gg K_{a_2}^{\ominus}\gg K_{a_3}^{\ominus}$。其原因主要是从带负电的离子中解离出带正电的

H^+,要比从中性分子中解离出 H^+ 更为困难,同时第一级解离产生的 H^+ 对第二级解离产生较强的抑制作用。因此,溶液的酸性主要由第一步解离所决定。这样在比较多元酸的酸性强弱时,只需比较一级解离常数即可。计算溶液中 H^+ 浓度时,也可忽略二级解离。

【例 2-4】 计算 0.100mol · dm^{-3} 饱和 H_2S 溶液中 H^+、HS^- 和 S^{2-} 的浓度。

解 由于 H_2S 属于二元弱酸,一级解离远大于二级解离($K^{\ominus}_{a_1} \gg K^{\ominus}_{a_2}$),所以二级解离出的 H^+ 浓度可以忽略,而且一级解离远大于水的解离($K^{\ominus}_{a_1} \gg K^{\ominus}_{w}$),所以也可以忽略水解离出的 H^+ 浓度。因此,达到平衡时的 H^+ 浓度可以近似认为全部由 H_2S 一级解离产生。根据一级解离平衡方程:

$$H_2S \rightleftharpoons H^+ + HS^-$$

$$\frac{c_0}{K^{\ominus}_{a_1}} = \frac{0.1}{9.1\times10^{-8}} \geqslant 500$$

所以根据式(2-7) $$\frac{c^{eq}(H^+)}{c^{\ominus}} \approx \sqrt{0.1K^{\ominus}_{a_1}} = \sqrt{0.1\times9.1\times10^{-8}} = 9.54\times10^{-5}$$

$$c^{eq}(H^+) \approx 9.54\times10^{-5}\,\text{mol}\cdot\text{dm}^{-3}$$

一级解离出的 HS^- 部分发生二级解离,由于二级解离常数极小,所以发生解离的 HS^- 浓度极小,相对于一级解离出的 HS^- 来说可以忽略,所以

$$\frac{c^{eq}(HS^-)}{c^{\ominus}} \approx \frac{c^{eq}(H^+)}{c^{\ominus}} \approx 9.54\times10^{-5},\quad c^{eq}(HS^-) \approx 9.54\times10^{-5}\,\text{mol}\cdot\text{dm}^{-3}$$

S^{2-} 由二级解离产生,根据二级解离平衡:

$$HS^- \rightleftharpoons H^+ + S^{2-}$$

$$K^{\ominus}_{a_2} = \frac{\dfrac{c^{eq}(H^+)}{c^{\ominus}}\cdot\dfrac{c^{eq}(S^{2-})}{c^{\ominus}}}{\dfrac{c^{eq}(HS^-)}{c^{\ominus}}} \approx \frac{9.54\times10^{-5}\times\dfrac{c^{eq}(S^{2-})}{c^{\ominus}}}{9.54\times10^{-5}} = 1.1\times10^{-12}$$

所以 $$\frac{c^{eq}(S^{2-})}{c^{\ominus}} \approx K^{\ominus}_{a_2} = 1.1\times10^{-12},\quad c^{eq}(S^{2-}) \approx 1.1\times10^{-12}\,\text{mol}\cdot\text{dm}^{-3}$$

由上可知,在氢硫酸溶液中,$c^{eq}(S^{2-})$ 在数值上约等于 $K^{\ominus}_{a_2}$。一般来说,任何单一的二元弱酸中二价负离子的浓度均约等于其二级解离常数。

S^{2-} 浓度也可经由总解离平衡求出。

根据总解离平衡:

$$H_2S \rightleftharpoons 2H^+ + S^{2-}$$

该解离方程可由一级解离方程和二级解离方程相加得到,根据多重平衡规则,其解离平衡常数 $K^{\ominus}_{a} = K^{\ominus}_{a_1}\cdot K^{\ominus}_{a_2} = 1.0\times10^{-19}$。由总解离方程,有

$$K^{\ominus}_{a} = \frac{\left[\dfrac{c^{eq}(H^+)}{c^{\ominus}}\right]^2\cdot\dfrac{c^{eq}(S^{2-})}{c^{\ominus}}}{\dfrac{c^{eq}(H_2S)}{c^{\ominus}}}$$

因为$\frac{c^{eq}(H^+)}{c^\ominus} \approx \sqrt{0.1K_{a_1}^\ominus}$，$c^{eq}(H_2S) \approx 0.1 mol \cdot dm^{-3}$，解得

$$\frac{c^{eq}(S^{2-})}{c^\ominus} \approx K_{a_2}^\ominus = 1.1 \times 10^{-12}, \quad c^{eq}(S^{2-}) \approx 1.1 \times 10^{-12} mol \cdot dm^{-3}$$

结果与例题求得的一致。

必须注意，在应用总解离方程进行运算时，解离成分中 H^+ 与 S^{2-} 的浓度并非是 2∶1 关系（只有二元强酸完全解离时，H^+ 与酸根离子浓度才是 2∶1 关系），否则将会导致错误结果。

【例 2-5】 在氢硫酸的饱和溶液（$0.1 mol \cdot dm^{-3}$）中，加入适量的浓盐酸，使该溶液的 H^+ 浓度达到 $1 mol \cdot dm^{-3}$（忽略溶液体积变化，假设氢硫酸仍处于饱和状态），计算 $c^{eq}(S^{2-})$，并与例 2-4 结果进行比较。

解　(1) 根据总解离平衡：

$$H_2S \rightleftharpoons 2H^+ + S^{2-}$$

$$K_a^\ominus = \frac{\left[\frac{c^{eq}(H^+)}{c^\ominus}\right]^2 \cdot \frac{c^{eq}(S^{2-})}{c^\ominus}}{\frac{c^{eq}(H_2S)}{c^\ominus}}$$

将 $c^{eq}(H^+) = 1.0 mol \cdot dm^{-3}$，$c^{eq}(H_2S) \approx 0.1 mol \cdot dm^{-3}$ 代入上式，解得

$$\frac{c^{eq}(S^{2-})}{c^\ominus} \approx 0.1 \times 1.0 \times 10^{-19} = 1.0 \times 10^{-20}, \quad c^{eq}(S^{2-}) \approx 1.0 \times 10^{-20} mol \cdot dm^{-3}$$

(2) 例 2-4 中，$c^{eq}(S^{2-}) = 1.10 \times 10^{-12} mol \cdot dm^{-3}$，通过比较，说明由于向 H_2S 溶液中加入大量的游离 H^+，致使 H_2S 解离度大大降低，S^{2-} 浓度变为原来的 10^{-8} 倍。

2.3.4　同离子效应和缓冲溶液

1. 同离子效应

弱酸、弱碱的解离平衡与其他的化学平衡一样，是一种暂时的、相对的动态平衡。当溶液的温度、浓度等条件改变时，解离平衡也要发生移动。就浓度的改变来说，除用稀释的方法外，还可以在弱电解质溶液中加入具有相同离子的强电解质，从而改变某种离子的浓度，以引起弱电解质解离平衡的移动。

例如，在氨水中加入一些 NH_4Ac，由于后者是强电解质，在溶液中完全解离，于是 NH_4^+ 浓度大大增加，使平衡 $NH_3 \cdot H_2O \rightleftharpoons NH_4^+ + OH^-$ 向左移动，从而降低了氨的解离度。

$$NH_3 \cdot H_2O \rightleftharpoons NH_4^+ + OH^-$$

$$NH_4Ac = NH_4^+ + Ac^-$$

对于乙酸溶液,情况也是如此。当加入强电解质 NaAc 时,Ac^- 浓度大大增加,使解离平衡 $HAc \rightleftharpoons H^+ + Ac^-$ 向左移动,HAc 的解离度降低:

$$HAc \rightleftharpoons H^+ + Ac^-$$

$$NaAc = Na^+ + Ac^-$$

由上分析可知,在弱电解质溶液中,加入与弱电解质具有相同离子的强电解质时,可使弱电解质的解离度降低,这种现象叫做同离子效应。

【例 2-6】 计算 $0.20\text{mol}\cdot\text{dm}^{-3}$ $NH_3\cdot H_2O$ 的 pH 和解离度 α。

解
$$NH_3\cdot H_2O \rightleftharpoons NH_4^+ + OH^-$$

$$\frac{c_0}{K_b^\ominus} = \frac{0.20}{1.77\times10^{-5}} \geqslant 500$$

所以根据式(2-8)
$$\frac{c^{eq}(OH^-)}{c^\ominus} \approx \sqrt{c_0 K_b^\ominus} = \sqrt{0.20\times1.77\times10^{-5}} = 1.88\times10^{-3}$$

$$c^{eq}(OH^-) \approx 1.88\times10^{-3}\,\text{mol}\cdot\text{dm}^{-3}$$

$$\text{pH} = 11.3$$

$$\alpha = \frac{c^{eq}(OH^-)}{c(NH_3\cdot H_2O)}\times100\% = \frac{1.88\times10^{-3}\,\text{mol}\cdot\text{dm}^{-3}}{0.20\text{mol}\cdot\text{dm}^{-3}}\times100\% = 0.94\%$$

【例 2-7】 在 $0.40\text{mol}\cdot\text{dm}^{-3}$ 氨水溶液中,加入等体积的 $0.40\text{mol}\cdot\text{dm}^{-3}$ NH_4Cl 溶液,求混合溶液中 OH^- 浓度、pH 和 $NH_3\cdot H_2O$ 的解离度。并将结果与例 2-6 进行比较。

解 两种溶液等体积混合后浓度各减小一半,均为 $0.20\text{mol}\cdot\text{dm}^{-3}$。忽略水的解离,设已解离 $NH_3\cdot H_2O$ 的浓度为 x $\text{mol}\cdot\text{dm}^{-3}$,则根据解离平衡:

	$NH_3\cdot H_2O \rightleftharpoons$	NH_4^+	$+OH^-$
起始浓度/($\text{mol}\cdot\text{dm}^{-3}$)	0.20	0.20	0
平衡浓度/($\text{mol}\cdot\text{dm}^{-3}$)	$0.20-x$	$0.20+x$	x

$$K_b^\ominus = \frac{\dfrac{c^{eq}(NH_4^+)}{c^\ominus}\cdot\dfrac{c^{eq}(OH^-)}{c^\ominus}}{\dfrac{c^{eq}(NH_3)}{c^\ominus}} = \frac{(0.2+x)\cdot x}{0.2-x}$$

因为 $NH_3\cdot H_2O$ 的解离平衡常数很小,并且由于同离子效应将进一步抑制 $NH_3\cdot H_2O$ 的解离,所以 x 相对于初始浓度来说可以忽略,即 $0.20\pm x\approx0.20$。上式可简化为

$$K_b^\ominus = \frac{(0.2+x)\cdot x}{0.2-x} \approx \frac{0.2x}{0.2}$$

解得
$$\frac{c^{eq}(OH^-)}{c^\ominus} = x \approx K_b^\ominus,\quad c^{eq}(OH^-) \approx 1.77\times10^{-5}\,\text{mol}\cdot\text{dm}^{-3}$$

$$\text{pH} = 9.30$$

$$\alpha = \frac{c^{eq}(OH^-)}{c(NH_3\cdot H_2O)}\times100\% = \frac{1.77\times10^{-5}\,\text{mol}\cdot\text{dm}^{-3}}{0.20\text{mol}\cdot\text{dm}^{-3}}\times100\% = 0.009\%$$

比较例 2-6 和例 2-7 的计算结果得知，由于同离子效应，氨水的解离度从 0.95%降到 0.009%，pH 由 11.3 降到 9.30。同离子效应可以控制弱酸或弱碱的解离，所以经常利用同离子效应来调节溶液的酸碱性。

2. *缓冲溶液*

缓冲溶液是一种能抵御外加少量的强酸或强碱，或适当的稀释作用，而保持溶液的 pH 基本稳定的溶液。这种抵抗外界干扰因素的性质称为缓冲作用。缓冲溶液的这一性质对于生命活动和生产实践具有重要的意义。便如人体血液的 pH 必须保持在 7.35～7.45，才能维护机体的功能。生物体在代谢过程中会不断产生酸或碱，然而人体血液的 pH 仍能维持在 7.35～7.45，这是因为生物体内存在着多种缓冲体系。如 H_2CO_3-HCO_3^-、$H_2PO_4^-$-HPO_4^{2-} 以及蛋白质-蛋白质盐等维持血液的 pH 在 7.4 左右。

缓冲溶液一般含有两种物质，通常由共轭酸碱对组成，如 HAc-NaAc、$NH_3 \cdot H_2O$-NH_4Cl、H_2CO_3-$NaHCO_3$、H_3BO_3-$Na_2B_4O_7$（硼砂）。缓冲液还可以由既能失去质子，又能得到质子的两性物质组成，如 HCO_3^-、$H_2PO_4^-$ 以及一些氨基酸（如甘氨酸）。此外，一些较高浓度的强酸或强碱溶液也具有缓冲溶液的性质，如 pH＜2 的强酸或 pH＞12 的强碱。

缓冲溶液为什么具有保持溶液的 pH 基本不变的能力呢？这是因为当弱酸与其共轭碱共存时，解离平衡受同离子效应的影响。例如，弱电解质 HAc 和强电解质 NaAc 组成的溶液，其解离式为

$$HAc \rightleftharpoons H^+ + Ac^-$$

由于溶液中 HAc 和 Ac^- 的浓度都很大，当加入少量强酸时，溶液中的共轭碱 Ac^- 接受外加入的 H^+ 生成的 HAc，使 HAc 的解离平衡向分子化方向移动，溶液中 H^+ 浓度不会显著增加，因此 Ac^- 是此缓冲溶液中抗酸的成分。当加入少量强碱时，溶液中 H^+ 与外加的 OH^- 生成 H_2O，使 HAc 的解离平衡向解离方向移动，从而补充了消耗的 H^+，因而溶液的 pH 变化不大，HAc 是此缓冲溶液中抗碱的成分。当加入水稀释时，一方面降低了溶液的 H^+ 的浓度；另一方面由于解离度的增大以及同离子效应的减弱，使 H^+ 的浓度有所升高，仍可维持 HAc 及 Ac^- 浓度的一定比值，结果仍使溶液的 pH 基本保持不变。同理，一定量的弱碱与其共轭酸的混合液（如 $NH_3 \cdot H_2O$ 与 NH_4Cl），也具有上述的酸碱缓冲能力。

下面来推导一般缓冲溶液 pH 的计算公式。

设初始共轭酸和共轭碱浓度分别为 c(共轭酸)$mol \cdot dm^{-3}$ 和 c(共轭碱)$mol \cdot dm^{-3}$，达到解离平衡时有 x $mol \cdot dm^{-3}$ 的共轭酸发生解离，根据解离平衡：

	共轭酸	$\rightleftharpoons$	H^+	+	共轭碱
初始浓度/($mol \cdot dm^{-3}$)	c(共轭酸)		0		c(共轭碱)
平衡浓度/($mol \cdot dm^{-3}$)	c(共轭酸)$-x$		x		c(共轭碱)$+x$

$$K_a^\ominus = \frac{\frac{c^{eq}(H^+)}{c^\ominus} \cdot \frac{c^{eq}(\text{共轭碱})}{c^\ominus}}{\frac{c^{eq}(\text{共轭酸})}{c^\ominus}} = \frac{x \cdot [c(\text{共轭碱}) + x]}{c(\text{共轭酸}) - x}$$

因为共轭酸的解离平衡常数很小,并且由于同离子效应将进一步抑制它的解离,所以 x 相对于初始浓度来说可以忽略,即 c(共轭酸)$-x \approx c$(共轭酸),c(共轭碱)$+x \approx c$(共轭碱)。上式可简化为

$$K_a^\ominus \approx \frac{x \cdot c(\text{共轭碱})}{c(\text{共轭酸})}$$

解得

$$\frac{c^{eq}(H^+)}{c^\ominus} = x \approx \frac{K_a^\ominus \cdot c(\text{共轭酸})}{c(\text{共轭碱})}$$

$$pH = -\lg \frac{c^{eq}(H^+)}{c^\ominus} = -\lg \frac{K_a^\ominus \cdot c(\text{共轭酸})}{c(\text{共轭碱})} = pK_a^\ominus - \lg \frac{c(\text{共轭酸})}{c(\text{共轭碱})} \quad (2\text{-}9)$$

$$pOH = 14 - pH = 14 - pK_a^\ominus + \lg \frac{c(\text{共轭酸})}{c(\text{共轭碱})} = pK_b^\ominus - \lg \frac{c(\text{共轭碱})}{c(\text{共轭酸})} \quad (2\text{-}10)$$

从以上两式可知,缓冲溶液的 pH 主要取决于共轭酸碱对中共轭酸的 $pK_a^\ominus$ 或共轭碱的 $pK_b^\ominus$,其次取决于共轭碱和共轭酸的浓度比。前者是已确定的因素,后者则是可调节的因素,可以通过调节共轭酸和共轭碱的比值而得到一定 pH 的缓冲溶液。

【例 2-8】 计算含有 $0.10\text{mol} \cdot \text{dm}^{-3}$ HAc 和 $0.30\text{mol} \cdot \text{dm}^{-3}$ NaAc 溶液 pH 为多少?(已知 HAc 的 $pK_a^\ominus = 4.75$)

解 HAc 和 NaAc 混合溶液构成缓冲体系,所以

$$pH = pK_a^\ominus - \lg \frac{c(HAc)}{c(Ac^-)} = 4.75 - \lg \frac{0.10\text{mol} \cdot \text{dm}^{-3}}{0.30\text{mol} \cdot \text{dm}^{-3}} = 5.23$$

【例 2-9】 在 100cm^3 的 $0.10\text{mol} \cdot \text{dm}^{-3}$ HAc 与 $0.30\text{mol} \cdot \text{dm}^{-3}$ 的 NaAc 缓冲溶液中,加入 1.0cm^3 的 $1.0\text{mol} \cdot \text{dm}^{-3}$ 盐酸,求其 pH。

解 因为 HCl 在溶液中完全解离,加入盐酸后,相当于加入的浓度为 $\frac{1.0\text{cm}^3 \cdot 1.0\text{mol} \cdot \text{dm}^{-3}}{1.0\text{cm}^3 + 100\text{cm}^3} \approx 0.01\text{mol} \cdot \text{dm}^{-3}$ 的 H^+。假设加入的 H^+ 与缓冲溶液中的 Ac^- 全部结合成 HAc。则起始 HAc 和 Ac^- 浓度分别为

$$c(HAc) \approx 0.10\text{mol} \cdot \text{dm}^{-3} + 0.01\text{mol} \cdot \text{dm}^{-3} = 0.11\text{mol} \cdot \text{dm}^{-3}$$

$$c(Ac^-) \approx 0.30\text{mol} \cdot \text{dm}^{-3} - 0.01\text{mol} \cdot \text{dm}^{-3} = 0.29\text{mol} \cdot \text{dm}^{-3}$$

$$pH = pK_a^\ominus - \lg \frac{c(HAc)}{c(Ac^-)} = 4.75 - \lg \frac{0.11\text{mol} \cdot \text{dm}^{-3}}{0.29\text{mol} \cdot \text{dm}^{-3}} = 5.17$$

对比例 2-8 和例 2-9 可知,当上述缓冲溶液不加盐酸时,pH 为 5.23;加 1.0cm^3 的 $1.0\text{mol} \cdot \text{dm}^{-3}$ HCl 后,pH 为 5.17。两者只差 0.05,说明 pH 变化不

大。若加入 $1.0cm^3$ $1.0mol\cdot dm^{-3}$ NaOH 后，则 pH 变为 5.29，两者相差也为 0.06。若在 $100\ cm^3$ 纯水中加入同样的酸或碱，pH 将由 7 变为 2，改变 5 个单位。由此可见，缓冲溶液的缓冲作用相当明显。

必须指出，缓冲溶液的缓冲能力是有一定限度的。如果外加的强酸或强碱量非常大的话，将缓冲体系中的共轭碱或共轭酸消耗殆尽，缓冲溶液也就失去缓冲作用了。

前面已经说过，缓冲溶液的 pH 主要取决于共轭酸碱对中共轭酸的 $pK_a^\ominus$ 或共轭碱的 $pK_b^\ominus$，其次取决于共轭碱和共轭酸的浓度比。所以，在配制具有一定 pH 的缓冲溶液时，首先应当选用 $pK_a^\ominus$ 接近或等于该 pH 的弱酸及其共轭碱的混合液，然后再通过调整共轭酸碱的浓度比值使缓冲溶液的 pH 达到要求。表 2-4 列举了一些常见的缓冲溶液及其 pH。

表 2-4　常见的缓冲溶液及其 pH 范围

配制缓冲溶液的试剂	缓冲组分	$pK_a^\ominus$	缓冲范围
HCOOH-NaOH	$HCOOH\text{-}HCOO^-$	3.75	2.75～4.75
HAc-NaAc	$HAc\text{-}Ac^-$	4.75	3.75～5.75
$NaH_2PO_4\text{-}Na_2HPO_4$	$H_2PO_4^-\text{-}HPO_4^{2-}$	7.21	6.21～8.21
$Na_2B_4O_7\text{-}HCl$	$H_3BO_3\text{-}B(OH)_4^-$	9.14	8.14～10.14
$NH_3\cdot H_2O\text{-}NH_4Cl$	$NH_4^+\text{-}NH_3$	9.25	8.25～10.25
$NaHCO_3\text{-}Na_2CO_3$	$HCO_3^-\text{-}CO_3^{2-}$	10.25	9.25～11.25
$Na_2HPO_4\text{-}NaOH$	$HPO_4^{2-}\text{-}PO_4^{3-}$	12.66	11.66～13.66

【例 2-10】　欲配制 pH＝9.20，$NH_3\cdot H_2O$ 浓度为 $1.0mol\cdot dm^{-3}$ 的缓冲溶液 $500cm^3$，如何用浓 $NH_3\cdot H_2O$ 溶液和固体 NH_4Cl 配制？(已知浓 $NH_3\cdot H_2O$ 的浓度为 $15mol\cdot dm^{-3}$，$pK_b^\ominus=4.75$)

解　$$pOH=pK_b^\ominus-\lg\frac{c(\text{共轭碱})}{c(\text{共轭酸})}=4.75-\lg\frac{c(NH_3\cdot H_2O)}{c(NH_4^+)}=14-pH=4.80$$

将 $c(NH_3\cdot H_2O)=1.0mol\cdot dm^{-3}$ 代入上式，解得

$$c(NH_4^+)=1.12mol\cdot dm^{-3}$$

应称取固体 NH_4Cl 质量为

$$m(NH_4Cl)=500cm^3\times 1.12mol\cdot dm^{-3}\times 53.5g\cdot mol^{-1}=29.96g$$

所需浓氨水的体积为

$$V(NH_3\cdot H_2O)=\frac{1.0mol\cdot dm^{-3}\times 500cm^3}{15mol\cdot dm^{-3}}=33.3cm^3$$

配制方法为：称取 29.96gNH_4Cl 固体溶于少量水中，加入 $33.3cm^3$ 浓氨水，然后加水至 $500cm^3$ 即可配成所要求的缓冲溶液。

2.4　多相离子平衡与溶度积

按照溶解度的不同，电解质大致可划分为易溶和难溶两大类。难溶电解质的

沉淀-溶解平衡是一种存在于固体和它的溶液中相应离子间的平衡,也叫做多相离子平衡。多相离子平衡也是一种化学平衡,简称为沉淀平衡。

沉淀反应的应用是多方面的,在化工以及精细化学品生产中,许多难溶电解质的制备、一些易溶产品中某些杂质的分离以及产品的质量分析等,都会涉及一些与沉淀平衡有关的问题。

2.4.1 溶度积

习惯上把溶解度小于 0.01g/100gH_2O 的物质称为难溶物。AgCl、$BaSO_4$ 等都是难溶物,为常见的难溶电解质。

1. 溶度积常数

以 $BaSO_4$ 为例。$BaSO_4$ 是由 Ba^{2+} 和 SO_4^{2-} 构成的难溶的离子化合物。把它放入水中,在水分子作用下,同水相接触的固体表面上的 Ba^{2+} 和 SO_4^{2-} 进入水中,这个过程叫做溶解。已溶解的一部分 Ba^{2+} 和 SO_4^{2-} 在运动中相互碰撞而重新结合成 $BaSO_4$ 晶体,这个过程叫做结晶或沉淀。在一定温度下,当溶解与沉淀的速率相等时,便建立了固体和溶液中离子之间的动态平衡,这叫做沉淀-溶解平衡。

$$BaSO_4(s) \underset{沉淀}{\overset{溶解}{\rightleftharpoons}} Ba^{2+}(aq) + SO_4^{2-}(aq)$$

这个平衡的特点是:在一定温度下反应物 $BaSO_4$ 为固体,生成物为离子,溶液为饱和溶液,服从化学平衡定律。标准平衡常数表达式为

$$K_s^{\ominus} = \frac{c^{eq}(Ba^{2+})}{c^{\ominus}} \cdot \frac{c^{eq}(SO_4^{2-})}{c^{\ominus}}$$

$K_s^{\ominus}$ 称为难溶电解质的溶度积常数,简称溶度积(有的书上用 $K_{sp}^{\ominus}$ 表示)。表示在一定温度下,在难溶电解质的饱和溶液中,有关离子浓度数值(因为 $c^{\ominus} = 1mol \cdot dm^{-3}$)的乘积为常数。它的大小与物质的溶解度有关,每一种难溶电解质在一定温度下都有自己的溶度积。

用 A_mB_n 代表任意难溶电解质,则该难溶电解质的溶解-沉淀平衡可表示为

$$A_nB_m(s) \rightleftharpoons nA^{m+}(aq) + mB^{n-}(aq)$$

$$K_s^{\ominus} = \left[\frac{c^{eq}(A^{m+})}{c^{\ominus}}\right]^n \left[\frac{c^{eq}(B^{n-})}{c^{\ominus}}\right]^m$$

它表示当温度一定时,在难溶电解质的饱和溶液中,其离子浓度的幂之积为一常数。式中,n、m 是难溶电解质 A_nB_m 单元中阳离子数和阴离子数。

2. 溶度积和溶解度的相互换算

溶度积和溶解度都代表难溶电解质的溶解能力。根据溶度积原理,它们之间可

以互相换算。本书对物质溶解度的定义是指在一定温度下，物质饱和溶液的物质的量浓度，即单位体积溶剂（如水）中溶解的难溶电解质的物质的量，单位为 $mol \cdot dm^{-3}$。从溶度积的表达式可知，若在饱和溶液中相应离子浓度互为简单的整数倍，就可从溶度积计算出离子浓度，进而算出难溶电解质的溶解度。同理，也可从溶解度求算难溶电解质的溶度积。

【例 2-11】 298.15K 时，AgCl 的溶解度为 $1.33\times10^{-5} mol \cdot dm^{-3}$，求 AgCl 的溶度积。

解　由于 AgCl 是难溶强电解质，因此在 AgCl 的饱和溶液中：

$$c^{eq}(Ag^+)=c^{eq}(Cl^-)=1.33\times10^{-5} mol \cdot dm^{-3}$$

$$K_s^{\ominus}(AgCl)=\frac{c^{eq}(Ag^+)}{c^{\ominus}}\cdot\frac{c^{eq}(Cl^-)}{c^{\ominus}}=(1.33\times10^{-5})^2=1.77\times10^{-10}$$

【例 2-12】 298.15K 时，AgBr 的 $K_s^{\ominus}$ 为 5.35×10^{-13}，求 AgBr 在水中的溶解度。

解　设 AgBr 的溶解度为 s $mol \cdot dm^{-3}$，根据平衡方程：

$$AgBr(s) \rightleftharpoons Ag^+ + Br^-$$

$$K_s^{\ominus}(AgBr)=\frac{c^{eq}(Ag^+)}{c^{\ominus}}\cdot\frac{c^{eq}(Br^-)}{c^{\ominus}}=s^2=5.35\times10^{-13}$$

解得 $s=7.31\times10^{-7}$，即 AgCl 的溶解度为 $7.31\times10^{-7} mol \cdot dm^{-3}$。

【例 2-13】 298.15K 时，Ag_2CrO_4 的 $K_s^{\ominus}$ 为 1.12×10^{-12}，求 Ag_2CrO_4 在水中的溶解度。

解　设 Ag_2CrO_4 的溶解度为 s $mol \cdot dm^{-3}$，则在 Ag_2CrO_4 的饱和溶液中，$c^{eq}(Ag^+)=2s$ $mol \cdot dm^{-3}$，$c^{eq}(CrO_4^{2-})=s$ $mol \cdot dm^{-3}$，根据平衡方程：

$$Ag_2CrO_4(s) \rightleftharpoons 2Ag^+ + CrO_4^-$$

$$K_s^{\ominus}(Ag_2CrO_4)=\left[\frac{c^{eq}(Ag^+)}{c^{\ominus}}\right]^2\cdot\frac{c^{eq}(CrO_4^{2-})}{c^{\ominus}}=(2s)^2\cdot s=4s^3=1.12\times10^{-12}$$

解得 $s=6.54\times10^{-5}$，即 Ag_2CrO_4 的溶解度为 $6.54\times10^{-5} mol \cdot dm^{-3}$。

将以上三例的计算结果进行比较，可以看出：AgCl 的溶度积比 AgBr 的大，AgCl 的溶解度也比 AgBr 的大；AgCl 的溶度积大于 Ag_2CrO_4 的溶度积，但溶解度小于 Ag_2CrO_4 的溶解度。因此，对于同一类型的难溶电解质，可以通过溶度积来比较溶解度的大小。溶度积大者，其溶解度必大；溶度积小者，其溶解度必小。但对于不同类型的难溶电解质，却不能直接由溶度积来比较溶解度的大小。附录7中列出了一些常见难溶电解质的溶度积。

3. 溶度积规则

某一难溶电解质在一定条件下，沉淀能否生成或溶解，可以根据溶度积规则判断。这里引入一个浓度积 Q_c 的概念，它表示在难溶电解质溶液中，相关离子浓度的乘积。对于任意难溶电解质 A_nB_m：

$$A_nB_m(s) \rightleftharpoons nA^{m+}(aq) + mB^{n-}(aq)$$

$$Q_c = \left[\frac{c(A^{m+})}{c^{\ominus}}\right]^n \left[\frac{c(B^{n-})}{c^{\ominus}}\right]^m$$

浓度积 Q_c 的实际上就是反应商。根据化学平衡的移动原理，显然有：

(1) $Q_c < K_s^{\ominus}$，平衡右移，溶液未达到饱和，若溶液中尚有固体难溶电解质存在，将继续溶解，溶液趋于饱和；

(2) $Q_c = K_s^{\ominus}$，平衡不发生移动，溶液呈饱和状态。若溶液中尚有固体难溶电解质存在，则固体不会增加也不会减少；

(3) $Q_c > K_s^{\ominus}$，平衡左移，溶液过饱和，会有新的沉淀析出，直至溶液达到饱和为止。

上述关系及其结论称为溶度积规则。它是难溶电解质沉淀平衡移动规律的总结。在一定温度下，控制难溶电解质溶液中离子的浓度，使溶液中浓度积大于或小于溶度积 $K_s^{\ominus}$，就可使难溶电解质产生沉淀或使沉淀溶解。

2.4.2 多相离子平衡移动

1. 沉淀的生成

按照平衡移动的原理以及溶液中离子浓度与溶度积的关系，可以判断溶液中是否有沉淀生成。

【例 2-14】 根据溶度积判断下列条件下是否有沉淀生成(体积变化忽略)。已知 $K_s^{\ominus}(CaC_2O_4) = 2.34\times10^{-9}$，$K_s^{\ominus}(CaCO_3) = 4.96\times10^{-9}$。

(1) 将 $10cm^3$ $0.02mol\cdot dm^{-3}$ $CaCl_2$ 溶液与等体积等浓度的 $Na_2C_2O_4$ 溶液混合。

(2) 在 $1.0mol\cdot dm^{-3}$ $CaCl_2$ 溶液中通入 CO_2 气体至饱和。

解 (1) 溶液等体积混合，各物质浓度均减小一半，则

$$c(Ca^{2+}) = 0.01mol\cdot dm^{-3}, \quad c^{eq}(C_2O_4^{2-}) = 0.01mol\cdot dm^{-3}$$

$$Q_c = \frac{c(Ca^{2+})}{c^{\ominus}} \cdot \frac{c(C_2O_4^{2-})}{c^{\ominus}} = 0.01\times0.01 = 1.0\times10^{-4}$$

$$Q_c > K_s^{\ominus}(CaC_2O_4)$$

因此溶液中有 CaC_2O_4 沉淀。

(2) 饱和 CO_2 水溶液中

$$c(CO_3^{2-}) \approx K_{a_2}^{\ominus} = 5.61\times10^{-11}mol\cdot dm^{-3}$$

$$Q_c = \frac{c(Ca^{2+})}{c^{\ominus}} \cdot \frac{c(CO_3^{2-})}{c^{\ominus}} \approx 1.0\times5.61\times10^{-11} = 5.61\times10^{-11} < K_s^{\ominus}(CaCO_3)$$

因此 $CaCO_3$ 不会析出。

【例 2-15】 计算 Ag_2CrO_4 在 0.1mol · dm^{-3} $AgNO_3$ 溶液中的溶解度。

解　设 Ag_2CrO_4 的溶解度为 s mol · dm^{-3}，则达到溶解一沉淀平衡时，$c^{eq}(Ag^+)=(2s+0.1)$mol · dm^{-3}，$c^{eq}(CrO_4^{2-})=s$ · mol · dm^{-3}，根据平衡方程：

$$Ag_2CrO_4(s) \rightleftharpoons 2Ag^+(aq)+CrO_4^{2-}(aq)$$

$$K_s^{\ominus}(Ag_2CrO_4)=\left[\frac{c^{eq}(Ag^+)}{c^{\ominus}}\right]^2 \cdot \frac{c^{eq}(CrO_4^{2-})}{c^{\ominus}}=(2s+0.1)^2 \cdot s=1.12\times10^{-12}$$

由于 Ag_2CrO_4 的溶解度很小，解离出的 Ag^+ 浓度相对于溶液中的 Ag^+ 浓度来说可以忽略，即 $2s+0.1\approx0.1$，上式可以简化为

$$K_s^{\ominus}(Ag_2CrO_4)=(2s+0.1)^2 \cdot s\approx0.1^2 \cdot s=1.12\times10^{-12}$$

解得 $s\approx1.12\times10^{-10}$，即 Ag_2CrO_4 在 0.1mol · dm^{-3} $AgNO_3$ 溶液中的溶解度为 1.12×10^{-10}mol · dm^{-3}。

对比例 2-13，Ag_2CrO_4 在 0.1mol · dm^{-3} $AgNO_3$ 中的溶解度为比在纯水中降低了约 2×10^5 倍。由此可见，在 Ag_2CrO_4 平衡体系中，加入含有共同离子（如 Ag^+）的易溶强电解质时，会使 Ag_2CrO_4 的溶解度降低。这种因加入含有共同离子的电解质而使难溶电解质溶解度降低的效应叫做沉淀溶解平衡中的同离子效应。

【例 2-16】 已知 $K_s^{\ominus}(BaSO_4)=1.07\times10^{-10}$，若在 $10cm^3$ 0.02mol · dm^{-3} $BaCl_2$ 溶液中加入：

(1) 10.0cm^3 0.02mol · dm^{-3} Na_2SO_4 溶液；

(2) 10.0cm^3 0.04mol · dm^{-3} Na_2SO_4 溶液。

问溶液中 Ba^{2+} 是否沉淀完全？（注：若离子浓度小于 10^{-6} mol · dm^{-3} 时，通常已达到定量分析的测试下限，此时可以认为离子已沉淀完全）

解　(1) Ba^{2+} 和 SO_4^{2-} 进行等物质的量反应，假设二者完全反应生成 $BaSO_4$ 沉淀，溶液中的 Ba^{2+} 浓度相当于 $BaSO_4$ 沉淀溶于水中并达到溶解-沉淀平衡时的浓度。设 Ba^{2+} 的浓度为 s mol · dm^{-3}，根据溶解-沉淀平衡：

$$BaSO_4(s) \rightleftharpoons Ba^{2+}(aq)+SO_4^{2-}(aq)$$

$$K_s^{\ominus}(BaSO_4)=\frac{c^{eq}(Ba^{2+})}{c^{\ominus}} \cdot \frac{c^{eq}(SO_4^{2-})}{c^{\ominus}}=s^2=1.07\times10^{-10}$$

解得 $s=1.03\times10^{-5}$，即溶液中 Ba^{2+} 的浓度为 1.03×10^{-5} mol · dm^{-3}，尚未达到定量分析的测试下限，所以不能认为 Ba^{2+} 已经沉淀完全。

(2) 经分析可知 Na_2SO_4 过量。假设 Ba^{2+} 全部形成 $BaSO_4$ 沉淀，溶液中的 Ba^{2+} 浓度相当于 $BaSO_4$ 沉淀溶于 0.01mol · dm^{-3} 的 Na_2SO_4 溶液并达到溶解-沉淀平衡时的浓度。设 Ba^{2+} 的浓度为 s mol · dm^{-3}，根据溶解-沉淀平衡：

$$BaSO_4(s) \rightleftharpoons Ba^{2+}(aq)+SO_4^{2-}(aq)$$

$$K_s^{\ominus}(BaSO_4)=\frac{c^{eq}(Ba^{2+})}{c^{\ominus}}\cdot\frac{c^{eq}(SO_4^{2-})}{c^{\ominus}}=s\cdot(s+0.01)=1.07\times10^{-10}$$

由于 $BaSO_4$ 溶解度很小,解离出的 SO_4^{2-} 浓度相对于溶液中的 SO_4^{2-} 浓度来说可以忽略,即 $s+0.01\approx0.01$,上式可以简化为

$$K_s^{\ominus}(BaSO_4)=s\cdot(s+0.01)\approx0.01s=1.07\times10^{-10}$$

解得 $s=1.07\times10^{-8}$,即溶液中 Ba^{2+} 的浓度为 $1.07\times10^{-8}\,mol\cdot dm^{-3}$,远远低于定量分析的测试下限,所以可以认为 Ba^{2+} 已经沉淀完全。

由此可见,为确保某一种离子沉淀完全,可利用同离子效应,加入适当的过量的沉淀剂的方法。

2. 沉淀的溶解

根据溶度积规则,沉淀溶解的必要条件是 $Q_c<K_s^{\ominus}$,因此只要采用一定的方法降低多相离子平衡系统中有关离子浓度,即可促使沉淀-溶解平衡向着沉淀溶解的方向移动。一般可采用以下几种方法:

1) 生成弱电解质使沉淀溶解

由弱酸形成的难溶盐(如 $CaCO_3$、FeS、ZnS 等)能溶解于强酸中。例如,含有 $CaCO_3$ 固体的饱和溶液和盐酸作用,生成 CO_2 而使 $CaCO_3$ 溶解。反应如下:

$$CaCO_3 \rightleftharpoons Ca^{2+} + CO_3^{2-}$$

$$+$$

$$2H^+$$

$$\Vert$$

$$H_2CO_3 \longrightarrow CO_2 + H_2O$$

平衡移动方向 →

加盐酸后,H^+ 与 CO_3^{2-} 形成 H_2CO_3,由于 H_2CO_3 极不稳定,分解为 CO_2 和 H_2O,从而降低了溶液中 CO_3^{2-} 浓度,使 $Q_c<K_s^{\ominus}$,多相离子平衡就向 $CaCO_3$ 溶解方向移动。

2) 通过氧化还原反应使沉淀溶解

某些金属硫化物(CuS、PbS 等)溶度积很小,即使加入高浓度的强酸也不能有效地降低 S^{2-} 浓度,因此它们不能溶于非氧化性强酸。如果加入具有氧化性的硝酸,由于发生氧化还原反应,将 S^{2-} 氧化成单质 S,有效地降低了 S^{2-} 的浓度,使 $Q_c<K_s^{\ominus}$,结果 CuS 沉淀溶解。其反应用离子方程式表示如下:

$$3CuS+8H^++2NO_3^- = 3Cu^{2+}+3S\downarrow+2NO\uparrow+4H_2O$$

3) 通过配位反应使沉淀溶解

因为某些物质可以与沉淀解离形成更加稳定的配位离子,也可有效降低相关离子的浓度,促使沉淀-溶解平衡向右移动,从而使沉淀溶解。例如,照相中的定影

过程，就是利用海波($Na_2S_2O_3$)与 Ag^+ 形成稳定的$[Ag(S_2O_3)_2]^{3-}$，从而有效降低了 Ag^+ 的浓度，$Q_c < K_s^\ominus$，结果使未曝光的 AgBr 溶解。其反应用离子方程式表示如下：

$$AgBr + 2S_2O_3^{2-} = [Ag(S_2O_3)_2]^{3-} + Br^-$$

3. 分步沉淀

前面讨论的沉淀反应只有一种沉淀的系统。实际上，溶液中常有几种离子，当加入某种沉淀剂并控制合适的浓度或 pH 时，可以将这几种离子依次先后沉淀出来，称为分步沉淀。例如，在含有 I^- 和 Cl^- 的混合溶液中。逐滴加入 $AgNO_3$ 溶液，开始只生成溶度积较小的淡黄色 AgI 沉淀，然后才析出溶度积较大的白色 AgCl 沉淀。

【例 2-17】 向含有浓度均为 0.01mol · dm^{-3} 的 I^-、Cl^- 和 Br^- 混合溶液中逐步滴加 $AgNO_3$ 溶液(忽略溶液体积的变化)。判断三种离子的沉淀顺序，并判断当最后沉淀的离子刚开始沉淀时，前面两种离子是否沉淀完全(或者说这三种离子能否完全分离)。

解　欲使离子沉淀，需要满足 $Q_c > K_s^\ominus$。三种离子沉淀所需的 Ag^+ 浓度分别为

$$\frac{c(I^-)}{c^\ominus} \cdot \frac{c_{I^-}(Ag^+)}{c^\ominus} > K_s^\ominus(AgI)$$

解得

$$c_{I^-}(Ag^+) > 8.51 \times 10^{-15}\ mol \cdot dm^{-3}$$

$$\frac{c(Cl^-)}{c^\ominus} \cdot \frac{c_{Cl^-}(Ag^+)}{c^\ominus} > K_s^\ominus(AgCl)$$

解得

$$c_{Cl^-}(Ag^+) > 1.77 \times 10^{-8}\ mol \cdot dm^{-3}$$

$$\frac{c(Br^-)}{c^\ominus} \cdot \frac{c_{Br^-}(Ag^+)}{c^\ominus} > K_s^\ominus(AgBr)$$

解得

$$c_{Br^-}(Ag^+) > 5.35 \times 10^{-11}\ mol \cdot dm^{-3}$$

可见，使 I^- 沉淀所需的 Ag^+ 浓度最小，所以 I^- 最先沉淀；使 Cl^- 沉淀所需的 Ag^+ 浓度最大，所以 Cl^- 最后沉淀。

当 Cl^- 刚开始沉淀时，溶液中的 Ag^+ 浓度为 1.77×10^{-8} mol · dm^{-3}，并且溶液中已经存在 AgBr 和 AgI 沉淀，二者在溶液中处于饱和状态。此时溶液中的 I^- 和 Br^- 浓度分别为

$$\frac{c^{eq}(I^-)}{c^\ominus} \cdot \frac{c^{eq}(Ag^+)}{c^\ominus} = K_s^\ominus(AgI)$$

解得

$$c^{eq}(I^-) = 4.81 \times 10^{-9}\ mol \cdot dm^{-3}$$

$$\frac{c^{eq}(Br^-)}{c^\ominus} \cdot \frac{c^{eq}(Ag^+)}{c^\ominus} = K_s^\ominus(AgBr)$$

解得

$$c^{eq}(Br^-) = 3.02 \times 10^{-5}\ mol \cdot dm^{-3}$$

由此可见，当最后沉淀的离子刚开始沉淀时，I^- 已完全沉淀，而 Br^- 尚未完全沉淀。所以 I^- 可以完全分离，而 Br^- 不能完全分离。

可以推知，对于同一类型的难溶电解质，溶度积大小差别越大，则利用分步沉淀法使有关离子进行分离就越完全。

4. 沉淀的转化

在一些有沉淀的饱和溶液中，加入适当的试剂与溶液中难溶电解质的离子结合成更难溶解的物质，可使原沉淀溶解。这种由一种沉淀转化为另一种沉淀的现象称为沉淀的转化。例如，$CaSO_4$ 是锅炉内壁上锅垢的主要成分，难以用酸溶解、配位溶解及氧化还原溶解的方法除去，但可以用 Na_2CO_3 溶液处理，使 $CaSO_4$ 转化为 $CaCO_3$，而 $CaCO_3$ 可以用酸溶解除去。反应可表示如下：

$$CaSO_4(s) \rightleftharpoons SO_4^{2-} + Ca^{2+}$$
$$+$$
$$Na_2CO_3 = 2Na^+ + CO_3^{2-}$$
$$\Updownarrow$$
$$CaCO_3(s)$$

总反应：

$$CaSO_4(s) + CO_3^{2-} \rightleftharpoons CaCO_3(s) + SO_4^{2-}$$

该反应可由以下两个反应叠加而成：

① $$CaSO_4(s) \rightleftharpoons SO_4^{2-} + Ca^{2+}$$

② $$CaCO_3(s) \rightleftharpoons CO_3^{2-} + Ca^{2+}$$

根据多重平衡规则，总反应平衡常数 $K^\ominus$ 与 $CaSO_4$、$CaCO_3$ 的溶度积关系为

$$K^\ominus = \frac{K_s^\ominus(CaSO_4)}{K_s^\ominus(CaCO_3)} = \frac{7.1\times10^{-6}}{4.96\times10^{-9}} = 1.4\times10^4$$

计算表明总反应平衡常数较大，表示 $CaSO_4$ 转化为 $CaCO_3$ 的转化程度较高。一般来说，从溶解度较大的沉淀转化为溶解度较小的沉淀容易进行。两种沉淀的溶解度差别越大转化反应进行的趋势越大；当两种沉淀的溶解度差别不大时，两种沉淀可以相互转化，转化反应能否进行完全，则与所用的转化溶液的浓度有关。

【例 2-18】 298.15K 时，19.7g $BaCO_3$ 能否溶解于 $1dm^3$ 浓度为 $0.15mol\cdot dm^{-3}$ 的 K_2CrO_4 溶液中，并全部转化为 $BaCrO_4$ 沉淀？[已知 $K_s^\ominus(BaCO_3) = 2.58\times10^{-9}$，$K_s^\ominus(BaCrO_4) = 1.17\times10^{-10}$]

解 19.7g $BaCO_3$ 若全部转化为 $BaCrO_4$ 时应生成等物质的量的 CO_3^{2-} 和 $BaCrO_4$，同时要维持化学平衡，必须保证溶液中有一定浓度的 CrO_4^{2-}。

设 $BaCO_3$ 全部转化为 $BaCrO_4$，则 CO_3^{2-} 的浓度为

$$c(CO_3^{2-}) = \frac{\dfrac{19.7g}{197g\cdot mol^{-1}}}{1dm^3} = 0.1mol\cdot dm^{-3}$$

根据沉淀转化总反应：

$$BaCO_3(s)+CrO_4^{2-} \rightleftharpoons BaCrO_4(s)+CO_3^{2-}$$

$$K^{\ominus}=\frac{K_s^{\ominus}(BaCO_3)}{K_s^{\ominus}(BaCrO_4)}=\frac{2.58\times10^{-9}}{1.17\times10^{-10}}=22.1$$

欲使溶液中不再产生 $BaCO_3$ 沉淀，上述反应不可向左移动，因此有

$$Q=\frac{\dfrac{c(CO_3^{2-})}{c^{\ominus}}}{\dfrac{c(CrO_4^{2-})}{c^{\ominus}}}<K^{\ominus}$$

解得　　$c(CrO_4^{2-})>4.5\times10^{-3}\,mol\cdot dm^{-3}$

形成 $BaCrO_4$ 需要的 CrO_4^{2-} 浓度为 $0.1mol\cdot dm^{-3}$。

所以需要的 $c(CrO_4^{2-})>0.1mol\cdot dm^{-3}+4.5\times10^{-3}\,mol\cdot dm^{-3}=0.1045mol\cdot dm^{-3}$。显然，$K_2CrO_4$ 的实际浓度大于 $0.1045mol\cdot dm^{-3}$，故 $BaCO_3$ 可以全部转化为 $BaCrO_4$。

此题也可这样考虑：假设 $BaCO_3$ 全部转化为 $BaCrO_4$，则 CO_3^{2-} 全部游离出来且不会产生 $BaCO_3$ 沉淀，则有

$$\frac{c(CO_3^{2-})}{c^{\ominus}}\cdot\frac{c(Ba^{2+})}{c^{\ominus}}<K_s^{\ominus}(BaCO_3)$$

同时溶液中 $BaCrO_4$ 处于饱和状态，有

$$\frac{c(CrO_4^{2-})}{c^{\ominus}}\cdot\frac{c(Ba^{2+})}{c^{\ominus}}=K_s^{\ominus}(BaCrO_4),$$

联立两式，可得到游离 CrO_4^{2-} 浓度范围。

习　　题

1. 293.15K 时水的饱和蒸气压为 2.338kPa，如果在 100g 水中溶解 9g 葡萄糖（$C_6H_{12}O_6$，$M=180g\cdot mol^{-1}$），求该温度下此溶液的蒸气压。
2. 有两种溶液在同一温度时结冰，已知其中一种溶液为 1.5g 尿素[$CO(NH_2)_2$]溶于 200g 水中，另一种溶液为 42.8g 某未知物溶于 1000g 水中，求该未知物的摩尔质量。
3. 取 $50.0cm^3$ $0.100mol\cdot dm^{-3}$ 某一元弱酸溶液，与 $20.0cm^3$ $0.100mol\cdot dm^{-3}$ KOH 溶液混合，将混合溶液稀释至 $100cm^3$，测得此溶液的 pH 为 5.25。求此一元弱酸的解离常数。
4. 在烧杯中盛放 $20.0cm^3$ $0.100mol\cdot dm^{-3}$ 氨的水溶液，逐步加入 $0.100mol\cdot dm^{-3}$ HCl 溶液。试计算：
   (1) 当加入 $10.00cm^3$ HCl 后，混合液的 pH；
   (2) 当加入 $20.00cm^3$ HCl 后，混合液的 pH；
   (3) 当加入 $30.00cm^3$ HCl 后，混合液的 pH。
5. 现有 H_3PO_4、NaH_2PO_4、Na_2HPO_4 和 Na_3PO_4 的四种水溶液，浓度均为 $0.10mol\cdot dm^{-3}$，欲配制 pH 为 7.0 的缓冲溶液 $1.0dm^3$，应选哪两种溶液混合？各取多少体积？
6. 某混合溶液中 Zn^{2+}、Mn^{2+} 浓度均为 $0.10mol\cdot dm^{-3}$，若通入 H_2S 气体至饱和，哪种离子先

沉淀？溶液的 pH 应控制在什么范围可以使这两种离子完全分离？

7. 在 298K 时 $Mg(OH)_2$ 在饱和溶液中完全解离，试计算：

(1) $Mg(OH)_2$ 在纯水中的溶解度及 Mg^{2+}、OH^- 的浓度；

(2) 在 0.010mol · dm^{-3} NaOH 溶液中 Mg^{2+} 的浓度；

(3) $Mg(OH)_2$ 在 0.010mol · dm^{-3} $MgCl_2$ 溶液中的溶解度。

8. 通过计算说明，下列条件下能否生成 $Mg(OH)_2$ 沉淀？

(1) 在 10cm^3 0.0015mol · dm^{-3} 的 $MgSO_4$ 溶液中，加入 5cm^3 0.15mol · dm^{-3} 的氨水溶液。

(2) 若在上述 10cm^3 0.0015mol · dm^{-3} 的 $MgSO_4$ 溶液中，加入 0.495g 硫酸铵固体(设加入固体后，溶液体积不变)，然后加入 5cm^3 0.15mol · dm^{-3} 的氨水溶液。

9. 某溶液中含有 Pb^{2+} 和 Ba^{2+}，它们的浓度分别为 0.10mol · dm^{-3} 和 0.010mol · dm^{-3}，逐滴加入 K_2CrO_4 溶液，问哪种离子先沉淀？两者有无分离的可能？

10. 25℃时，在 1.0dm^3 含有 $BaSO_4$ 固体的饱和水溶液中，若同时存在 0.10mol 的 $BaCO_3$ 固体，试通过计算说明应加入多少克 Na_2SO_4 固体可使 $BaCO_3$ 转化为 $BaSO_4$ 沉淀。

第3章　氧化还原与电化学

氧化还原反应极为普遍，在化学反应中占有重要地位。参与这类反应的物质发生电子转移，因此与电化学紧密联系在一起。电化学主要是研究化学能和电能相互转化及转化规律的一门学科。凡是发生在电池两极上的反应。其实质都是氧化还原反应。这类反应也是人们获取能源的重要途径。

如今电化学在国民经济中具有十分重要的实际意义，例如，利用电解方法进行金属冶炼，电化学合成等制备多种化工产品，此外，电化学在电镀工业、三废处理、电化学腐蚀、电源的制造等领域均有很多用途。

3.1　原电池和电极电势

3.1.1　原电池

任何自发的($\Delta G<0$)氧化还原反应均为电子从还原剂转移到氧化剂的过程。例如，Zn与$CuSO_4$溶液的反应，若将Zn片放入$CuSO_4$溶液中，结果Zn慢慢溶解，蓝色的$CuSO_4$溶液颜色变浅，红色的Cu不断在Zn片上析出。这说明Zn与$CuSO_4$之间发生了氧化还原反应。其离子反应式为

$$Zn+Cu^{2+} \rightleftharpoons Cu+Zn^{2+}$$

由于Zn与$CuSO_4$溶液直接接触，电子从Zn原子直接转移到Cu^{2+}上，此时电子的流动毫无秩序，因而得不到有序的电子流。随着反应的进行，溶液的温度升高，化学能转变为热能。若采用图3-1的装置，使氧化和还原反应分别在两个烧杯中进行，以避免电子直接转移。在盛有$ZnSO_4$溶液的烧杯中放入Zn片，在盛有$CuSO_4$的溶液中放入Cu片，用一个所谓的盐桥(倒置U形管)将两个烧杯连通起来。在Cu片和Zn片之间用导线连接一个安培计。可以看到，安培计指针发生偏转，而且Cu片上有金属Cu沉积，Zn片被溶解。这说明导线上有电流通过，Zn失去电子，成为Zn^{2+}进入溶液，电子从Zn片经导线流向Cu片，$CuSO_4$溶液中Cu^{2+}从Cu片上获得电子成为金属Cu沉积在Cu片上。如此进行的反应所释放的化学能转变为电能。这种借

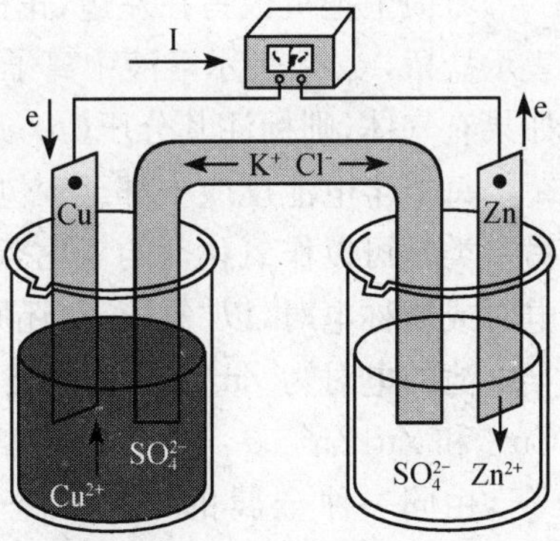

图3-1　原电池装置示意图

助氧化还原反应,将化学能直接转变为电能的装置称为原电池。

原电池包括两个半电池,半电池也称为电极,它是由电极的金属部分和溶液部分组成。在上述铜锌原电池中,Zn 和 $ZnSO_4$ 溶液为锌半电池,称为锌电极,Cu 和 $CuSO_4$ 溶液为铜半电池,称为铜电极。

两电极用盐桥连接,在盐桥中一般装有饱和 KCl 溶液和 3%琼脂做成的凝胶,这样溶液不致流出,而 Cl^-、K^+ 可以自由移动,其作用是保持两个半电池溶液的电中性,保证反应的正常进行。当取出盐桥时,电流表指针会回到零点,放入盐桥后,电流表指针又会发生偏转,说明盐桥起了使整个装置构成通路的作用。因为随着反应的进行,Zn 变成 Zn^{2+} 进入 $ZnSO_4$ 溶液,使 $ZnSO_4$ 溶液带正电,Cu 变成 Cu^{2+} 进入 $CuSO_4$ 溶液,$CuSO_4$ 溶液带负电。这两种电荷会阻止 Zn 和 Cu^{2+} 继续变成 Zn^{2+} 和 Cu,以致实际上不能产生电流。当加入盐桥后,随着反应的进行,K^+ 从盐桥移向 $CuSO_4$ 溶液,Cl^- 从盐桥移向 $ZnSO_4$ 溶液,分别中和过剩的电荷,保持溶液的电中性,就能持续产生电流,一直到 Zn 片完全溶解或 $CuSO_4$ 溶液中 Cu^{2+} 完全沉积出来为止。

在上述铜锌原电池中,总的反应仍然如上所述,这里只是氧化还原反应的两个半反应分别进行。在铜半电池中进行的是氧化剂的还原:$Cu^{2+}+2e^- \rightleftharpoons Cu$ 是接受电子的一极,称为正极;在锌半电池中进行的是还原剂的氧化:$Zn-2e^- \rightleftharpoons Zn^{2+}$ 是失去电子的一极,称为负极;总的反应仍是 $Zn+Cu^{2+} \rightleftharpoons Cu+Zn^{2+}$。

原电池的装置画起来太繁琐,可以用原电池符号表示。如 Cu-Zn 原电池的符号为

$$(-)Zn(s)|Zn^{2+}(c_1)\|Cu^{2+}(c_2)|Cu(s)(+)$$

习惯上把负极写在左边,正极写在右边,以"|"表示两相之间的界面,以"‖"表示盐桥,c_1、c_2 表示溶液中离子的浓度,一般浓度为 $1mol \cdot dm^{-3}$ 时可以不注明。如果有气体,则标注其分压(p)。为简便起见,本书有时不标注浓度和分压。

每个半电池反应中都至少包括两类物质,一类是可以作还原剂的还原态物质,另一类是可以作氧化剂的氧化态物质。氧化态物质和还原态物质组成了氧化还原电对或简称电对,以"氧化态/还原态"来表示。如铜半电池的电对为 Cu^{2+}/Cu,锌半电池的电对为 Zn^{2+}/Zn ,这类电极称为金属电极。电极符号可分别表示成 $Cu|Cu^{2+}$ 和 $Zn|Zn^{2+}$ 。

由同一种金属的不同价态离子也可以组成电极。例如,电极"$Pt|Fe^{3+},Fe^{2+}$",这是将金属 Pt 浸在含有 Fe^{3+} 和 Fe^{2+} 两种离子的溶液中组成的电极。铂金属本身并不参与反应,只起到电子导体的作用,称为惰性电极材料。有时也可以用石墨(C)作为惰性电极材料,其电极反应为 $Fe^{3+}+e^- \rightleftharpoons Fe^{2+}$。

非金属及其离子也可以构成电极。如 H^+/H_2、Cl_2/Cl^- 等,是利用气体在溶液中的离子化倾向而组成的电极。这类电极也需要加惰性电极材料。例如

氢电极　$Pt|H_2|H^+$　$2H^+ + 2e^- \rightleftharpoons H_2$

氯电极　$Pt|Cl_2|Cl^-$　$Cl_2 + 2e^- \rightleftharpoons 2Cl^-$

此外，还有一些电极，如金属及其难溶盐构成的电极，以后将介绍的甘汞电极均属此类。

在写电极反应和原电池反应方程式时应配平。特别是有些电极反应有 H^+ 和 OH^- 参加，写电极反应时，应将 H^+ 和 OH^- 考虑进去，并用 H_2O 加以平衡。这一点无论是对配平电池反应式和以后计算电极电势均很重要。例如，电对 $Cr_2O_7^{2-}/Cr^{3+}$，其电极反应应为

$$Cr_2O_7^{2-} + 14H^+ + 6e^- \rightleftharpoons 2Cr^{3+} + 7H_2O$$

从理论上讲，凡是一个能自发进行的氧化还原反应，都能组成原电池。例如

$$Sn^{2+} + 2Fe^{3+} \rightleftharpoons Sn^{4+} + 2Fe^{2+}$$

电极反应：

$$Sn^{2+} - 2e^- \rightleftharpoons Sn^{4+} \quad （氧化反应，负极）$$

$$2Fe^{3+} + 2e^- \rightleftharpoons 2Fe^{2+} \quad （还原反应，正极）$$

在一个烧杯中放入含 Fe^{3+} 和 Fe^{2+} 的溶液，在另一个烧杯中放入含 Sn^{4+} 和 Sn^{2+} 的溶液，两极分别以惰性金属 Pt 作电极，插入盐桥后，即组成一个原电池，其电池符号为

$$(-)Pt|Sn^{2+}, Sn^{4+} \| Fe^{2+}, Fe^{3+}|Pt(+)$$

3.1.2　电极电势

原电池能够产生电流，说明在两极之间存在一定的电势差。构成原电池的两个电极的电势是不相等的，那么电极的电势又是怎样产生的呢？1889 年，德国科学家能斯特(W. Nernst)提出了双电层理论，对电极电势产生的机理做了很好的解释。

1. 双电层理论

双电层理论认为：当把金属插入水中或含有该金属离子的清液中时，由于极性水分子与金属晶格中的金属离子相互作用，金属离子就可能离开金属而进入与金属表面相邻的水层中。例如，把金属 M 放入其盐的溶液中，M 就有以离子 M^{n+} 的状态进入溶液的倾向，同时溶液中金属离子也有在金属表面沉积的倾向。金属越活泼，溶液越稀，前一种倾向就越大，反之当金属越不活泼，溶液越浓，后一种倾向就越大。这两种倾向最后达到平衡：

$$M \underset{沉积}{\overset{溶解}{\rightleftharpoons}} M^{n+} + ne^-$$

若前一倾向大于后一倾向，金属带负电，金属附近的溶液带正电；相反，若后一

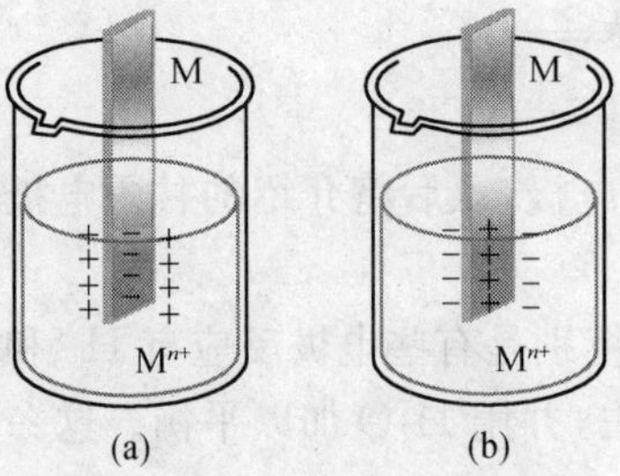

图 3-2　双电层示意图

种倾向大于前一种倾向,金属带正电,金属附近的溶液带负电。如图 3-2 所示。

不论哪种情况,由于异性电荷相吸,金属与其盐溶液之间都会形成双电层,从而产生电势差,这种电势差称为金属的电极电势,通常用符号"φ(氧化态/还原态)"表示。金属的活泼性不同,其电极电势也不同。因此,可以用电极电势来衡量金属失去电子的能力。当然,电极电势也与金属离子的浓度有关。

对于借助惰性金属构成的电极,例如,$Pt|Fe^{3+},Fe^{2+}$ 电极,由于金属 Pt 只起电子导体作用,溶液中氧化还原电对 Fe^{3+}/Fe^{2+} 的转化,可以通过金属 Pt 上电子的过剩或缺乏表现出来,当 Fe^{2+} 失去电子变成 Fe^{3+},失去的电子集中在 Pt 表面使之显负电,在其周围由于静电吸引聚集大量正离子,而形成双电层,并产生电极电势。

原电池两极的电势差称为原电池的电动势,通常用符号 E 表示。规定原电池的电动势等于正极的电极电势减去负极的电极电势,即

$$E = \varphi_+ - \varphi_- \tag{3-1}$$

将两个电极电势数值不同的电极按原电池的形式连接起来,在两个电极之间就产生了电势差,因此产生了电流。

2. 标准电极电势

电极电势的大小不仅取决物质的本性,还与溶液的离子浓度、温度有关。为了便于比较和计算电极电势的大小,人们通常选取一个公共的参考状态作为标准,即标准状态。标准状态的规定与前面一致,对于离子,浓度为 $c^{\ominus}=1mol \cdot dm^{-3}$;对于气体,分压为 $p^{\ominus}=100kPa$,温度通常选取 298.15K 作为参考温度。处于标准状态的电极所具有的电极电势称为标准电极电势,用符号"$\varphi^{\ominus}$(氧化态/还原态)"表示。必须指出,当一个电极处于标准状态时,并不仅仅指氧化态和还原态物质处于标准态,而是参与整个电极反应的所有物质均处于标准态。例如,$Cr_2O_7^{2-}/Cr^{3+}$ 电极,只有当$c(Cr_2O_7^{2-})=c(Cr^{3+})=c(H^+)=1mol \cdot dm^{-3}$时,才处于标准态。

两个标准电极之间的电动势称为标准电动势,用符号 $E^{\ominus}$表示,并且有

$$E^{\ominus} = \varphi_+^{\ominus} - \varphi_-^{\ominus} \tag{3-2}$$

由于至今无法测定双电层的电极电势,目前采用的方法是选取标准氢电极作为参考点衡量一个电极的电极电势的大小,并规定标准氢电极的电极电势恒为 0V。

标准氢电极的构造如图 3-3 右侧电极所示。将镀有一层蓬松铂黑的铂片插入

氢离子浓度为 $1mol \cdot dm^{-3}$ 的溶液中，并不断地通入压力为 100.00kPa 的纯氢气流，这时溶液中 H^+ 与铂所吸附的氢气建立起的动态平衡：$2H^+ + 2e^- \rightleftharpoons H_2$。这样，吸附氢气达饱和的铂黑和具有 H^+ 浓度为 $1mol \cdot dm^{-3}$ 的溶液之间产生的电势就是标准氢电极的电极电势，记为

$$\varphi^{\ominus}(H^+/H_2) = 0.0000V$$

测定其他电极的电极电势时，可将该电极与标准氢电极组合为原电池并测定其电动势。其他电极的电极电势比标准氢电极高，则为正值，反之为负值。

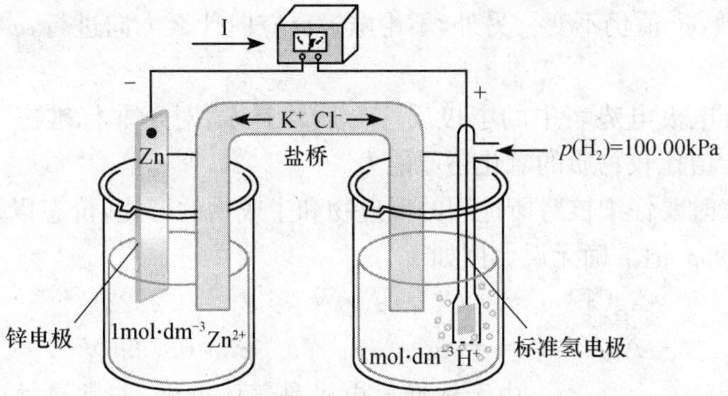

图 3-3　标准氢电极测定锌电极的电极电势装置示意图

以标准锌电极为例，按图 3-3 装置，实验表明标准锌电极为负极，标准氢电极为正极，则该原电池反应为：$Zn + 2H^+ \rightleftharpoons Zn^{2+} + H_2$。由电位计测得该原电池的电动势为 0.7618V。根据式(3-2)有

$$E^{\ominus} = \varphi^{\ominus}(H^+/H_2) - \varphi^{\ominus}(Zn^{2+}/Zn) = 0.7618V$$

所以

$$\varphi^{\ominus}(Zn^{2+}/Zn) = -0.7618V$$

若测定标准铜电极的电极电势，也按图 3-3 装置，此时标准氢电极为负极，铜电极为正极，整个电池反应为：$H_2 + Cu^{2+} \rightleftharpoons 2H^+ + Cu$。测得电池的电动势为 0.3419V。同样根据式(3-2)有

$$E^{\ominus} = \varphi^{\ominus}(Cu^{2+}/Cu) - \varphi^{\ominus}(H^+/H_2) = 0.3419V$$

所以

$$\varphi^{\ominus}(Cu^{2+}/Cu) = 0.3419V$$

用类似的方法，可以测得一系列电对的标准电极电势，将各氧化还原电对的标准电极电势按其代数值递增顺序，排列成表，称为标准电极电势表(见附录 8)。

根据标准电极电势表，可以确定物质的氧化还原能力，即电极电势代数值越小，电对所对应的还原态物质还原能力越强，氧化态物质氧化能力越弱；相反，电极电势代数值越大，电对所对应的还原态物质还原能力越弱，氧化态物质氧化能力越强。因此，电极电势是表示氧化还原电对所对应的氧化态物质及还原态物质得失

电子能力(氧化还原能力)相对大小的一个物理量。

使用电极电势表,应注意以下几点:

(1) 在相关书籍和手册中,标准电极电势表都分为酸表与碱表,这是由电极反应的介质酸碱性所决定。电极反应的介质中,凡是出现 H^+,皆查酸表,出现 OH^- 皆查碱表。若在电极反应中,既无 H^+,又无 OH^- 出现时,可以从存在状态来考虑,例如,$Fe^{3+}+e^- \rightleftharpoons Fe^{2+}$ 能在酸性溶液中存在,故在酸表中查此电对的电极电势。

(2) 标准电极电势具有强度性质,没有加和性。不论半电池反应式的系数乘或除任何实数,$\varphi^\ominus$ 值仍不变。另外,不论电极反应向什么方向进行,$\varphi^\ominus$ 值的符号仍不变。

(3) 标准电极电势表中的电极反应介质均是水,对于非标准态、非水溶液电极,不能用 $\varphi^\ominus$ 值比较物质的氧化还原能力。

(4) 查表时要仔细核对所选用的反应物和生成物的形式,价态以及介质条件,才能使所得的 $\varphi^\ominus$ 值准确无误。例如

$$AgCl+e^- \rightleftharpoons Cl^- + Ag \qquad \varphi^\ominus = 0.2223V$$

而

$$Ag^+ + e^- \rightleftharpoons Ag \qquad \varphi^\ominus = 0.7996V$$

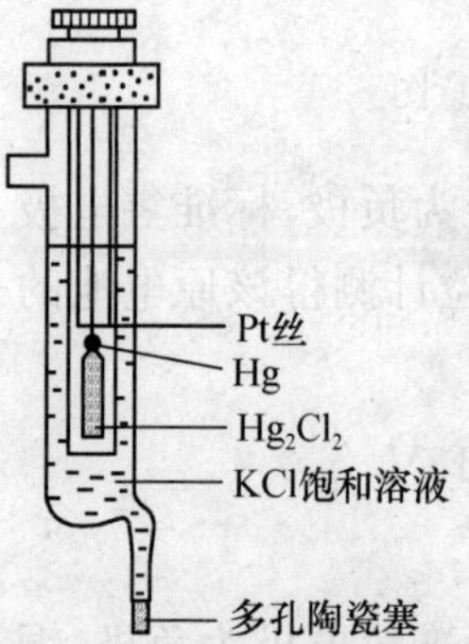

图 3-4　甘汞电极示意图

由于标准氢电极是气体电极,非常灵敏,制作和使用都很不方便。因此,在实际测定中,往往采用饱和甘汞电极作为参比电极。该电极在一定温度下有比较稳定的电极电势,其结构如图 3-4 所示。它是由 Hg、糊状 Hg_2Cl_2 和 KCl 溶液组成,电极符号可表示如下:

$$Pt|Hg|Hg_2Cl_2(\text{糊状}),KCl$$

电极反应为　$Hg_2Cl_2(s)+2e^- \rightleftharpoons 2Hg+2Cl^-$

使用饱和甘汞电极时要注意,饱和 KCl 溶液要经常更换新的,盐桥口如被待测溶液粘污,测量结果将不准。使用过程中应该把“对流孔”橡皮套打开,不用时关闭,以使饱和 KCl 溶液能不断从盐桥口渗出,保持新鲜的液体界面。

3.2　电池电动势和电池反应的摩尔吉布斯函数变的关系

3.2.1　*E* 与 Δ*G* 的关系

当一个氧化还原反应构成原电池,其电动势 E 大于零时,则该原电池的总反应是自发进行的。在恒温、恒压下系统所做的最大有用功(W')等于系统吉布斯函数变。理想的原电池只做电功,其电功等于电极之间的电动势 E 与所通过的电量

Q 的乘积。因而吉布斯函数变与电动势和电量的关系为

$$\Delta_r G_m = W' = -QE = -nFE \tag{3-3}$$

式中，F 为法拉第常量①，即 1mol 电子的电量，$F=96485\mathrm{C\cdot mol^{-1}}$；$n$ 表示原电池反应进度为 1mol 时，转移的电子数。

当原电池反应中的反应物和生成物都处于标准状态时(相关离子浓度均为 $1\mathrm{mol\cdot dm^{-3}}$，气体分压均为 100.00kPa)的电动势就是标准电动势 $E^{\ominus}$。这时有

$$\Delta_r G_m^{\ominus} = -nFE^{\ominus} \tag{3-4}$$

【例 3-1】 已知铜锌原电池的标准电动势为 1.10V，试计算原电池的标准摩尔吉布斯函数变。

解 $Zn + Cu^{2+} \rightleftharpoons Zn^{2+} + Cu$

因为每摩尔反应物反应需转移 2mol 电子，所以 $n=2$。

根据式(3-4)，有

$$\Delta_r G_m^{\ominus} = -nFE^{\ominus} = -2\times 96485\mathrm{C\cdot mol^{-1}}\times 1.10\mathrm{V} = -212.3\mathrm{kJ\cdot mol^{-1}}$$

由于原电池的电动势比较容易测量，所以，常用测定原电池电动势的方法，再计算反应的吉布斯函数变。对于活泼金属和非金属的电对，如 Na^+/Na、K^+/K、F/F^- 等不能用组成原电池的方法测定其标准电极电势，可以用热力学的方法求得。

3.2.2 浓度对电动势的影响

对于任意状态下的氧化还原反应，有

$$\begin{aligned}\Delta_r G_m(T) &= \Delta_r G_m^{\ominus}(T) + RT\ln Q \\ &= \Delta_r G_m^{\ominus}(T) + 2.303RT\lg Q\end{aligned}$$

联立式(3-3)和式(3-4)，可得以下关系：

$$-nFE = -nFE^{\ominus} + 2.303RT\lg Q$$

将 $F=96485\mathrm{C\cdot mol^{-1}}$，$R=8.314\mathrm{J\cdot mol^{-1}\cdot K^{-1}}$，$T=298.15\mathrm{K}$ 代入上式，整理并简化，有

$$E = E^{\ominus} - \frac{0.0592\mathrm{V}}{n}\lg Q \tag{3-5}$$

式中，n 表示原电池反应进度为 1mol 时转移的电子数；Q 为反应商。该式称为电

① 法拉第(M. Faraday)在大量实验事实的基础上，于 1833 年总结出一个基本规律：当电流通过电解质溶液时，电极上发生变化的物质其物质的量与通过的电量成正比，与该物质反应时的电子数变化(简称电荷数)成反比，这个规律称为法拉第定律(Faraday's law)。

动势能斯特方程。利用上式可以计算非标准态时原电池的电动势。

3.2.3 浓度对电极电势的影响

对于非标准态的电极来说,电极电势计算公式也可推导出来,在此不再详述,仅给出公式。

假设任意给定的电极,其电极反应通式为

$$a\text{Ox}(\text{氧化态}) + n\text{e}^- \rightleftharpoons b\text{Red}(\text{还原态})$$

离子浓度与电极电势的关系满足:

$$\varphi = \varphi^\ominus + \frac{0.0592\text{V}}{n}\lg\frac{[c(\text{Ox})/c^\ominus]^a}{[c(\text{Red})/c^\ominus]^b} \quad 或 \quad \varphi = \varphi^\ominus - \frac{0.0592\text{V}}{n}\lg\frac{[c(\text{Red})/c^\ominus]^b}{[c(\text{Ox})/c^\ominus]^a} \tag{3-6}$$

该式称为电极电势能斯特方程式,可以用它计算非标准态电极的电极电势。使用时须注意:反应式中 Ox、Red 并不仅仅指发生氧化还原反应的物质,而是氧化态和还原态一侧所有物质。若其中的某一物质是固体或纯液体,则不列入方程式中,若为气体则用 $p(\text{B})/p^\ominus$ 代入(B 为参与反应的任意气体物质)。

【例 3-2】 计算 298.15K 时锌离子浓度为 $0.001\text{mol}\cdot\text{dm}^{-3}$ 溶液中锌的电极电势。

解 电极反应为　　$Zn^{2+} + 2e^- \rightleftharpoons Zn \quad n=2$

已知 $c(Zn^{2+}) = 0.001\text{mol}\cdot\text{dm}^{-3}$,还原态物质为固体。查表得

$$\varphi^\ominus(Zn^{2+}/Zn) = -0.7618\text{V}$$

由式(3-6),得

$$\begin{aligned}\varphi(Zn^{2+}/Zn) &= \varphi^\ominus(Zn^{2+}/Zn) + \frac{0.0592\text{V}}{n}\lg\frac{c(Zn^{2+})}{c^\ominus} \\ &= -0.7618\text{V} + \frac{0.0592\text{V}}{2}\lg\frac{0.001\text{mol}\cdot\text{dm}^{-3}}{1\text{mol}\cdot\text{dm}^{-3}} \\ &= -0.8506\text{V}\end{aligned}$$

【例 3-3】 计算 298.15K,$p(H_2) = 0.100\text{kPa}$ 时 H^+/H_2 的电极电势(假设其他条件均为标准态)。

解 电极反应为　　$2H^+ + 2e^- \rightleftharpoons H_2 \quad n=2$

由式(3-6),得

$$\begin{aligned}\varphi(H^+/H_2) &= \varphi^\ominus(H^+/H_2) + \frac{0.0592\text{V}}{n}\lg\frac{[c(H^+)/c^\ominus]^2}{p(H_2)/p^\ominus} \\ &= 0.0000\text{V} + \frac{0.0592\text{V}}{2}\lg\frac{\left(\dfrac{1\text{mol}\cdot\text{dm}^{-3}}{1\text{mol}\cdot\text{dm}^{-3}}\right)^2}{\dfrac{0.100\text{kPa}}{100\text{kPa}}} \\ &= 0.0888\text{V}\end{aligned}$$

【例 3-4】 当 pH=3 时，计算 $Cr_2O_7^{2-}/Cr^{3+}$ 电对的电极电势(假设其他条件均为标准态)。

解 电极反应为 $Cr_2O_7^{2-}+14H^++6e^- \rightleftharpoons 2Cr^{3+}+7H_2O \quad n=6$

pH=3 时，$c(H^+)=1.0\times10^{-3}mol\cdot dm^{-3}$，查表得 $\varphi^\ominus(Cr_2O_7^{2-}/Cr^{3+})=1.332V$。

由式(3-6)，得

$$\varphi(Cr_2O_7^{2-}/Cr^{3+})=\varphi^\ominus(Cr_2O_7^{2-}/Cr^{3+})+\frac{0.0592V}{n}\lg\frac{[c(Cr_2O_7^{2-})/c^\ominus]\cdot[c(H^+)/c^\ominus]^{14}}{[c(Cr^{3+})/c^\ominus]^2}$$

$$=1.332V+\frac{0.0592V}{6}\lg\frac{\frac{1mol\cdot dm^{-3}}{1mol\cdot dm^{-3}}\times\left(\frac{1\times10^{-3}mol\cdot dm^{-3}}{1mol\cdot dm^{-3}}\right)^{14}}{\left(\frac{1mol\cdot dm^{-3}}{1mol\cdot dm^{-3}}\right)^2}$$

$$=0.918V$$

从例 3-2 和例 3-3 可以看出，离子浓度和气体的分压对电极电势有影响，但影响不大。当 Zn^{2+} 浓度和 H_2 压力减小到标准态的 1/1000 时，电极电势改变还不到 0.1V。但是对于有 H^+ 参与反应的含氧酸根电极来说，溶液的酸度对于电极电势影响很大。如例 3-4 中，H^+ 浓度减小到标准态的 1/1000 时，电极电势下降了 0.4V。所以一般说来，具有氧化性的含氧酸盐，在酸性介质中，才能表现出更强的氧化性。

3.3　电极电势和原电池的应用

3.3.1　电极电势的应用

1. 判断原电池正、负极，计算电动势

原电池中，总是以电极电势代数值较小的电极为负极，电极电势代数值较大的电极为正极。原电池的电动势 $E=\varphi_+-\varphi_-$。当组成原电池的两极中有关离子浓度为标准态时，直接从标准电极电势表中查出 $\varphi^\ominus$，若有关离子不是标准态时，一定要根据能斯特方程式算出 φ，再根据 φ(而不是根据 $\varphi^\ominus$)来判断正、负极或计算电动势。

【例 3-5】 Zn^{2+} 浓度 $0.01mol\cdot dm^{-3}$ 的 Zn^{2+}/Zn 电极和标准 Zn^{2+}/Zn 电极构成原电池，判断该原电池的正负极并计算电动势。

解 $c(Zn^{2+})=0.01mol\cdot dm^{-3}$ 时，由式(3-6)，得

$$\varphi(Zn^{2+}/Zn)=\varphi^\ominus(Zn^{2+}/Zn)+\frac{0.0592V}{n}\lg\frac{c(Zn^{2+})}{c^\ominus}$$

$$=-0.7618V+\frac{0.0592V}{2}\lg\frac{0.001mol\cdot dm^{-3}}{1mol\cdot dm^{-3}}$$

$$=-0.821V$$

标准 Zn^{2+}/Zn 电极的电极电势　　$\varphi^{\ominus}(Zn^{2+}/Zn)=-0.7618V$

所以标准 Zn^{2+}/Zn 电极做正极。

电极电势代数值较小的电极为负极，即前一个电极为负极。电极电势代数值较大的电极为正极，即后一个电极为正极。

$$E=\varphi_{+}-\varphi_{-}=-0.7618V-(-0.821V)=0.0592V$$

虽然这种电池两电极的电极材料和电解质相同，但在相应离子浓度不同时，两极的电极电势也就不同，这就导致两电极间产生电流，这种电池称为浓差电池。

2. 判断氧化剂和还原剂的相对强弱

在实验和生产中我们经常接触和应用氧化剂和还原剂，怎样才能知道这些氧化剂和还原剂的相对强弱呢？如果通过一系列实验来进行比较，那么在各种条件下都要试验，显然不胜其烦。而且，有许多氧化还原反应速率非常缓慢，常容易得出错误的结论。电极电势的大小可以作为一个定量标准，用来判断溶液中物质接收电子能力的强弱。现将标准电极电势中存在的关系归纳于表 3-1。

表 3-1　标准电极电势间的关系

电　对	氧化态 $+ne^{-}\rightleftharpoons$ 还原型	$\varphi^{\ominus}/V$
	最强的还原剂	
Li^{+}/Li	氧化能力增大 ↓　　↑ 还原能力增大	代数值增大 ↓
Zn^{2+}/Zn		
H^{+}/H_2		
Cu^{2+}/Cu		
F_2/F^{-}		
	最强的氧化剂	

可见，表中最强的还原剂是 Li，最强的氧化剂是 F_2；而相应的 Li^{+} 是最弱的氧化剂，F^{-} 是最弱的还原剂。

推广到一般情况，φ 的代数值越小，该电对的还原态物质越易失去电子，是较强的还原剂，其对应的氧化态物质越难得到电子，是较弱的氧化剂。φ 的代数值越大，该电对的氧化态物质是较强的氧化剂，其对应的还原态物质是较弱的还原剂。或者说，电极电势越正，电对中氧化态物质氧化能力越强，电极电势越负，电对中还原态物质还原能力越强。

3. 判断氧化还原反应进行的方向

由电极电势判断原电池的正、负极，本质上是确定氧化还原反应进行的方向。电极电势代数值的大小，能指示氧化剂和还原剂的相对强弱，当然，就可以预测氧化还原反应进行的方向。

例如，反应(设各物质均为标准态)

$$2Fe^{3+} + Sn^{2+} \rightleftharpoons 2Fe^{2+} + Sn^{4+}$$

这一反应的两个电对分别为 Fe^{3+}/Fe^{2+} 和 Sn^{4}/Sn^{2+}，查得标准电极电势分别为 0.771V 和 0.151V，两者相比 $\varphi^{\ominus}(Sn^{4}/Sn^{2+}) < \varphi^{\ominus}(Fe^{3+}/Fe^{2+})$，若将其装配成原电池，电池符号为

$$(-)Pt|Sn^{4+},Sn^{2+} \| Fe^{3+},Fe^{2+}|Pt(+)$$

负极是电子流出的极，说明 Sn^{2+} 比 Fe^{2+} 更易失去电子，是较强的还原剂，而 Fe^{3+} 比 Sn^{4+} 更易得到电子，是较强的氧化剂，反应由左向右自发进行。

由上述事实可见，反应总是自发地由较强的氧化剂与较强的还原剂相互作用，向生成较弱的还原剂和较弱的氧化剂的方向进行。

如果从热力学的角度分析，恒温、恒压下反应的摩尔吉布斯函数变 $\Delta_r G_m$ 是自发反应的判据。根据式(3-3)有

$\Delta_r G_m = -nFE < 0$，即 $E > 0$，反应正向自发；

$\Delta_r G_m = -nFE = 0$，即 $E = 0$，反应达到平衡；

$\Delta_r G_m = -nFE > 0$，即 $E < 0$，反应正向非自发，逆向自发。

由此可见，电动势 E 也可作为氧化还原反应能否自发进行的判据。例如，在上述反应中，假设反应能够正向进行的话，Sn^{4}/Sn^{2+} 失去电子作负极，Fe^{3+}/Fe^{2+} 获得电子作正极，电动势 $E^{\ominus} = \varphi_{+}^{\ominus} - \varphi_{-}^{\ominus} = 0.62V > 0$，与假设一致，所以反应可以正向进行。

如果有关离子浓度不是标准态时，一定要利用能斯特方程进行计算，然后再加以判断，不能直接用 $E^{\ominus}$ 判断反应的方向。

【例 3-6】　试判断 $Pb^{2+} + Sn \rightleftharpoons Pb + Sn^{2+}$，当 $c(Pb^{2+}) = 0.1mol \cdot dm^{-3}$，$c(Sn^{2+}) = 1.0mol \cdot dm^{-3}$ 时反应能否自发向右进行。

解　查表 $\varphi^{\ominus}(Pb^{2+}/Pb) = -0.1262V$，$\varphi^{\ominus}(Sn^{2+}/Sn) = -0.1375V$，由式(3-6)，得

$$\begin{aligned}\varphi(Pb^{2+}/Pb) &= \varphi^{\ominus}(Pb^{2+}/Pb) + \frac{0.0592V}{n}\lg\frac{c(Pb^{2+})}{c^{\ominus}} \\ &= -0.1262V + \frac{0.0592V}{2}\lg\frac{0.1mol \cdot dm^{-3}}{1mol \cdot dm^{-3}} \\ &= -0.1558V\end{aligned}$$

$$\varphi(Sn^{2+}/Sn) = \varphi^{\ominus}(Sn^{2+}/Sn) = -0.1375V$$

假设反应能够自发向右进行，则 Pb^{2+}/Pb 电极为正极、Sn^{2+}/Sn 电极为负极。

$$E = \varphi_{+} - \varphi_{-} = -0.1558V - (-0.1375V) < 0$$

其结果电动势 $E < 0$，表明事实上 Sn^{2+}/Sn 电极为正极，Pb^{2+}/Pb 电极为负极，与假设相反，说明反应不能正向自发进行，而是逆向自发进行。

例 3-6 中,如果 Pb^{2+} 也处于标准态,根据以上判定方法可以判定反应方向正向自发。由此可知,当参与反应的电对的标准电极电势比较接近时(如相差小于 0.2V)时,离子浓度的变化,可能导致氧化还原反应方向的逆转。

4. 判断氧化还原进行的程度

根据式(1-23):

$$\ln K^{\ominus}=\frac{-\Delta_r G_m^{\ominus}(T)}{RT}$$

对于氧化还原反应又有

$$\Delta_r G_m^{\ominus}=-nFE^{\ominus}$$

由以上两式可得

$$\ln K^{\ominus}=\frac{nFE^{\ominus}}{RT} \tag{3-7}$$

当温度为 298.15K 时,上式可简化为

$$\lg K^{\ominus}=\frac{nE^{\ominus}}{0.0592\text{V}} \tag{3-8}$$

由式(3-8)可以看出,$K^{\ominus}$ 只与原电池的标准电动势有关,而与电池是否处于标准态,电池反应有没有达到平衡没有关系。在进行有关计算时应特别注意到这一点。此外,由式(3-8)还可以看出,标准电动势 $E^{\ominus}$ 越大,$K^{\ominus}$ 越大,表明反应进行的越彻底。

【例 3-7】 计算下述反应在 298.15K 时的标准平衡常数。

$$Zn+Cu^{2+}(0.1\text{mol}\cdot\text{dm}^{-3})\rightleftharpoons Zn^{2+}(0.1\text{mol}\cdot\text{dm}^{-3})+Cu$$

解 该原电池反应 $n=2$,查表得 $\varphi^{\ominus}(Zn^{2+}/Zn)=-0.7618\text{V}$,$\varphi^{\ominus}(Cu^{2+}/Cu)=0.3419\text{V}$,有

$$E^{\ominus}=\varphi_{+}^{\ominus}-\varphi_{-}^{\ominus}=0.3419\text{V}-(-0.7618\text{V})=1.1037\text{V}$$

根据式(3-8),可得

$$\lg K^{\ominus}=\frac{nE^{\ominus}}{0.0592\text{V}}=\frac{2\times1.1037\text{V}}{0.0592\text{V}}=37.3$$

所以 $K^{\ominus}=1.5\times10^{37}$。

计算结果表明,该反应的标准平衡常数非常大,表明反应进行得非常彻底。

3.3.2 化学电源

化学电源指的是能将化学能转化为电能的装置,俗称电池。Cu-Zn 原电池(也

称丹尼尔电池)就是其中的一种,这是一种用的很普遍的化学电源。作为具有实用价值的电池,应该有以下几个特点:

(1) 电池反应要相当迅速,要具备一定的电压,并且整个电池在工作期间,均能保持恒定值;

(2) 电池寿命要长,体积要小,使用要方便;

(3) 电池要坚固,易于携带,若能再次充电,效益更大;

(4) 价格便宜。

电池的分类方法很多。根据电池能否反复使用分为一次电池和二次电池(又称蓄电池);根据工作介质的性质可分为酸性电池和碱性电池;按电解液的状态可分为干电池(糊状)和液体电池等。例如,普通锌锰电池就属于一次酸性干电池,铅酸蓄电池属于二次酸性液体电池,可充电镍氢电池属于二次碱性干电池等。

这里简单介绍几种电池。

1. 镉镍蓄电池

镉镍蓄电池是一种碱性蓄电池,电池符号:

$$(-)Cd|KOH(20\%)|Ni(OH)_3(C)(+)$$

负极反应　$Cd+2OH^- \rightleftharpoons Cd(OH)_2+2e^-$

正极反应　$2Ni(OH)_3+2e^- \rightleftharpoons 2Ni(OH)_2+2OH^-$

电池反应　$Cd+2Ni(OH)_3 = Cd(OH)_2+2Ni(OH)_2$

为增加导电能力,电解液中需加 LiOH,电池电压约 1.5V,它具有质量较轻、体积较小、抗震性好、坚固耐用等优点,除工业中使用外,在小型电子计算器中也作为电源。

2. 锂锰电池

锂锰电池是 20 世纪 80 年代蓬勃发展起来的电池,金属锂既活泼质量又较轻,由于锂与水的反应剧烈,因此电解质需用非水溶液组成,由 $LiClO_4$ 溶解在碳酸丙烯脂和乙二醇二甲醚的混合液中,其浓度为 $1.0mol \cdot dm^{-3}$,用聚丙烯作电池隔膜。

电池符号:

$$(-)Li|LiClO_4|MnO_2(C)(+)$$

负极反应　$Li \rightleftharpoons Li^+ + e^-$

正极反应　$MnO_2+Li^+ + e^- \rightleftharpoons LiMnO_2$

电池反应　$Li+MnO_2 = LiMnO_2$

此电池属高能电池类型,可以获得较高电压。广泛应用于无线电通信设备、大规模及超大规模集成电路、电子计算机、录音机、照相机、助听器、测试仪表等方面。

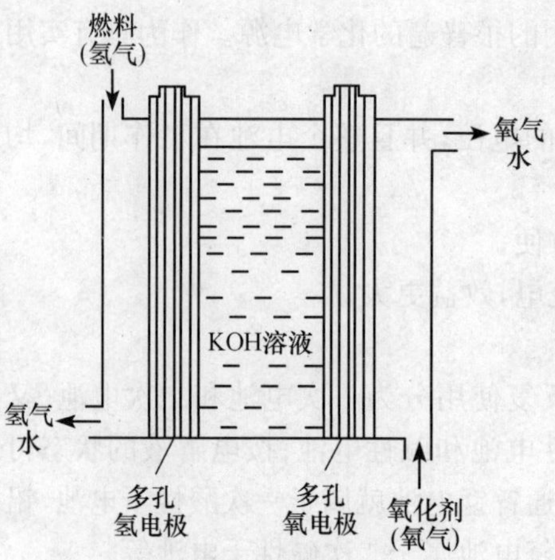

图 3-5　氢氧燃料电池示意图

3. 燃料电池

目前火力发电厂利用燃料(煤、石油、天燃气等)燃烧放出来的热来产生蒸气,推动汽轮机发电,这样最多只能将 40%的热能转化为电能。若利用燃料和氧气为原材料做成电池,其效率高达 75%左右,高于其他热机的转化效率。

氢氧燃料电池结构如图 3-5 所示。它是由燃料(氢气、天然气、CH_3OH 等)、氧化剂(氧气、空气、氯溴等)、电极(多孔银电极、多孔烧结镍电极等)和电解质溶液(KOH 溶液、固体电解质 ZrO_2 和其他氧化物的陶瓷材料等)组成。

电池符号:

$$(-)Ni|H_2|KOH(30\%)|O_2|Ni(+)$$

负极反应　$2H_2+4OH^- \rightleftharpoons 4H_2O+4e^-$

正极反应　$O_2+2H_2O+4e^- \rightleftharpoons 4OH^-$

电池反应　$2H_2+O_2 = 2H_2O$

氢氧燃料电池工作温度为 70～140℃,电压约 0.9V。氢氧燃料电池的发展,取决于氢的来源。除了电解水外,人们正在研究如何利用催化方法,利用太阳能,使水分解为氢和氧。该电池广泛应用于空间技术等方面。

随着科学技术的迅速发展,对化学电源提出了更高要求,研制新型化学电源已成为一项重要工作。

3.4　电解及其应用

要使某些不能自发进行的($\Delta G>0$)氧化还原反应可以进行,或者使原电池的反应逆转,就必须要向体系提供一定的能量,把电能转变为化学能。电解工业就是利用这种方法,生产出许多电解产品。

3.4.1　电解池的组成和电极反应

使电流通过电解质溶液(或熔融电解质)而引起的氧化还原反应过程称为电解;这种将电能转变为化学能,进行氧化还原反应的装置称为电解池(或电解槽)。

在电解池中,和直流电源的负极相连的极称为阴极,和直流电源的正极相连的极称为阳极。电子一方面从电源的负极沿导线进入电解池的阴极;另一方面,电子又离开电解池的阳极沿导线流回电源的正极。这样在阴极上电子过剩，在阳极上电子缺少；电解液（或熔融液）中的正离子移向阴极，在阴极上得到电子进行还原反应；负离子移向阳极，在阳极上给出电子进行氧化反应。在电解池的两极反应中，正离子得到电子及负离子给出电子的过程都叫放电。

例如，用石墨作电极，电解 $CuCl_2$ 溶液时，Cu^{2+} 移向阴极，在阴极上得到电子（还原）；Cl^- 移向阳极，在阳极上失去电子（氧化）。因此，阴极上产生 Cu，阳极上产生 Cl_2。

阴极　$Cu^{2+} + 2e^- \rightleftharpoons Cu$

阳极　$2Cl^- - 2e^- \rightleftharpoons Cl_2$

总反应式　$Cu^{2+} + 2Cl^- = Cu + Cl_2$

应该指出，正、负极是物理学上的分类，正极是电势高的电极，即缺电子的电极，负极是电势低的电极，即富电子的电极。阴、阳极是化学上常用的称呼，阳极是指负离子所趋向的电极，发生氧化反应，阴极是正离子所趋向的电极，发生还原反应。所以电解池与原电池的电极的名称、电极反应及电流方向均有区别，如表 3-2。

表 3-2　电解池和原电池

原电池	负极(－)	电子流出	氧化
	正极(＋)	电子流入	还原
电解池	阴极	电子从直流电源流入	还原
	阳极	电子流回直流电源	氧化

3.4.2　分解电压

电解时，当外电源对电解池两极所施加的电压高于一定的数值时，电流才能通过电解液，使电解得以顺利进行。能使电解顺利进行所必须的最低电压称为分解电压。之所以需要分解电压，是因为两极上的电解产物又组成一个原电池。该原电池的电动势与外加电压的方向相反，要使反应顺利进行，外加电压必须克服这一电动势，这就是理论分解电压，可以用能斯特方程式和电动势公式计算求得。

例如，以铂作电极，电解 $0.1mol \cdot dm^{-3}$ 的 NaOH 溶液时，在阳极析出氧，阴极析出氢，它们分别吸附在铂片上组成氢氧原电池。

电池符号　$(-)Pt|H_2|NaOH(0.1mol \cdot dm^{-3})|O_2|Pt(+)$

原电池的电动势是正极（氧电极）的电极电势和负极（氢电极）的电极电势之差，可计算如下：在 $0.1mol \cdot dm^{-3}$ 的 NaOH 溶液中，$c(OH^-) = 0.1mol \cdot dm^{-3}$。

所以　$c(H^+) = 10^{-13} mol \cdot dm^{-3}$

正极反应　　$2H_2O + O_2 + 4e^- \rightleftharpoons 4OH^-$

$$\varphi_{正} = \varphi^{\ominus} + \frac{0.0592}{4}\lg[1/(0.1)^4] = 0.40 - 0.0592\lg(0.1) = +0.46V$$

负极反应　　$H_2 \rightleftharpoons 2H^+ + 2e^-$

$$\varphi_{负} = \varphi^{\ominus} + \frac{0.0592}{2}\lg(10^{-13})^2 = 0.00 + 0.0592\lg10^{-13} = -0.77V$$

氢氧原电池的电动势　　$E = \varphi_{正} - \varphi_{负} = 0.46 - (-0.77) = 1.23V$

即为电解 $0.1mol \cdot dm^{-3}$ NaOH 溶液的理论分解电压。照理说,当外加电压略超过该数值时,似乎电解应当进行。但实际上与理论计算值有较大差距。如果将 $0.1mol \cdot dm^{-3}$ NaOH 溶液按图 3-6 的装置进行电解,通过可变电阻(R)调节外加电压(V),从电流计(I)可以读出在一定的外加电压下的电流数据。当电解池接通电源后,可以发现,当外加电压很小时,电流很小,当电压逐渐增加到 1.23V 时,电流增大仍很少。只有当电压增加到约 1.7V 时,电流才开始剧增,之后随电压的增加,电流直线上升。同时,在两极上有明显的气泡产生,电解顺利进行。这种能使电解顺利进行的最低电压即为实际分解电压,如图 3-7 的 D 所示。通常情况下,实际分解电压总是大于理论分解电压。其原因,除电解池的电解液内阻外,主要是由于电极的极化作用(如浓差极化,超电压)所引起的。

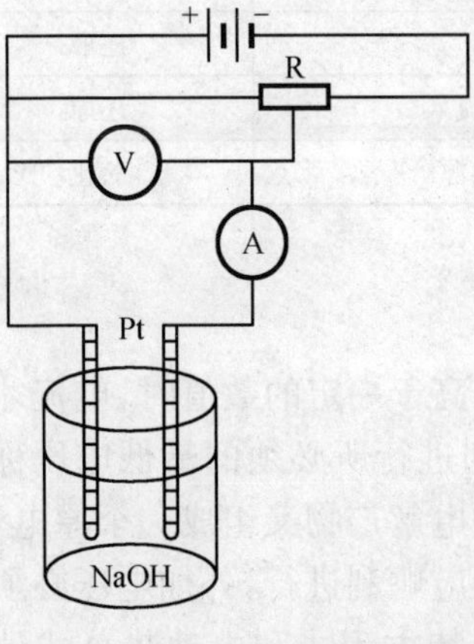

图 3-6　测定分解电压装置示意图

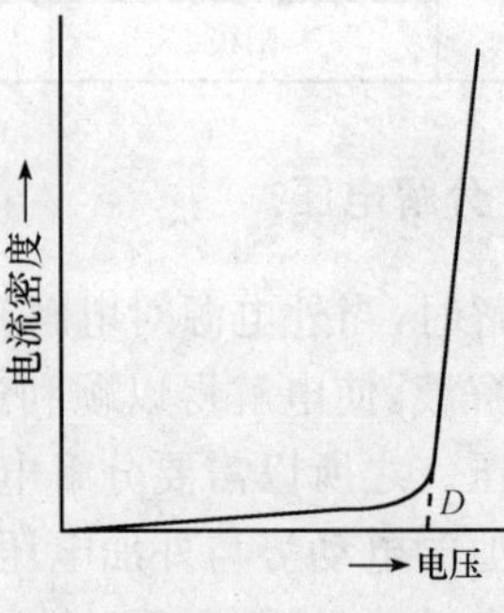

图 3-7　测定分解电压的电压-电流密度曲线

浓差极化是由于电解时,离子在电极上放电,电极附近的离子浓度比溶液中其他区域的低,结果形成了浓差电池,其电动势与外加电压相对抗,因而使实际需要的外加电压增大。搅拌和升高温度可使浓差极化减小。

进行电解时,在电极上析出电解产物,由于受到某一步骤的影响(如离子的放电、原子结合为分子、气泡的形成等),其结果是,在阴极上放电的离子相应减少,电子过剩,所以阴极的电势代数值变小。在阳极上,放电的离子也相应减少,阳极上电子不足,所以阳极的代数值变大。由于这些原因所引起的极化作用称为超电势。阳极超电势与阴极超电势加起来总称为超电压。由于超电压的存在,所以实际上外加电压也就比理论电压大。

电解产物不同,超电压的数值也不同。例如,金属(除 Fe、Co、Ni 外)的超电势一般很小,气体的超电势较大,而氢、氧更大。对同一物质来说,超电势还受很多因素的影响。例如,在不同电极材料上析出电解产物时,超电势的数值也不同。此外,电流密度越大,超电势越大,温度升高可以降低超电势。

3.4.3　电解产物的一般规律

在水溶液电解时,除了电解质的正、负离子以外,还有由水电离出来的 H^+ 和 OH^-。所以,在每个电极上至少有两种离子可能放电,究竟哪一种离子先放电,要由它的析出电势来决定。而析出电势要由它的标准电极电势、离子浓度以及电解产物在所采用的电极上的超电势等因素作综合考虑。

根据电极电势应用可知在阳极上进行的氧化反应,首先反应的必定是容易给出电子的物质;在阴极上进行的是还原反应,首先反应的必定是容易与电子结合的物质。即在阳极上放电的是电极电势代数值较小的还原态物质,而在阴极上放电的是电极电势代数值较大的氧化态物质。

根据以上原则可得出电解质水溶液电解时阴、阳极产物的一般规律。

阴极:

(1) 电极电势代数值大于 Al 的金属离子总是首先获得电子。

$$M^{n+} + ne^- \rightleftharpoons M$$

(2) 电极电势代数值小于 Al(包括 Al)的金属离子,在水溶液中不放电,而是 H^+ 获得电子。

$$2H^+ + 2e^- \rightleftharpoons H_2$$

阳极:

阳极产物与电极材料有很大关系。

(1) 除了 Pt,Au 外的金属 M 作为阳极材料,溶液中的阴离子不放电,而是金属阳极失去电子而溶解,如

$$M \rightleftharpoons M^{n+} + ne^-$$

(2) 惰性材料作阳极(尤其是石墨)时,简单离子 S^{2-}、I^-、Br^-、Cl^- 等失去电子,如

$$2Cl^- \rightleftharpoons Cl_2 - 2e^-$$

而复杂离子(如 SO_4^{2-})一般不被氧化而是 OH^- 失去电子,即

$$2OH^- \rightleftharpoons H_2O + 1/2O_2 + 2e^-$$

此时,复杂离子只起了增加溶液导电能力的作用。

根据这一规律,可以判断以下几例的电解产物。

(1) 用石墨作电极,电解 Na_2SO_4 溶液,只能得到氢和氧。Na^+ 与 SO_4^{2-} 均不放电。

水的电离 $4H_2O \rightleftharpoons 4OH^- + 4H^+$

阴极 $4H^+ + 4e^- \rightleftharpoons 2H_2$

阳极 $4OH^- - 4e^- \rightleftharpoons 2H_2O + O_2$

总反应式 $2H_2O = 2H_2 + O_2$

(2) 用金属镍作电极电解 $NiSO_4$ 溶液。

阴极 $Ni^{2+} + 2e^- \rightleftharpoons Ni$

阳极 $Ni - 2e^- \rightleftharpoons Ni^{2+}$

总反应式 $Ni(阳) + Ni^{2+} = Ni^{2+} + Ni(阴)$

(3) 熔融盐电解时,因无水存在,所以均是组成盐的离子进行氧化还原反应。

3.4.4 电解的应用

电解在工业上广泛应用于机械加工和表面处理。最常用的表面处理方法是电镀。电镀是将一种金属涂到另一种金属表面的过程。如上述电解 $NiSO_4$ 的例子中,把需镀件作为阴极,则镀件被镀上一层镍。镀锌、镀银、镀铜等电镀原理也与此相同。目前,为了装饰、防腐以及大量修复一些机械零部件和配件的要求,电镀工艺正被广泛使用,如图 3-8 所示为电刷镀装置示意图。

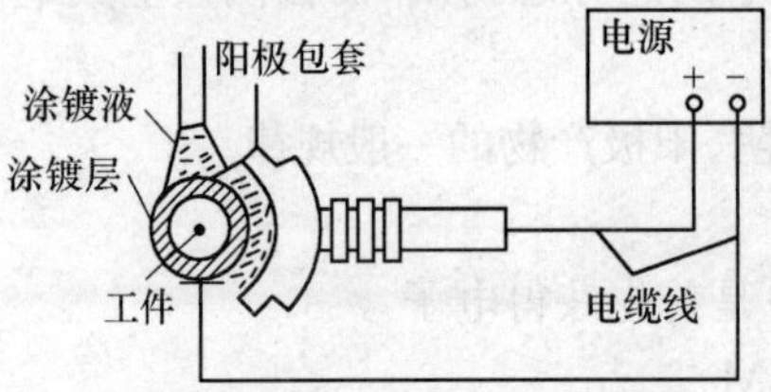

图 3-8 电刷镀装置示意图

在工业上也常用电解法精炼铜、镍等金属。现以电解精炼为例,用“火法”熔炼铜矿,可把活泼性较大的杂质除去(如硫)但不能除去金、银等贵金属以及活泼性与铜相似的杂质 As、Sb、Bi 等,而这些杂质对于铜的机械性能很不利(发脆)。铜作为导电体时必须达到很高的纯度(如 0.01%的 As 可使 Cu 的电阻增加 301%)。电解法精炼铜可得到 99.98%的高纯度。其方法是把粗铜作为阳极,$CuSO_4$ 和 H_2SO_4 作电解液,用许多涂有蜡或石墨的薄纯铜作阴极。通电后粗铜阳极氧化为 Cu^{2+} 进入溶液,而溶液中的 Cu^{2+} 迁移到阴极后还原成 Cu 沉积。此时,As、Sb、Bi 等被氧化进入溶液后,水解成氧化物与其他杂质形成“阳极泥”沉淀,Ag、Au 等贵金属不能溶解,一起沉积在“阳极泥”中(这些贵金属回收后就可以抵消全部电解的费用)。比 Cu 活泼的金属杂质,如 Zn、Fe、Co、Ni 等被氧化进入溶液后,不会在阴极上重新沉淀出来。

另外,利用电解法还可以进行金属表面的精加工,即电镀抛光和电解加工。

3.5 金属的腐蚀与防腐

金属是制造机器和设备常用的材料。金属表面与周围介质发生化学或电化学作用引起的破坏，称为金属的腐蚀。金属腐蚀现象十分严重，世界上每年因腐蚀而不能使用的金属制品质量大约相当于金属产量的 1/4 到 1/3，因此，了解腐蚀的一些基本原理，在施工和设计中，尽量减少或避免腐蚀因素，或采取有效的防护措施，对于增产节约，安全生产有着十分重要的意义。根据腐蚀机理的不同，可以分为化学腐蚀和电化学腐蚀两类。

3.5.1 化学腐蚀

化学腐蚀是金属在高温下与腐蚀气体，或非电解质发生的纯化学作用而引起的破坏现象。由于化学腐蚀是纯化学过程，因此，它遵守化学反应规律，过程温度越高反应速率越快。如铁在 800～1000℃时氧化极为显著，生成三层氧化物，如图 3-9 所示。最靠近金属铁的是 FeO 层，其次是 Fe_3O_4 层，最外层是 Fe_2O_3 层。氧分子可以继续通过氧化层向内扩散和渗透，使腐蚀作用不断进行。在 570℃以上，FeO 层是最稳定的，低于此温度则发生缓慢分解，其反应式为

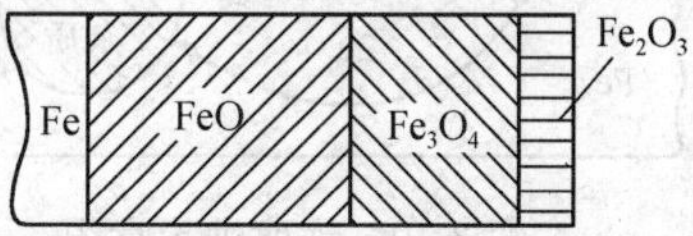

图 3-9　铁上氧化层分布

$$4FeO \xlongequal{} Fe + Fe_3O_4$$

如果在周围环境中有酸性气体，如 H_2S、HCl 等气体可与铁发生下列反应：

$$Fe + H_2S \xlongequal{} FeS + 2H$$

同样，该反应在高温下进行很快，生成的 FeS 夹在金属晶格之间（主要发生在界面上），使铁温度下降，生成的氢以原子状态溶于铁中，接着氢原子扩散并逐步聚集于铁的应力集中处和缺陷处，而使铁变脆，这种现象称为氢脆。这是金属发生断裂的原因之一，氢脆对高强度钢危害很大。

另外，碳钢在高温处理时，钢中碳与环境中的 O_2、H_2 和 $H_2O(g)$ 等发生化学反应，以碳表示的化学式：

$$C + O_2 \xlongequal{} CO_2$$

$$C + 2H_2 \xlongequal{} CH_4$$

$$C + CO_2 \xlongequal{} 2CO$$

$$C + H_2O \xlongequal{} H_2 + CO$$

所生成的气体离开碳钢的表面或向内部扩散，而碳钢内部的碳随反应的进行不断向反应区域扩散，使得靠近反应区域的铁层中含碳量不断减少，于是形成了脱碳层。这种现象称为脱碳。脱碳作用使金属的机械性能，如表面层的硬度和强度

大大降低。

在高温下化学腐蚀对金属原有的机械性能影响很大，然而这在金属加工、铸造、热处理过程中是经常遇到的。所以在实际操作中必须严加控制温度和选择较好适宜的环境条件。

3.5.2　电化学腐蚀

电化学腐蚀是金属腐蚀最为广泛的一种。当金属与电解质溶液相接触时，金属表面形成一种原电池，又称为腐蚀电池。电池中的负极习惯上称为阳极，正极称为阴极。阳极上进行氧化反应，使阳极发生溶解；阴极上进行还原反应，一般只起传递电子的作用。腐蚀电池的形成主要是金属表面吸附空气中的水分，形成了一层水膜，使空气中的 CO_2、SO_2 以及手汗中的 NaCl 等都溶解于这层水膜中，形成了电解质溶液。而浸泡在这种溶液中的金属又总是不纯的，常用机械产品一般都采用碳钢或合金钢作原材料，使得不同的金属微粒(或原子)组成了原电池的两个极，即产生腐蚀电池。以铁的腐蚀为例进行分析，如图 3-10 所示。

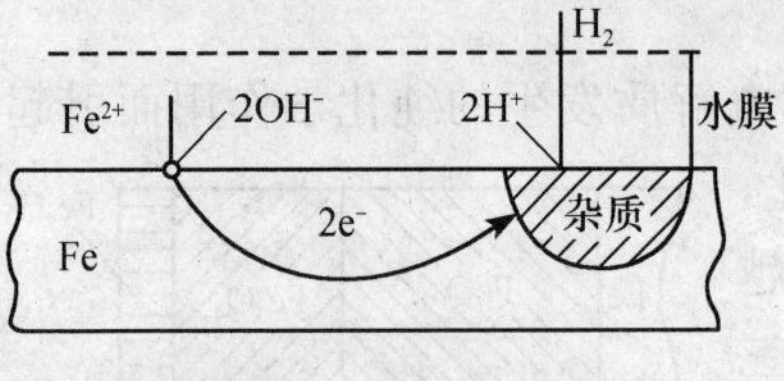

图 3-10　铁腐蚀示意图

铁吸附了一层水膜，在水膜中溶解有 CO_2、SO_2 等气体，这些气体在水膜中发生

$$CO_2 + H_2O \rightleftharpoons H_2CO_3 \rightleftharpoons H^+ + HCO_3^-$$

$$SO_2 + H_2O \rightleftharpoons H_2SO_3 \rightleftharpoons H^+ + HSO_3^-$$

因此，铁与杂质等于浸泡在含有 H^+、HCO_3^-、HSO_3^- 的溶液中，形成了原电池，电池中的铁为阳极(负极)，杂质为阴极(正极)。由于铁与杂质紧密接触，因此使电化学腐蚀不断进行。电池反应为

阳极(Fe)　　$Fe \rightleftharpoons Fe^{2+} + 2e^-$

$$Fe^{2+} + 2OH^- = Fe(OH)_2$$

阴极(杂质)　　$2H^+ + 2e^- \rightleftharpoons H_2$

电池反应　　$Fe + 2H_2O = Fe(OH)_2 + H_2$

可见，腐蚀反应的过程是：铁失去电子变成 Fe^{2+} 进入水膜，同时多余的电子直接转移到杂质上，H^+ 在杂质上和电子结合变成氢气放出，水膜中的 OH^- 与 Fe^{2+} 结合生成 $Fe(OH)_2$，化学反应式为

$$4Fe(OH)_2 + 2H_2O + O_2 = 4Fe(OH)_3$$

继而由 $Fe(OH)_3$ 及其脱水产物 Fe_2O_3 组成常见的褐色铁锈。由于在腐蚀过程中产生氢气，故又称为析氢腐蚀。只有在铁表面的吸附水膜酸性较强(或 H^+ 浓度较大)的条件下，阴极上才可能是 H^- 被还原成 H_2 而释放出来。

另一种情况是铁表面的吸附水膜酸性不强，而是较弱或是接近中性时，腐蚀反应仍然能进行，但这时在阴极上获得电子的不是 H^+，而是 O_2。电池反应为

阳极 $Fe \rightleftharpoons Fe^{2+} + 2e^-$

阴极 $O_2 + 2H_2O + 4e^- \rightleftharpoons 4OH^-$

总反应 $2Fe + O_2 + 2H_2O = 2Fe(OH)_2$

同样 $Fe(OH)_2$ 被空气中 O_2 所氧化，生成 $Fe(OH)_3$，部分脱水转化成 Fe_2O_3，从而组成红色的铁锈。这种腐蚀称为吸氧腐蚀。钢铁制品在大气中的腐蚀主要是吸氧腐蚀。

还有一种腐蚀反应，当某种金属置于电解质溶液中，因氧浓度分布不均而引起的电化学腐蚀。如将一根铁棒插入泥土中，被腐蚀的是埋在地下的部分，因为铁棒所接触的电解质(吸附水膜)在空气部分溶解的氧浓度大，而在地下部分氧的浓度小，根据能斯特方程可知，当反应

$$O_2 + 2H_2O + 4e^- = 4OH^-$$

$$\varphi(O_2/OH^-) = \varphi^\ominus(O_2/OH^-) + \frac{0.0592}{4}\lg\frac{[p(O_2)/p^\ominus]}{[c(OH^-)/c^\ominus]^4}$$

$p(O_2)$越大 φ 值越大，氧的氧化能力越强；反之，氧的氧化能力越弱。这样，由于 O_2 的浓度不同而产生了上部和下部 φ 值的不同，从而形成了浓差电池。其中氧气浓度较大的部分(空气部分)为阴极，φ 值较大被还原，氧气较小的部分(地下部分)为阳极，φ 值较小被氧化。电池反应为

阳极 $Fe \rightleftharpoons Fe^{2+} + 2e^-$

阴极 $O_2 + 2H_2O + 4e^- \rightleftharpoons 4OH^-$

电池反应 $2Fe + O_2 + 2H_2O = 2Fe(OH)_2$

$Fe(OH)_2$ 进一步被氧化成 $Fe(OH)_3$，部分脱水形成 Fe_2O_3，从而组成铁锈。这种由于氧的浓度分布不均而引起的腐蚀现象常称为差异充气腐蚀。此种腐蚀在日常生活中及工业上都是屡见不鲜的。例如，自行车，机械零件上落了灰尘后，在灰尘覆盖处以及组合机件衔接处容易生锈都是这种原因引起的。

除了以上所讨论的几种腐蚀现象外，还有多种腐蚀类型；例如，晶间腐蚀、应力腐蚀等，这里不一一介绍。

3.5.3 金属腐蚀的防止

金属的防腐蚀方法很多，常用的方法有以下几种。

1. 采用金属合金

直接提高金属本身的耐腐蚀性。针对电化学腐蚀的主要因素，冶金工作者着重研究降低合金的阴极活性和阳极活性，制造出各种用途的耐腐蚀合金。例如，含

铬不锈钢,就是加铬与铁形成合金,提高了电极电势,减少了阳极活性,从而使金属稳定性大大提高。

2. 金属的钝化

一块普通的铁片放在稀硝酸中很容易溶解,但在浓硝酸中则几乎不溶解,经过浓硝酸处理后的铁片,即使再放入稀硝酸中,其腐蚀速率也比未处理前有明显下降。这时金属处于钝态,这种现象称为化学钝化。金属钝化方法很多,有化学和电化学方法。金属钝化后在表面上形成一层薄而致密的氧化膜,此膜能阻止金属发生化学与电化学反应,从而保护金属不受腐蚀。

3. 用保护法使金属与介质隔离

为防止金属腐蚀,常使用非金属材料作为保护层,例如,耐腐蚀物质的油漆、搪瓷、高分子材料等涂在要保护的金属表面上。还可以用耐腐蚀性较强的金属或合金覆盖在要保护的金属表面上。较为重要的覆盖方法是电镀,如镀银、镀铜等。在实际应用中,常根据不同情况选择不同的金属镀层。对于黑色金属制品通常在大气条件下用镀锌层,如铁上镀锌的白铁片,是属于阳极镀层。食用罐头因接触有机酸,选用铁上镀锡层,即马口铁。不仅防腐蚀能力强,而且腐蚀产物对人体无害,属于阴极镀层。

4. 缓蚀剂法

在腐蚀介质中添加少量能够延缓腐蚀速率的物质,就能大大降低金属的腐蚀,此法称为缓蚀剂法。按缓蚀剂的化学性能可分为有机和无机缓蚀剂。无机缓蚀剂的作用主要是在金属表面形成氧化膜或难溶物质,有机缓蚀剂有苯胺、乌洛托品等,通常是在酸性介质中使用。一般认为,缓蚀机理主要是缓蚀剂吸附在阴极表面,增加了氢的超电势,妨碍氢离子的放电过程,从而使金属溶解速率减慢,阻碍金属腐蚀。

5. 电化学保护法

在金属的电化学腐蚀中,是阳极(较活泼金属)被腐蚀,因此使用外加阳极,而将要保护的金属作为阴极保护起来,称为阴极保护法,又可分为以下两种方法:

(1) 外加电流法。将要保护的金属与另一附加电极作为电解池的两个极。要保护金属为阴极,附加电极为阳极,在直流电作用下,使阴极受到保护。这种保护法主要是防止土壤、海水及河水中金属设备的腐蚀。

(2) 牺牲阳极保护法。将活泼金属或合金连接在要保护的金属设备上,形成原电池。这时较活泼的金属作为腐蚀微电池的阳极而被腐蚀,要保护金属为阴极而得到保护，常用的牺牲阳极材料有 Mg、Al、Zn 及其合金，此法常用于蒸气锅炉的内壁、海轮的外壳和海底设备等。

习　题

1. 标准状态下，将下列氧化还原反应装配成原电池，写出电极反应方程式，写出电池符号，计算标准电动势。

(1) $Zn + CdSO_4 \rightleftharpoons ZnSO_4 + Cd$

(2) $Fe^{2+} + Ag^{+} \rightleftharpoons Fe^{3+} + Ag$

2. 判断下列氧化还原反应进行的方向(所有物质均处于标准态)。

(1) $Cu + 2Fe^{3+} \longrightarrow Cu^{2+} + 2Fe^{2+}$

(2) $Sn^{2+} + Hg^{2+} \longrightarrow Sn^{4+} + Hg$

(3) $I_2 + 2Fe^{2+} \longrightarrow 2Fe^{3+} + 2I^-$

(4) $PbO_2 + 4H^+ \ 4Cl^- \longrightarrow PbCl_2 + Cl_2 + 2H_2O$

(5) $2Cr^{3+} + 3I_2 + 7H_2O \longrightarrow Cr_2O_7^{2-} + 6I^- + 14H^+$

3. 现有含 Cl^-、Br^-、I^- 三种离子的混合溶液，现欲使 I^- 氧化为 I_2 而不使 Br^-、Cl^- 氧化，选用氧化剂 $Fe_2(SO_4)_3$ 和 $KMnO_4$ 中哪一种符合要求？(设相关离子均处于标准态)

4. 查出下列电对的电极反应的标准电势值，判断标准状态下各组中哪种物质是最强的氧化剂？哪种物质是最强的还原剂？

(1) MnO_4^-/Mn^{2+}，Fe^{3+}/Fe^{2+}

(2) $Cr_2O_7^{2-}/Cr^{3+}$，MnO_4^-/Mn^{2+}，NO_3^-/NO

(3) Cu^{2+}/Cu，Fe^{3+}/Fe^{2+}，Fe^{2+}/Fe

5. 从标准电极电势值分析下列反应在标准状态下应向哪个方向进行？

$$MnO_2 + 4Cl^- + 4H^+ \longrightarrow MnCl_2 + Cl_2 + 2H_2O$$

而实验室中根据什么原理，采取什么措施使之产生 Cl_2？并计算产生 Cl_2 时 HCl 的浓度最低为多少？

6. 由标准钴电极和标准氯电极组成原电池，测得其电动势为 1.63V，此时，钴电极为负极，已知氯标准电极电势为 1.36V，问：

(1) 标准钴电极的电极电势是多少？(不查表)

(2) 当氯气的压力增大或减小时，原电池的电动势将发生怎样的变化？

(3) 当 Co^{2+} 浓度降低到 $0.01mol \cdot dm^{-3}$ 时，原电池的电动势将怎样变化？

7. 反应：$Pb + PbO_2 + 4H^+ + 2SO_4^{2-} = 2PbSO_4 + 2H_2O$ 组成原电池后，根据标准电极电势计算 298.15K 时反应的标准摩尔吉布斯函数变和标准平衡常数。

8. 由两个氢半电池 $Pt \mid H_2(100kPa) \mid H^+(1mol \cdot dm^{-3})$ 和 $Pt \mid H_2(100kPa) \mid H^+(x\ mol \cdot dm^{-3})$，组成一原电池，测得该电池的电动势为 0.016V。若后一个电极作为该电池的正极，问 x 应是多少？

9. 已知　$Ag^+ + e^- \rightleftharpoons Ag$　$\varphi^\ominus(Ag^+/Ag) = 0.799V$

$AgBr + e^- \rightleftharpoons Ag + Br^-$　$\varphi^\ominus(AgBr/Ag) = 0.071V$

求 AgBr 的溶度积常数。

10. 设 $c(MnO_4^-)=c(Mn^{2+})=c(I^-)=c(Br^-)=1mol \cdot dm^{-3}$，通过计算说明当 pH＝3 和 pH＝6 两种情况下 $KMnO_4$ 可否氧化 I^- 和 Br^-？

11. 求下列电极在 298.15K 时电极反应的电势值。

    (1) 金属铜放在 $0.5mol \cdot dm^{-3}$ 的 Cu^{2+} 溶液中。

    (2) 在 $1dm^3$ 上述(1)的溶液中加入 0.5mol Na_2S。

    (3) 在 $1dm^3$ 上述(1)的溶液中加入 1.5mol Na_2S(加入固体所引起的溶液体积变化忽略不计)。

12. 试用反应式表示下列物质的主要电解产物。

    (1) 电解 Na_2SO_4，两电极材料均为铜。

    (2) 电解 KOH，两电极均用 Pt。

    (3) 电解熔融盐 $MgCl_2$，阳极用石墨，阴极用铁。

13. 电解镍盐溶液，其中 $c(Ni^{2+})=0.1mol \cdot dm^{-3}$，如果在阴极上只要 Ni 析出，而不产生氢气，计算溶液的最小 pH(设氢在镍上的超电势为 0.21V)。

14. 原电池、电解池以及腐蚀微电池，在构造和原理上有何特点？各举一例说明(从电极名称、电子流动方向、两极反应等方面进行比较)。

15. 用电解法精炼铜，以硫酸铜为电解液，粗铜为阳极，精铜在阴极析出。怎样通过电解法除去粗铜中的 Ag、Au、Pb、Ni、Fe、Zn 等杂质？

16. 通常大气腐蚀主要是析氢腐蚀还是吸氧腐蚀？写出两极反应的离子方程式。

17. 防止金属腐蚀的方法主要有哪些？各根据什么原理？

第 4 章　物质结构基础

前面几章，主要从宏观上讨论化学反应的一般原理。从微观上说，化学反应是组成反应物分子的原子之间的重新组合。反应的发生与否，反应的快慢和限度等，从本质上说都与反应物和生成物的组成和性质有关。因此，欲深入了解各种化学反应的实质，掌握元素及化合物的性质，必须进一步研究物质的微观结构。

4.1　原子结构理论的发展

人们很早以前就发现日光通过三棱镜会被分解成彩色的连续色带，称为连续光谱(continuous spectrum)。在 19 世纪中叶人们又发现如果在一个密封的玻璃管中充入稀薄的氢气并使之灼热发光，再经过三棱镜分解，得到的不是连续的色带，而是相间的几条亮线，亮线之间被暗区隔开，称之为线状光谱(line spectrum)。如图 4-1 所示。不同的元素得到的都是线状光谱，而且每种元素都有着特定的谱线。应用光谱分析人们发现了铯、铷等元素，还从太阳的光谱中发现了氦元素。如何解释线状光谱这一现象？

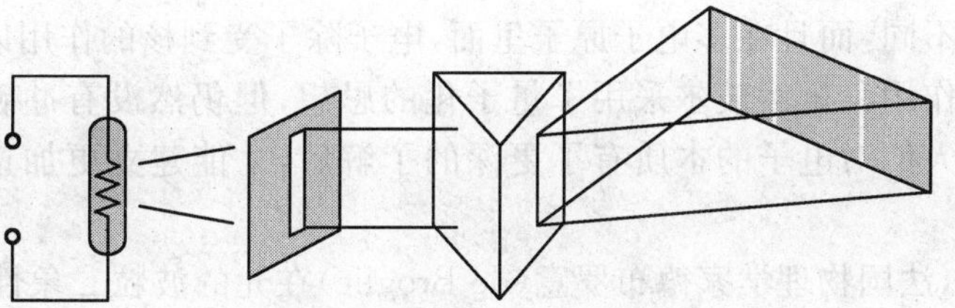

图 4-1　氢原子的线状光谱

1913 年，丹麦物理学家玻尔(N. Bohr)在经典的牛顿(J. Newton)力学的基础上，吸收了爱因斯坦(A. Einstein)的光子学说、普朗克(M. Planck)的量子理论以及卢瑟福(E. Rutherford)的带核原子模型等思想，建立了玻尔原子模型。玻尔提出三点假设：

(1) 电子沿着一定的不连续的轨道绕核做圆周运动，在这些轨道上运动的电子既不吸收能量也不放出能量，处于相对稳定的状态；

(2) 处在不同轨道上的电子具有不同的能量，其中在离核最近的轨道上的电子能量最低，称为基态(ground state)。当电子接收能量时便可跃迁到能量较高的

轨道上去而处于激发态(excited state);

(3) 处于激发态的电子不稳定,它可能跃迁到能量较低的轨道上去,并释放能量。放出的能量以光子的形式表现,光的频率满足:

$$\nu = \frac{E_2 - E_1}{h} \tag{4-1}$$

式中,ν 为发射光子的频率;E 为电子的能量;h 为普朗克常量(6.626×10^{-34}J·s)。

因为轨道的能量是不连续的,决定了电子跃迁释放的能量也是不连续的,因此产生光子的频率就是不连续的,这就是氢原子的光谱为线状的原因。他还计算出电子在核外运动的轨道半径、能量状态以及辐射光的频率均与正整数 n 有关:

$$r = a_0 n^2 \tag{4-2}$$

$$E = -\frac{1312}{n^2}\text{kJ} \cdot \text{mol}^{-1} \tag{4-3}$$

$$\nu = 3.29 \times 10^{15}\left(\frac{1}{n_1^2} - \frac{1}{n_2^2}\right) \quad (n_2 > n_1) \tag{4-4}$$

式中,$a_0 = 0.053$nm,通常称为玻尔半径;$n = 1, 2, 3, \cdots$,称为主量子数。

玻尔理论冲破了经典理论中能量连续变化的束缚,引入量子化(quantization)思想,成功地解释了氢原子线状光谱形成的原因,而且根据玻尔的理论计算得到的光谱的频率与实验测得的数据也符合得很好。但是当波尔试图将他的这套理论用于解释多电子原子的光谱时,遇到了困难。这是由于电子的运动形式与宏观物体不同,而且在多电子原子里面,电子除了受到核的作用以外还要受到其他电子的作用。虽然玻尔采用了量子化的思想,但仍然没有冲破经典力学的束缚。只有人们对电子的本质有了更深的了解后,才能建立更加正确的原子结构理论。

1924 年,法国物理学家德布罗意(de Broglie)在光的波粒二象性(wave-particle duality)的启发下,在其博士论文中大胆预言有静止质量的微观粒子在某些情况下也能呈现出波动性。他说:"整个世纪以来,在光学上,比起波动的研究方法,是否过分忽略了粒子的研究方法。而在实物理论上,是否犯了相反的错误,是否把它的粒子图像想得太多,而过分忽略了它的波的图像呢?"他提出,实物微粒与光一样,同样具有波粒二象性。并且指出微观粒子的质量 m,运动速率 v 和产生波动性相应的波长 λ 满足以下关系:

$$\lambda = \frac{h}{mv} \tag{4-5}$$

德布罗意的预言在 1927 年被美国的物理学家戴维森(C. Davisson)和革末(L. Germer)通过电子衍射实验所证实,如图 4-2 所示。

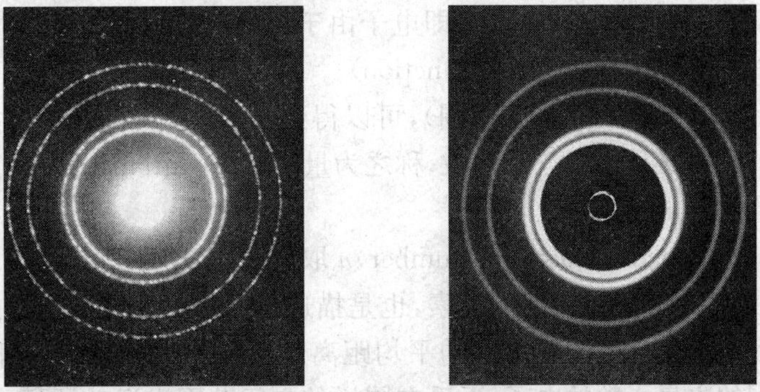

电子衍射图　　X 光衍射图

图 4-2　电子和 X 光通过晶体的衍射

同时在 1927 年海森堡(W. Heisenberg)提出著名的测不准原理(uncertainty principle),告诉我们对于微观粒子不可能同时准确测出其速度(或动量)和位置,测得的速度(或动量)准确度越高其位置误差也越大,反之亦然。测得动量误差和位置误差满足:

$$\Delta x \cdot \Delta p \approx h \tag{4-6}$$

式中,Δx 为测量位置误差;Δp 为测量动量误差;h 为普朗克常量。

由此可见微观粒子的运动形式与宏观物体的运动形式有着很大的差别。对于宏观物体的运动可以用经典的牛顿力学来求解,而对于微观物体则需要运用量子力学来处理。20 世纪 20 年代建立的量子力学理论至今仍是用来描述电子及其他微观粒子运动的基本理论。

4.2　原子结构的近代概念

4.2.1　核外电子的运动状态

1. *波函数及四个量子数*

电子作为一种微观粒子,既具有粒子性又具有波动性。电子在核外的运动不能用经典的牛顿力学去描述,必须要用量子化的方法来解决。

1926 年,奥地利物理学家薛定谔(E. Schrödinger)提出单电子的运动规律可以用一个二阶偏微分方程描述,这个方程称为薛定谔方程,即

$$\frac{\partial^2\psi}{\partial x^2}+\frac{\partial^2\psi}{\partial y^2}+\frac{\partial^2\psi}{\partial z^2}+\frac{8\pi^2 m}{h^2}(E-V)\psi=0 \tag{4-7}$$

式中,x、y、z 为对应电子在空间的位置坐标;x 为电子的质量;h 为普朗克常量;E

为电子的总能量;V 为电子的势能,即电子由于核的吸引而具有的能量;ψ 为电子运动的波函数,简称波函数(wave function)。

求解薛定谔方程(不属本书范围),可以得到 ψ。但要得到合理的描述电子运动状态的波函数,必须引入三个参数,称之为量子数(quantum number),分别是:

1) 主量子数 n

主量子数(principal quantum number)n 取值为 1,2,3,…,n 为自然数。它是决定电子运动能量高低最主要的因素,也是描述电子运动距离原子核远近的重要参数。n 越大,电子出现位置离核的平均距离越远,能量也越高。在同一个原子内,具有相同的主量子数的电子,近乎在同样的空间范围内运动,因而通常划分为一个电子层(shell)。主量子数与电子层符号对应关系为

主量子数 n: 1 2 3 4 5 6…

电子层符号: K L M N O P…

2) 角量子数 l

角量子数(azimcithal quantum number)l 取值为 0,1,2,…,取值受 n 的制约,最大取值为($n-1$)。例如,$n=3$ 时,l 只能取 0、1、2 三个值。光谱实验证明,即使是处于同一电子层的电子能量也有高低之分,因而在同一电子层之内又可划分若干个亚层(subshell)。随着角量子数的增大,电子的能量也越大。因此角量子数也是决定电子能量的因素之一。角量子数取值与亚层符号对应的情况如下:

角量子数 l: 0 1 2 3 4…

亚层符号: s p d f g…

3) 磁量子数 m

每个亚层都有不同的空间伸展方向,每一个伸展方向称为一个原子轨道(atomic orbital)。磁量子数(magnetic quantum number)m 就决定着原子轨道的空间伸展方向和个数,它的取值受到 l 的制约,可以取 0、±1、±2、…、$\pm l$。m 的取值个数,就是原子轨道空间伸展方向的个数。如 $l=3$ 时,m 可取 0、±1、±2、±3 共 7 个值,说明 f 亚层共有 7 个空间伸展方向,即 7 个原子轨道。必须注意的是,我们这里所说的原子轨道并不同于行星轨道、火车轨道这种宏观物体轨道的概念,它是指电子运动的一种状态,是一个函数式(叫"轨函"更合适)。

4) 自旋量子数 m_s

大量的光谱研究发现,只用以上三个量子数还不能完全描述电子在核外的运动状态,因此人们又提出第四个量子数,即自旋量子数(spin quantum number)m_s。1925 年,G. Uhlenbeck 和 S. Goudsmit 提出电子除了绕核运动之外,还有自旋运动的假设,认为电子有两种自旋状态,对应 m_s 分别取 $+\frac{1}{2}$ 和 $-\frac{1}{2}$。这里的自旋并不是指电子真正像地球等天体绕本身自转轴旋转,而是基于实验结果提出的一种假

设。当两个电子自旋方向相同(↑↑或↓↓)称为自旋平行,自旋方向相反(↑↓)称为自旋反平行。

通过以上四个量子数我们就可以完整地确定电子在核外的运动状态,通常用一个一维数组(n,l,m,m_s)表示。例如,某个电子的运动状态为$\left(3,2,-1,+\frac{1}{2}\right)$,就表示在第三主层(M层),d亚层,$m=-1$的空间伸展方向,以$+\frac{1}{2}$作自旋运动的电子。

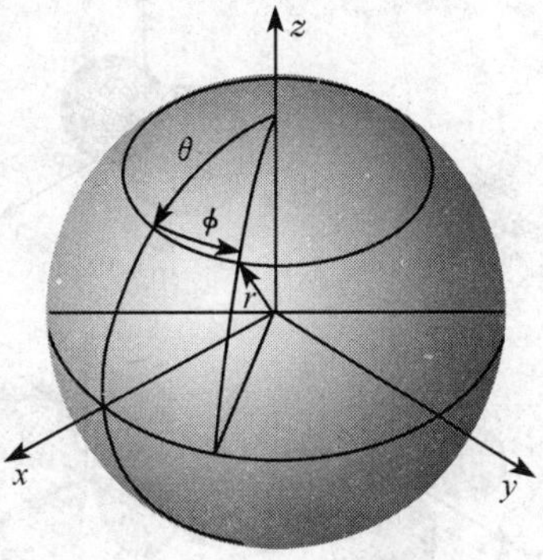

图4-3　空间坐标和球坐标的对应关系

2. 波函数的角度分布和径向分布

通过求解薛定谔方程可以得到以x、y、z为变量的波函数形式$\psi(x,y,z)$,经转化为球坐标系后可以表示成以r、θ、ϕ为变量的波函数形式$\psi(r,\theta,\phi)$,如图4-3所示。

在数学上可以将其分解成角度$Y(\theta,\phi)$和径向$R(r)$两部分:

$$\psi(r,\theta,\phi)=R(r)\cdot Y(\theta,\phi)$$

表4-1中列出氢原子几个原子轨道波函数以及它们的径向部分和角度部分表达式。

表4-1　氢原子的波函数(a_0=玻尔半径)

轨　道	$\psi(r,\theta,\phi)$	$R(r)$	$Y(\theta,\phi)$
1s	$\sqrt{\frac{1}{\pi a_0^3}}\mathrm{e}^{-r/a_0}$	$2\sqrt{\frac{1}{a_0^3}}\mathrm{e}^{-r/a_0}$	$\sqrt{\frac{1}{4\pi}}$
2s	$\frac{1}{4}\sqrt{\frac{1}{2\pi a_0^3}}\left(2-\frac{r}{a_0}\right)\mathrm{e}^{-r/2a_0}$	$\sqrt{\frac{1}{8a_0^3}}\left(2-\frac{r}{a_0}\right)\mathrm{e}^{-r/2a_0}$	$\sqrt{\frac{1}{4\pi}}$
$2\mathrm{p}_z$	$\frac{1}{4}\sqrt{\frac{1}{2\pi a_0^3}}\left(\frac{r}{a_0}\right)\mathrm{e}^{-r/2a_0}\cos\theta$	$\sqrt{\frac{1}{24a_0^3}}\left(\frac{r}{a_0}\right)\mathrm{e}^{-r/2a_0}$	$\sqrt{\frac{3}{4\pi}}\cos\theta$
$2\mathrm{p}_x$	$\frac{1}{4}\sqrt{\frac{1}{2\pi a_0^3}}\left(\frac{r}{a_0}\right)\mathrm{e}^{-r/2a_0}\sin\theta\cos\phi$		$\sqrt{\frac{3}{4\pi}}\sin\theta\cos\phi$
$2\mathrm{p}_y$	$\frac{1}{4}\sqrt{\frac{1}{2\pi a_0^3}}\left(\frac{r}{a_0}\right)\mathrm{e}^{-r/2a_0}\sin\theta\sin\phi$		$\sqrt{\frac{3}{4\pi}}\sin\theta\sin\phi$

波函数描述电子的运动状态虽然精确但不直观,通常采用对径向和角度部分在相应的坐标系里作图,从而得到比较直观印象。

1) 波函数的角度分布图

对波函数的角度部分$Y(\theta,\phi)$随θ、ϕ变化的规律在球坐标中作图,可以得到波函数的角度分布图,如图4-4所示。

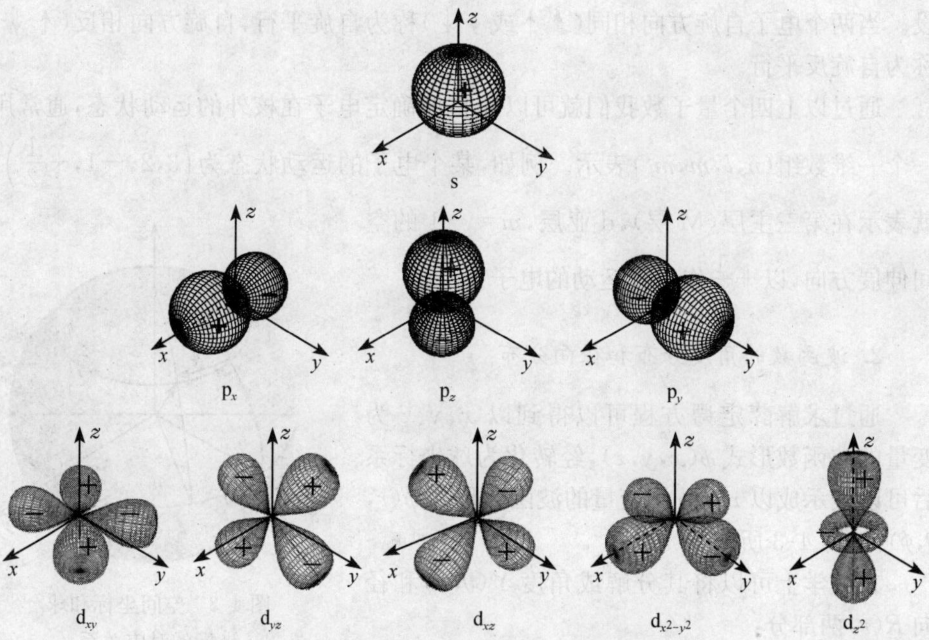

图 4-4　波函数的角度分布示意图

必须注意,图 4-4 已将球坐标转化成空间坐标。s 亚层原子轨道的角度分布图为一个对称的球壳,函数值恒为正;p 亚层的三个原子轨道均是两个对切的球壳,相切于原点,函数值一半为正,一半为负;d 亚层的五个原子轨道的角度分布图较复杂,基本呈花瓣状,函数值也有正负之分。还有一点需要指出,这里的正负只是函数值的正负,不要误认为是正电荷和负电荷。

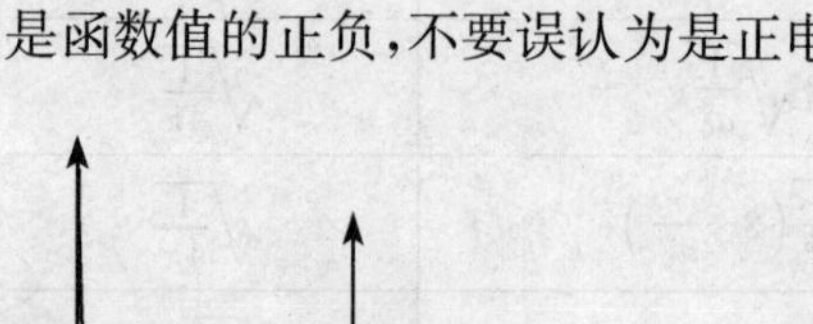

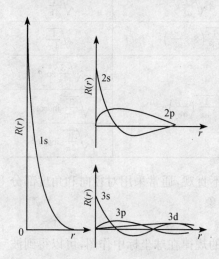

图 4-5　部分原子轨道的径向分布示意图

波函数的角度分布图与主量子数 n 无关。例如,1s、2s、3s 轨道的角度分布图都是完全相同的球面。p、d、f 轨道也是如此,所以波函数的角度分布图通常不写出轨道符号前的主量子数。在解释共价键形成理论时,常用到波函数的角度分布图。

2) 波函数的径向分布图

对波函数的径向部分 $R(r)$ 对 r 作图,便得到波函数的径向分布图。反映了 R 在任意角度随半径 r 变化的情形,R 是一个与 θ、ϕ 无关的量。图 4-5 给出了部分原子轨道的径向分布图,可以看出,$R(r)$ 与主量子数 n 和角量子数 l 有关。

3. 概率密度和电子云

波函数虽然描述了电子在核外运动的状态，但遗憾地是至今仍无法找到一个宏观的物理量与之对应。但是波函数的平方 ψ^2 可以反映电子在空间某个位置上单位体积内出现的概率大小，即概率密度(ρ)。这可以从统计的角度来解释。在慢速电子衍射实验中，单个电子通过晶格后在底片上产生一个斑点，这个斑点无法预言将出现在哪个位置，有限个电子出现的斑点也没有一定的规律性。但是随着衍射电子的增多，这些斑点在照片上的分布就逐渐显示出规律性，最后形成电子的衍射图。所以说，电子波也是概率波(probability wave)。衍射图中，衍射强度大的地方，电子出现的概率也大，从波动的角度来说，波的强度也大。因此，统计的解释就是认为空间任意点波的强度与电子出现的概率成正比，而波的强度与电磁波、水波一样可以用波的振幅的平方表示，所以

$$\psi^2 \propto \rho \tag{4-8}$$

以氢原子 1s 轨道为例

$$\psi_{1s}^2 = \frac{1}{\pi a_0^3} e^{-2r/a_0} \tag{4-9}$$

式(4-9)表明 1s 电子在核外出现的概率密度是电子离核距离 r 的函数。r 越小，即电子离核越近，出现的概率密度越大；反之，r 越大，电子离核越远，出现的概率密度越小。如果以黑点来表示电子在核外某处出现，以点的疏密来表示出现概率密度的大小，则 ψ^2 大的地方，黑点较密，表示电子出现的概率密度较大；ψ^2 小的地方，黑点较疏，表示电子出现的概率密度较小。这种以黑点的疏密表示概率密度的分布图叫做电子云。氢原子 1s 电子云呈球形，如图 4-6 所示。

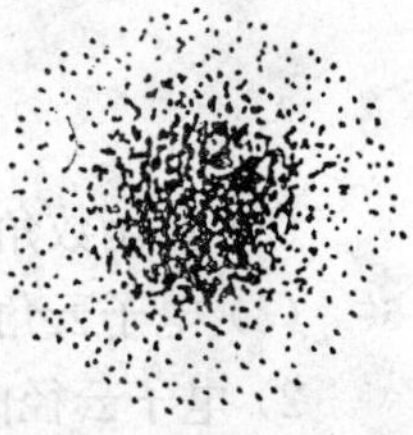

图 4-6　氢原子 1s 电子云

应当指出，图中的众多黑点并不代表氢原子电子的数目，而只代表电子在空间某个位置出现的概率密度的大小。对于 2s、2p、3s、3p、3d 等轨道的电子云图也可以按上述规则画出来，但是要复杂得多。为使问题简化，也可以从径向和角度两个不同的侧面来反映电子云，即画出电子云的径向分布图和角度分布图。

1) 电子云角度分布图

电子云的角度分布图可以通过波函数角度部分的平方 Y^2 对 θ、ϕ 作图得到。如图 4-7 所示。

电子云的角度分布图反映了电子在核外各个方向上概率密度的分布规律，其特征如下：

(1) 从外形上看，s、p、d 电子云角度分布图与波函数的角度分布图相似，但是 p、d 电子云角度分布图稍“瘦”些。

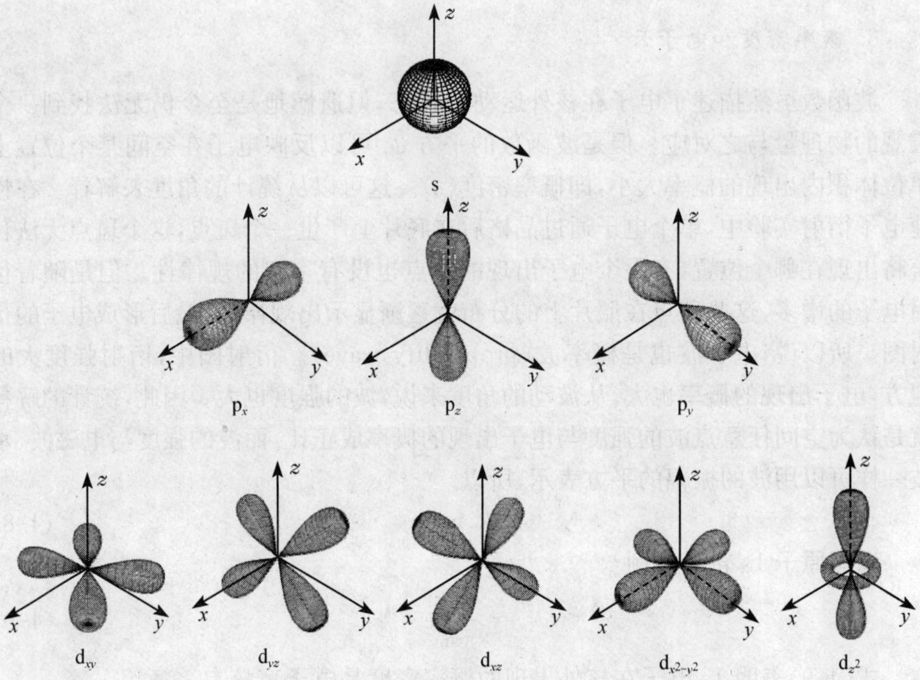

图 4-7 电子云角度分布图

(2) 波函数角度分布图有正负之分，而电子云角度分布图没有正负之分。

(3) 电子云角度分布图与波函数角度分布图一样，与主量子数 n 无关。

2) 电子云径向分布图

电子云的径向分布图可以通过波函数的径向部分的平方 R^2 对 r 作图得到，如图 4-8 所示。

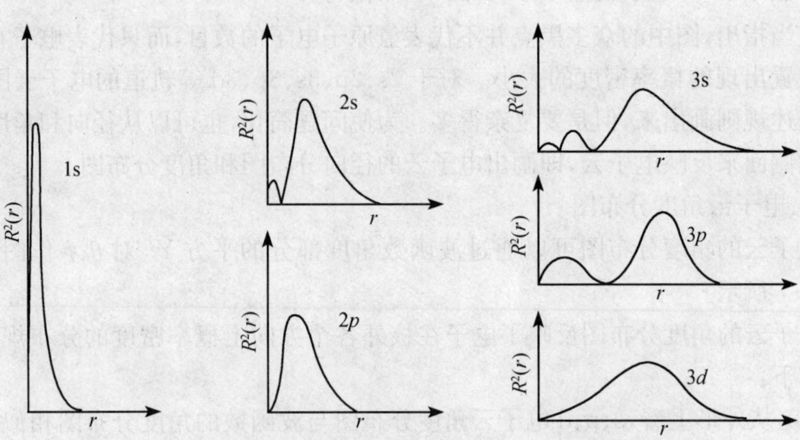

图 4-8 电子云径向分布图

电子云的径向分布图表示电子在核外距离原子核为 r 的一薄层单位体积球壳内出现的概率的大小。对比波函数径向分布图可以看出，1s 轨道的波函数最大值出现在核附近，而电子云角度分布的最大值出现在 a_0 附近，这是由于概率和概率密度的概念不同造成的，电子在空间某个体积内出现的概率等于在该位置的概率密度乘以体积。虽然电子在离核最近的概率密度最大，但是球壳的体积反而最小，因此总的乘积并不是最大；同样，在离核较远的地方，虽然球壳的体积增大，但是概率密度反而很小，因此乘积也不是最大值。其他轨道也会出现同样的情形。

比较角量子数相同而主量子数不同的电子云径向分布图可以看出，各轨道的峰值个数有一定的规律。1s、2s、3s 轨道分别有 1 个、2 个、3 个峰；2p、3p 轨道各有 1 个、2 个峰；3d 有 1 个峰，普遍规律是 nl 轨道有 $(n-l)$ 个峰。

3) 电子云的实际形状

综合考虑到电子云的角度分布和径向分布，可以得到电子云的实际分布形状，如图 4-9 所示氢原子各轨道的电子云完整形状。

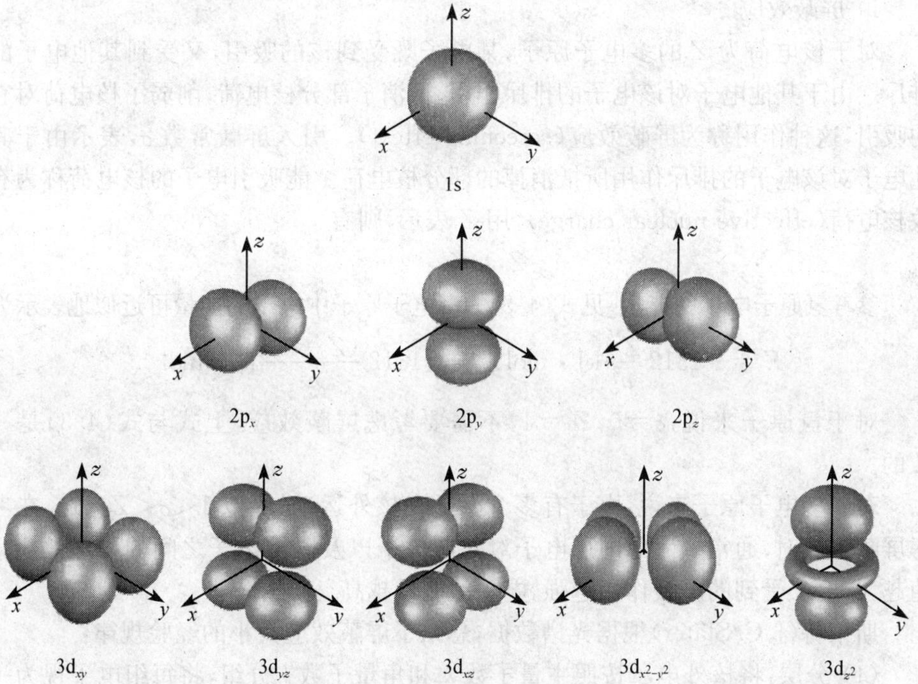

图 4-9　氢原子各轨道电子云实际形状图

4.2.2　原子核外电子分布规律和周期系

1. 多电子原子轨道的能级

处于不同原子轨道的电子具有不同的能量，我们就认为原子轨道具有能量并且有高低的区别,称为原子轨道的能级。氢原子核外只有一个电子,其能量只决定于原子核的吸引,只与主量子数 n 有关[见式(4-3)]。在多电子原子中,电子的能量是由原子核的吸引作用和其他电子的排斥作用共同决定的,原子轨道的能量与主量子数 n 和角量子数 l 有关。然而,对氢原子结构的研究结论仍可近似地应用到多电子原子结构中。

决定原子轨道能级高低最主要的因素是主量子数和角量子数。

(1) 角量子数相同,主量子数越大,能级越高,例如

$$E_{1s} < E_{2s} < E_{3s} < E_{4s} < \cdots, \quad E_{2p} < E_{3p} < E_{4p} < \cdots$$

(2) 主量子数相同,角量子数越大,能级越高,例如

$$E_{4s} < E_{4p} < E_{4d} < E_{4f} < \cdots$$

(3) 当主量子数和角量子数都不同时,有时会发生能级交错的现象,例如

$$E_{4s} < E_{3d} < E_{4p}$$

多电子原子能级的复杂性可以通过屏蔽效应和钻穿效应加以解释。

1) 屏蔽效应

对于核电荷为 Z 的多电子原子,某电子既受到核的吸引,又受到其他电子的排斥。由于其他电子对该电子的排斥作用,抵消了部分核电荷,削弱了核电荷对它的吸引,这种作用称为屏蔽效应(screening effect)。引入屏蔽常数 σ,表示由于其他电子对该电子的排斥作用所抵消掉的部分核电荷。能吸引电子的核电荷称为有效核电荷(effective nuclear charge),用 Z' 表示,则有

$$Z' = Z - \sigma$$

参考氢原子电子的能量[见式(4-3)],多电子原子中电子的能量可近似地表示为

$$E = -1312\,\frac{Z'^2}{n^2}\,\text{kJ} \cdot \text{mol}^{-1} = -1312\,\frac{(Z-\sigma)^2}{n^2}\,\text{kJ} \cdot \text{mol}^{-1}$$

对于氢原子来说,$\sigma=0$,$Z'=1$,不需要考虑屏蔽效应,上式与式(4-3)是一致的。

对于多电子原子来说,由于有多个电子在核外运动,所以 $1<\sigma<Z-1$。在考虑屏蔽效应时,通常只考虑内层电子对外层电子以及同层电子之间的屏蔽效应,σ 值越大,电子受到的屏蔽作用越强,电子的能量越高。

斯莱特(J. C. Slater)根据光谱数据,总结了屏蔽效应大小的经验规律:

(1) 分层:将核外电子按照主量子数 n 和角量子数 l 分组,将每组电子视为一层,靠近核的称为内层,远离核的称为外层。分层原则是除 ns 和 np 合并起来视为一层,其余各自为一层,如(1s)(2s2p)(3s3p)(3d)(4s4p)(4d)(4f)…

(2) 外层电子对内层电子的屏蔽作用可以不考虑,$\sigma=0$。

(3) 同层电子之间有屏蔽作用。但它们之间的屏蔽要比内层电子对外层电子的屏蔽效应小,$\sigma=0.35$;1s 轨道上一个电子受到另一个电子的屏蔽作用,$\sigma=0.30$。

(4) 内层电子对外层电子有屏蔽作用。当被屏蔽电子是 ns 和 np 电子时，(n−1)层中的每一个电子对它的屏蔽作用 σ=0.85，而(n−2)层以及更内层电子对它的屏蔽作用 σ=1.0；当被屏蔽电子是 nd 和 nf 电子时，内层电子对它的屏蔽作用 σ=1.0。

(5) 被屏蔽电子受到的总的屏蔽作用为所有内层电子屏蔽作用之和。

根据上述规则，可以计算元素原子中任一电子的屏蔽常数 σ 及相应的能量。

【例 4-1】 已知钾原子的核外电子分布式为 $1s^2 2s^2 2p^6 3s^2 3p^6 4s^1$，试计算钾原子 4s 电子的能量。如果最外面的电子分布在 3d 上，该电子的能量又是多少？

解　根据上述规则：

$$\sigma_{4s}=0.85\times8+1.0\times10=16.8$$

$$E_{4s}=-1312\times\frac{(19-16.8)^2}{4^2}\text{kJ}\cdot\text{mol}^{-1}=-396.9\text{kJ}\cdot\text{mol}^{-1}$$

如果最外面的电子分布在 3d 上，则

$$\sigma_{3d}=1.0\times18=18.0$$

$$E_{3d}=-1312\times\frac{(19-18)^2}{3^2}\text{kJ}\cdot\text{mol}^{-1}=-145.8\text{kJ}\cdot\text{mol}^{-1}$$

由此可见，4s 电子比 3d 电子的能量低。为什么外层电子的能量有时比内层电子能量还要低一些，发生能级交错的现象呢？这可以用钻穿效应来解释。

2) 钻穿效应

由图 4-8 可以看出，主量子数 n 越大的电子，出现概率最大的地方离核越远，但在离核较近的地方也有小峰，表明在离核较近的地方，电子也有出现的可能，也就是说外层电子有可能避开内层电子的屏蔽作用，钻到离核较近的空间区域，接受较大的有效核电荷的吸引，使其轨道能量降低，这种现象称为钻穿效应(penetration effect)。例如，3s 和 3p 相比，3s 有两个小峰，3p 有一个小峰，所以，3s 电子的钻穿效应大于 3p 电子。同理，3p 电子的钻穿效应又大于 3d 电子。当 n 相同时，钻穿效应的大小为 ns＞np＞nd＞nf，而能量次序则相反：$E_{ns}<E_{np}<E_{nd}<E_{nf}$；当 n、l 都不同时，如 3d 和 4s，从图 4-10 可以看出：4s 有 4 个峰，3d 有一个峰，4s 的最

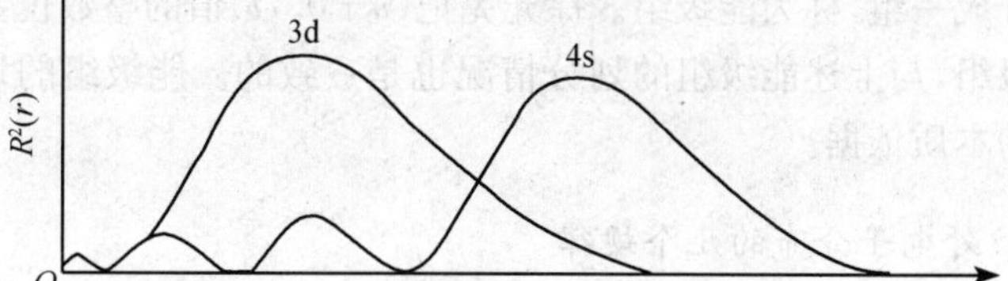

图 4-10　4s，3d 电子的径向分布函数图

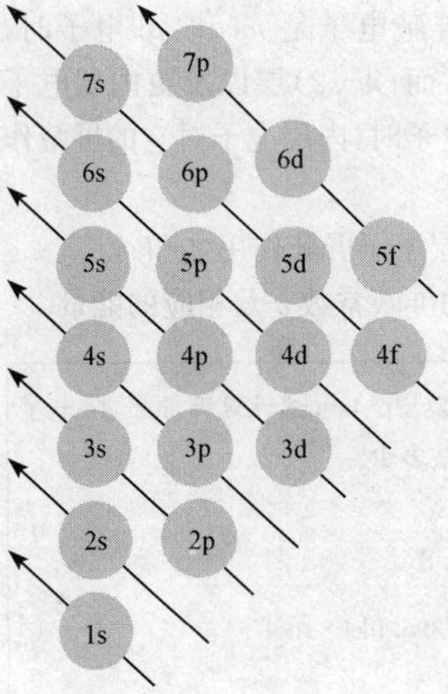

图 4-11 近似能级图

大峰比 3d 的最大峰离核更远,但 4s 的三个小峰中有一个小峰比 3d 的最大峰离核更近,4s 电子的钻穿效应大,使 4s 轨道的能量降低,结果 $E_{4s}<E_{3d}$。

美国化学家鲍林(L. Pauling)根据光谱实验数据,提出了多电子原子中原子轨道近似能级图(图 4-11)。近似能级图考虑了能级交错,是按原子轨道能量高低而不是按原子轨道离核远近的顺序排列起来的。多电子原子的原子轨道能级一般顺序为

$$E_{1s}<E_{2s}<E_{2p}<E_{3s}<E_{3p}<E_{4s}<E_{3d}$$
$$<E_{4p}<E_{5s}<E_{4d}<E_{5p}<\cdots$$

我国化学家徐光宪提出了一条经验方法:用$(n+0.7l)$值的大小,比较轨道能量的高低,值越大,轨道能量也就越高。见表 4-2。

表 4-2 用徐光宪公式计算的多电子原子轨道能级顺序

原子轨道	1s	2s	2p	3s	3p	4s	3d	4p	5s	4d	5p	…
$n+0.7l$	1.0	2.0	2.7	3.0	3.7	4.0	4.4	4.7	5.0	5.4	5.7	…
能级组	1	2		3		4			5			…

必须指出,轨道的能级高低顺序并不是一成不变的,随着外层电子数目的增加,对内层电子的排斥作用势必也会增加,或多或少的削弱屏蔽效应,增加有效核电荷,因此内层轨道的能级一般会下降。但是各轨道能量下降的多少并不一致,因而各轨道能级之间的相对位置也会随之改变。从图 4-12 中可以看出当原子序数小于 21 时 $E_{4s}<E_{3d}$,而当原子序数大于 21 时 $E_{4s}>E_{3d}$。但总的来看,轨道的能级高低还是基本符合上述顺序的。

从科顿轨道能级图还可以发现 1s、2s2p、3s3p、4s3d4p、5s4d5p、6s4f5d6p、…各组中轨道的能级差别较小,而相邻的两个组差别较大。我们把这些能量差别较小的几个能级分成一组,称为能级组。徐光宪把$(n+0.7l)$值的整数位数字相同的合并为一个能级组,与上述能级组的划分情况也是一致的。能级组的划分是周期表中周期划分的本质依据。

2. 原子核外电子分布的几个规律

处于稳定状态的原子,其核外的电子在特定的原子轨道上运动,并且能量最

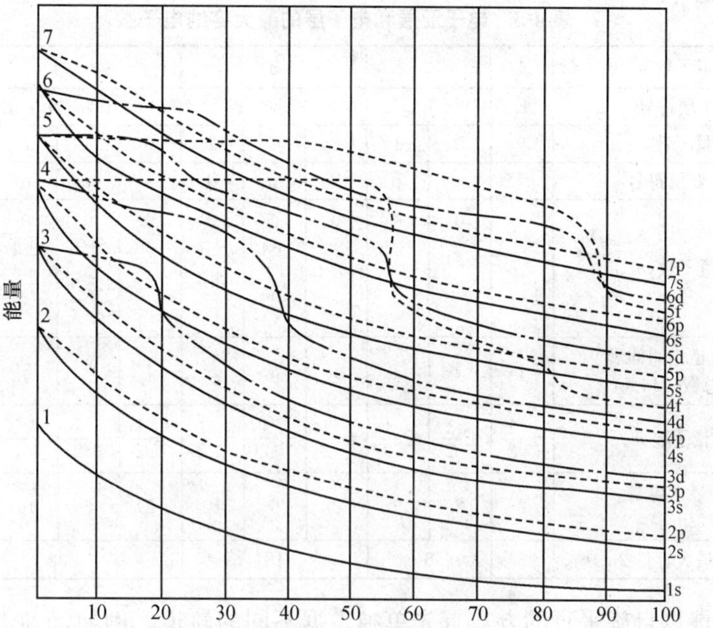

图 4-12　科顿原子轨道能级示意图

低，这个状态称为基态。当基态原子得到能量时，电子会发生跃迁，处于高能量的激发状态，简称激发态。处于基态的原子，其核外电子都是有次序地分布在原子核外的。一般来说，电子的分布遵循以下几个规律：

1）能量最低原理(lowest energy principle)

能量最低原理是自然界普遍存在的规律，系统总是尽量处于低能量的状态，能量越低，系统越稳定。同样，稳定状态的原子，其核外的电子分布也是尽量使整个原子能量处于最低状态。所以，电子在核外进行分布时，必然首先占据能量较低的轨道，然后再占据能量较高的轨道。

2）泡利不相容原理(Pauli exclusion principle)

奥地利物理学家泡利(W. Pauli)指出：同一个原子内不可能存在四个量子数完全相同的两个电子，或者说，每个原子轨道最多只能容纳两个电子，而且它们的自旋方向相反。如果两个电子的 n、l、m 都相同的话，欲使得四个量子数不完全相同，m_s 必须分别是 $+\frac{1}{2}$ 和 $-\frac{1}{2}$，所以每个原子轨道最多只能容纳两个电子。泡利不相容原理告诉我们每个原子轨道所能容纳的电子是有限的，因此每个电子亚层和主层所能容纳的电子也是有限的，见表 4-3。

3）洪德规则(Hund’s rule)

德国物理学家洪德(F. Hund)根据光谱实验结果发现：在每个电子亚层中，电

表 4-3　电子亚层和电子层的最大容纳电子数

主量子数 n	1	2		3			4				…
电子层符号	K	L		M			N				
角量子数 l	0	0	1	0	1	2	0	1	2	3	
电子亚层符号	s	s	p	s	p	d	s	p	d	f	
磁量子数 m	0	0	0 ±1	0	0 ±1	0 ±1 ±2	0	0 ±1	0 ±1 ±2	0 ±1 ±2 ±3	
亚层轨道空间伸展方向总数($2l+1$)	1	1	3	1	3	5	1	3	5	7	
自旋量子数 m_s	$\pm\frac{1}{2}$	$\pm\frac{1}{2}$	$\pm\frac{1}{2}$	$\pm\frac{1}{2}$	$\pm\frac{1}{2}$	$\pm\frac{1}{2}$	$\pm\frac{1}{2}$	$\pm\frac{1}{2}$	$\pm\frac{1}{2}$	$\pm\frac{1}{2}$	
亚层最大容量 $2(2l+1)$	2	2	6	2	6	10	2	6	10	14	
电子层最大容量 $2n^2$	2	8		18			32				

子将尽可能以自旋平行的方式首先单独占据不同的轨道。例如，p 亚层有三个原子轨道，它们的能量是完全相同的，通常称为简并轨道(equivalent orbital)或等价轨道(degenerate orbital)。如果在这三个等价轨道上分布两个电子，那么这两个电子的分布情况应该是：或，而不是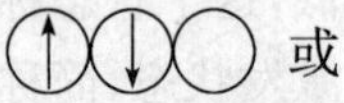或。

从大量的光谱实验中发现，当电子在同一亚层轨道中的分布处于全空、全满情况时，系统的能量较低，原子结构比较稳定。而对于某些原子的 d 和 f 亚层来说，处于半充满状态时原子结构也比较稳定。这个规律有时称为全充满和半充满规律。

3. 核外电子分布式和外层电子构型

1) 核外电子分布式

根据以上电子在核外分布的几个规律，我们可以轻而易举地描述出电子在核外各层的分布情况，写成一个表达式，就叫核外电子分布式。电子的分布首先要服从能量最低原理，所以电子总是从低能级轨道向高能级轨道逐步填充，并且每个轨道最多容纳的电子数服从泡利不相容原理。例如，Ti 原子核外有 22 个电子，按照能级顺序的分布情况应该是

$$1s^2 2s^2 2p^6 3s^2 3p^6 4s^2 3d^2$$

但是，电子分布式习惯上按照电子层顺序来写，所以，要对上式稍做调整，即

$$1s^2 2s^2 2p^6 3s^2 3p^6 3d^2 4s^2$$

其中 3d 亚层共有 5 个等价轨道，只填充 2 个电子，根据洪德规则，这两个电子的分布情况是 (↑)(↑)( )( )( ) 或 (↓)(↓)( )( )( )。

下面我们再看 Cr 原子核外电子的分布情况。按照上述方法，电子分布式似乎应该是 $1s^2 2s^2 2p^6 3s^2 3p^6 3d^4 4s^2$。但是由于 3d 亚层已经排了 4 个电子，还缺一个就可以达到半充满结构，所以与之能量相近的 4s 亚层上的一个电子跃迁到 3d 亚层，从而使之达到半充满结构，有利于整个原子能量的降低。因此，电子分布式为 $1s^2 2s^2 2p^6 3s^2 3p^6 3d^5 4s^1$。此外，Mo、Cu、Ag、Au 等原子核外电子分布的情况也符合全充满和半充满规律。

应该说明，核外电子分布的原理是概括了大量的事实后提出的一般结论，因此，大多数的原子核外电子分布的情况与这些原理是一致的。但是由于人们对于核外电子分布的实际情况尚未完全认识清楚，这些原理并不能完全涵盖所有原子核外电子的分布情况。我们不能拿事实去适应原理，也不能因为原理还有某些不足而完全否定它。但有一点可以肯定，实际的电子分布情况总的来说仍然是尽量使原子处于能量最低的状态。

2) 外层电子构型

当原子发生化学变化时，往往只是外层电子发生得失，而内层电子的分布情况并未发生变化。因此，在某些情况下，我们关注的是外层电子的分布情况，即外层电子分布式，也称外层电子构型。

一般来说，主族元素和零族元素的外层电子构型只要考虑它们的最外层电子分布式，副族元素的外层电子构型不仅要考虑最外层电子还要考虑它们次外层d 亚层和 f 亚层电子的分布式。例如，S 是主族元素，核外电子分布式为 $1s^2 2s^2 2p^6 3s^2 3p^4$，外层电子构型就是最外层电子分布式 $3s^2 3p^4$；Ti 是副族元素，核外电子分布式为 $1s^2 2s^2 2p^6 3s^2 3p^6 3d^2 4s^2$，外层电子构型是 $3d^2 4s^2$。

如果已知某元素的核外电子分布式，则可以直接根据其核外电子分布式来判断该元素是主族元素还是副族元素。例如，最外层电子如果有 p 电子，一定是主族元素（如果 p 电子有 6 个电子是零族元素，He 除外）；最外层如果是 s 电子，次外层无 d 或 f 电子，一定是主族元素；最外层是 s 电子，次外层有 d 电子或 f 电子，一定是副族元素。再如，某元素的核外电子分布式为 $1s^2 2s^2 2p^6 3s^2 3p^6 4s^2$，其最外层是 s 电子，次外层无 d 电子，所以是主族元素（Ca）；某元素 $1s^2 2s^2 2p^6 3s^2 3p^6 3d^6 4s^2$，最外层是 s 电子，次外层有 d 电子，所以是副族元素（Fe）；某元素 $1s^2 2s^2 2p^6 3s^2 3p^6 3d^{10} 4s^2 4p^5$，最外层有 p 电子，所以是主族元素（Br）。

离子是原子得到或失去电子形成的，所以离子的外层电子构型应该基于原子的外层电子构型，再通过添加或减少电子得到的。原子得到电子形成负离子，一般不会引起电子层的增加，负离子的外层电子构型只要在原子外层电子构型的基础上添加相应的电子即可。例如，Cl 原子外层电子构型为 $3s^2 3p^5$，Cl^- 外层电子构型为 $3s^2 3p^6$；原子失去电子形成正离子，并且失去电子时一般是主量子数最大的电子（最外层电子）首先失去。当主量子数相同时，角量子数较大的电子先失去。这样通常会引起电子层的减少，从而原子的次外层变为离子的最外层。所以正离子的外层电子构型不能简单通过减少原子外层电子构型中电子的数目得到，而应该是形成的正离子的最外层电子分布式。例如，K 的外层电子构型为 $4s^1$，K^+ 外层电子构型是 $3s^2 3p^6$，而不是 $4s^0$；Cu 的外层电子构型为 $3d^{10} 4s^1$，Cu^+ 外层电子构型是 $3s^2 3p^6 3d^{10}$，而不是 $3d^{10} 4s^0$ 或 $3d^{10}$ 或 $3d^9 4s^1$；Cu^{2+} 外层电子构型是 $3s^2 3p^6 3d^9$，而不是 $3d^9$ 或 $3d^8 4s^1$。

4. 元素周期表

元素的性质随着核电荷数的递增呈现出周期性的变化，这一规律称为元素周期律(periodic law of elements)。元素周期表(periodic table of elements)是元素周期律的具体表现形式。元素周期表有多种表现形式，其中最常用的是长式周期表。元素周期表的构成依据是原子的外层电子构型。

1) 能级组与元素的周期

元素周期表的行，称之为周期(period)。每一周期的元素外层电子构型都是从 ns^1 开始，至 $ns^2 np^6$ 告终（第一周期除外，以 ns^2 告终）。周期的划分与能级组的划分是完全一致的，并且每一能级组内所能容纳的电子总数与周期表中每一周期内的元素个数相等。对应关系见表 4-4。

表 4-4　能级组与元素的周期

原子结构			元素周期	
能级组	能级	最多容纳电子总数	周期数	元素个数
1	1s	2	1	2
2	2s 2p	8	2	8
3	3s 3p	8	3	8
4	4s 3d 4p	18	4	18
5	5s 4d 5p	18	5	18
6	6s 4f 5d 6p	32	6	32
7	7s 5f 6d 7p	32	7	23(未满)

元素的周期数可以根据元素原子的最高能级组数确定，反之亦然。如已知钯(Pd)的外层电子构型为 $4d^{10}$，虽然电子在核外只占据四个电子层，但是由于最高能级是 4d，属于第五能级组，所以 Pd 属于第五周期而不是第四周期。

2）外层电子构型与元素的分族和分区

从周期表的纵向来看，元素原子的外层电子构型也呈现出很强的规律性，这为族的划分和区的划分提供了依据。

(1) 元素的分区：根据核外电子的分布规律，我们将最后一个电子填入 s、p、d、f 亚层的元素分别划分为 s 区、p 区、d 区和 f 区。特别对于 d 区元素，我们又视 d 亚层是否全充满分成 d 区和 ds 区。因此，一般来说，元素周期表分为 s 区、p 区、d 区、ds 区和 f 区共五个区。需要指出的是 f 区的元素，由于该区元素原子的核外电子分布情况很复杂，有些元素电子的分布尚未明确，因此并不是每个元素原子的最后一个电子都填入 f 亚层。

(2) 元素的分族：族的划分是针对于周期表的每一纵行来说的。外层电子构型 ns^1 和 ns^2（He 除外）分别为第一主族（ⅠA）和第二主族（ⅡA）；外层电子构型 ns^2np^1～ns^2np^5 分别为第三主族（ⅢA）至第七主族（ⅦA）；外层电子构型 ns^2np^6（He 除外）为零族；外层电子构型 $(n\text{-}1)d^{10}ns^1$ 和 $(n\text{-}1)d^{10}ns^2$ 为第一副族（ⅠB）和第二副族（ⅡB）；外层电子构型 $(n\text{-}1)d^xns^y$，$x+y=3$～7 分别为第三副族（ⅢB）至第七副族（ⅦB）；$x+y=8$～10 为第八族（Ⅷ）。f 区除镧和锕两个元素属第三副族外，其余元素一般不划成任何一族，而统称为镧系元素和锕系元素。

元素分区和分族之间有一定的联系，如图 4-13 所示。

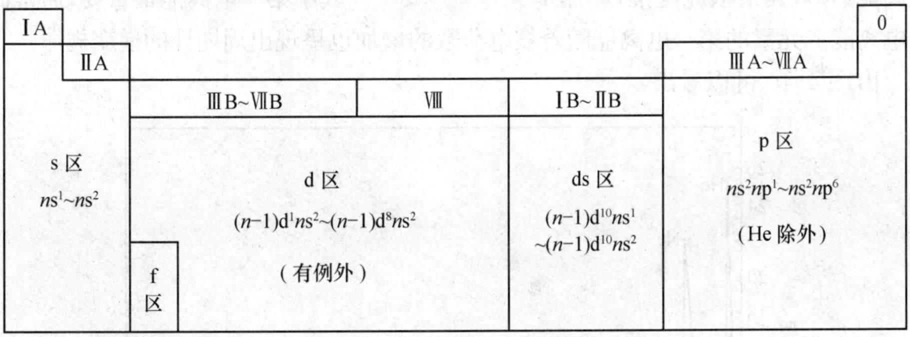

图 4-13　元素的分区和分族

此外，我们通常称主族元素为典型元素；副族元素为过渡元素，其中镧系元素和锕系元素也称为内过渡元素；零族元素又称为稀有气体元素。

3）元素性质的周期性

(1) 元素的最高氧化数的周期性。元素的最高氧化数就是该元素原子在形成化合物时所能提供的最高电子数。从第一主族到第七主族，最高氧化数从＋1 到＋7，等于对应的族数；副族元素的最高氧化数规律性不是很强，第二副族到第七副族，最高氧化数从＋2 到＋7，等于对应的族数；而第一副族的最高氧化数各个元素都不同，Cu 为＋2，Ag 为＋1，Au 为＋3；第八族元素除 Ru 和 Os 发现可以达到＋8

外，其余均没有达到或超过＋8，一般是＋3。下面我们分主族和副族将第四周期元素的最高氧化数列表比较，见表 4-5 和 4-6。其余周期也有相似情形。

表 4-5　第四周期主族元素的最高氧化数

族　数	ⅠA	ⅡA	ⅢA	ⅣA	ⅤA	ⅥA	ⅦA
元素	K	Ca	Ga	Ge	As	Se	Br
最高氧化数	＋1	＋2	＋3	＋4	＋5	＋6	＋7

表 4-6　第四周期副族元素的最高氧化数

族　数	ⅢB	ⅣB	ⅤB	ⅥB	ⅦB	Ⅷ			ⅠB	ⅡB
元素	Se	Ti	V	Cr	Mn	Fe	Co	Ni	Cu	Zn
最高氧化数	＋3	＋4	＋5	＋6	＋7	＋3	＋3	＋3	＋2	＋2

(2) 元素的电离能(ionization energy)的周期性。元素的电离能(I)也叫电离势。气态原子失去一个电子成为气态正离子所需的能量叫做元素的第一电离能(I_1)。

$$A(g) \longrightarrow A^{+}(g) + e^{-}$$

由气态＋1 价离子再失去一个电子成为气态＋2 价离子所需的能量称为第二电离能(I_2)，其余依此类推，显然 $I_1 < I_2 < I_3 < \cdots$。其中第一电离能最重要，通常简称电离能。元素的第一电离能随着核电荷数的增加也呈现出周期性的递变规律。

由图 4-14 可以看出：

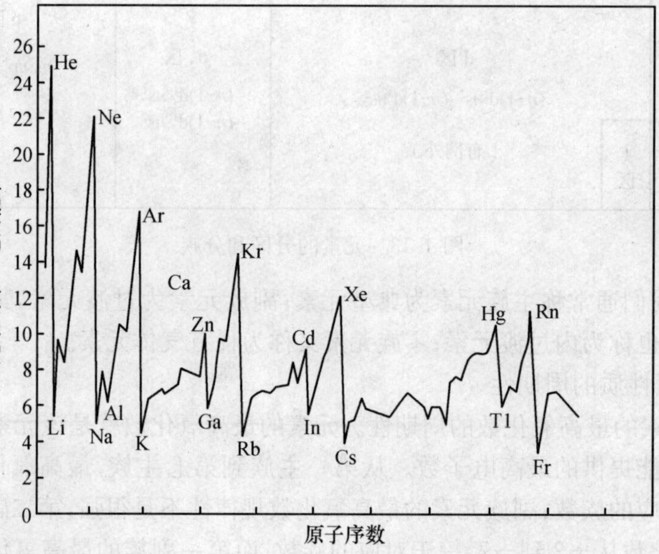

图 4-14　元素第一电离能示意图

① 每一个“尖峰”都是稀有气体元素。说明稀有气体元素的第一电离能都很高，原子失去电子很难，很稳定；

② 每一个“尖谷”都是碱金属元素。说明碱金属元素的第一电离能都很低，很容易失去一个电子，因而很活泼，金属性很强；

③ 每一个“尖谷”至下一个“尖峰”，随着核电荷数的增加，第一电离能逐渐增大，中间出现小的波折；

④ 副族元素随着元素序数的增加第一电离能增加缓慢。

表 4-7 列出了第三周期元素的电离能数据，可以看出 Na 的 $I_1 \ll I_2$，Mg 的 $I_2 \ll I_3$，Al 的 $I_3 \ll I_4$，Si 的 $I_4 \ll I_5$，…，相应元素的最高氧化数分别为 +1，+2，+3，+4，…，因此元素的电离能的变化与元素的最高氧化数也是有着一定的内在联系。

表 4-7　第三周期元素的电离能（$kJ \cdot mol^{-1}$）

电离能＼元素	Na	Mg	Al	Si	P	S	Cl	Ar
I_1	496	738	578	787	1012	1000	1251	1521
I_2	4562	1450	1817	1557	1903	2251	2297	2666
I_3		7733	2745	3232	2912	3361	3822	3931
I_4			11578	4356	4957	4564	5158	5771
I_5				16091	6274	7013	6540	7283
I_6					21296	8496	9362	8781
I_7						27106	11018	11995
I_8							33605	13842

(3) 元素的电子亲合能(electroaffinity energy)的周期性。元素的电子亲合能(E)也称为电子亲合势。气态原子结合一个电子形成一价气态负离子时所放出的能量称为第一电子亲合能(E_1)，部分元素的第一电子亲合能的数据见表 4-8。同样一价气态负离子再得到一个电子形成气态二价负离子所放出的能量称为第二电子亲合能(E_2，通常这一过程为吸热过程)，依此类推。

$$A(g) + e^- \longrightarrow A^-\ (g)$$

表 4-8　部分元素的第一电子亲合能（$kJ \cdot mol^{-1}$）

元　素	H	He	Li	Be	B	C	N	O	F
E_1	−72.8	21	−56.9	18.3	−28.9	−122.5	20.3	−141.6	−332.9
元　素	Ne	Na	Mg	Al	K	Cl	Br	I	
E_1	21	−32.8	21	−50.2	−50.0	−348.3	−341.6	−317.5	

电子亲合能在一定程度上表示了元素原子得电子的能力，电子亲合能越负，表示该元素原子越容易捕获电子，非金属性也越强。由于电子亲合能数据测定困难，

因而数据不全,准确性也较差,所以规律性不太明显。但是一般来说,同一周期从左至右,放出热量逐渐增多,同一族从上至下放出能量逐渐减少。

(4) 元素的电负性(electronegativity)的周期性。虽然元素的电离能和电子亲合能可以在某些方面反映原子得失电子的能力,但是原子在相互化合时,需要综合考虑各原子得失电子的难易程度,所以人们又提出了电负性的概念(1932 年美国化学家鲍林首先提出)来衡量原子在形成化合物时得失电子的能力。所谓电负性就是指原子在分子中把电子吸向自己的本领,它是一个相对的概念。鲍林根据热化学数据和分子键能数据,指定氟的电负性为 4.0,根据一系列热力学数据推算出其他元素的电负性。电负性越大,表明原子吸引电子的能力越大,相应的非金属性就越强。反之,电负性越小,元素金属性就越强。

由鲍林电负性数值可以看出电负性的递变规律:主族元素从左至右逐渐增大,由上至下逐渐减小;副族元素电负性变化规律不明显,电负性相差不大,特别是 f 区元素电负性相差更小。另外,金属元素电负性一般小于 2.0,非金属元素电负性大于 2.0。

电负性经过半个多世纪的发展,已经成为化学中应用最为广泛的一个概念,尤其近年来与量子化学的结合,在已有原子电负性概念的基础上又提出了分子电负性、基团电负性等新概念,给电负性的应用注入了新鲜的活力。

4.3 化学键和分子结构

一般情况下,除稀有气体外物质都是通过原子相互化合成分子或以晶体的形式存在。分子或晶体中的原子不是简单地堆砌在一起,而是通过种种强烈的相互作用力彼此以一定的排列方式结合在一起的。分子或晶体中原子之间的这种强烈的作用力称为化学键(chemical bond)。根据作用力性质的不同,可以将化学键分为离子键(ionic bond)、金属键(metallic bon)和共价键(covalent bond)三大类。化学键的类型和性质决定了分子或晶体的性质。

4.3.1 离子键

当活泼的金属原子(如 K、Na)和活泼的非金属原子(如 F、Cl)在一定条件下相遇时,由于原子双方电负性相差较大,金属原子的外层电子转移到非金属原子上,形成核外具有稳定结构电子构型(ns^2np^6)的正负离子,然后正负离子通过静电吸引力结合在一起而形成离子化合物。这种由正负离子之间通过强烈的静电引力形成的化学键叫离子键。离子键通常存在于离子晶体中。

离子的电荷分布是球形对称的,所以只要空间条件允许,离子可以从不同的方向同时与多个异号离子之间产生静电吸引力而形成离子键。因此可以说,离子键既没有方向性(可以沿任何方向)也没有饱和性(可以形成多个)。

离子键的强度与离子所带的电荷成正比,与离子的半径成反比。一般来说,离子所带电荷越多,离子半径越小,离子键强度就越大,相应的离子化合物的某些性质如熔点、沸点、硬度等也越高。例如,NaF、NaCl、NaBr 和 NaI 四种离子化合物中,负离子半径 $F^- < Cl^- < Br^- < I^-$,熔点依次为 993℃、801℃、747℃和 661℃,逐渐降低。这正是由于离子半径的增加,静电引力减小,离子键强度降低造成的。

当两个正负离子相互接近时,正离子必然要吸引负离子的电子云排斥其原子核,从而引起负离子电子云发生变形,这一现象称为离子的极化。同样负离子也可使正离子电子云发生变形而产生极化。由于正离子半径较小,负离子半径较大,负离子电子云更容易发生变形,所以讨论极化作用时,通常只考虑正离子对负离子的极化作用。显然,正离子的极化作用与离子的半径和所带电荷有关。离子半径越小,电荷越多,极化作用越强;离子半径越大,电荷越少,极化作用越弱。离子极化的结果使正负离子之间的电子云密度增大,而增加了某些共价键的成分。如果正负离子之间相互极化作用很强烈,则将由离子键过渡为共价键。如图 4-15 所示。

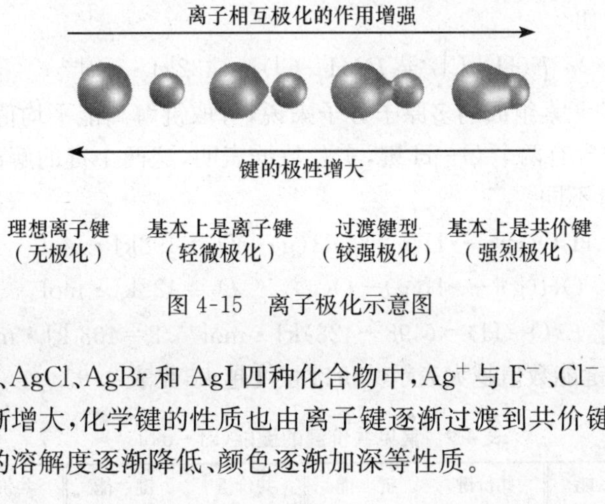

图 4-15　离子极化示意图

例如,AgF、AgCl、AgBr 和 AgI 四种化合物中,Ag^+ 与 F^-、Cl^-、Br^- 和 I^- 的相互极化作用逐渐增大,化学键的性质也由离子键逐渐过渡到共价键。相应的表现出四种化合物的溶解度逐渐降低、颜色逐渐加深等性质。

4.3.2　金属键

金属元素占已发现元素总数的十分之九,其特点是电负性较小,电离能也较小,原子外层的电子容易失去而形成正离子。在金属单质中,这些脱离原子的电子不是固定在某一个金属离子附近,而是在整个金属晶体中自由运动,众多的电子形成所谓的“自由电子气”。依靠自由电子将金属离子结合起来的作用力叫做金属键。由于自由电子运动方向不固定,也不属于任何原子,所以金属键也无方向性和饱和性。金属原子可以以很紧密的方式排列在一起形成一个巨大的晶体结构。

4.3.3 共价键

电负性相差不大的两种元素原子(非金属与金属或非金属与非金属)或者同种非金属元素原子形成化合物分子或者单质分子时,原子双方都不能把对方电子完全据为己有,最终以共用电子对的方式结合。这种靠共用电子对将原子双方结合起来的作用力叫做共价键。

1. 共价键参数与分子性质

用来描述共价键性质的某些物理量称为共价键参数,通常包括键能、键长、键角以及键的极性等。

(1) 键能(bond energy)。热力学中一般规定在 298.15K 和 101.325kPa 条件下断开单位物质的量的气态分子化学键而生成气态原子所需的能量叫做标准键解离能,以符号 D 表示。例如

$$\text{H—Cl(g)} \longrightarrow \text{H(g)} + \text{Cl(g)} \quad D(\text{H—Cl}) = 432\text{kJ} \cdot \text{mol}^{-1}$$

对于双原子分子来说,键解离能可以认为就是该气态分子中共价键的键能,以符号 E 表示,例如

$$E(\text{H—Cl}) = D(\text{H—Cl}) = 432\text{kJ} \cdot \text{mol}^{-1}$$

对于由两种元素组成的多原子分子来说,可取键解离能平均值作为键能。例如,H_2O 分子中含有两个 O—H 键,实验数据表明,这两个键的解离先后不同,键的解离能也各有不同。

$$\text{H}_2\text{O(g)} \longrightarrow \text{H(g)} + \text{OH(g)} \quad D_1 = 498\text{kJ} \cdot \text{mol}^{-1}$$

$$\text{OH(g)} \longrightarrow \text{H(g)} + \text{O(g)} \quad D_2 = 428\text{kJ} \cdot \text{mol}^{-1}$$

则 O—H 的键能 $E(\text{O—H}) = (498 + 428)\text{kJ} \cdot \text{mol}^{-1}/2 = 463\ \text{kJ} \cdot \text{mol}^{-1}$

一般来说,键能数值越大表示共价键强度越大,见表 4-9。

表 4-9 常见共价键的键能(kJ · mol⁻¹)

共价键	键 能	共价键	键 能	共价键	键 能	共价键	键 能
H—H	435	C—S	255	O—O	143	I—Br	175
H—N	391	C—Cl	351	O—F	212	I—I	151
H—F	567	C—Br	293	S—H	339	C=C	598
H—Cl	431	C—I	234	S—S	268	C=O	803
H—Br	366	Si—Si	226	F—F	158	O=O	498
H—I	298	Si—O	368	F—Cl	253	C=S	477
C—H	413	N—N	159	Cl—Cl	242	N=N	418
C—C	347	N—O	222	Cl—Br	218	N≡N	946
C—N	293	N—Cl	200	Br—Br	193	C≡C	820
C—O	351	O—H	463	I—Cl	208	C≡O	1076

(2) 键长(bond length)。分子中成键原子的核间平均距离叫做键长(或核间距)。理论上可用量子力学近似方法计算出,也可通过光谱或衍射等实验方法来测定键长。通常键长越短,键能越大,共价键越牢固。

(3) 键角(bond angle)。分子中两个化学键之间的夹角叫做键角。键角是反映分子空间构型(space configuration)的重要因素之一,也是判定分子极性以及其他一些物理性质的因素之一。通常键角也是判断一个分子结构理论是否正确的重要依据之一。

(4) 键的极性。形成共价键的两个原子由于电负性的差异而使电子云偏向电负性较大的一方,从而产生电荷分布不对称的现象,我们称该共价键是有极性的(或叫极性键,polar covalent bond)。一般来说,电负性相差越大,键的极性越强。如果形成共价键的两个原子相同,电子云不偏向任何一方,电荷分布对称,我们称该共价键没有极性(或叫非极性键,non-polar covalent bond)。键的极性是判断分子是否具有极性的依据之一。

2. 分子的性质

(1) 分子的极性。在分子中,原子核所带的正电荷总数总是等于核外电子总数的,因而分子总体呈电中性。但是从分子内部来看,原子电负性的差异可能使分子电荷分布不对称。假设分子中存在着正负电荷中心,若电荷分布不对称,那么正负电荷中心就不重合,称之为极性分子(polar molecule);若电荷分布对称,那么正负电荷中心就重合在一起,称之为非极性分子(non-polar molecule)。

分子的极性大小可以用电偶极矩来衡量。物理学上把大小相等符号相反成对出现的两个电荷($+q$ 和 $-q$)称为电偶极子(dipole)。电偶极子所带的电量 q 与偶极子之间的距离 d 的乘积叫做电偶极矩(dipole moment),用 μ 表示,单位是 C·m。

$$\mu = q \cdot d$$

分子内正负电荷中心也可以看做电偶极子。所以可以用电偶极矩来衡量分子极性的大小。电偶极距越大分子极性越大,电偶极矩为零,则为非极性分子。

电偶极矩的数据通常都是由实验测定,见表 4-10。

表 4-10　一些物质分子的电偶极矩($\times 10^{-30}$ C·m)

分　子	电偶极矩	分　子	电偶极矩	分　子	电偶极矩
HF	6.07	H_2	0	CO_2	0
HCl	3.60	HCN	9.94	NH_3	4.90
HBr	2.74	H_2O	6.17	BF_3	0
HI	1.47	SO_2	5.44	$CHCl_3$	3.37
CO	0.37	H_2S	3.24	CH_4	0
N_2	0	CS_2	0	CCl_4	0

对于双原子分子来说,分子的极性与键的极性一致。例如,H_2 分子的 H—H 是非极性键,H_2 分子就是非极性分子;HCl 分子的 H—Cl 是极性键,HCl 分子就是极性分子。对于多原子分子来说,分子的极性不仅与键的极性有关,而且与分子的空间构型有关。例如,H_2O 和 CO_2 都是三原子分子,共价键都是极性键,但是由于 H_2O 分子的空间结构不对称,所以显示出极性,而 CO_2 分子的空间结构对称,所以显示出非极性。

(2) 分子的磁性。不同物质的分子在磁场中会表现出不同的磁性质,这与分子中电子的配对情况有关。分子中若存在未配对的单电子的话,电子的自旋运动会产生一个小磁场。如果把这类物质放入外磁场中,在磁场的作用下,电子的自旋整齐排列,产生一个能顺着外磁场方向的磁矩,称之为顺磁性(paramagnetism),如 O_2、NO 等。反之,如果分子中所有的电子均已配对的话,在外磁场中将会产生一个与外磁场方向相反的磁矩,表现出一种微弱的抵抗力,称之为逆磁性(或反磁性、抗磁性,diamagnetism),如 H_2O、CO_2 等。总之,分子表现出磁性质决定于分子中有无未配对的电子存在。

3. 共价键理论

为了解释电负性相差不大甚至相同的原子之间能够形成稳定的化合物的原因,1916 年,美国化学家路易斯提出共价学说,建立了经典的共价键理论,即“八隅律”。但是该理论只是从电子配对形成具有稳定电子层结构基础上建立起来的,不能够解释诸如 PCl_5 分子的形成以及共价键的方向性和饱和性的问题。量子力学发展起来后,1927 年,英国物理学家海特勒(Heitler)和德国物理学家伦敦(F. W. Lowdon)利用量子力学的理论建立了价键理论。1931 年,美国化学家鲍林等人又发展了这一成果,从而建立了现代价键理论,简称 VB 法。1932 年,美国化学家密立根(R. S. Muiliken)和德国化学家洪德(F. Hund)从另外一个角度提出了分子轨道理论,简称 MO 法。这两个理论至今仍是解释共价键形成的重要理论。

1) 现代价键理论(VB 法)

现代价键理论包括价键理论和杂化轨道理论。

(1) 价键理论。海特勒和伦敦运用量子力学原理处理氢气分子形成时认为:当两个氢原子相互靠近时,如果他们 1s 轨道上的电子自旋方向相反,电子运动的空间原子轨道会发生重叠,电子在两核之间出现的机会较大,电子可以配对成键形成氢分子。如果电子自旋方向相同,电子在两核之间出现的机会反而减小,两个氢原子不能结合成氢分子。

把对解释氢分子形成的结论推广到其他双原子分子以及多原子分子,便得到价键理论,其基本要点如下:

① 形成共价键的两个原子必须都具有未成对的单电子，并且电子的自旋方向相反，这样核间电子出现的概率较大，可以形成稳定的共价键。原子所能形成共价键的数目受到未成对电子数目的限制，当自旋方向相反的电子配对成键后，就不能再容纳其他的未成对的电子了，所以共价键具有饱和性。例如，H—H、Cl—Cl、H—Cl 等分子中 2 个原子各有一个未成对电子，可以相互配对，形成一个共价键；又如，NH_3 分子中的 N 原子有 3 个的未成对电子，可以分别与 3 个 H 原子的未成对电子相互配对，形成 3 个共价键。一般来说，形成共价化合物的原子所能提供的未成对电子数就是该原子所能形成的共价键的数目，称为共价数。

② 电子的配对实质上是原子轨道的重叠，而重叠总是尽可能沿着原子轨道最大重叠的方向进行，叫做最大重叠原理。重叠时应该是波函数的正正叠加或者负负叠加，这样可以使波函数得到加强，波函数的平方变大。也就是说轨道重叠越多，电子在两核之间出现的概率越大，形成的键也就越牢固。我们知道，原子轨道在空间有一定取向，除 s 轨道呈球形对称外，p、d、f 轨道都有一定的空间伸展方向，因此除了 s 轨道与 s 轨道成键没有方向限制外，其他轨道必须沿着某一特定的方向才可能进行最大程度的重叠。所以，共价键有方向性。例如，s 轨道与 p 轨道的重叠方式如图 4-16 所示，其中只有采取(a)的重叠方式才能实现最大程度的重叠。

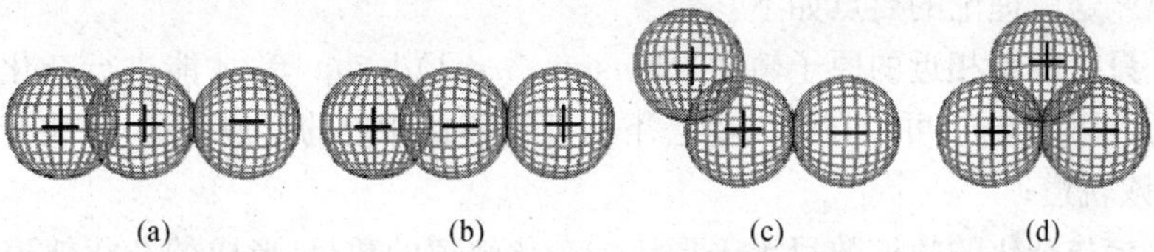

图 4-16　s 轨道和 p 轨道重叠方式示意图

根据上述轨道重叠的原则，s 轨道和 p 轨道自身之间以及两者之间不同的重叠方式，可以形成两种不同的共价键。一种叫 σ 键(σ bond)，另一种叫 π 键(π bond)，如图 4-17 所示。

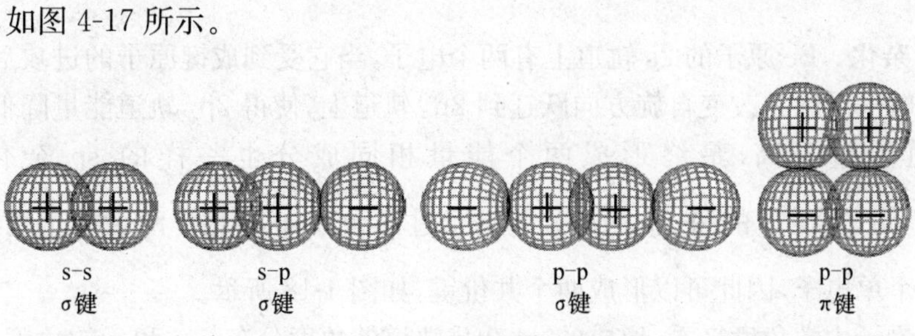

图 4-17　σ 键和 π 键形成示意图

像 H_2、HCl、Cl_2 中原子轨道的重叠是沿两核连线方向以“头碰头”的重叠方式进行的，形成的共价键称为 σ 键。假设 O_2 中 O 原子的两个未成对电子分别位于

p_x 和 p_z 轨道上，这两个轨道互成 90°夹角。当两个 O 原子的 p_x-p_x 以“头碰头”的方式重叠方式后，p_z-p_z 不可能再以这种方式重叠，只能沿着与两核连线垂直的方向以“肩并肩”的方式重叠，形成的共价键称为 π 键，以“…”表示，O_2 中两个共价键可以表示成O$\overset{\cdots}{—}$O。显然，π 键的重叠比 σ 键的重叠要小得多，因此 π 键比 σ 键弱得多，比较容易断裂。应当指出，当两个原子形成共价键时，首先选择“头碰头”重叠方式形成 σ 键，如果还有未成对电子，则按照“肩并肩”重叠方式形成 π 键。如 N_2 中共有三个共价键，其中包括一个 σ 键和两个 π 键，表示为 N$\underset{\cdots}{\overset{\cdots}{—}}$N。

价键理论成功地解释了双原子分子和一些多原子分子的形成，但是对于另外一些基本事实无法解释。例如，Be、B、C 原子未成对电子数分别为 0、1、2，按照上述理论，Be 不能形成共价键，B 只能形成一个共价键，C 只能形成两个共价键，但事实上 $BeCl_2$、BF_3 和 CH_4 中分别有 2、3、4 个共价键。此外，价键理论也无法解释 H_2O 和 NH_3 的键角不为 90°的事实。于是鲍林等人在这一基础上又提出了杂化轨道理论。

(2) 杂化轨道理论。杂化轨道理论认为原子轨道在成键过程中并不是一成不变的，同一原子中能量相近的某些原子轨道(至少属于同一能级组)在成键过程中能够重新组合形成一系列能量相同的新轨道而改变原有轨道的状态，更加有利于成键，这一过程称为杂化(hybridization)，形成的新的轨道称为杂化轨道(hybrid orbital)。这一理论的要点如下：

① 只有能量相近的原子轨道，如 $ns$$n$p、($n$－1)d$ns$$n$p 等，才能进行杂化。原子在成键过程中，电子可以在激发状态下跃迁至能量相近的其他轨道，并改变自旋方向占据该轨道；

② 参与杂化的轨道数目等于形成的杂化轨道的数目，形成的杂化轨道的能量相同；

③ 形成的杂化轨道仍是原子轨道，其轨道的状态更加有利于成键。

以 $BeCl_2$、BF_3、CH_4、H_2O 和 NH_3 等分子的形成过程来具体讨论杂化轨道的应用。

sp 杂化　Be 原子的 2s 轨道上有两个电子，当它受到成键原子的进攻后，其中的一个电子受激并改变自旋方向跃迁到 $2p_x$ 轨道上，使得 $2p_x$ 轨道能量降低，同时 2s 轨道能量升高，最终形成两个能量相同成分也一样的 sp 杂化轨道$\left(\text{每个轨道各含}\frac{1}{2}\text{s 的和}\frac{1}{2}\text{p 的成分}\right)$，这个过程称为 sp 杂化。两个杂化轨道上各分布一个单电子，因此可以形成两个共价键，如图 4-18 所示。

从量子力学角度来看，形成的 sp 杂化轨道的角度分布与 s 和 p 的角度分布完全不一样，呈现出“一头大，一头小”，且大端为正小端为负的分布。这样在成键时就可以有更大程度的重叠，形成的共价键也更稳定。由 sp 杂化轨道的角度分布图可以看出，两个杂化轨道轴线互成 180°，所以形成的 $BeCl_2$ 分子空间构型为直线形，键角为 180°，如图 4-19 所示。

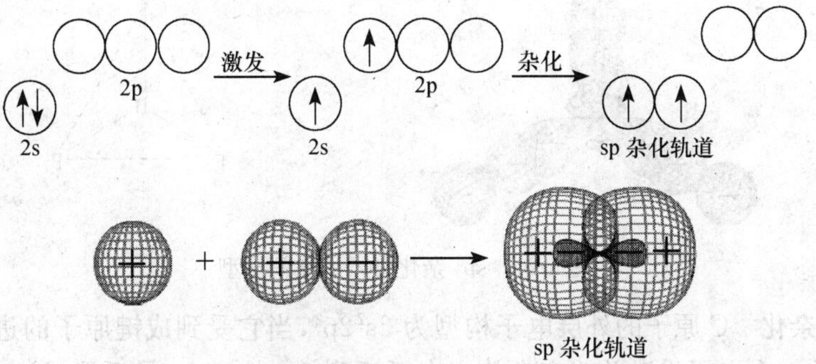

图 4-18　sp 杂化过程及杂化轨道角度分布图

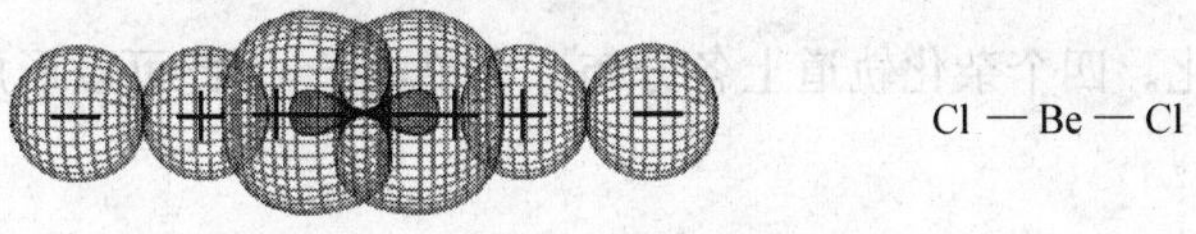

图 4-19　sp 杂化分子的空间构型

sp^2 杂化　B 原子的外层电子构型为 $2s^2 2p^1$，当它受到成键原子的进攻时，2s 轨道上的一个电子受激并改变自旋方向跃迁到 $2p_y$ 轨道上，最后形成三个能量完全相同成分也一样的 sp^2 杂化轨道$\left(每个轨道各含\frac{1}{3}s 的和\frac{2}{3}p 的成分\right)$，这个过程称之为 sp^2 杂化。三个杂化轨道上各分布一个单电子，因此可以形成三个共价键，如图 4-20 所示。

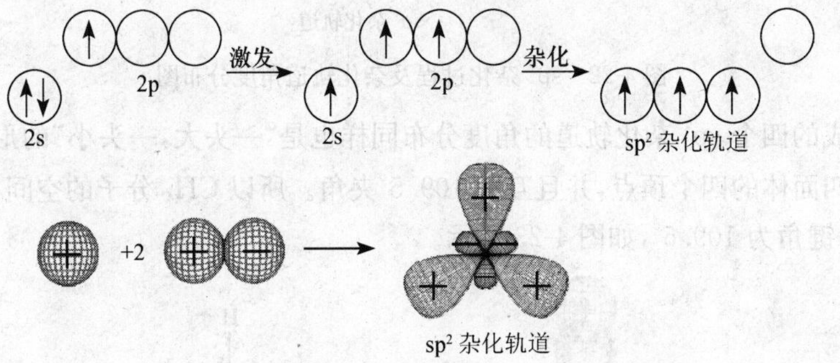

图 4-20　sp^2 杂化过程及杂化轨道角度分布图

形成的三个 sp^2 杂化轨道的角度分布也是“一头大，一头小”的形状，轴线在同一平面内，并且互成 120°夹角。所以 BF_3 分子的空间构型为平面三角形，键角为 120°，如图 4-21 所示。

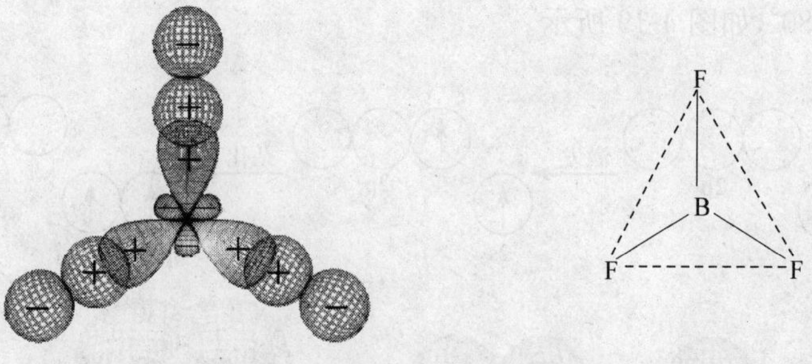

图 4-21 sp^2 杂化分子的空间构型

sp^3 杂化 C 原子的外层电子构型为 $2s^2 2p^2$，当它受到成键原子的进攻时，2s 轨道上的一个电子受激并改变自旋方向跃迁到 $2p_z$ 轨道上，最后形成四个能量完全相同成分也一样的 sp^3 杂化轨道$\left(每个轨道各含\frac{1}{4}s 的和\frac{3}{4}p 的成分\right)$，这个过程称之为 sp^3 杂化。四个杂化轨道上各分布一个单电子，因此可以形成四个共价键。如图 4-22 所示。

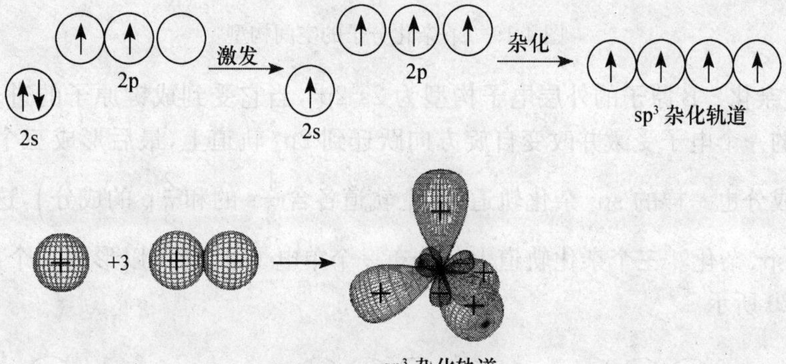

图 4-22 sp^3 杂化过程及杂化轨道角度分布图

形成的四个 sp^3 杂化轨道的角度分布同样也是"一头大，一头小"的形状，轴线指向正四面体的四个顶点，并且互成 109.5°夹角。所以 CH_4 分子的空间构型为正四面体，键角为 109.5°，如图 4-23 所示。

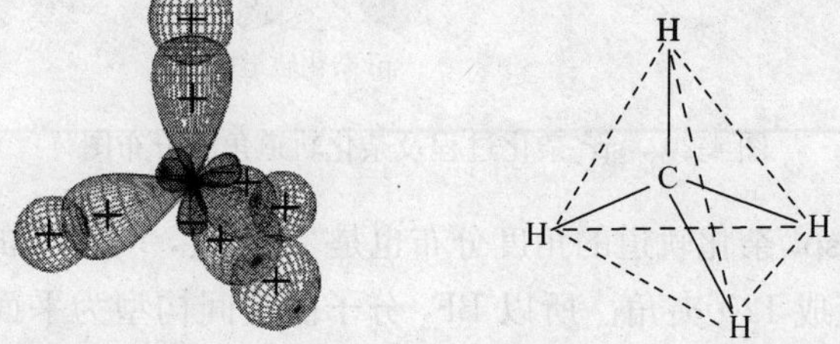

图 4-23 sp^3 杂化分子的空间构型

以上几种杂化，形成的杂化轨道的能量相同成分也一样，称为等性杂化(equivalent hybridization)。下面我们再讨论一下不等性杂化(nonequivalent hybridization)。

不等性 sp^3 杂化　NH_3 形成过程中，N 原子受到 H 原子的攻击，2s 和 2p 轨道也发生杂化，但是杂化过程中没有发生电子的跃迁，最后形成四个能量相同的杂化轨道。这四个杂化轨道的角度分布的轴线也是指向正四面体的四个顶点，其中一个轨道上分布着成对电子(或孤对电子)，其余三个轨道分别分布着三个单电子，因此可以形成三个共价键。由于孤对电子电子云密度较大，对另外三个共价键有很强的排斥作用，使得键夹角减小至 107.3°，分子空间构型为三角锥形。这种杂化虽然形成的杂化轨道能量相同但是成分不同，而且具有孤对电子，故我们称之为不等性 sp^3 杂化。H_2O 分子中 O 原子也进行不等性 sp^3 杂化，由于 O 由两对孤对电子，对 O—H 键的排斥作用更大，而使键角减至 104.7°，分子空间构型为"V"形(或角形)。如图 4-24 所示。

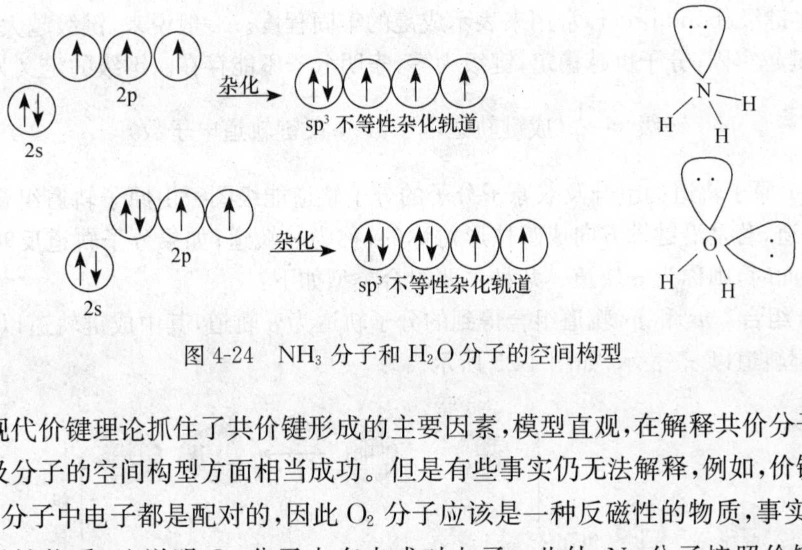

图 4-24　NH_3 分子和 H_2O 分子的空间构型

现代价键理论抓住了共价键形成的主要因素，模型直观，在解释共价分子的形成以及分子的空间构型方面相当成功。但是有些事实仍无法解释，例如，价键理论中 O_2 分子中电子都是配对的，因此 O_2 分子应该是一种反磁性的物质，事实上 O_2 为顺磁性物质，这说明 O_2 分子中有未成对电子。此外，N_2 分子按照价键理论 N≡N 叁键中包括一个 σ 键和两个 π 键，由于 π 键不稳定，所以 N_2 应该也不稳定，但事实上 N_2 却是非常稳定的单质。这些现象可以用分子轨道理论来解释。

2) 分子轨道理论(MO 法)

价键理论认为原子在形成分子时，电子只处在有关的两原子之间的区域内，分别属于原来的原子轨道。分子轨道理论则认为，原子在形成分子以后，电子不再属于原来的原子，其运动范围遍及整个分子，即在分子轨道中运动，所谓分子轨道(molecular orbital)就是描述分子中电子运动状态的波函数。

(1) 分子轨道理论的基本要点:

① 原子组成分子后,电子不再属于各成键原子,而是属于整个分子,每个电子的运动状态可用分子轨道来描述。

② 分子轨道是由形成分子的各个原子的原子轨道组合而成的,组成的分子轨道数等于参与组合的原子轨道数,只有能量相近的原子轨道才能有效地组合成分子轨道。如果组合形成的分子轨道比原来的原子轨道能量低,则该分子轨道称为成键轨道(bonding molecular orbital);能量高于原子轨道的分子轨道则称为反键轨道(anti-bonding molecular orbital)。反键轨道通常在其轨道符号上加"*"表示。成键轨道与原子轨道相比降低的能量和反键轨道升高的能量相等。当一对成键和反键分子轨道中都填满电子时,能量变化基本抵消。在成键轨道中,原子核间电子云密度较大,有利于原子结合成分子,而在反键轨道中,两核间电子云密度减小,使两核之间产生斥力而导致两原子分离。

③ 电子在分子轨道中的排布也遵循原子轨道中电子排布的三项原则,即能量最低原理、泡利不相容原理和洪德规则。

④ 键级(bond order)常用来表示成键的牢固程度。一般说来,键级越大,键能越高,键越牢固,分子也越稳定,键级为零,表明分子不能存在。键级的定义为

$$键级 = \frac{1}{2}(成键轨道电子数 - 反键轨道电子数)$$

(2) 原子轨道的组合及双原子分子的分子轨道能级图。由原子轨道组合成的分子轨道,若是沿键轴方向成圆柱形对称的,称为 σ 轨道;如果分子轨道反对称于键轴平面时,则称为 π 轨道。几种主要组合类型如下:

s-s 组合　ns 和 ns 轨道组合得到的分子轨道为 σ 轨道,其中成键轨道以 σ_{ns} 表示,反键轨道以 σ_{ns}^* 表示,如图 4-25 所示。

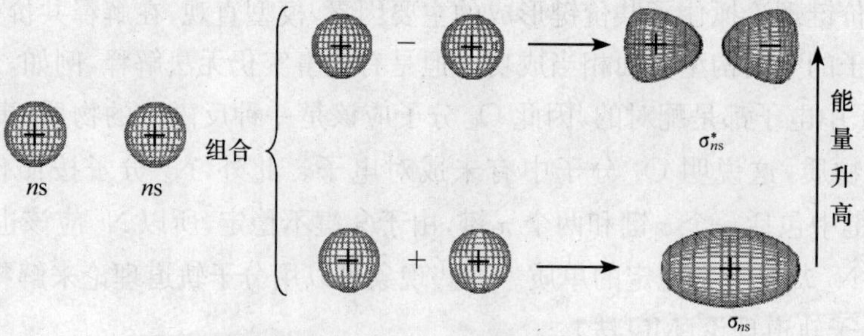

图 4-25　分子轨道 σ_{ns} 和 σ_{ns}^* 的形成

p-p 组合　两个 $n\mathrm{p}_x$ 轨道沿 x 轴以"头碰头"形式组合时,得到的分子轨道为 σ 轨道,成键轨道记作 $\sigma_{n\mathrm{p}_x}$,反键轨道记作 $\sigma_{n\mathrm{p}_x}^*$。如图 4-26 所示。

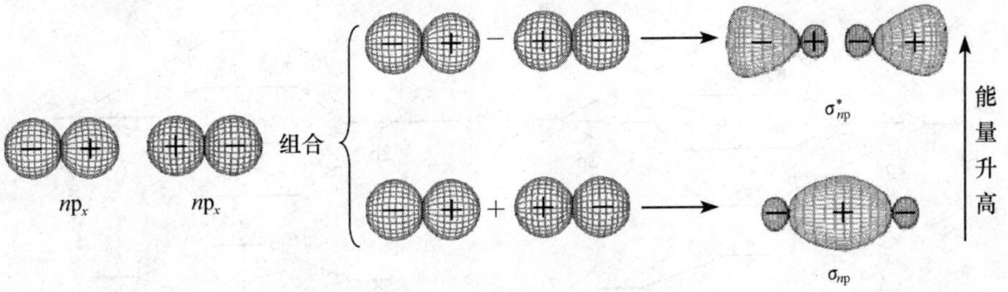

图 4-26　分子轨道 σ_{np} 和 σ^*_{np} 的形成

np_y 与 np_y，np_z 与 np_z 的组合以“肩并肩”的形式进行，得到的分子轨道为 π 轨道，成键分子轨道记作 π_{np_y}（或 π_{np_z}），反键分子轨道记作 $\pi^*_{np_y}$（或 $\pi^*_{np_z}$）。如图 4-27 所示。

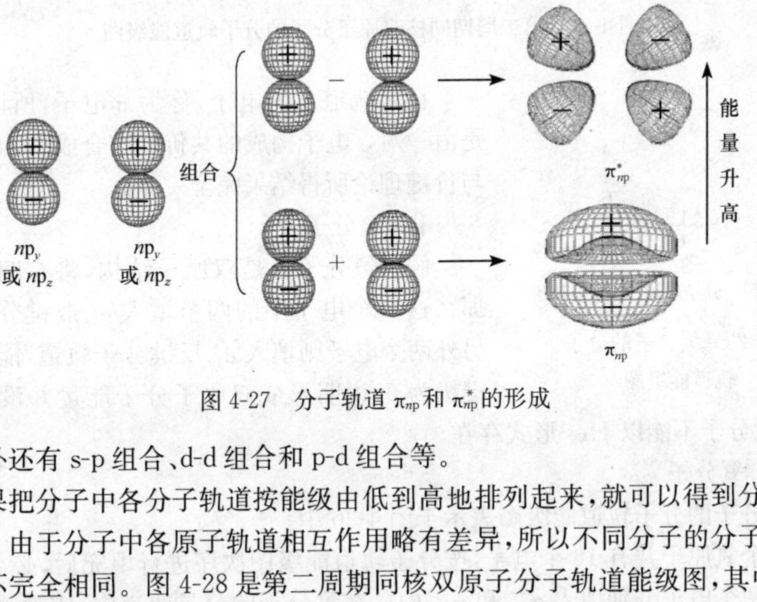

图 4-27　分子轨道 π_{np} 和 π^*_{np} 的形成

此外还有 s-p 组合、d-d 组合和 p-d 组合等。

如果把分子中各分子轨道按能级由低到高地排列起来，就可以得到分子轨道能级图。由于分子中各原子轨道相互作用略有差异，所以不同分子的分子轨道能级图也不完全相同。图 4-28 是第二周期同核双原子分子轨道能级图，其中(a)是 O_2、F_2 的分子轨道能级图，(b)是 N_2、C_2、B_2 等的分子轨道能级图。

分子轨道能级图中“—”表示一个轨道，左右两侧为原子轨道，中间为原子轨道组合的分子轨道，各轨道能量自下而上升高。

下面以几个同核双原子分子为例，说明分子轨道理论处理问题的方法。

Ⅰ. 氢分子

氢分子的分子轨道能级图氢分子是由两个氢原子组成，两个氢原子各有一个 1s 电子。根据排布原则，应从能量最低的 σ_{1s} 填起，每个分子轨道最多容纳两个自旋相反的电子。因此，这两个电子都应填入 σ_{1s} 成键分子轨道。这可用图 4-29 的氢分子轨道能级图表示。

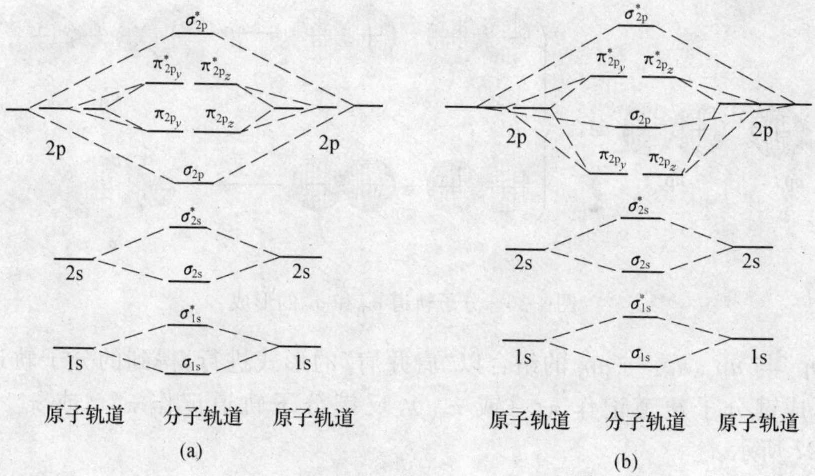

图 4-28　第二周期同核双原子分子的分子轨道能级图

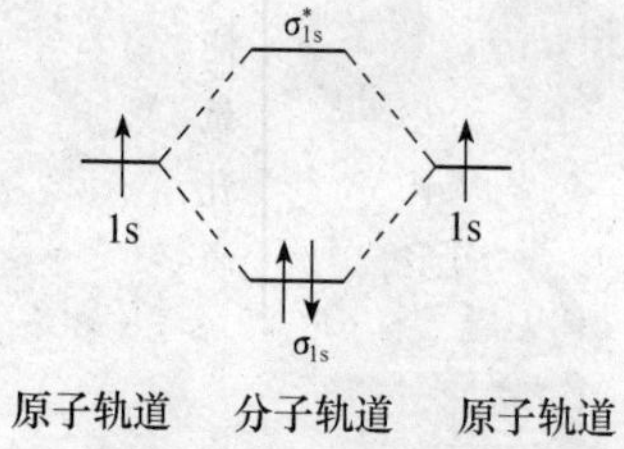

图 4-29　氢分子的分子轨道能级图

在 σ 轨道上的电子，称为 σ 电子，所以氢分子是由一对 σ 电子构成的共价键结合成的，键级为 1，与价键理论所得结果完全一致。

Ⅱ. 氦分子

假设氦分子也是双原子结构，将有四个电子，那么这四个电子中的两个填入 σ_{1s} 成键分子轨道，另外两个电子则填入 σ^*_{1s} 反键分子轨道，能量抵消，键级为 0，说明形成双原子分子能量并没有降低。因此，氦分子不能以 He_2 形式存在。

Ⅲ. 氧分子

氧分子的分子轨道能级图表示于图 4-30 中。

两个氧原子共有 16 个电子，按分子轨道能级图次序进行填充后，必须有自旋平行的两个电子分别填入 $\pi^*_{2p_y}$ 和 $\pi^*_{2p_z}$ 中。在氧分子的分子轨道中，成键轨道 σ_{1s} 上的一对电子和反键轨道 σ^*_{1s} 上的一对电子对成键的贡献大致抵消。σ_{2s} 上的一对电子和 σ^*_{2s} 上的一对电子的作用抵消。实际对成键有贡献的只有 σ_{2p_x} 上的一对电子构成的一个 σ 键，成键轨道 π_{2p_y} 上的一对电子和反键轨道 $\pi^*_{2p_y}$ 上的一个电子构成一个三电子 π 键。同样，成键轨道 π_{2p_z} 上的一对电子和反键轨道 $\pi^*_{2p_z}$ 上的一个电子构成另一个三电子 π 键。所以，氧分子中包含一个 σ 键和两个三电子 π 键。由于三电子 π 键中两个电子在成键轨道上，一个在反键轨道上，因而三电子 π 键比双电子 π 键(两个电子均在成键轨道上)弱得多，只相当于双电子 π 键能量的一半，键级为 2。所以，从能量的角度来看，两个氧原子之间的结合只相当于一个 σ 键和一个 π 键。

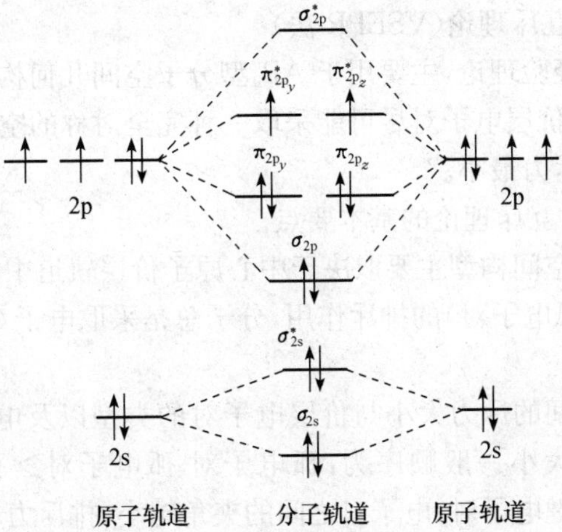

图 4-30　O_2 分子的分子轨道能级图

此外，从氧分子的分子轨道能级图中可以看出，$\pi^*_{2p_y}$ 和 $\pi^*_{2p_z}$ 上各有一个未成对的电子，这与实验测定氧分子中应有两个未成对电子以及具有顺磁性的事实相符合。

Ⅳ. 氮分子的结构

氮分子由两个氮原子组成，两个氮原子核外共有 14 个电子，氮分子的分子轨道能级图如图 4-31 所示。

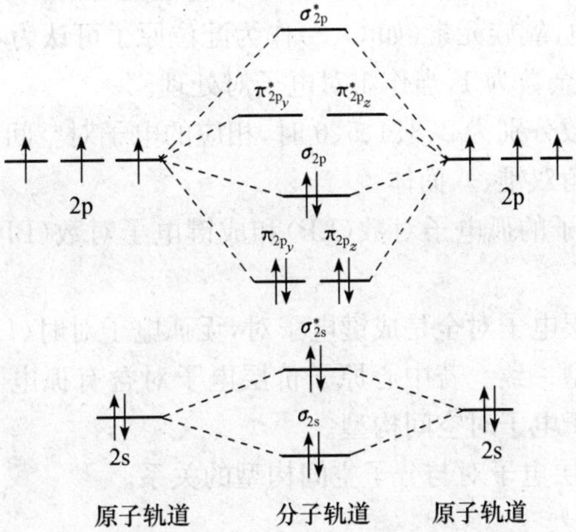

图 4-31　氮分子的分子轨道能级图

在氮分子的分子轨道中，成键的 σ_{1s}、σ_{2s} 轨道和反键的 σ^*_{1s}、σ^*_{2s} 轨道上的电子的贡献互相抵消，实际对成键有贡献的是 σ_{2p_x}、π_{2p_y} 和 π_{2p_z} 上的三对电子，即形成了一个 σ 键和两个 π 键，键级为 3。由于氮分子中的两个 π 键电子均在成键轨道上，所以 π 键相当稳定，这可以解释为什么氮分子呈现出惰性性质。

3) 价层电子对互斥理论(VSEPR 法)

该理论是一种经验理论，主要用于 AB_n 型分子空间几何构型的预测，其中心思想是“共价分子中各价层电子对尽可能采取一种完全对称的空间排布状态，使电子对相互之间保持排斥力最小。”

(1) 价层电子对互斥理论的基本要点。

① 共价分子的空间构型主要取决于中心原子价层轨道中的电子对(包括成键电子对和未成键的孤电子对)的排斥作用，分子总是采取电子对相互排斥作用最小的那种结构。

② 价层电子对间的斥力大小与价层电子对的类型以及电子对之间的夹角有关。电子对间斥力大小一般顺序为：孤电子对-孤电子对＞孤电子对-成键电子对＞成键电子对-成键电子对；电子对之间的夹角越小，排斥力越大。

③ 分子中的双键和叁键仍看作一对电子对，排斥力作用：叁键＞双键＞单键。

(2) VSEPR 法判断分子空间构型的一般步骤。

① 确定中心原子的价层电子数和价层电子对数(VP)。

$$VP=\left[\text{中心原子价电子数}+\text{配位原子价电子数}\pm\text{离子电荷数}\begin{pmatrix}\text{负离子}\\\text{正离子}\end{pmatrix}\right]\div 2$$

中心原子提供所有的价电子，如 O 作为中心原子提供 6 个价电子，Cl 作为中心原子提供 7 个价电子。每个配位原子提供一个价电子，如 Cl 作为配位原子提供 1 个价电子。特别地，氧族元素(如 O、S)作为配位原子可认为不提供价电子。

计算 VP 时，若余数为 1，当作 1 对电子对处理。

当价层电子对数分别为 2、3、4、5、6 时，相应的电子对空间分布为直线形、平面三角形、四面体、三角双锥、八面体。

② 确定中心原子的孤电子对数(LP)和成键电子对数(BP)，推断分子的空间几何构型。

若中心原子价层电子对全是成键电子对，无孤电子对时(LP＝0)，分子空间构型与电子对空间构型一致。若中心原子价层电子对含有孤电子对时(LP≠0)，分子空间构型将不同于电子对空间构型。

表 4-11 给出价层电子对与分子空间构型的关系。

表 4-11　价层电子对与分子空间构型的关系

VP	价层电子对空间分布	BP	LP	分子空间构型	实　例
2	直线形	2	0	直线形	$HgCl_2$、CO_2
3	平面三角形	3	0	平面三角形	FB_3、SO_3
		2	1	V形	$PbCl_2$、SO_2

续表

VP	价层电子对空间分布	BP	LP	分子空间构型	实　例
4	四面体	4	0	四面体	CH_4、SO_4^{2-}
		3	1	三角锥	NH_3、SO_3^{2-}
		2	2	V 形	H_2O、ClO_2^-
5	三角双锥	5	0	三角双锥	PCl_5
		4	1	变形四面体	SF_4
		3	2	T 形	ClF_3
		2	3	直线形	XeF_2、I_3^-
6	八面体	6	0	八面体	SF_6、$[AlF_6]^{3-}$
		5	1	四方锥	IF_5、$[SbF_5]^{2-}$
		4	2	平面正方形	XeF_4、ICl_4^-

【例 4-2】 根据价层电子对互斥理论判断 NH_3 和的 NH_4^+ 空间构型。

解　中心原子 N 提供 5 个价电子，每个 H 各提供一个价电子。

NH_3 中 N 原子的价层电子对数 $VP=\frac{5+3}{2}=4$，N 原子 5 个价电子中 3 个成键，所以有一对孤电子对，因此 NH_3 空间构型为三角锥型。

$NH_4{}^+$ 中 N 原子的价层电子对数 $VP=\frac{5+4-1}{2}=4$，N 原子 5 个价电子全部成键，无孤电子对，因此 NH_4^+ 空间构型为四面体型。

【例 4-3】 根据价层电子对互斥理论判断 ClF_3 空间构型。

解　中心原子 Cl 提供 7 个价电子，每个 F 各提供一个价电子。

ClF_3 中 Cl 原子的价层电子对数 $VP=\frac{7+3}{2}=5$，Cl 原子 7 个价电子中 3 个成键，所以有两对孤电子对。Cl 原子的五个价层电子对分占据三角双锥的五个顶点，其中两个为孤电子对。根据不同的排列组合，可能存在 3 种结构，如图 4-32 所示。

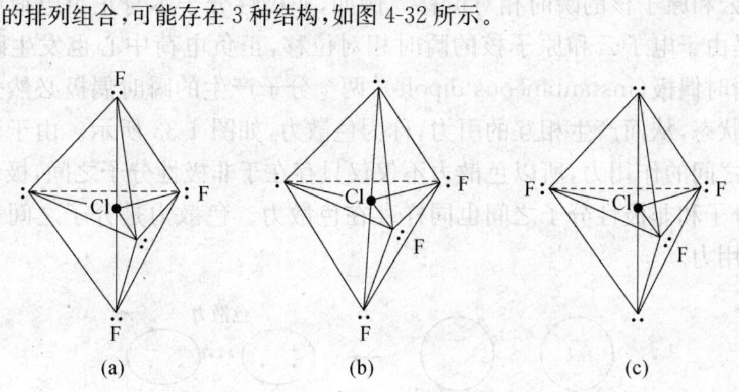

图 4-32　ClF_3 可能的空间构型示意图

以上三种可能结构中,存在着电子对之间的斥力,由于在90°方向斥力较大,所以主要讨论电子对在90°方向上的排斥情况。见表4-12。

表4-12 ClF_3可能结构中的电子对排斥情况

结 构	90°孤电子对-孤电子对	90°孤电子对-成键电子对	90°成键电子对-成键电子对
(a)	0	4	2
(b)	1	3	2
(c)	0	6	0

(a)和(b)比较,(b)有90°孤电子对-孤电子对的排斥,所以(a)较(b)排斥力小;(a)和(c)比较,(a)的90°孤电子对-成键电子对的排斥数比(c)少,所以(a)较(c)排斥力小。所以(a)在三种可能的结构中排斥力最小,是最可能的结构。

因此ClF_3空间构型为T形。

4.3.4 分子间相互作用力

前面讨论的化学键是分子或晶体内部原子间的强烈作用力,而在分子与分子之间还存在着一种较弱的作用力。这种弱作用力可分为分子间力(intermolecular force)和氢键(hydrogen bond)两种类型。

1. 分子间力

分子间力又称范德华力(van der Weels force),按作用力产生的原因和特性可分为色散力(dispersion force)、诱导力(inducation force)和取向力(orientation force)三种。

(1) 色散力。每个分子的原子核和电子都处在不断的运动之中,因此经常会发生电子云和原子核的瞬时相对位移。例如,非极性分子本身正负电荷中心是重合的,但是由于电子云和原子核的瞬时相对位移,正负电荷中心也发生瞬时的位移,形成瞬时偶极(instantaneous dipole),两个分子产生的瞬时偶极必然是处于异极相邻的状态,从而产生相互的引力,称为色散力,如图4-33所示。由于色散力是瞬时偶极之间的作用力,所以色散力不仅仅只存在于非极性分子之间,极性分子之间、极性分子和非极性分子之间也同样存在色散力。色散力是分子之间普遍存在的一种作用力。

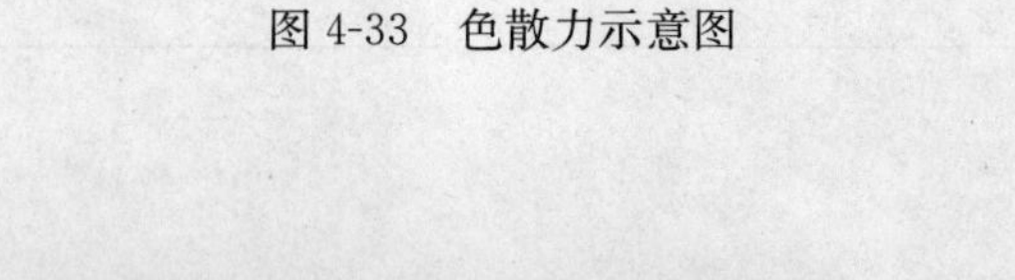

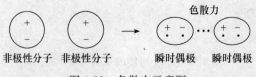

图4-33 色散力示意图

(2) 诱导力。当极性分子与非极性型分子相互靠近时，由于极性分子的正负电子中心不重合（称为固有偶极或永久偶极，permanent dipole），可以使非极性分子发生变形，正负电荷中心产生偏移，产生诱导偶极（induced dipole）。固有偶极和诱导偶极之间产生的吸引力，叫做诱导力，如图 4-34 所示。同样，极性分子与极性分子之间也会彼此产生诱导作用，因此也存在着诱导力。

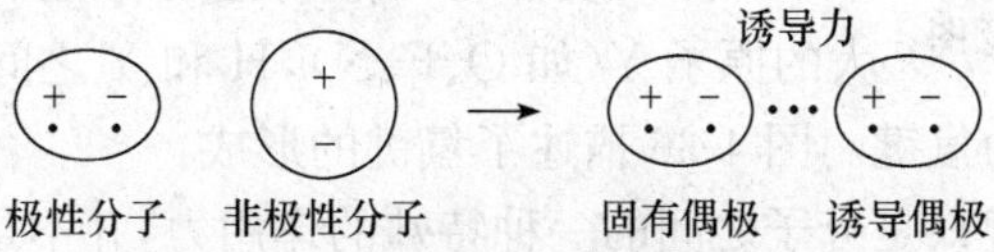

图 4-34　诱导力示意图

(3) 取向力。极性分子与极性分子相互靠近时，固有偶极之间异性相吸同性相斥的结果，使分子按照一定的取向排列，而产生吸引力，称为取向力，如图 4-35 所示。

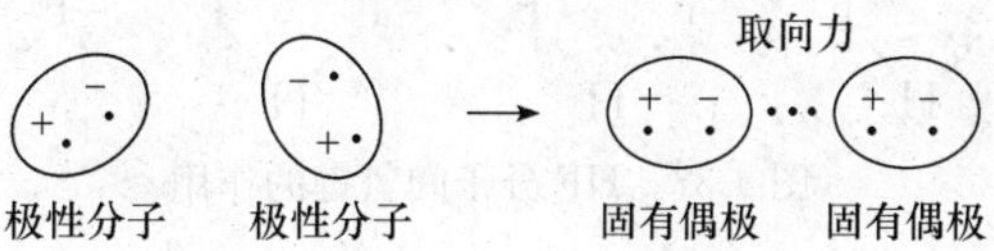

图 4-35　取向力示意图

分子间力一般只有几至几十个 $kJ \cdot mol^{-1}$，比化学键小 1～2 个数量级。在分子间力几种类型中，色散力是主要的，只有在极性很大的分子中，取向力才占较大的比例，而诱导力通常都很小。

表 4-13 列出上述三种分子间力在部分分子中的分配情况：

表 4-13　分子间力在一些分子中的分配（$kJ \cdot mol^{-1}$）

分　子	取向力	诱导力	色散力	总　和
Ar	0	0	8.5	8.5
CO	0.003	0.008	8.75	8.75
HI	0.025	0.113	25.87	26.00
HBr	0.69	0.502	21.94	23.11
HCl	3.31	1.00	16.83	21.14
NH_3	13.31	1.55	14.95	29.60
H_2O	36.39	1.93	9.00	47.31

2. 氢键

氢原子与电负性很大的原子 X(如 O、F、N)形成 HX 时,由于共价键 H—X 中 X 对电子云的吸引力很强,因此电子云强烈偏向 X 原子,而使氢原子几乎成了一个没有电子、半径很小、带一个正电荷的原子核(或者说是一个裸露的质子)。当这个氢原子遇到另外一个电负性很大的原子 Y(如 O、F、N),H 和 Y 之间会产生较强的静电吸引力,这种力称为氢键。图 4-36 描述了氢键的形成。

$\overset{\delta^-}{X}$——$\overset{\delta^+}{H}$……$\overset{\delta^-}{Y}$

图 4-36　氢键形成示意图

应该指出,氢键只是分子之间的一种特殊的作用力,并不是真正意义上的化学键,键能也远比化学键的键能小得多,一般为几十 $kJ \cdot mol^{-1}$,与分子间力的数量级相当。但有一点,氢键和共价键一样也具有方向性和饱和性。例如,液态 HF 中,氢键使 HF 分子通常以 $(HF)_n$ 的结构存在(通常称为缔合作用),如图 4-37 所示。

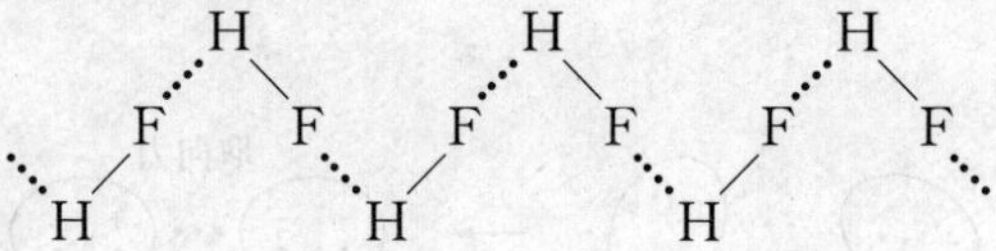

图 4-37　HF 分子间氢键的作用

氢键不仅存在于分子之间,在某些化合物的分子内部,也有可能形成氢键。例如,苯酚的邻位如果有—COOH、—CHO、—OH、$—NO_2$ 等基团时,在分子内部就可以形成氢键,通常称之为分子内氢键。如图 4-38 所示。

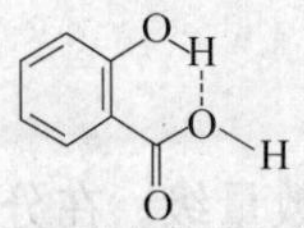

图 4-38　分子内氢键形成示意图

氢键的存在对物质的理化性质都有一定的影响。例如,NH_3、H_2O 以及 HF 的熔沸点比同族的 PH_3、H_2S 和 HCl 高出很多,就是因为 NH_3、H_2O 和 HF 的分子之间有氢键存在的缘故。H_2O 和乙醇能够以任意比互溶,也是由于水分子和乙醇分子之间可以形成氢键。一般情况下,化合物自身分子之间能够形成氢键,其熔沸点显著升高,见表 4-14。化合物分子内部若形成分子内氢键,熔沸点要相应的降低一些,水溶性变差。

表 4-14　部分氢化物的沸点(℃)

ⅣA		ⅤA		ⅥA		ⅦA	
CH_4	−160	NH_3	−33	H_2O	100	HF	20
SiH_4	−120	PH_3	−88	H_2S	−61	HCl	−85
GeH_4	−88	AsH_3	−55	H_2Se	−41	HBr	−67
SnH_4	−52	SbH_3	−18	H_2Te	−2	HI	−36

在蛋白质结构中,多肽链的酰胺基尽可能多的形成氢键,使其结构保持稳定的螺

旋形。DNA 的稳定双螺旋结构也是靠碱基对之间的氢键结合。所以说氢键在生命过程中起着十分重要的作用。目前，对于氢键的本质及其作用方式仍在继续研究中。

4.4　晶体结构

在生产实践和科学实验中，我们通常遇到的不是单个原子或单个分子，而是原子、离子或者分子的集合体。原子、离子或者分子通过各种化学键和作用力结合起来，使物质呈现出固态、液态和气态三种聚集状态。固体物质是工程中最常用的材料。物质内部微粒做有规律的排列所构成的固体叫做晶体(crystal)；微粒做无规则的排列构成的固体叫做非晶体(non-crystal)。组成晶体的微粒(原子、离子或者分子)在空间有确定的相对位置，具有一定的空间几何形状，称为晶格(crystal lattice)。组成晶格的微粒所占据的空间位置称为晶格点(crystal lattice point)。晶格可以看做由许多相同的最小单元有规则重复性的排列构成，这些最小单元称为晶胞(crystal cell 或 unit cell)。

一般来说，晶体有一定的几何形状和固定的熔点，表现出各向异性；而非晶体则没有一定的外形和固定的熔点，表现出各向同性。根据晶体微粒间的作用力性质的不同可以把晶体分为离子晶体(ionic crystal)、原子晶体(atomic crystal)、分子晶体(molecular crystal)和金属晶体(metallic crystal)四种。

4.4.1　离子晶体

晶格点上交替排列着正负离子，其间以离子键结合而构成的晶体叫做离子晶体。典型的离子晶体主要是由活泼的金属元素与非金属元素形成的化合物的晶体。由于离子键不具有方向性和饱和性，所以离子晶体中各离子将会与尽可能多的异号离子结合。离子晶体中一个离子与邻近异号离子结合的数目叫做配位数。见表 4-15 及如图 4-39 所示。

表 4-15　离子晶体空间结构类型的特征

空间结构类型	实　例	配位情况
NaCl 型	Li^+、Na^+、K^+、Rb^+ 的卤化物，AgF、Mg^{2+}、Ca^{2+}、Sr^{2+}、Ba^{2+} 的氧化物，硫化物和硒化物	正负离子配位数均是 6
CsCl 型	CsCl、CsBr、CsI、TlCl、TlBr、NH_4Cl 等	正负离子配位数均是 8
ZnS 型	BeO、BeS、BeSe、BeTe、MgTe 等	正负离子配位数均是 4
CaF_2 型	CaF_2、PbF_2、HgF_2、ThO_2、UO_2、CeO_2、$SrCl_2$、$BaCl_2$ 等	正离子配位数为 8，负离子配位数为 4

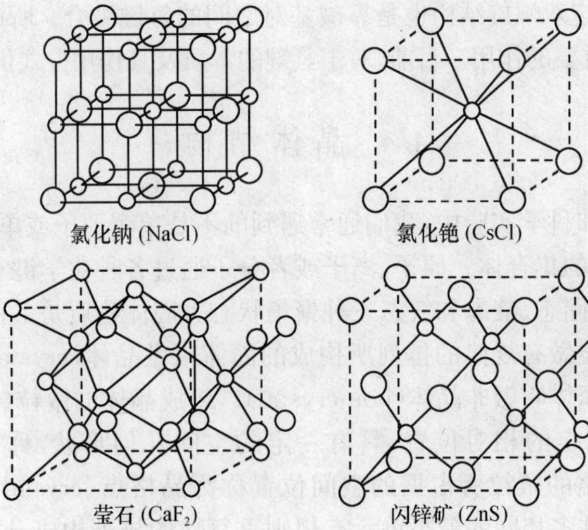

图 4-39　几种离子晶体结构示意图

不同离子晶体的配位数是不同的,这主要是由于正负离子的半径比(R^+/R^-)不同造成的。对于 AB 型的离子晶体通常满足半径比规则,如表 4-16。

表 4-16　AB 型化合物离子半径比与配位数的关系

r_+/r_-	配位数	空间构型类型
0.225→0.414	4	ZnS 型
0.414→0.732	6	NaCl 型
0.732→1.00	8	CsCl 型

需要指出的是,上述规则只能适用于 AB 型离子型晶体,在共价键占主导地位的化合物中并不适用。当然这也只是一个近似的规则,有一些离子晶体并不满足半径比规则。例如,RbCl 和 KCl 的正负离子半径之比分别为 0.735 和 0.80,似乎配位数应为 8,属 CsCl 型,实际上配位数为 6,属 NaCl 型。事实上,离子化合物的晶型不仅与离子的半径有关而且与离子的极化情况有关。

在离子晶体中,晶格点之间靠较强的离子键结合,所以离子晶体一般具有较高的熔点和较大的硬度,且延展性差,比较脆。多数离子晶体易溶于水等极性溶剂,其水溶液或者熔融液都易导电。

4.4.2　原子晶体

晶格点上排列的微粒为原子,原子之间靠共价键结合构成的晶体叫做原子晶体。常见的单质如金刚石(C)、单晶硅(Si)和单晶锗(Ge)以及化合物如金刚砂(SiC)、方石英(SiO_2)和砷化镓(GaAs)等都属于原子晶体。由于共价键具有饱和性和方向性，所以原子晶体的配位数一般都不高。以典型的金刚石原子晶体为例，每个 C 原子在成键时以 sp^3 等性杂化形成四个 sp^3 杂化轨道，与邻近的四个 C 原子以四个共价键构成正四面体的结构，所以配位数为 4[图 4-40(a)]。无数 C 原子相互连接构成一个整体的骨架结构，形成一个巨大的"分子"。Si、Ge、SiC 和 GaAs 等晶体的结构与金刚石类似，只是处于晶格点位置的原子不同而已。至于方石英(SiO_2)的晶体结构，每个硅原子位于正四面体的中心，与四个氧原子相连，而每个氧原子则与两个硅原子相连[图 4-40(b)]，无限延伸构成一个巨大的晶体。所以在原子晶体中，并没有独立存在的原子或分子，整个晶体就是一个巨大的"分子"。化学式 SiC、GaAs 和 SiO_2 等只代表晶体中各种元素原子数的比例。

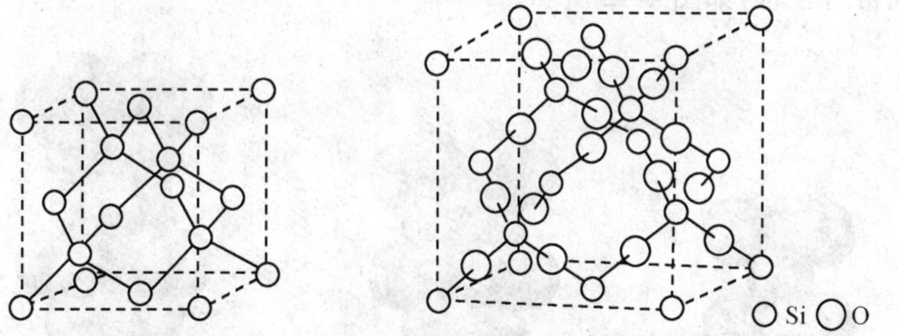

(a) 金刚石　(b) 方石英

图 4-40　金刚石和方石英晶体结构示意图

原子晶体中各原子之间靠共价键结合，所以破坏原子晶体的结构非常困难，相应的表现出极高的熔点和硬度，且延展性差、脆性大、不导电或者导电性差(Si 和 Ge 可作半导体)等性质。

4.4.3　分子晶体

晶格点上排列的微粒如果是共价分子或者是单原子分子，微粒之间靠分子间力(某些还含有氢键)结合构成的晶体叫做分子晶体。例如，CO_2 的晶体结构就是 CO_2 分子占据立方体的八个顶点和六个面心，如图 4-41 所示。分子晶体和离子晶体及原子晶体不同，存在着单个的分子，化学式就表示一个分子即分子式。由于分子间力没有方向性和饱和性，所以分子晶体内分子一般都是尽可能趋于紧密堆积的排列，配位数可高达 12。

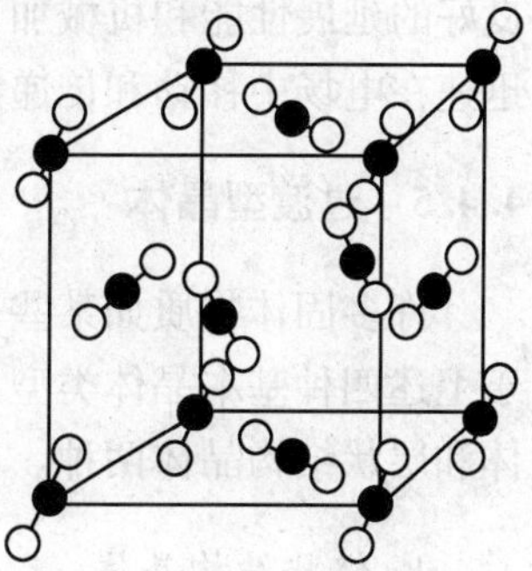

图 4-41　CO_2 分子晶体结构示意图

分子间力较弱，所以分子晶体的熔点(一般低于 600K)和硬度都很低，有的具有较大的挥发性(如固体的碘和萘等)。另外，分子晶体通常都是电的不良导体,无论是液态还是水溶液都不导电。但是如果分子的极性很大,与水结合成水合离子,则可以导电。例如,氯化氢晶体不导电,但是当其溶于水后发生下述反应而导电。

$$HCl + H_2O \longrightarrow H_3O^+ + Cl^-$$

4.4.4 金属晶体

晶格点上排列的微粒为金属原子或正离子,微粒之间靠从金属原子上脱落下来的自由电子以金属键结合构成的晶体叫做金属晶体。绝大多数金属单质和合金都属于金属晶体。从前面金属键的形成过程可以知道,金属键没有方向性和饱和性,因此金属晶体中原子也是按照紧密堆积的方式排列,配位数也可高达 12。堆积方式通常有三种,如图 4-42 所示。

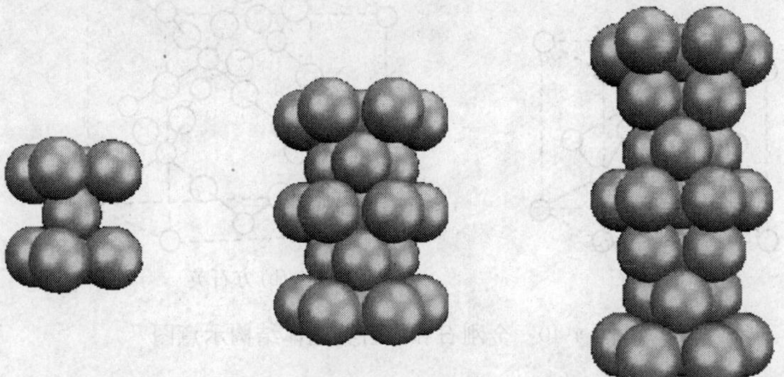

(a) 体心立方紧密堆积　(d) 六方紧密堆积　(c) 面心立方紧密堆积

图 4-42　金属原子的堆积方式

金属原子失去电子变成正离子,但又可捕获电子变成金属原子,所以金属键就这样处在不断的破坏和形成之中。当金属晶体各部分发生相对滑动时,金属键在一处破坏又能在另一处重新形成,不致使晶体破坏,所以金属晶体或合金大多具有良好的延展性能和机械加工性能。此外,由于金属晶体中存在大量自由电子,能够迅速在电场中移动和传递能量,故金属或合金具有良好的导电性和导热性能。

4.4.5 过渡型晶体

许多固体物质如某些单质或由一般金属与非金属元素形成的化合物往往不属于上述四种基本晶体类型,而是属于过渡型晶体。这类晶体常见的有链状结构晶体和层状结构晶体两种。

1. 链状结构晶体

在天然硅酸盐晶体中的基本结构单位是 1 个硅原子和 4 个氧原子所组成的四

面体，根据这种四面体的连接方式不同，可以得到不同结构的硅酸盐。若将各个四面体通过两个顶角的氧原子分别与另外两个四面体中的硅原子相连，便构成链状结构的硅酸盐负离子，如图 4-43 所示。图中虚线表示四面体，直线表示共价键。这些硅酸盐负离子具有由无数硅、氧原子通过共价键组成的长链形式，链与链之间填充着金属正离子（如 Na^+、Ca^{2+}）。由于带负电荷的长链与金属正离子之间的静电作用能比链内共价键的作用能要弱，因此，若沿平行于链的方向用力，晶体往往易裂开成柱状或纤维状。石棉就是类似这类结构的晶体。

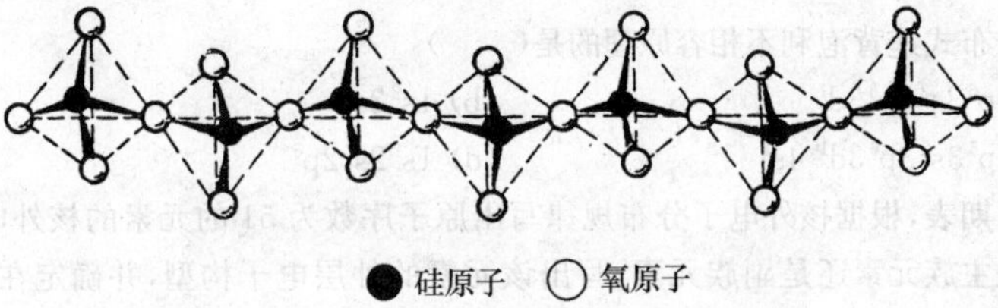

图 4-43　硅酸盐负离子单链结构示意图

2. 层状结构晶体

石墨是典型的层状结构晶体，如图 4-44 所示。在石墨中每一个碳原子以 sp^2 杂化形成三个 sp^2 杂化轨道，分别与相邻的三个碳原子形成三个 σ 键，键角为 120°，构成一个正六边形的平面层。每个碳原子还有一个垂直于该平面的 2p 轨道，这些相互平行的 p 轨道可以相互重叠，形成一个遍及整个平面层的离域大 π 键。由于大 π 键的离域性，电子能沿着每一平面的方向移动，使石墨具有良好的导电、导热性能。同时由于层间的作用力远小于每一层中碳原子之间的作用力，所以层与层之间易发生相对的滑动，所以这类晶体工业上常用作高温固体润滑剂。

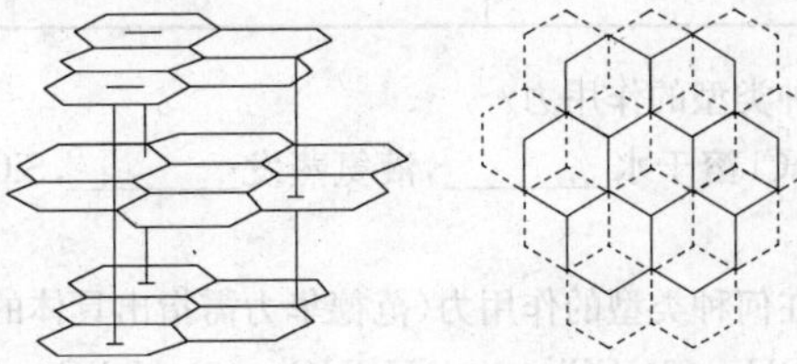

图 4-44　石墨的层状结构示意图

过渡型晶体中微粒之间往往不只存在单一的作用力，有时也称为混合型晶体。

习　题

1. 能够证明电子具有波动性的是(　　)

(a) 具有静止的质量

(b) 单个电子穿过晶格出现在底片上的位置无法确定

(c) 电子束穿过晶格产生衍射条纹

2. 以下电子的四个量子数的组合不合理的是( )

(a) $3,3,-1,+\frac{1}{2}$ (b) $1,0,0,-\frac{1}{2}$ (c) $4,2,-1,-\frac{1}{2}$ (d) $2,1,-2,+\frac{1}{2}$

3. 写出主量子数 $n=4$ 时,电子所有可能的量子数的组合。

4. 以下电子具有相同能量的是( )

(a) $3,1,-1,+\frac{1}{2}$ (b) $3,2,0,-\frac{1}{2}$ (c) $3,1,0,-\frac{1}{2}$ (d) $3,0,0,+\frac{1}{2}$

5. 下列电子分布式违背泡利不相容原理的是( )

(a) $1s^2 2s^2 2p^6 3s^2 3p^6 3d^1$ (b) $1s^2 2s^1$

(c) $1s^2 2s^2 2p^6 3s^2 3p^6 3d^{10} 4s^3$ (d) $1s^2 2s^2 2p^6$

6. 不查元素周期表,根据核外电子分布规律写出原子序数为 51 的元素的核外电子分布式,判断该元素是主族元素还是副族元素,写出该元素的外层电子构型,并确定在周期表中的位置,然后对照元素周期表,验证是否正确。

7. 已知某元素+2 价离子的电子分布式为 $1s^2 2s^2 2p^6 3s^2 3p^6 3d^9$,则该元素在周期表中第________周期,第________族,________区,元素符号为________。该元素原子的电子分布式为__________,外层电子构型为________,+1 价离子的外层电子构型为________。

8. 比较 BBr_3 和 NCl_3 分子的空间构型,并解释为何它们同为 AB_3 型化合物空间构型却不同。

9. 填写下表。

分 子	中心原子杂化类型	分子空间构型	分子极性
SiH_4			
H_2S			
BCl_3			
$HgCl_2$			
PH_3			

10. 下列过程需要克服哪种类型的作用力?

碘的升华________,NaCl 溶于水________,液氨蒸发________,SiO_2 融化________,Al 融化________。

11. 下列分子自身之间存在何种类型的作用力(范德华力需指出具体的作用力类型)?

(1) H_2 (2) CH_3COOH (3) CCl_4 (4) HCHO (5) H_3BO_3 (6) H_2S

12. 下列各组物质晶体类型分别是什么?

(1) CO_2 SiO_2 MnO_2 (2) $SiCl_4$ SiC (3) Ca I_2 C(金刚石)

第 5 章　配位化合物

配位化合物(coordination compound)简称配合物。它是存在广泛、数量众多、结构复杂、用途甚广的一类化合物。配位化合物在湿法冶金、电镀、金属离子的分离及物质的提纯等方面有广泛的用途。近年来的研究表明,血液中的血红蛋白是铁的配位化合物,它起着运载氧气的作用。植物中的叶绿素是镁的配位化合物,它是进行光合作用的基础。某些铂的配位化合物对癌细胞有抑制作用,可望为征服癌症做出贡献。分子氮配位化合物的合成及还原性能的研究,以期能在常温常压下合成氨,使现行合成氨工艺来一场新的技术革命。研究配位化合物的化学,称为配位化合物化学,简称配位化学。它不仅渗透到所有的化学领域,并已进入材料科学、生物科学、原子能科学等领域中,成为化学领域中一门独立的、极其活跃的分支学科。

5.1　配位化合物的定义、组成和命名

5.1.1　配位化合物的定义

在硫酸铜溶液中加入氨水,首先得到淡蓝色碱式硫酸铜沉淀,继续加入氨水时沉淀消失,转变为深蓝色溶液。加入稀氢氧化钠溶液检测铜离子和氨气时,发现既无氢氧化铜沉淀生成,也无气态氨放出。加入浓氢氧化钠溶液并加热时,才有沉淀生成,并可检测出有氨气逸出。加入可溶性钡盐溶液,可析出白色硫酸钡沉淀。以上实验现象说明溶液中存在游离的硫酸根离子,而绝大部分铜离子和氨并不以游离态存在。现已证明,溶液中的蓝色物质是铜离子和四个氨分子结合形成的复杂离子—— $[Cu(NH_3)_4]^{2+}$。因此硫酸铜和氨水的反应可写为

$$Cu^{2+} + 4NH_3 \rightleftharpoons [Cu(NH_3)_4]SO_4$$

蒸发浓缩该溶液,将析出深蓝色的晶体,组成为$[Cu(NH_3)_4]SO_4 \cdot H_2O$,晶体中仍存在这种深蓝色的$[Cu(NH_3)_4]^{2+}$。相对于铜离子而言,$[Cu(NH_3)_4]^{2+}$是一个组成较为复杂的离子,称为配离子。一般地,一个正离子(或原子)和几个中性分子或简单负离子以配位键结合起来,生成具有一定稳定性的,在溶液中仅部分解离或基本不解离的化学质点,这种化学质点叫配位单元。凡是含有配位单元的化合物叫做配位化合物,简称配合物。配位单元可以是离子,如$[Cu(NH_3)_4]^{2+}$,叫配

离子;也可以是中性分子,如[$Pt(NH_3)_2Cl_2$],叫配位化合物分子。

5.1.2 配位化合物的组成

一般的配位化合物由两部分组成,即内界和外界。内界和外界之间在键型、化合比等关系上与简单化合物相同,配位化合物的特殊性表现在内界。下面以[$Cu(NH_3)_4$]SO_4 为例说明配位化合物的组成,如图 5-1 所示。

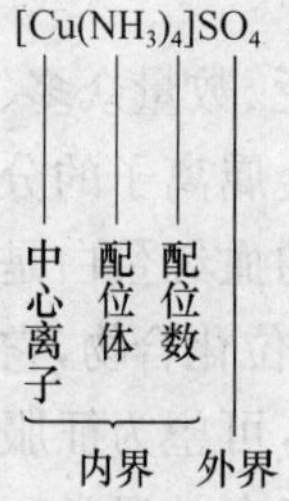

图 5-1 配位化合物的组成

1. 中心离子(或原子)

中心离子(或原子)是配位化合物的核心部分,其特征是:具有空的价电子原子轨道、能接受孤对电子形成配位键。中心离子一般为金属离子,特别是过渡金属离子。另外还有少数金属原子、非金属阴离子及一些具有高氧化态的非金属元素也可作为配位化合物的形成体,如 $Ni(CO)_4$、I_3^-、SiF_6^{2-}。

2. 配位体和配位原子

与中心离子(或原子)结合的中性分子或阴离子叫做配位体(ligand),如 NH_3、H_2O、CO、Cl^-、CN^-等。配位体中直接与中心离子(或原子)键合的原子叫做配位原子。例如,[$Co(NH_3)_3(H_2O)Cl_2$]$^+$ 中 NH_3、H_2O、Cl^-是配位体,而 NH_3 中的 N 原子、H_2O 中的 O 原子是配位原子,Cl^-既是配位体又是配位原子。

有的配位体只含有一个配位原子,只能提供一对孤对电子与中心原子形成配位键,被称为单齿配体,如 H_2O、Cl^-。能提供两个配位原子与中心原子形成配位键的叫双齿配体。其余类推。常见的单齿和多齿配位体见表 5-1 和表 5-2。

表 5-1 常见单齿配位体

配位原子	中性分子	阴离子
卤 素		F^-、Cl^-、Br^-、I^-
O	H_2O、R_2O(醚)、ROH(醇)	OH^-(羟)、$RCOO^-$、ONO^-(亚硝酸根)
S	H_2S	S^{2-}、SCN^-(硫氰酸根)
N	NH_3、—O(亚硝基)、—NO_2(硝基) CH_3NH_2(甲胺)、C_6H_5N(吡啶)	NCS^-(异硫氰酸根)
C	CO	CN^-(氰)

表 5-2　常见多齿配位体

多齿配位体名称	结构式	配位原子数
草酸根	$^{-}OOC—COO^{-}$	2
乙二胺(en)	$H_2N—CH_2—CH_2—NH_2$	2
联吡啶	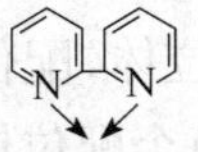	2
8-羟基喹啉	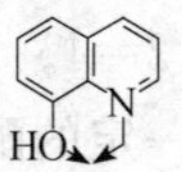	2
邻菲罗啉(phen)	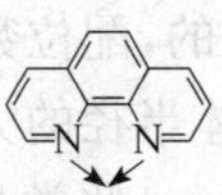	2
氨基乙酸根	$H_2N—CH_2—COO^{-}$	2
乙二胺四乙酸根	$(^{-}OOCCH_2)_2N—CH_2—CH_2N(CH_2COO^{-})_2$	6

多齿配位体与同一中心离子配位后必然形成一个具有环状结构的配合物。例如，$C_2O_4^{2-}$（草酸根）是一个双齿配位体，当它与 Cu^{2+} 配合时，能同时用两个原子与 Cu^{2+} 配位。草酸根中的两个氧原子就像螃蟹的两个螯，把 Cu^{2+} 紧紧钳住，如图 5-2 所示。因此我们把这类配位化合物形象地称为螯合物(chelate)，这种多齿配位体称为螯合剂，螯合剂与中心离子的反应称为螯合反应。

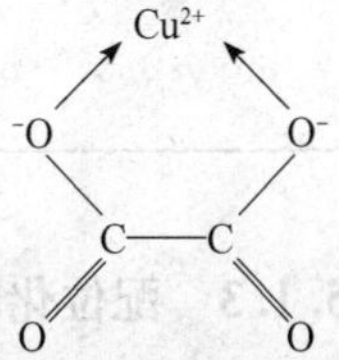

图 5-2　螯合物的螯合示意图

环上有几个原子就称几元环。如草酸根与 Cu^{2+} 形成的环状结构中，有 5 个原子，称为五元环。须注意，螯合剂中的配位原子之间，必须间隔两个或两个以上的其他原子，只有这样，才能形成稳定的螯合物。螯合物环状结构中通常是五元环、六元环。成环结构的配位原子通常为 N、O、S 等。

按照配位原子的种类不同，可将配位体分为以下几类：

(1) 含氮配位体：如 NH_3、NO、C_5H_5N 等；

(2) 含氧配位体：如 OH^-、H_2O、$RCOO^-$ 等；

(3) 含碳配位体：如 CN^-、CO 等；

(4) 卤素配位体：如 F^-、Cl^-、Br^-、I^- 等。

3. 配位数

直接与中心离子(或原子)以配位健结合的配位原子数目,叫做该中心离子(或原子)的配位数(coodination number)。

对于单齿配位体,中心离子的配位数就等于配位体的数目。例如,在配位离子$[Fe(SCN)_6]^{3-}$、$[Cu(NH_3)_4]^{2+}$、$[Ag(SCN)_2]^-$中,中心离子Fe^{3+}、Cu^{2+}、Ag^+的配位数分别是6、4、2。对于多齿配位体,配位体的数目并不等于配位数。例如,$[Cu(en)_2]^{2+}$和$[Cu(C_2O_4)_2]^{2-}$中,每个配位体en和$C_2O_4^{2-}$都有两个配位原子与Cu^{2+}配位,所以Cu^{2+}的配位数为$2\times2=4$。

大多数中心离子(或原子)都有一定的配位数,一般是2、4、6、8,以4和6最为常见。但是配位数不是一成不变的,配位数目的多少,主要取决于中心离子的电荷数、中心离子(或原子)及配位体半径的大小。中心离子的电荷越多、半径越大,其周围可容纳的配位体就越多。一些常见的中心离子(原子)的配位数见表5-3。

表5-3　一些常见中心离子原子的配位数

配位数	中心离子(或原子)
2	Ag^+、Cu^+、Au^+
4	Cu^{2+}、Zn^{2+}、Hg^{2+}、Cd^{2+}、Al^{3+}、Ni
6	Fe^{3+}、Fe^{2+}、Co^{2+}、Ni^{2+}、Pt^{4+}、Al^{3+}

5.1.3　配位化合物的命名

有部分配位化合物目前仍沿用习惯名称即俗名。例如

$K_3[Fe(CN)_6]$	铁氰化钾或赤血盐
$K_4[Fe(CN)_6]$	亚铁氰化钾或黄血盐
$H_2[PtCl_6]$	氯铂酸
$[Cu(NH_3)_4]SO_4$	硫酸铜氨

但由于配位化合物的种类繁多,通常的俗名已不能满足要求,因此必须规范这类化合物的命名规则。一般命名原则有如下几条:

(1) 配位化合物的命名,服从一般无机化合物的命名原则。如果外界是一个简单的阴离子,则称某化某;如果是一个复杂的阴离子,则称某酸某;如果是氢氧根离子,则称为氢氧化某。如果内界是配阴离子时,命名时将其看作是一个复杂的酸根。外界是氢离子,则称为某酸;如果外界是金属阳离子,则称为某酸某。

(2) 内界的命名:把配位体放在前面,配位体的数目用一、二、……表示,并放

在配位体名称之前。中心离子的氧化数用罗马数字表示,并放在中心离子之后,用圆括号标出。在中心离子和配位体之间用“合”字连接起来,即“配位体数—配位体名称—合—中心离子名称(中心离子氧化数)”。例如

$[Co(NH_3)_6]Cl_3$	三氯化六氨合钴(Ⅲ)
$[Cu(NH_3)_4]SO_4$	硫酸四氨合铜(Ⅱ)
$[Ag(NH_3)_2]OH$	氢氧化二氨合银(Ⅰ)
$H_2[PtCl_6]$	六氯合铂(Ⅳ)酸
$K_2[PtCl_6]$	六氯合铂(Ⅳ)酸钾

(3) 在同一配位化合物的配位体中,如果既有阴离子,又有分子,命名时的顺序是先离子、后分子;如果既有无机配位体,又有有机配位体,则命名时的顺序是先无机配位体,后有机配位体。但书写次序正好相反。例如

$[Co(NH_3)_4Cl_2]Cl$	氯化二氯四氨合钴(Ⅲ)
$K[Co(en)Cl_4]$	四氯一(乙二胺)合钴(Ⅲ)酸钾
$[Pt(NH_3)_2Cl_2]$	二氯二氨合铂(Ⅱ)
$K[Pt(NH_3)Cl_3]$	三氯一氨合铂(Ⅱ)酸钾

5.2 配位化合物的价键理论

5.2.1 价键理论

1. 价键理论的基本要点

配位化合物价键理论是由美国化学家鲍林首先将杂化轨道理论应用于配位化合物中而逐渐形成和发展起来的,其主要内容是:

(1) 配合物的中心离子与配位体之间以配位键结合。要形成配位键,配体中配位原子必须含孤对电子,中心离子必须具有空的价电子轨道。

(2) 中心离子的空轨道必须杂化,以杂化轨道成键。在形成配合物时,中心离子的杂化轨道与配体的孤对电子所在轨道发生重叠,从而形成配位键。

(3) 中心离子的不同轨道参与杂化可分别形成内轨型和外轨型配合物。

2. 配离子的形成和结构

以$[FeF_6]^{3-}$和$[Cu(NH_3)_4]^{2+}$为例,讨论价键理论在解释配离子的形成及空间构型中的应用。

(1) $[FeF_6]^{3-}$的形成。Fe^{3+}的价电子层结构如下:

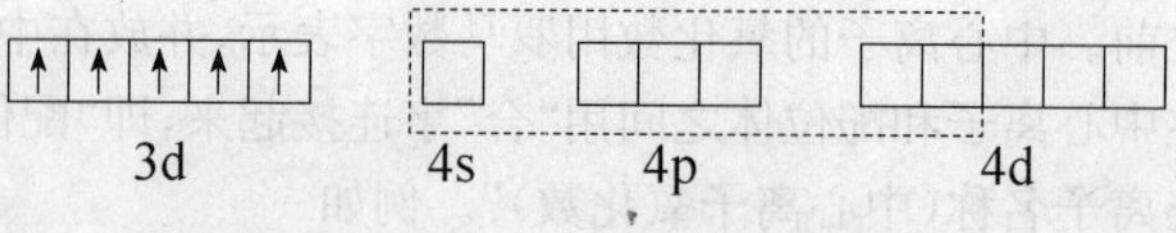

当 Fe^{3+} 与六个 F^- 形成 $[FeF_6]^{3-}$ 时，Fe^{3+} 的一个 4s、三个 4p 和两个 4d 空轨道进行杂化，组成六个 sp^3d^2 杂化轨道，分别接受六个 F^- 提供的孤对电子，形成六个 σ 配位键，其空间构型为正八面体结构。

$[FeF_6]^{3-}$：

(2) $[Cu(NH_3)_4]^{2+}$ 的形成。Cu^{2+} 价电子构型为

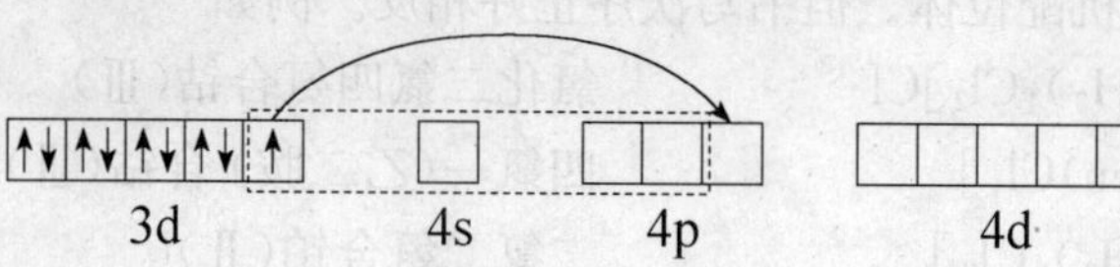

当 Cu^{2+} 与四个 NH_3 分子结合形成 $[Cu(NH_3)_4]^{2+}$ 时，Cu^{2+} 在配体的影响下，3d 轨道上的一个单电子激到 4p 轨道，空出一个 3d 轨道与一个 4s 空轨道和两个 4p 空轨道进行杂化，组成四个空的 dsp^2 杂化轨道，分别接受四个 NH_3 分子中 N 原子所提供的四对孤对电子，从而形成四个 σ 配位键，所以配离子 $[Cu(NH_3)_4]^{2+}$ 的空间构型为平面正方形，Cu(Ⅱ)在正方形的中心，四个配体在四个顶角上。

$[Cu(NH_3)_4]^{2+}$：

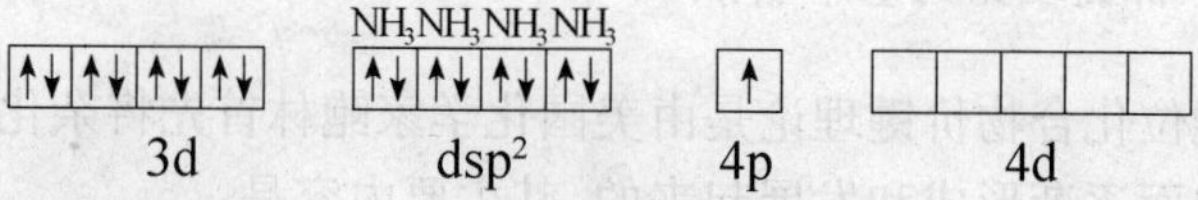

对于其他类型配合物杂化及空间构型不再详述，可参见表 5-4。

表 5-4　某些配位化合物的杂化轨道及空间结构

杂化类型	配位数	空间构型	实　例
sp	2	直线形 	$[Cu(NH_3)_2]^+$，$Ag(NH_3)_2]^+$，$[CuCl_2]^-$，$[Ag(CN)_2]^-$
sp^2	3	等边三角形 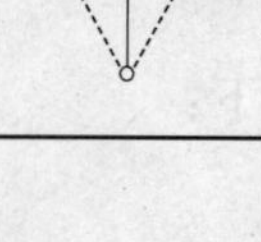	$[CuCl_3]^{2-}$，$[HgI_3]^-$

续表

杂化类型	配位数	空间构型	实　例
sp^3	4	正四面体形 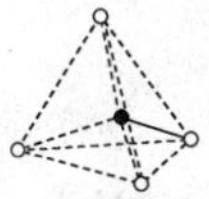	$[Ni(NH_3)_4]^{2+}$，$[Zn(NH_3)_4]^{2+}$，$[Ni(CO)_4]^{2+}$，$[HgI_4]^{2-}$
dsp^2	4	正方形 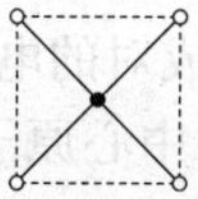	$[Ni(CN)_4]^{2-}$，$[Cu(NH_3)_4]^{2+}$，$[PtCl_4]^{2-}$，$[Cu(H_2O)_4]^{2+}$
dsp^3	5	三角双锥形 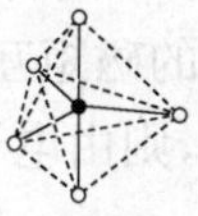	$[Fe(CO)_5]$，$[Ni(CN)_5]^{3+}$
sp^3d^2 d^2sp^3	6 6	正八面体形 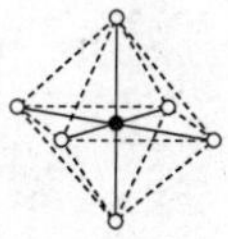	$[FeF_6]^{3-}$，$[Fe(H_2O)_6]^{3+}$，$[Co(NH_3)_6]^{2+}$，$[PtCl_6]^{2-}$ $[Fe(CN)_6]^{3-}$，$[Fe(CN)_6]^{4-}$，$[Co(NH_3)_6]^{3+}$

3. 内轨型和外轨型配位化合物

当 d 轨道参与杂化并成键时，可能存在两种情况。第一种情况是只动用中心离子(或原子)的外层 nd 轨道，而不改变次外层$(n-1)$d 轨道的电子排布。这时配位原子上的孤对电子填入到中心离子(原子)的外层杂化轨道。如$[FeF_6]^{3-}$，在形成配合物时，中心离子全部以外层空轨道(ns，np，nd)参与杂化成键，所形成的配合物称为外轨型配合物。

第二种情况是动用次外层$(n-1)$d 轨道，将$(n-1)$d、ns、np 轨道进行杂化，这时就可能影响$(n-1)$d 轨道中的电子排布，因为需要空出一部分 d 轨道进行杂化，以容纳配位原子的孤对电子。例如，$[Cu(NH_3)_4]^{2+}$，在形成配合物时，中心离子的次外层$(n-1)$d 轨道与外层空轨道(ns，np)一起参与杂化成键，所形成的配合物称为内轨型配合物。

5.2.2　配位化合物的性质

1. 稳定性

配位化合物的稳定性包括热稳定性和在溶液中的解离。由于$(n-1)$d 轨道的

能量比 nd 轨道的能量低,用 $(n-1)$d 轨道所形成的键比用 nd 轨道形成的键牢固,因此氧化数相同的同一中心原子的内轨型配合物较外轨型配合物稳定。例如,$[Fe(CN)_6]^{3-}$ 比 $[FeF_6]^{3-}$ 稳定,$[Ni(CN)_4]^{2-}$ 比 $[Ni(NH_3)_4]^{2+}$ 稳定。

2. 磁性

物质的磁性大小可用磁矩 μ 来衡量,它与所含未成对电子数 n 之间的关系可表示为:$\mu=\sqrt{n(n+2)}\mu_B$。其中 μ_B 称为玻尔磁子,是磁矩的单位。

形成配合物后,中心离子内层 $(n-1)$d 轨道中未成对的电子数可能发生变化,因此磁性也随之发生变化。当形成外轨型配合物时,中心原子的价层结构受配体的影响较小,其未成对电子数多,磁矩较大;而形成内轨型配合物时,中心原子受配体影响,价层结构发生变化,未成对电子数减少甚至为 0,因而磁矩较小或为 0。如果物质内部的电子都是自旋配对的,则电子自旋产生的磁矩互相抵消,因而表现出抗磁性(又称逆磁性);如果物质内部含有未成对电子,则由电子自旋产生的磁矩不能完全抵消,就表现出顺磁性。

5.3 配位平衡

5.3.1 配位化合物稳定常数的表示

配位化合物的内界与外界之间一般是以离子键结合的,在水溶液中几乎完全解离形成游离的配离子。而配离子则类似弱电解质,在水溶液中能或多或少地离解成它的组成部分——中心离子和配位体。解离过程是可逆的,在一定的温度下达到平衡,这种平衡就称为配合平衡。对于铜氨配离子的配合平衡可用方程式表示如下:

$$[Cu(NH_3)_4]^{2+} \rightleftharpoons Cu^{2+} + 4NH_3$$

对应于这个平衡的平衡常数是

$$K^{\ominus}_{不稳}=\frac{\dfrac{c(Cu^{2+})}{c^{\ominus}}\cdot\left[\dfrac{c(NH_3)}{c^{\ominus}}\right]^4}{\dfrac{c\{[Cu(NH_3)_4]^{2+}\}}{c^{\ominus}}}$$

该平衡常数数值越大,表示 $[Cu(NH_3)_4]^{2+}$ 越容易离解,即配离子越不稳定,所以称为配离子的不稳定常数,用 $K^{\ominus}_{不稳}$ 表示。

为了直接表示配离子的稳定性,通常用配离子的生成平衡常数:

$$Cu^{2+} + 4NH_3 \rightleftharpoons [Cu(NH_3)_4]^{2+}$$

$$K_{稳}^{\ominus}=\frac{\frac{c\{[Cu(NH_3)_4]^{2+}\}}{c^{\ominus}}}{\frac{c(Cu^{2+})}{c^{\ominus}}\cdot\left[\frac{c(NH_3)}{c^{\ominus}}\right]^4}$$

该平衡常数数值越大，说明生成配离子的倾向越大，配离子越稳定，所以也叫配离子的稳定常数，用 $K_{稳}^{\ominus}$ 表示。显然任何一种配离子的稳定常数与不稳定常数之间互为倒数：

$$K_{不稳}^{\ominus}=\frac{1}{K_{稳}^{\ominus}}$$

对于相同类型（配位数相同）的配离子，可用 $K_{稳}$ 来比较它们在水溶液中的稳定性。例如，$K_{稳}^{\ominus}([Ag(NH_3)_2]^+)=1.1\times10^7$，$K_{稳}^{\ominus}([Ag(CN)_2]^-)=1.3\times10^{21}$，说明在水溶液中配离子 $[Ag(CN)_2]^-$ 比 $[Ag(NH_3)_2]^+$ 要稳定得多。

对于不同类型配离子的稳定性，只能通过计算来比较。常见的一些配离子的 $K_{稳}^{\ominus}$ 值见表 5-5。

表 5-5　一些常见配离子的稳定常数

配离子	$K_{稳}$	配离子	$K_{稳}$
$[AgCl_2]^-$	1.10×10^5	$[Zn(NH_3)_4]^{2+}$	2.9×10^9
$[AgBr_2]^-$	2.14×10^7	$[Zn(CN)_4]^{2-}$	1.0×10^{16}
$[AgI_2]^-$	5.5×10^{11}	$[Hg(CN)_4]^{2-}$	3.3×10^{41}
$[Ag(NH_3)_2]^+$	1.6×10^7	$[HgI_4]^{2-}$	6.8×10^{29}
$[Ag(S_2O_3)_2]^{3-}$	2.9×10^{13}	FeF_3	1.1×10^{12}
$[Ag(CN)_2]^-$	1.0×10^{21}	$[Fe(C_2O_4)_3]^{3-}$	1.6×10^{20}
$[Ag(SCN)_2]^-$	3.27×10^7	$[Fe(CN)_6]^{4-}$	1.0×10^{35}
$[CuI_2]^-$	5.7×10^8	$[Fe(CN)_6]^{3-}$	1.0×10^{42}
$[Cu(NH_3)_2]^+$	7.2×10^{10}	$[Fe(SCN)]^{2+}$	2.2×10^3
$[Cu(NH_3)_4]^{2+}$	4.8×10^{12}	$[Cd(NH_3)_4]^{2+}$	1.0×10^7
$[Cu(CN)_2]^-$	1.0×10^{24}	$[Cd(NH_3)_6]^{2+}$	1.4×10^5
$[Cu(CN)_4]^{2-}$	2.0×10^{27}	$[Ni(NH_3)_6]^{2+}$	5.5×10^8
$[Co(NH_3)_6]^{2+}$	1.3×10^5	$[Al(C_2O_4)_3]^{3-}$	2.0×10^{16}
$[Co(NH_3)_6]^{3+}$	1.4×10^{35}	$[AlF_6]^{3-}$	6.9×10^{19}
$[Co(SCN)_4]^{2-}$	1.0×10^3	$[Au(CN)_2]^-$	2.0×10^{38}

5.3.2　稳定常数的应用

1. 配合物系统中各组分浓度的计算

配离子在水溶液中都会发生解离，按照化学平衡的原理，应用配离子的稳定常数可对溶液中各种组分的浓度进行计算。

【例 5-1】 利用稳定常数计算 0.1mol·dm^{-3}的一价铜的氨合物$[Cu(NH_3)_2]^+$和同浓度二价铜的氨合物$[Cu(NH_3)_4]^{2+}$分别在 0.1mol·dm^{-3} NH_3 存在下金属离子的浓度。已知$K^{\ominus}_{稳}([Cu(NH_3)_2]^+)=7.2\times10^{10}$，$K^{\ominus}_{稳}([Cu(NH_3)_4]^{2+})=2.1\times10^{13}$。

解 设达到解离平衡时有 x mol·dm^{-3} $[Cu(NH_3)_2]^+$发生解离，则溶液中Cu^+的浓度为 x mol·dm^{-3}，根据配离子的解离平衡：

	$[Cu(NH_3)_2]^+ \rightleftharpoons$	Cu^+ +	$2NH_3$
起始浓度/(mol·dm^{-3})	0.1	0	0
平衡浓度/(mol·dm^{-3})	$(0.1-x)\approx0.1$	x	$0.1+2x\approx0.1$

$$K^{\ominus}_{不稳}=\frac{1}{K^{\ominus}_{稳}}=\frac{\frac{c(Cu^+)}{c^{\ominus}}\cdot\left[\frac{c(NH_3)}{c^{\ominus}}\right]^2}{\frac{c\{[Cu(NH_3)_2]^+\}}{c^{\ominus}}}=\frac{x\cdot0.1^2}{0.1}$$

解得 $x=1.4\times10^{-10}$，即溶液中Cu^+的浓度为 1.4×10^{-10} mol·dm^{-3}。

同理可计算出溶液中Cu^{2+}的浓度为 4.8×10^{-11} mol·dm^{-3}。

2. 沉淀的生成和溶解

在形成配离子的溶液中，游离金属离子的浓度将大大降低，向该溶液中加入金属离子的沉淀剂时，生成沉淀的可能性减少，甚至不能生成沉淀。与此相反，难溶盐的饱和溶液中，如果金属离子可以与某种配位剂生成配离子，而且这种配离子具有足够高的稳定性时，则配位剂将夺取难溶盐中的金属离子，破坏正常的沉淀平衡，使沉淀逐渐被溶解。

例如，AgCl 难溶于水，却易溶于氨水。

$$AgCl(s)+2NH_3 \rightleftharpoons [Ag(NH_3)_2]^+ + Cl^-$$

【例 5-2】 欲使 0.1molAgBr 溶于 1dm^3 $Na_2S_2O_3$ 溶液，所需 $Na_2S_2O_3$ 的最低浓度是多少？

解 溶解总反应为

$$AgBr(s)+2S_2O_3^{2-} \rightleftharpoons [Ag(S_2O_3)_2]^{3-}+Br^-$$

该反应可由以下两个反应叠加而成：

① $AgBr(s) \rightleftharpoons Ag^+ + Br^-$ $\qquad K^{\ominus}_s(AgBr)$

② $Ag^+ + 2S_2O_3^{2-} \rightleftharpoons [Ag(S_2O_3)_2]^{3-}$ $\qquad K^{\ominus}_{稳}([Ag(S_2O_3)_2]^{3-})$

根据多重平衡规则，总反应平衡常数 $K^{\ominus}$、$K^{\ominus}_s(AgBr)$和 $K^{\ominus}_{稳}([Ag(S_2O_3)_2]^{3-})$关系为

$$K^{\ominus}=K^{\ominus}_s(AgBr)\cdot K^{\ominus}_{稳}([Ag(S_2O_3)_2]^{3-})=15.52$$

AgBr 完全溶解，则溶液中游离的 Br^- 浓度为

$$c(Br^-)=\frac{0.1mol}{1dm^3}=0.1mol\cdot dm^{-3}$$

生成的$[Ag(S_2O_3)_2]^{3-}$浓度为

$$c([Ag(S_2O_3)_2]^{3-})=0.1mol\cdot dm^{-3}$$

欲使溶液中不再产生 AgBr 沉淀，上述反应不可向左移动，因此有

$$Q_c=\frac{\frac{c(Br^-)}{c^\ominus}\cdot\frac{c\{[Ag(S_2O_3)_2]^{3-}\}}{c^\ominus}}{\left[\frac{c(S_2O_3^{2-})}{c^\ominus}\right]^2}<K^\ominus$$

解得　$c(S_2O_3^{2-})>0.025mol\cdot dm^{-3}$

形成$[Ag(S_2O_3)_2]^{3-}$所需的$S_2O_3^{2-}$浓度为 0.2mol·dm^{-3}。

所以欲使 AgBr 溶解，$S_2O_3{}^{2-}$浓度必须满足：

$$c(S_2O_3^{2-})>0.2mol\cdot dm^{-3}+0.025mol\cdot dm^{-3}=0.225mol\cdot dm^{-3}$$

3. 配离子之间的相互转化

多数过渡金属离子的配合物都有颜色，可用这些特征颜色来鉴定离子的存在。但一种配位试剂有时能同时与两种金属离子生成不同颜色的配离子，就要相互干扰。例如，钴盐溶液中若含有少量+3 价铁离子，当加入 NH_4SCN 试剂鉴定 Co^{2+} 时，就会同时发生两个配位平衡。

$$Co^{2+}+4SCN^- \rightleftharpoons [Co(SCN)_4]^{2-}\text{（蓝紫色）}$$

$$Fe^{3+}+SCN^- \rightleftharpoons [Fe(SCN)]^{2+}\text{（血红色）}$$

为了消除后者对前者的干扰，可加入 NH_4F 使 Fe^{3+} 与 F^- 生成更稳定的无色 FeF_3 配合物而将 Fe^{3+} 掩蔽起来。这种配合物之间的转化，主要决定于两个配合物稳定常数的差别。

$$[Fe(SCN)]^{2+}+3F^- \rightleftharpoons [FeF_3]+SCN^-$$

则
$$K^\ominus=\frac{K^\ominus_{稳}([FeF_3])}{K^\ominus_{稳}([Fe(SCN)]^{2+})}=\frac{1.1\times10^{12}}{2.2\times10^{3}}=5.0\times10^{8}$$

可见该反应的平衡常数很大，溶液中的$[Fe(SCN)]^{2+}$几乎可以全部转化为$[FeF_3]$。

4. 形成配离子后的氧化还原能力的变化

配位平衡与氧化还原平衡是可以相互影响和制约的，因为配合物的形成使金属离子浓度发生变化导致电极电势发生变化。

【例 5-3】 已知 298.15K 时，$\varphi^{\ominus}(Co^{3+}/Co^{2+})=1.84V$，计算电极$[Co(NH_3)_6]^{3+}/[Co(NH_3)_6]^{2+}$的标准电极电势$\varphi^{\ominus}([Co(NH_3)_6]^{3+}/[Co(NH_3)_6]^{2+})$。

解 首先必须明确标准电极$[Co(NH_3)_6]^{3+}/[Co(NH_3)_6]^{2+}$的状态，当该电极处于标准态时，$c\{[Co(NH_3)_6]^{3+}\}=c\{[Co(NH_3)_6]^{2+}\}=c(NH_3)=c^{\ominus}=1mol\cdot dm^{-3}$，此时电极的电极电势等于溶液中$Co^{3+}/Co^{2+}$产生的电极电势，而$Co^{3+}/Co^{2+}$电极反应为

$$Co^{3+}+e^{-}\rightleftharpoons Co^{2+}\quad n=1$$

所以有

$$\varphi^{\ominus}([Co(NH_3)_6]^{3+}/[Co(NH_3)_6]^{2+})=\varphi(Co^{3+}/Co^{2+})$$

$$=\varphi^{\ominus}(Co^{3+}/Co^{2+})+0.0592\lg\frac{c(Co^{3+})/c^{\ominus}}{c(Co^{2+})/c^{\ominus}}V$$

在溶液中的Co^{3+}和Co^{2+}由以下配位平衡解离产生

$$[Co(NH_3)_6]^{3+}\rightleftharpoons Co^{3+}+6NH_3$$

$$K^{\ominus}_{不稳}([Co(NH_3)_6]^{3+})=\frac{1}{K^{\ominus}_{稳}([Co(NH_3)_6]^{3+})}=7.1\times10^{-36}$$

$$[Co(NH_3)_6]^{2+}\rightleftharpoons Co^{2+}+6NH_3$$

$$K^{\ominus}_{不稳}([Co(NH_3)_6]^{2+})=\frac{1}{K^{\ominus}_{稳}([Co(NH_3)_6]^{2+})}=7.7\times10^{-6}$$

因此，解得溶液中$c(Co^{3+})=7.1\times10^{-36}mol\cdot dm^{-3}$，$c(Co^{2+})=7.7\times10^{-6}mol\cdot dm^{-3}$，代入上式，得

$$\varphi^{\ominus}([Co(NH_3)_6]^{3+}/[Co(NH_3)_6]^{2+})=\varphi^{\ominus}(Co^{3+}/Co^{2+})+0.0592\lg\frac{c(Co^{3+})/c^{\ominus}}{c(Co^{2+})/c^{\ominus}}V$$

$$=1.84V+0.0592\lg\frac{7.1\times10^{-36}}{7.7\times10^{-6}}V=0.062V$$

比较以上金属离子与其配离子的电对，可以看出，配离子的形成使其电极电势值减小，形成的配离子越稳定，$\varphi^{\ominus}$的代数值越小。对于同一金属的不同氧化态配离子，电对的$\varphi^{\ominus}$值大小与两种配离子的稳定常数有关，当高价配离子比低价配离子更稳定时，则$\varphi^{\ominus}$代数值减小；当低价配离子比高价配离子更稳定时，则$\varphi^{\ominus}$代数值增大。

5.4 配合物的应用

配位化合物普遍存在于自然界中，它在科学研究和生产实践中得到了广泛的应用。随着科学技术的发展和配位化学研究的深入，越来越显示出配位化合物在科学研究和生产实践中的重要性。配位化合物已在分析化学、生物化学、药物学、电化学、染料化学、有机化学、催化化学等领域得到了广泛的应用。本节只简单介绍在无机化学、分析化学及有机化学方面的应用。

5.4.1　在无机化学方面的应用

湿法冶金是在水溶液中把金属直接从矿石中浸取出来，然后加适当的还原剂，将其还原为单质金属。例如，矿石中的金用氰化钠溶液浸取，生成配离子 $[Au(CN)_2]^-$：

$$4Au + 8CN^- + 2H_2O + O_2 = 4[Au(CN)_2]^- + 4OH^-$$

然后用锌还原即得单质金：

$$Zn + 2[Au(CN)_2]^- = [Zn(CN)_4]^{2-} + Au$$

5.4.2　在分析化学方面的应用

1. 离子的鉴定

在水溶液中 Cu^{2+} 与氨形成深蓝色的配离子 $[Cu(NH_3)_4]^{2+}$，它是一个很灵敏的 Cu^{2+} 检出反应。又如水溶液中 Fe^{2+} 能与邻二氮菲生成稳定的橘红色螯合物，用它可鉴定溶液中 Fe^{2+} 的存在。丁二酮肟是一种常见的螯合剂，它用两个氮原子上的孤对电子和金属离子形成螯合物。丁二酮肟和 Ni^{2+} 形成红色难溶性螯合物，是检测 Ni^{2+} 的一个灵敏特征反应。

2. 掩蔽剂

在多种金属离子共存的体系中，测定其中某一种金属离子时，为避免其他离子发生类似的反应而干扰测定，常加入一种试剂与干扰离子生成稳定的配位化合物，把这种离子掩蔽起来，这种试剂称为掩蔽剂。例如，用 NH_4SCN 检定 Co^{2+} 时，是利用在丙酮存在下形成蓝色 $[Co(NCS)_6]^{4-}$ 的反应。但因为 Fe^{3+} 也能与 SCN^- 作用，形成红色的 $[Fe(SCN)_6]^{3-}$ 干扰 Co^{2+} 的检出，所以在溶液中应先加入掩蔽剂 NaF，使 Fe^{3+} 与 F^- 形成无色、比 $[Fe(SCN)_6]^{3-}$ 更加稳定的配离子。

$$Fe^{3+} + F^- \rightleftharpoons [FeF_6]^{3-}$$

使得溶液中 Fe^{3+} 的浓度降得很低，就不会觉察出 $[Fe(SCN)_6]^{3-}$ 出现。

常用的掩蔽剂列于表 5-6 中。

表 5-6　几种常用的掩蔽剂

掩蔽剂	掩蔽的离子
CN^-	Ag^+，Cd^{2+}，Co^{2+}，Cu^{2+}，Fe^{3+}，Ni^{2+}
F^-	Al^{3+}，Fe^{3+}
NH_3	Ag^+，Cu^{2+}，Cd^{2+}，Co^{2+}，Ni^{2+}
$S_2O_3^{2-}$	Ag^+，Bi^{3+}，Cd^{2+}，Fe^{3+}
I^-	Bi^{3+}，Hg^{2+}，Sb^{3+}，Sn^{2+}
$P_2O_7^{4-}$	Fe^{3+}，Mn^{2+}，Mg^{2+}

3. 显色剂

许多配位化合物,尤其是螯合物往往具有某种特定颜色。在分析工作中常利用某种离子与配合剂作用,根据生成特征颜色的溶液或沉淀,来判断某种离子的存在,或确定其含量的多少。

例如,土壤中硒的测定往往是较困难的,这不仅因为硒的含量低,而且土壤成分复杂,干扰元素多。若采用3,5-二溴邻苯二胺(简称DDB)为配合剂与硒在酸性条件下进行配合显色反应,生成4,6-二溴苯并硒二唑(Se-DDB),用比色法则可精确、快速、简单地测定出土壤中的微量硒。

4. 萃取分离

萃取是工业生产中分离稀有金属的一个重要手段,在分析化学中也得到广泛应用。当金属离子与有机螯合剂形成内络盐时,由于内络盐不带电荷及外围极性很小,使内络盐难溶于水而易溶于有机溶剂中。利用这一性质可将某些金属离子从水溶液(水相)中萃取到有机溶剂(有机相)中。例如,在含有Fe^{3+}、Ca^{2+}的水溶液中,用0.1mol·dm^{-3}乙酰丙酮/苯萃取时,因两种金属离子形成的螯合物的$K_{稳}$差别较大,且前者大于后者,因此Fe^{3+}优先进入有机相中。经多次萃取,即可将Fe^{3+}、Ca^{2+}完全分离。

5.4.3 在生物化学中的应用

目前在已知的1000多种生物酶中,约有1/3是复杂的金属离子配合物,例如,植物生长中起光合作用的叶绿素是含Mg^{2+}的复杂配合物,结构如图5-3(a)所示。

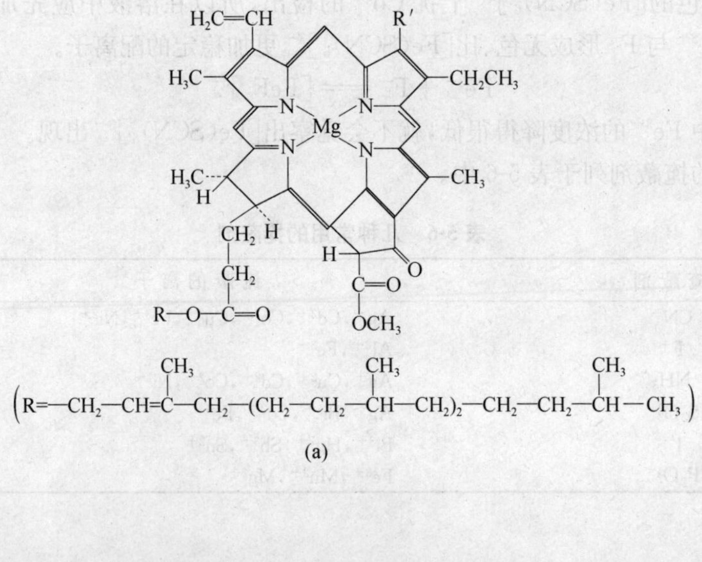

(a)

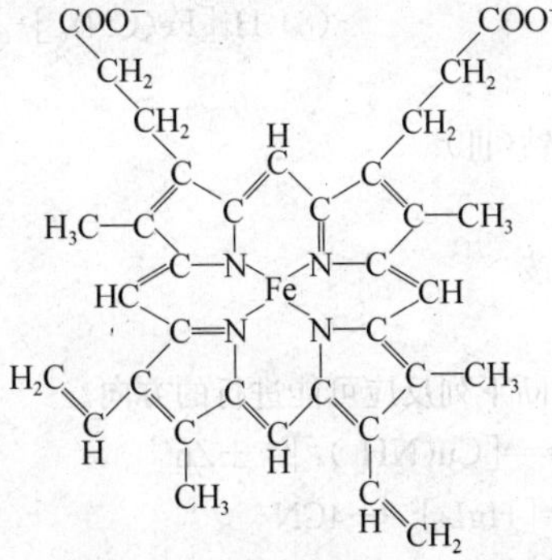

(b)

图 5-3　叶绿素分子结构(a)和血红素结构(b)

又如在动物血液中起运送氧作用的血红蛋白中的血红素分子是 Fe^{2+} 的配合物。结构如图 5-3(b)所示。某些微生物的固氮酶中含有过渡金属与氮分子形成的分子氮配合物，这种配合物能使 N_2 分子活化，易于被还原。因此合成过渡金属分子氮配合物，研究它们的结构和性质，是化学模拟生物固氮研究的重要课题之一。

5.4.4　在有机化学方面的应用

近年来许多基本有机反应，如氧化、氢化、聚合、羰基化等反应，均可应用过渡金属配合物作为催化剂来实现。这些反应称为配位催化反应。如乙烯以 $PdCl_2$ 作为催化剂，在常温常压下，氧化生成乙醛，反应式为

$$CH_2 = CH_2 + H_2O + PdCl_2 \rightleftharpoons CH_3CHO + Pd + 2HCl$$

该反应首先是乙烯与 $PdCl_2$ 生成中间体配合物$[Pd(C_2H_4)(OH)Cl_2]^-$而进行的。目前国内外利用配位催化剂生产的化工产品已经不少，估计将来还会有更大的发展。

习　题

1. 下列化合物中哪些是配合物？哪些是螯合物？哪些是复盐？哪些是简单盐？

(1) H_2PtCl_6　(2) $KCl \cdot MgCl_2 \cdot 6H_2O$　(3) $Cu(NH_3)_4SO_4$

(4) $Cu(OOCCH_3)_2$　(5) $[Co(en)_3]_2(SO_4)_3$　(6) $KAl(SO_4)_2 \cdot 12H_2O$

2. 命名下列配合物，并指出配离子和中心离子的氧化态。

(1) $[Co(NH_3)_6]Cl_2$　(2) $K_2[Co(SCN)_4]$

(3) $[Co(NH_3)_5Cl]Cl_2$　(4) $Na_2[SiF_6]$

(5) $[Pt(NH_3)_2Cl_2]$　(6) $K_2[Zn(OH)_4]$

(7) $[Ag(NH_3)_2](OH)$ (8) $H_4[Fe(CN)_6]$

3. 写出下列物质的化学式。

(1) 一氯化二氯一水三氨合钴(Ⅲ)

(2) 硫酸六氨合镍(Ⅱ)

(3) 四硫氰二氨合钴(Ⅲ)酸铵

(4) 六氯合铂(Ⅳ)酸钾

4. 试根据配合物的稳定常数判断下列反应可能进行的方向。

(1) $[Zn(NH_3)_4]^{2+} + Cu^{2+} \rightleftharpoons [Cu(NH_3)_4]^{2+} + Zn^{2+}$

(2) $[Hg(CN)_4]^{2-} + 4I^- \rightleftharpoons [HgI_4]^{2-} + 4CN^-$

(3) $[Cu(en)_2]^{2+} + 4NH_3 \rightleftharpoons [Cu(NH_3)_4]^{2+} + 2en$

5. 根据配合物的价键理论,指出下列配离子的成键情况和空间构型。

(1) $[Cd(NH_3)_4]^{2+}$ (2) $[Ag(CN)_2]^-$

(3) $[Ni(CN)_4]^{2-}$ (4) $[Fe(H_2O)_6]^{3+}$

6. 在 $1dm^3$ $1\times10^{-3}mol\cdot dm^{-3}$ $[Cu(NH_3)_4]^{2+}$ 和 $1mol\cdot dm^{-3}$ NH_3 处于平衡状态的溶液中,通过计算说明:

(1) 加入 0.001mol NaOH(忽略体积变化),有无 $Cu(OH)_2$ 沉淀生成?

(2) 加入 0.001mol Na_2S(忽略体积变化),有无 CuS 沉淀生成?

7. 已知 $Au^+ + e^- \rightleftharpoons Au$ 的 $\varphi^\ominus = 1.68V$,试计算下列电对的电势。

(1) $[Au(CN)_2]^- + e^- \rightleftharpoons Au + 2CN^-$

(2) $[Au(SCN)_2]^- + e^- \rightleftharpoons Au + 2SCN^-$

已知:$K^\ominus_{稳}([Au(CN)_2]^-) = 2.0\times10^{38}$,$K^\ominus_{稳}([Au(SCN)_2]^-) = 1.0\times10^{13}$。

8. 某物质的实验式为 $PtCl_4\cdot2NH_3$,其水溶液不导电,加入 $AgNO_3$ 也不产生沉淀,以强碱处理并无氨气放出,试根据以上事实写出该物质的配位化学式。

9. 在含有 $1.3mol\cdot dm^{-3}$ $AgNO_3$ 和 $0.054mol\cdot dm^{-3}$ NaBr 溶液中,如果不使 AgBr 沉淀生成,溶液中游离的 CN^- 离子的最低浓度应是多少?

10. 欲在 $1dm^3$ 水中溶解 0.1mol $Zn(OH)_2$,需加入多少克固体 NaOH? 已知 $K^\ominus_s[Zn(OH)_2] = 6.68\times10^{-17}$,$K^\ominus_{稳}([Zn(OH)_4]^{2-}) = 4.6\times10^{17}$。

11. 在 pH=10 的溶液中需要加入多少 NaF 才能阻止 $0.1mol\cdot dm^{-3}$ 的 Al^{3+} 溶液不发生 $Al(OH)_3$ 沉淀? 已知 $K^\ominus_s[Al(OH)_3] = 1.3\times10^{-20}$,$K^\ominus_{稳}([AlF_6]^{3-}) = 6.9\times10^{19}$。

下　篇

化学与人类发展

第 6 章　化学与生命

人们对生命现象的探究从来就没有停止过，随着生命科学的发展，人们对生命的本质的认识逐渐深入，特别是进入 20 世纪以来，以蛋白质技术和基因技术为代表的一大批新成果标志着生命科学进入了一个崭新的时代。人们不仅可以从分子水平上了解生命现象的本质，而且能从更高的程度去揭示生命的奥秘。

生命科学家及化学家首先从最简单的生命物质糖、脂肪、血红素、叶绿素、维生素等小分子入手，逐渐深入到蛋白质和核酸等生物大分子，取得了一系列重大的成果，并且导致了此后围绕着基因的一系列研究，攻克了遗传信息分子结构和功能的关系，使生命科学的研究进入了以基因组成、结构、功能为核心的新阶段。21 世纪，有关各种生命现象的谜将会被一个个地解开。可以说，21 世纪是生命科学的世纪。

作为生命科学研究的基础—化学，不仅提供了技术和研究方法，而且还提供了理论基础。正是由于化学的发展，人们才有了认识生命现象和规律的强大武器。所以，从化学的角度来了解生命的基本物质以及生命现象是十分必要的。

6.1　生命体中重要的化学物质

6.1.1　生命的起源之谜

生命起源于地球本身还是宇宙空间的其他地方？至今为止仍是一个未解之谜。一派学者认为生命是地球自身的产物。早在 1953 年，美国的米勒等人模拟原始大气，研究在自然条件下能否产生与生命有关的物质，最后发现产物中有氨基酸的生成，为生命起源于地球本身提供了有力的证据。而另一派学者认为地球诞生时是一个炽热的球体，不可能有生命。于是提出了由彗星、陨石等把宇宙生命的胚种带到了地球，这样地球上才有了生命的存在。地外起源学说包括火星生命说、彗星起源学说以及陨石成因学说。这一学说逐渐得到越来越多的研究者的肯定。1959 年，澳大利亚发现的一颗陨石中发现了多种氨基酸和有机物质，震惊了整个科学界，而德法联合科研小组在 2004 年通过分析一块陨石的成分时发现，该陨石中竟含有高达 80 种以上的氨基酸。我们知道氨基酸在地球生命起源方面起决定性作用，所以该陨石成为“地球生命外来说”的强有力证据。

6.1.2　氨基酸和生命中的左与右

氨基酸(amino acid)是构成蛋白质的最小单位，构成生命体中蛋白质的氨基酸只有 20 种,而且均是 α-氨基酸,即氨基均连在与羧基相邻的碳原子上,见表 6-1。除了脯氨酸以外,其他 19 种氨基酸的结构通式如下:

$$\begin{array}{c} H \\ | \\ H_2N—C—COOH \\ | \\ R \end{array}$$

表 6-1　20 种氨基酸结构

名　称	英文缩写	R 基团结构
甘氨酸	Gly	—H
丙氨酸	Ala	$—CH_3$
丝氨酸	Ser	$—CH_2OH$
半胱氨酸	Gys	$—CH_2SH$
苏氨酸	Thr	$—CH(OH)CH_3$
缬氨酸	Val	$—CH(CH_3)_2$
亮氨酸	Leu	$—CH_2CH(CH_3)_2$
异亮氨酸	Ile	$—CH(CH_3)CH_2CH_3$
蛋氨酸	Met	$—CH_2CH_2SCH_3$
苯丙氨酸	Phe	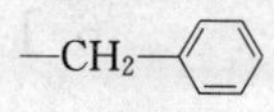
酪氨酸	Tyr	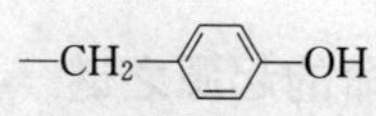
色氨酸	Trp	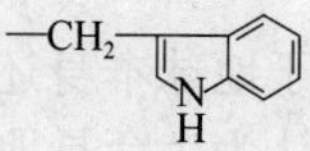
天冬氨酸	Asp	$—CH_2COOH$
天冬酰胺	Asn	$—CH_2CONH_2$
谷氨酸	Glu	$—CH_2CH_2COOH$
谷氨酰胺	Gln	$—CH_2CH_2CONH_2$
赖氨酸	Lys	$—CH_2CH_2CH_2CH_2NH_2$
精氨酸	Arg	$—CH_2CH_2CH_2NHC(=NH)NH_2$
组氨酸	His	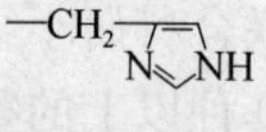
脯氨酸	Pro	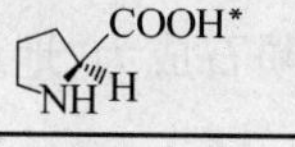

注:* 表示脯氨酸分子,非 R 基团结构。

氨基酸的结构并不是平面的,而是立体的,从而使氨基酸具有手性异构。所

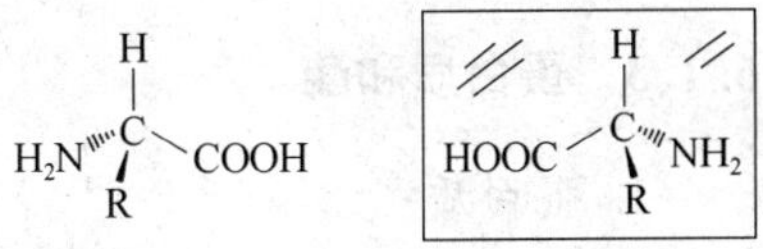

图 6-1　L-构型和 D-构型氨基酸的镜像关系

谓手性异构是指 α-碳原子(连接羧基和氨基的碳原子)由于连接四个不同的基团，具有不同的空间立体构型：一种为 L-构型，另一种为 D-构型，它们互为镜像关系，如图 6-1 所示，就像我们的左手和右手一样。迄今为止，除了极少数的低级病毒之外，发现的天然氨基酸几乎全部都是 L-构型的氨基酸(D-构型氨基酸不能够被生物体所利用)。

手性分子(chiral)具有一种特殊的性质，就是其溶液可以使偏振光发生偏转，即旋光现象，所以手性异构又称为旋光异构。大多数 L-构型的氨基酸溶液可以使偏振光向左偏转(旋光方向取决于 R 基团结构和溶液的 pH)，因此可称为左旋氨基酸。而人工合成的氨基酸(包括米勒实验)得到的 L-构型和 D-构型各占 50%，不具有旋光性(或称外消旋)。

为什么构成生命体的氨基酸都是左旋的呢？支持地外起源学说的人认为，在生命的起源初期，氨基酸受到星际空间的中子辐射，使绝大多数氨基酸变成左旋氨基酸，当它们落到地球上之后，形成生命体，并逐渐在蛋白质中占了绝对的优势。而另外一些人则认为，左旋氨基酸占绝对优势的原因与地球上生命进化的历程密切相关，即在某种特定的情况下，生命体选择了左旋的氨基酸，在进化的过程中保持并放大了对左旋氨基酸的选择性，进而使左旋氨基酸占据了绝对的优势。

奇怪的是生命中的左和右的问题远不止氨基酸一种，人们对糖类的旋光性及蛋白质和 DNA 的螺旋结构的研究发现同样也有左和右的问题。生命体中的单糖，如葡萄糖和果糖，就是 D-构型(L-构型的糖对人体没有任何营养)，核糖核酸(RNA)及脱氧核糖核酸(DNA)中的核糖也全都是 D 糖，蛋白质二级结构的螺旋及 DNA 分子的螺旋方向都是向右的。类似的生物分子手性均一性是生命科学中的一个长期未解之谜。

有人将上述现象归之于对称性自发破缺，并比喻为萨拉姆(Abdus Salam，1979 年诺贝尔物理奖获得者)设宴请客。吃饭前，服务员将餐具布置于圆桌，碟子间和相邻碟子间的筷子都严格等距离。入席时客人正对着碟子坐下，距两边筷子等距。假定所有客人无偏爱某只手拿筷子的习惯，因此未开宴前该圆桌体系是左右对称的。突然某人先拿起左(或右)边一双筷子，邻座的人不得不也拿左(或右)边筷子，这过程迅速影响全桌，最后人人都拿左(或右)边筷子，结果左右对称性打破了。这一过程开端是偶然的，向左或向右也是偶然的，称为自发的对称性破缺。

如果是这样的话，在浩瀚的宇宙空间某个地方是否存在着与我们镜像相反的生命体呢？

6.1.3　蛋白质和酶

1. 蛋白质

蛋白质(protein)是构成生命体最基本的物质之一,是生命基本特征和生命活动的主要承担者,一切生命活动无不与蛋白质密切相关。从分子结构上来看,蛋白质分子是 20 种基本氨基酸的缩合物,氨基酸之间靠肽键相连。例如,两个氨基酸分子可以脱去一分子的水,并形成一个肽键,得到的化合物叫做二肽(图 6-2);同样,三个氨基酸形成三肽,依此类推。由多个氨基酸形成的多肽具有链状的结构,所以叫做多肽链。在多肽链中,氨基酸已不具有其初始的原形,通常称之为氨基酸残基。

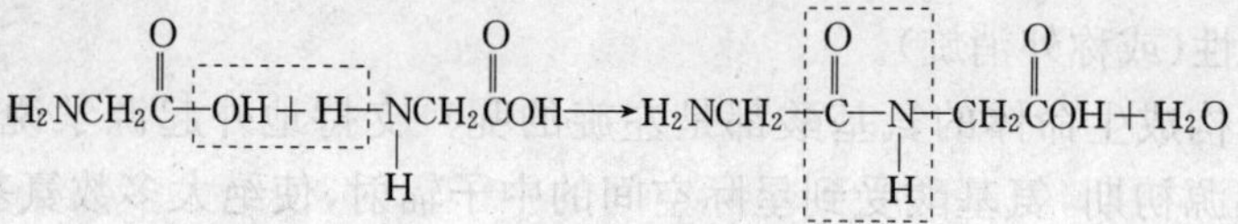

图 6-2　肽键与二肽的形成

大多数蛋白质相对分子质量在 1.2 万～100 万。蛋白质种类繁多,功能迥异,这是由于氨基酸不同的种类和组合序列造成的。假设一个简单的蛋白质分子仅由 100 个氨基酸组成,如果氨基酸的种类和顺序是随机的,那么将会产生 20^{100} 种不同的蛋白质,这是一个极其巨大的数字。平均每个氨基酸残基长度约 0.15nm,所以 100 个氨基酸组成的蛋白质长度约为 15nm,即使每一种蛋白质只有一个分子,其总长度也将达 10^{98} 亿光年,总质量达 10^{100} 吨。而实际上,存在于生命体中的蛋白质数量估计在 10^{10} ～ 10^{12},说明生命体只是选择性的制造相对较少的具有特殊性能的蛋白质。

蛋白质分子的结构层次经常分为一级结构、二级结构、三级结构和四级结构。组成蛋白质分子的肽链(可以是一条或多条)中氨基酸的种类、数目及连接顺序称为蛋白质的一级结构。一级结构决定了蛋白质的种类和功能。如果肽链中的某个氨基酸种类或位置发生改变,则蛋白质可能就失去原有的活性或者功能。蛋白质的二级结构是指蛋白质多肽链自身的折叠方式。常见的二级结构有 α-螺旋和 β-折叠(图 6-3)。在 α-螺旋中肽链如螺旋样盘曲前进,螺旋每转一圈上升 3.6 个氨基酸残基,相当于 5.44Å,每个氨基酸残基沿轴向上升 1.5Å;每个氨基酸残基的 N—H 与前面隔三个氨基酸残基的 C ═O 形成氢键。这些氢键是使 α-螺旋稳定的主要因素。绝大多数蛋白质为右手螺旋。β-折叠结构依靠两条肽链或一条肽链内的各肽段之间的 C—O 与 N—H 形成氢键而构成。两条肽链可以是顺向平行,也可以是逆向平行的。

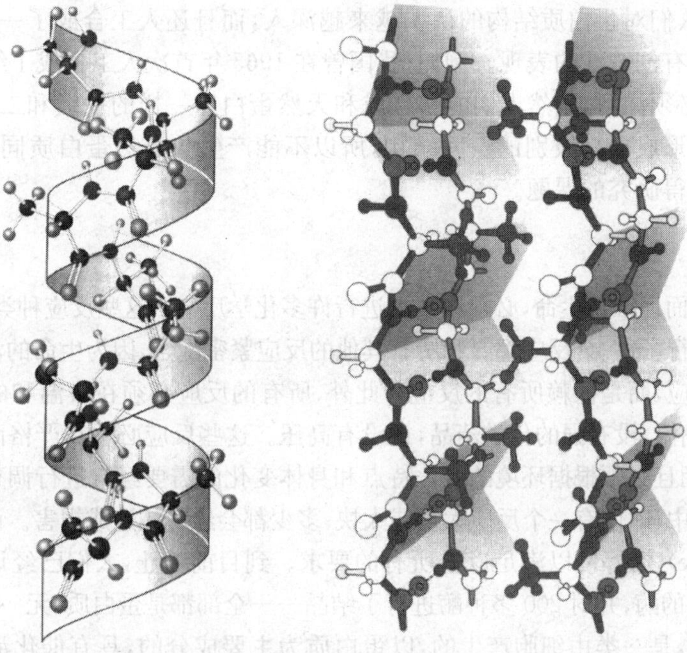

图 6-3　蛋白质的 α-螺旋和 β-折叠结构

在蛋白质的二级结构基础上，通过肽链进一步的缠绕或折叠所形成的更为复杂的空间结构称为蛋白质的三级结构(图 6-4)。

此外，蛋白质还具有四级结构，由两条或两条以上的具有三级结构的多肽链(称为蛋白质的亚基)组合在一起，形成的分子空间构型叫做蛋白质的四级结构。事实上，只有具有三级或三级以上的蛋白质才具有生物活性。如图 6-5 所示。

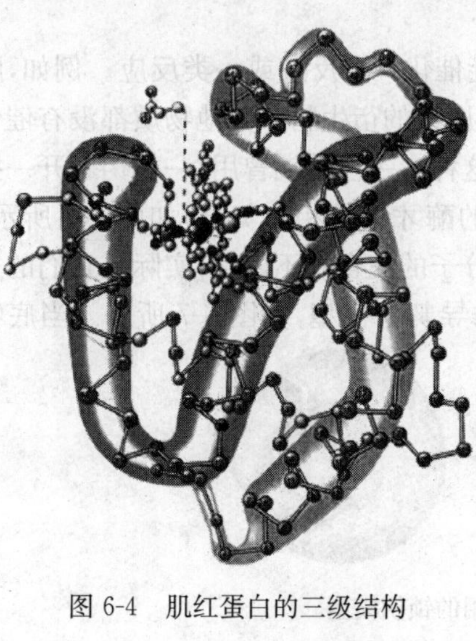

图 6-4　肌红蛋白的三级结构

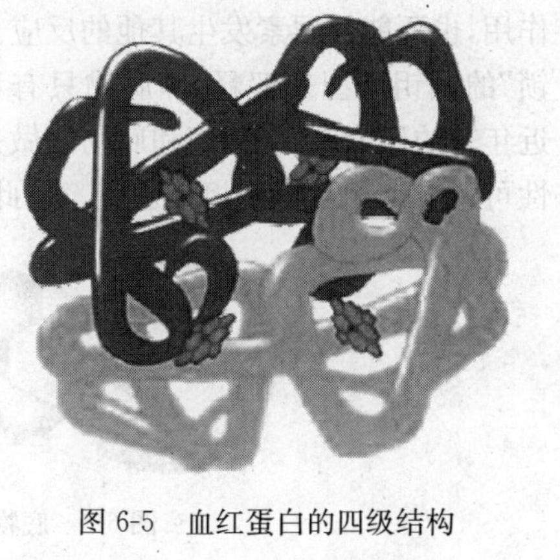

图 6-5　血红蛋白的四级结构

目前,人们对蛋白质结构的认识越来越深入,而且还人工合成了一些蛋白质,这是化学具有创造性的表现。例如,我国曾在 1965 年首次人工合成了结晶牛胰岛素。但是,必须注意,虽然人们能够合成和天然蛋白质一样的一级和二级结构,由于无法使之形成更高级别的空间结构,所以不能产生与天然蛋白质同样的活性。这是一个值得研究的课题。

2. 酶

为了全面地维持生命,必须在体内进行许多化学反应。这些反应种类繁多,而且必须高速进行,每一个反应都要和所有其他的反应紧密配合,因为生命的活动不是依赖某一种反应,而是依赖所有的反应。此外,所有的反应必须在最温和的环境下进行,即没有高温,没有强的化学药品,也没有高压。这些反应必须在严格而灵活的控制下进行,而且必须根据环境的变化特点和身体变化的需要经常进行调整。在成千上万的反应中,即使有一个反应太慢或太快,多少都会给身体造成损害。而生物体内的酶(enzyme),恰好可以满足以上所有的要求。到目前为止,人们已经识别出大约 2000 种不同的酶,并对 200 多种酶进行了结晶——全部都是蛋白质,无一例外。

所谓酶,是一类由细胞产生的,以蛋白质为主要成分的,具有催化活性的生物催化剂。特点是:

(1) 催化条件比较温和。一般是在体温和 pH=7 的条件下进行的。

(2) 催化效率极高。例如,有一种叫做过氧化氢酶的酶,可以催化过氧化氢分解成水和氧。虽然现在溶液中的过氧化氢也可以用铁屑或二氧化锰来催化,但是,在相同质量的情况下,过氧化氢酶加快分解的速率要比任何无机催化剂都快得多。在 10℃时,每一分子的过氧化氢酶每秒钟能够使 44000 分子的过氧化氢分解。所以,只要有浓度很小的酶就能完成它的功能。

(3) 具有高度的专一性,即每一种酶只能催化一种反应或一类反应。例如,脲酶只能催化尿素水解生成 NH_3 和 CO_2,而对尿素的衍生物和其他物质都没有催化作用,也不能使尿素发生其他的反应。酶的这种专一性早期曾用"一把钥匙开一把锁"的锁钥模型来解释,即底物只有和特定的酶才能够相互契合,如图 6-6 所示。近年来的研究表明,把酶和底物看做是刚性分子的契合并不确切,实际上它们的柔性可使二者相互识别相互适应。因此提出诱导契合模型,如图 6-7 所示。当底物

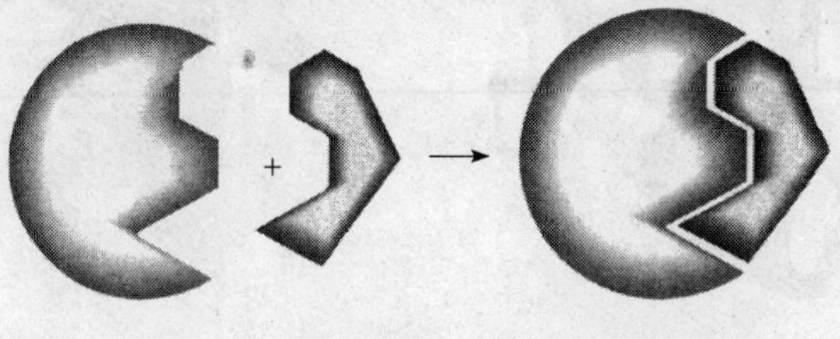

图 6-6　底物与酶作用的锁钥模型

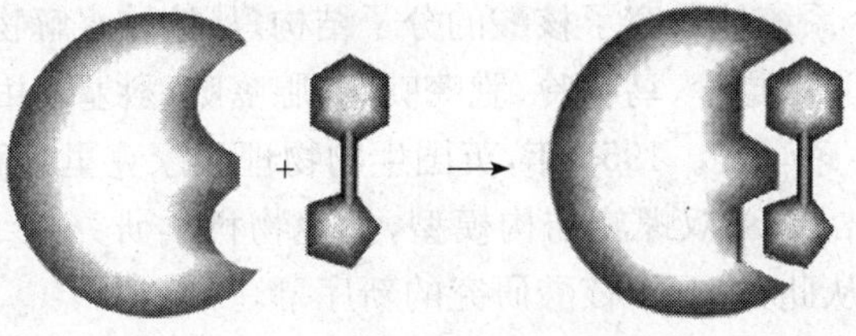

图 6-7　底物与酶作用的诱导契合模型

接近酶时，酶的活性部位发生一定的构型变化，使二者得以契合。

酶催化反应的过程可以用图 6-8 来解释。

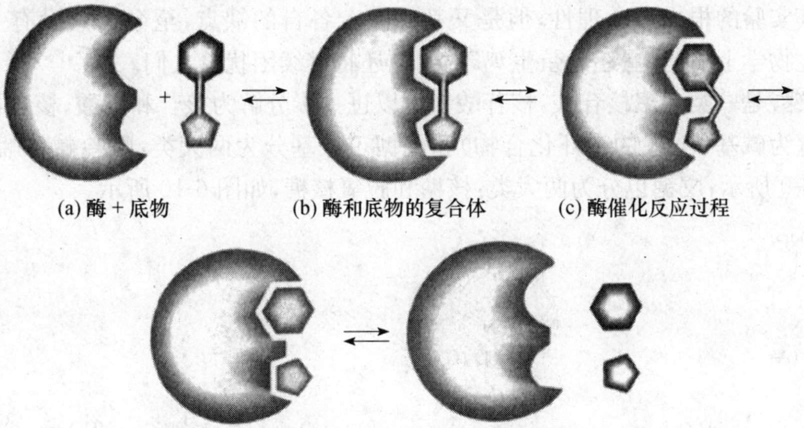

(a) 酶 + 底物　(b) 酶和底物的复合体　(c) 酶催化反应过程

(d) 酶和产物的复合体　(e) 酶 + 产物

图 6-8　酶催化反应的过程示意图

由于酶具有以上的特点，使得利用酶进行生物合成与生物转化来制造有用的化学物质成为当今化学学科的一个重要研究课题。目前，化学家不仅能够利用纯化的酶来合成化合物，而且还可以直接利用含酶的微生物来实现生物合成和生物转化，如利用发酵法大规模生产抗生素药物、天然有机酸、氨基酸等。此外，化学家还创造性的对天然酶进行适当的化学修饰，从而赋予酶以新的催化功能。

6.1.4　核酸与人类基因组计划

1. 核酸的化学组成及其结构

核酸(nucleic acid)是另外一种重要的生物大分子，它是信息分子，担负着遗传信息的储存、传递以及表达功能。核酸的发现仅是近百年的事。1868 年，瑞士科学家米歇尔在德国杜宾大学的细胞实验室里，从人体细胞中分离出一种特别的物质，当时取名为核素。20 年后，人们发现这种物质呈酸性，改称为核酸。德国生理学家科塞尔第一个系统地研究了核酸的分子结构，从核酸水解物中，分离出一些含氮的化合物，命名为腺嘌呤、鸟嘌呤、胞嘧啶、胸腺嘧啶，科塞尔因此获得了 1910 年的诺贝尔医学与生理学奖。1953 年，英国生物物理学家克里克和美国生物化学家沃森划时代地提出 DNA 双螺旋结构模型，把生物科学研究从细胞水平推向更深一层的分子水平，从此，揭开了核酸研究的新序幕。

有一个问题，究竟是先有蛋白质，还是先有核酸？这个分子水平上的“鸡生蛋还是蛋生鸡”的问题，已经困扰了人类近一个世纪。20 世纪初，人们就提出蛋白质是生命的起源，即先有蛋白质后有核酸。但是最近几十年，核酸派异军突起，他们强调先有核酸后有蛋白质，得到了世界上更多科学家的认同。上述两种观点虽然都有其实验的根据和合理性，但是又都存在着各自的缺点，至今仍然没有一个定论。生物学上“鸡生蛋还是蛋生鸡”的问题还将继续困扰着人们。

核酸是一类多聚核苷酸，核苷酸又可以进一步分解为核苷和磷酸，核苷再进一步分解为碱基(含 N 的杂环化合物)和戊糖。碱基分为两大类：嘌呤碱和嘧啶碱，如图 6-9 所示；戊糖也分为两大类：核糖和脱氧核糖，如图 6-10 所示。

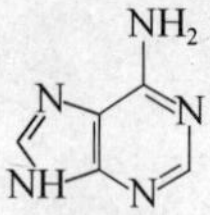

腺嘌呤 (A)

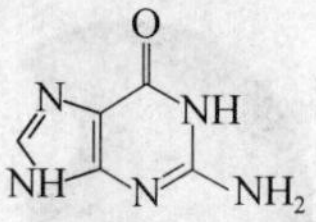

鸟嘌呤 (G)

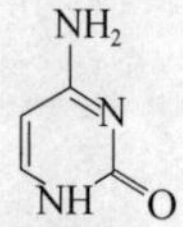

胞嘧啶 (C)

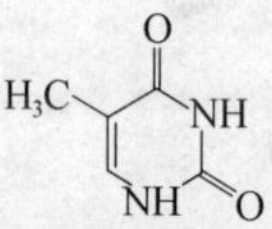

胸腺嘧啶 (T)

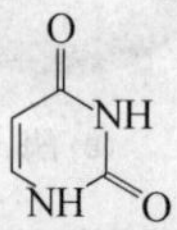

尿嘧啶 (U)

图 6-9　嘌呤和嘧啶结构式

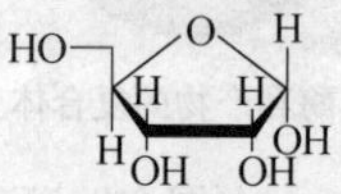

核糖

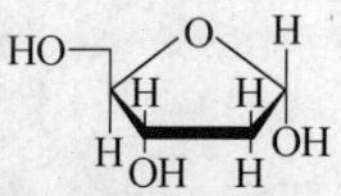

脱氧核糖

图 6-10　核糖和脱氧核糖结构式

根据核酸中戊糖的不同可将核酸分为核糖核酸(RNA)和脱氧核糖核酸(DNA)两类。RNA 中的碱基主要有四种：腺嘌呤、鸟嘌呤、胞嘧啶、尿嘧啶；DNA 中的碱基主要也是四种：腺嘌呤、鸟嘌呤、胞嘧啶、胸腺嘧啶。DNA 和 RNA 的基本化学组成见表 6-2。

表 6-2　DNA 和 RNA 的基本化学组成

核　酸	DNA				RNA			
核苷酸	腺嘌呤脱氧核苷酸	鸟嘌呤脱氧核苷酸	胸腺嘧啶脱氧核苷酸	胞嘧啶脱氧核苷酸	腺嘌呤核苷酸	鸟嘌呤核苷酸	尿嘧啶核苷酸	胞嘧啶核苷酸
碱基	腺嘌呤	鸟嘌呤	胸腺嘧啶	胞嘧啶	腺嘌呤	鸟嘌呤	尿嘧啶	胞嘧啶
戊糖	脱氧核糖				核糖			
酸	磷酸				磷酸			

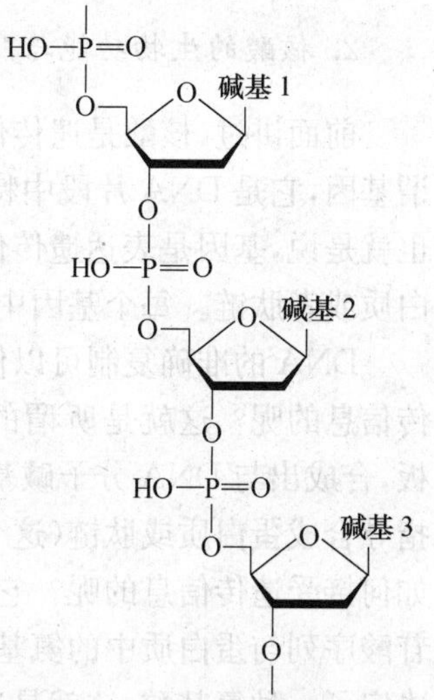

图 6-11　DNA 分子中核苷酸链一个片段的一级结构

核酸的结构按层次可分为一、二、三级结构。一级结构是指核苷酸链上核苷酸性质以及碱基的数量和排列顺序，如图 6-11 所示；二级结构是指核苷酸链的空间结构，如 DNA 的两条核苷酸链在空间上相互缠绕形成右螺旋结构；三级结构是指核苷酸链在二级结构基础上进一步扭曲和螺旋形成的更为复杂的结构。

对核酸的空间结构的认识是在把美国化学家鲍林的结构理论应用到生物大分子结构的研究后，由英国生物物理学家克里克和美国生物化学家沃森提出 DNA 分子是以双链的形式相互缠绕形成的右螺旋结构。两条核苷酸链之间是靠嘌呤碱基与嘧啶碱基严格的配对结合，即一条链上的碱基 A 与另外一条链上的碱基 T 通过两个氢键配对，同时一条链上的碱基 G 与另外一条链上的碱基 C 通过三个氢键配对。这种配对关系是十分严格的，不会出现 A—G 配对或 T—C 配对，称为碱基互补配对原则。碱基互补配对原则保证了 DNA 分子复制的准确性，使复制的 DNA 分子与母板完全相同，从而保证了遗传信息的准确传递，如图 6-12 所示。

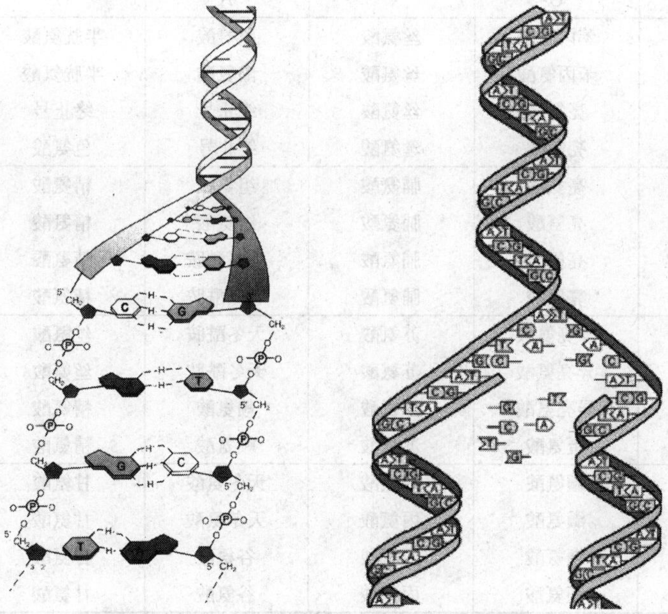

图 6-12　DNA 分子的双螺旋结构与复制

2. 核酸的生物功能与“中心法则”

前面讲过,核酸是遗传信息的载体,这里必须首先明确一个概念——基因。所谓基因,它是DNA片段中特定的核苷酸序列,载有某种特定蛋白质的遗传信息,也就是说,基因是表达遗传信息的最小功能单位和结构单位,决定了一条完整的蛋白质或者肽链。每个基因中可以含有成百上千个脱氧核苷酸。

DNA的准确复制可以使子代继承父代的所有遗传信息,但是子代如何体现遗传信息的呢?这就是所谓的基因表达。基因表达的第一步是以DNA分子为模板,合成出与DNA分子碱基互补的RNA分子(这个过程称为转录),然后由RNA指导合成蛋白质或肽链(这个过程称为翻译)。作为生命活动的承担者蛋白质又是如何接受遗传信息的呢?它的结构与核酸没有任何相似之处。原来,RNA上的核苷酸序列与蛋白质中的氨基酸序列具有一种对应关系,即一定顺序的三个核苷酸决定了一种氨基酸,这就是遗传密码。1964年前后,人们完全破译了20种氨基酸的64种遗传密码,见表6-3。该表在生物学上的意义如同化学上的元素周期表一样,具有普遍性。因此,遗传密码的破译被认为是20世纪生物学中的重要发现之一。

表6-3　遗传密码表

第一位核苷酸	第二位核苷酸				第三位核苷酸
	U	C	A	G	
U	苯丙氨酸	丝氨酸	酪氨酸	半胱氨酸	U
	苯丙氨酸	丝氨酸	酪氨酸	半胱氨酸	C
	亮氨酸	丝氨酸	终止号	终止号	A
	亮氨酸	丝氨酸	终止号	色氨酸	G
C	亮氨酸	脯氨酸	组氨酸	精氨酸	U
	亮氨酸	脯氨酸	组氨酸	精氨酸	C
	亮氨酸	脯氨酸	谷氨酰胺	精氨酸	A
	亮氨酸	脯氨酸	谷氨酰胺	精氨酸	G
A	异亮氨酸	苏氨酸	天冬酰胺	丝氨酸	U
	异亮氨酸	苏氨酸	天冬酰胺	丝氨酸	C
	异亮氨酸	苏氨酸	赖氨酸	精氨酸	A
	蛋氨酸	苏氨酸	赖氨酸	精氨酸	G
G	缬氨酸	丙氨酸	天冬氨酸	甘氨酸	U
	缬氨酸	丙氨酸	天冬氨酸	甘氨酸	C
	缬氨酸	丙氨酸	谷氨酸	甘氨酸	A
	缬氨酸	丙氨酸	谷氨酸	甘氨酸	G

人们在遗传信息的传递和表达过程中还发现,某些RNA分子可以自我复制

以及转录成 DNA(称为逆转录),这样完整的遗传信息传递和表达过程可表示为如图 6-13 所示的"中心法则"。

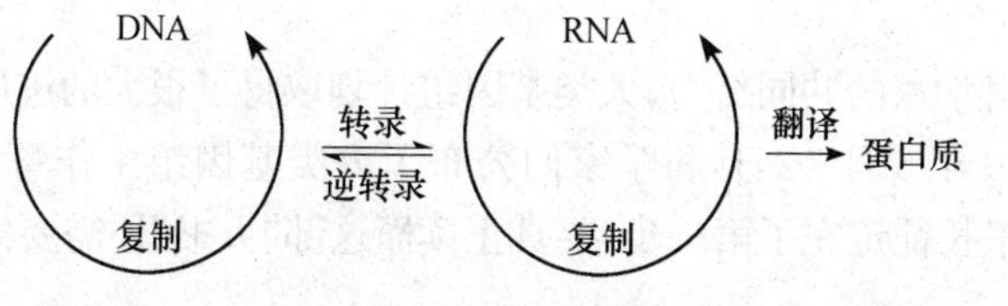

图 6-13　"中心法则"示意图

虽然人们对于遗传信息的研究取得了长足的进展,但是仍然有众多的谜尚未解开。例如,人体基因组中有数以亿计的 DNA 核苷酸单元,其中用于指导蛋白质合成的密码仅占 10%左右,其余大部分核苷酸单元究竟有什么功能和作用还没有完全了解。此外基因表达的过程是如何调控的等一系列的问题也亟需解决。

3. 人类基因组计划

人类 DNA 总共有 30 亿个碱基对,人类基因组就是人类细胞内全部 DNA 的总和。如果能测定出人类基因组 30 亿个碱基对的全序列,就能掌握人类遗传信息,建立起完整的遗传信息库,由此危害人类健康的 5000 多种遗传病以及与遗传密切相关的癌症、心血管病和精神疾患等,可以得到预测、预防、早期诊断与治疗。1990 年,首先在美国科学家杜尔贝科的倡导与策划下,由美国能源部和国立卫生研究院共同资助 30 亿美元,开始了闻名于世的人类基因组计划(简称 HGP)的研究,即在 10～15 年以内阐明人类基因组 30 亿个碱基对的序列,发现所有人类基因并查清其在染色体上的位置,破译人类全部遗传信息,使人类第一次在分子水平上全面地认识自我。

人类基因组计划的最初目标是通过国际合作,用 15 年时间(1990～2005 年)构建人类 DNA 的全部核苷酸序列,定位约 10 万个基因(30 亿个碱基对),并对其他生物进行类似研究。其终极目标是阐明人类基因组全部 DNA 序列,识别基因;建立储存这些信息的数据库;开发数据分析工具;研究实施 HGP 所带来的伦理、法律和社会问题。

自美国制定了人类基因组计划后,世界各国纷纷响应。例如,欧洲一些国家也把人类基因组计划列为国家级项目、日本在美国的推动下于 1990 年开始人类基因组计划。我国对人类基因组计划也十分重视。由中国生物工程开发中心、上海市科委及上海市高等学校、研究院所、医院和企业等共同发起,组建了南方人类基因组研究中心;由国家科技部生物工程开发中心和北京市科委筹备并建立了北方人类基因组研究中心。1999 年 9 月,中国获准加入国际人类基因组计划,负责测定人类基因组全部序列的百分之一,也就是三号染色体上的三千万个碱基对。我国是继美、英、日、德、法之后第六个国际人类基因组计划参与国。2000 年 4 月底,中国科学家按照国际人类基因组计划的部署,完成了百分之一人类基因组的工作框架图。

通过各国科学家的共同努力,人类基因组计划取得了很大的进展,研究进度比原计划提前。2000 年 6 月 26 日,科学家们公布了人类基因组工作草图。然而描绘出草图仅仅是万里长征走完了第一步,要真正读懂这部"天书"还需要做更多的工作。

6.2 营养与化学

生物体要保持活力必需要与外界不断进行物质和能量的交换,称之为代谢。人体从外界获取食物来满足自身生理需要的过程称为营养,包括摄取、消化、吸收和利用等。营养素则是保证人体生长、发育、繁衍和维持健康的基本物质。目前已知的人体必需营养素有 40 多种,其中主要有糖类(或称碳水化合物)、蛋白质、脂类、水、矿物质和维生素(统称六大营养素),见表 6-4。

表 6-4 正常人体的基本化学构成(体重 70kg)

化学物质	蛋白质	脂类	碳水化合物	水	矿物质	维生素
质量/kg	12	7	3	45	3	少量
百分比/%	17.1	10	4.3	64.3	4.3	0

6.2.1 人体的元素

元素与健康是当代生命科学和环境科学共同关注的重要问题。组成人体的元素中 C、H、O、N、S、P、Cl、Ca、Mg、Na、K 等 11 种元素均占人体总质量的 0.01%以上,称为常量元素,其总量约占体重的 95.95%;占人体总质量 0.01%以下的 Li、B、F、Si、V、Cr、Mn、Fe、Co、Ni、Cu、Zn、Se、Mo、Sn、I 等元素称为微量元素。

许多研究表明,生命的无机组分和有机组分同样重要,都是生命系统中不可缺少的部分。例如,生物必需常量元素钠和钾,它们是最活泼的阳离子,除参与新陈代谢外,还参与传递经大脑传导的神经冲动等。钙和镁是比较活泼的金属离子,在人体分布很广,镁离子主要在细胞内起作用,它们与核酸配合对于传递神经冲动、肌肉收缩及新陈代谢是必需元素。钙离子对含氧配位体有较高的亲合力,但不如镁离子活泼,主要生成钙盐晶体,在骨骼和牙齿里的钙则以羟基磷灰石[$Ca_5(PO_4)_3OH$]的形式沉淀下来。对于人体必需的微量元素,它们主要功能是作为催化剂,即引起或增强酶的活性。众所周知,血液中血红蛋白就是最重要的 Fe(Ⅱ)配合物,它是由球蛋白与附在它周围的四单位亚铁血红素构成,而铜(Ⅰ)存在于像血红蛋白一样携带氧的酶中,钼则参与电子转移过程如黄嘌呤和嘌呤的氧化过程中,锌和钴一起能在酶中占据低对称点,成为酶的必要成分。

德国科学家伯特兰德(G. Bertrard)在对 Mn 与植物生态关系的研究中,发现植物缺少某种必需元素时就不能成活,元素适量时则能茁壮生长,而当元素过量时就显示出它对植物的毒性,直至最终导致死亡。这一现象称为伯特兰德定律,即生物最适营养浓度定律。这一定律不仅适用于植物,同时也适用于动物和人类。图 6-14(a)描述了生物必需元素由缺乏到过剩的剂量-效应关系,曲线表明了生物体最佳生长、繁殖时生命必需元素的含量,也表明了生物必需元素供应不足和供应过剩时均对生物生长不利。如果平台较宽,则表示生物体内必需元素的需要量与有害剂量之间的差别较小。值得注意的是,所有生物必需元素供应过量时,对生物体都是有毒的。

对于有毒元素,伯特兰德定律就不适用了。施罗德(H. A. Schroeder)提出了无生物功能的有毒元素的效应理论。图 6-14(b)显示出有毒元素生理效应曲线。表明生物对有毒元素的可耐性因元素性质不同而有很大差别。曲线Ⅰ表示极毒元素,生物对它们耐量极小。曲线Ⅱ表示中等毒性,生物对这类元素有一定的耐量。曲线Ⅲ表示微毒元素,生物对它们有较大的耐量。

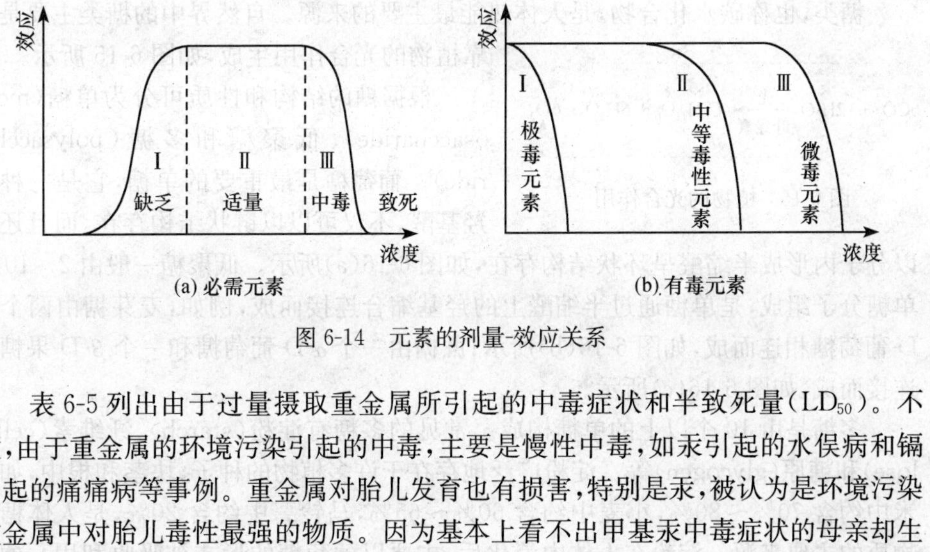

图 6-14 元素的剂量-效应关系

表 6-5 列出由于过量摄取重金属所引起的中毒症状和半致死量(LD_{50})。不过,由于重金属的环境污染引起的中毒,主要是慢性中毒,如汞引起的水俣病和镉引起的痛痛病等事例。重金属对胎儿发育也有损害,特别是汞,被认为是环境污染重金属中对胎儿毒性最强的物质。因为基本上看不出甲基汞中毒症状的母亲却生出了有中枢神经障碍的孩子就是一个例证。此外,还不能忽视重金属的致癌性。

表 6-5 重金属的毒性

元 素	中毒症状	LD_{50}①/(mg/kg 体重)
Pb	(无机铅)贫血、疝气、肾损害 (四乙基铅)中枢神经症状、振颤、血压降低	396 [$Pb(C_2H_3O_2)_4$]
Cu	肺损害	310 ($CuCl_2$)

续表

元　素	中毒症状	LD_{50}①/(mg/kg 体重)
Cd	肾损害、肺气肿(吸入氧化镉)	69　($CdSO_4$)
Hg	(无机汞)肾损害、振颤 (甲基汞)知觉异常、运动失调、振颤	50　($HgCl_2$) 195　(CH_3HgCl)
Mn	精神异常、中枢神经症状、肌肉僵硬	800　($MnSO_4$)
Cr	皮肤溃疡、鼻中膈穿孔、支气管炎	865　($CrCl_3$) 137　(Na_2CrO_4)
V	呼吸系统损害、舌绿斑点	370②　(Na_3VO_3)
Ni	心肌和肺器官损害、肺癌	140　($NiSO_4$)
Zn	金属热(为急性中毒、发热、恶寒、发汗等)	180　($ZnSO_4$)
Tl	脱毛、多发性神经炎	100　(TlCl)
Sn	(无机锡)肺炎、骨形成异常 (三烷基锡)中枢神经损害	215　($SnCl_2$)

① 经鼠,注入腹腔时的值,② LD_{100}。

6.2.2　糖类

糖类,也称碳水化合物,是人体热能最主要的来源。自然界中的糖类主要是依靠植物的光合作用生成,如图 6-15 所示。

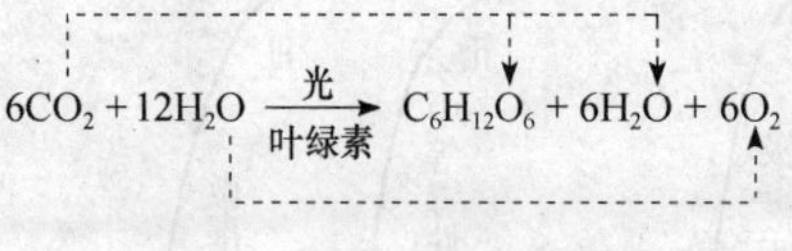

图 6-15　植物的光合作用

根据糖的结构和性质可分为单糖(monosaccharide)、低聚糖和多糖(polysaccharide)。葡萄糖是最重要的单糖,它是一种多羟基醛,不仅可以以链状结构存在,而且还可以分子内形成半缩醛呈环状结构存在,如图 6-16(a)所示。低聚糖一般由 2～10 个单糖分子组成,是单糖通过半缩醛上的羟基缩合连接而成,例如,麦芽糖由两个 α-D-葡萄糖相连而成,如图 6-16(b)所示;蔗糖由一个 α-D-葡萄糖和一个 β-D-果糖相连接而成,如图 6-16(c)所示。

多糖是由 10 个以上的单糖构成。常见的多糖有淀粉(starch)、纤维素(cellulose)和糖原(glycogen)等。淀粉广泛地存在于许多植物的种子、块茎和根中,如大米中约含 70%～80%,小麦中约含 60%～65%,马铃薯中约含 20%,是人体糖类物质的主要来源。淀粉在人体内消化后,主要以葡萄糖的形式被吸收利用。葡萄糖能够迅速被氧化并提供(释放)能量,每克碳水化合物在人体内氧化燃烧可放出 16kJ 的能量。糖原是动物体内贮存的一种多糖,也称为动物淀粉,主要存在于肝脏和肌肉中,因此有肝糖原和肌糖原之分。正常情况下,在肝脏中糖原的含量可达 6%～8%(总量约 90～100g),肌肉中的含量约 1%～2%(总量约 200～400g)。糖原在体内的贮存有重要意义,它是机体活动所需能量的重要来源。当血液中葡萄糖含量增高时,多余的葡萄糖就转变成糖原贮存于肝脏中,当血液中葡萄糖含量降

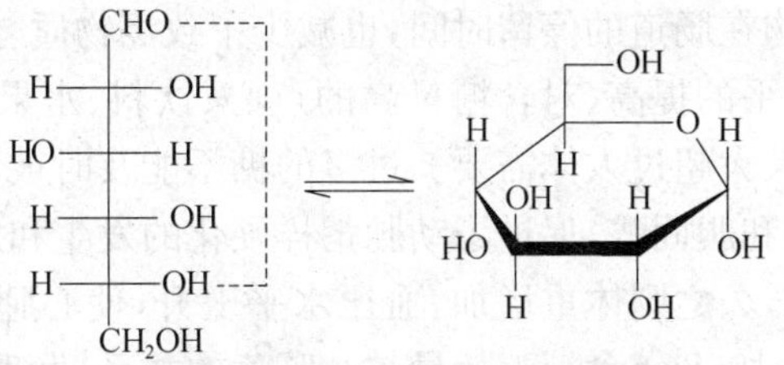

(a) α-D-葡萄糖的链状结构和环状结构

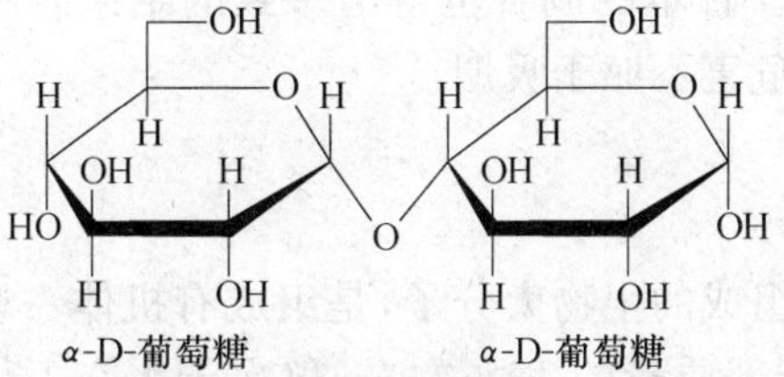

(b) 麦芽糖的结构

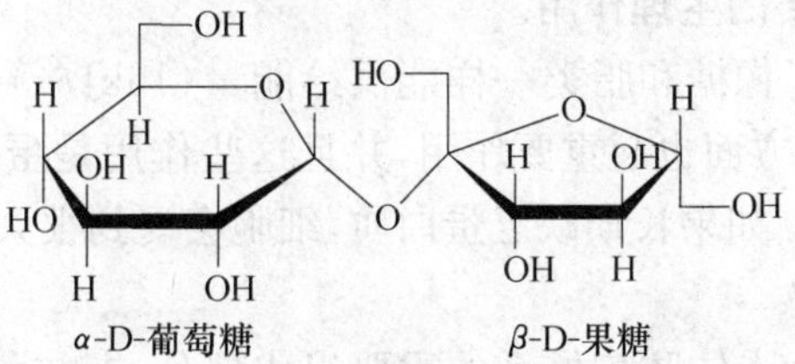

(c) 蔗糖的结构

图 6-16 葡萄糖和部分二糖的结构

低时，肝糖原就分解为葡萄糖进入血液中，以保持血液中葡萄糖的一定含量。糖原溶液遇碘呈紫红色。纤维素是植物细胞壁的主要成分，是构成植物支撑组织的基础。棉花几乎全部是由纤维素所组成（占 98%），亚麻中约含 80%，木材中纤维平均含量约为 50%，此外，发现某些动物体内也有动物纤维素。

糖类化合物也是构成机体的主要成分并且在多种生命过程中起重要作用。如糖类化合物与脂类形成的糖脂是组成细胞膜与神经组织的成分，粘多糖与蛋白质合成的粘蛋白是构成结缔组织的基础，糖类与蛋白质结合成糖蛋白可构成抗体、某些酶和激素等具有重要生物活性的物质，D-戊糖是构成核酸的必需糖类。人体的大脑和红细胞必须依靠血糖供给能量，因此维持神经系统和红细胞的正常功能也需要糖。糖类与脂肪及蛋白质代谢也有密切的关系。糖类具有节省蛋白质的作用。当蛋白质进入机体后，使组织中游离氨基酸浓度增加，该氨基酸合成为机体蛋白质是耗能过程，如同时摄入糖类补充能量，可节省一部分氨基酸，有利于蛋白质合成。膳食纤维素是一种不能被人体消化酶分解的糖类，虽不能被吸收，但能吸收水分，使粪便变软，体积增大，从而促进肠蠕动，有助排便。此外，近年来一些研究认为膳食纤维与肿瘤呈负相关，可能是因为纤维素能缩短食物残渣在肠道停留的时间,从而缩短致癌物在肠道的停留时间,也减少了致癌物质与肠壁接触的机会。

随着人们生活水平的提高,对含糖量高的点心、饮料、水果的需求和消耗日益增多,使摄入的糖量大大超过人体需要。过多的糖不能及时被消耗掉,多余的糖在体内转化为甘油三酯和胆固醇,促进了动脉粥样硬化的发生和发展,有些糖转化为脂肪在体内堆积下来,久之则体重增加,血压水平上升,使心肺的负担加重。瑞士专家们研究了1900～1968年食糖消耗量与心脏病的关系,发现冠心病的死亡率与食糖的消耗量呈正相关。日本的调查也得出一致的结果。因此有的学者甚至提出,吃糖太多,对身体的危害不亚于吸烟。

6.2.3 蛋白质

蛋白质是由氨基酸组成的生物大分子,是组成有机体一切细胞和组织的基本物质,总量大约占人体全部质量的18%左右,仅次于水在人体中的含量。蛋白质在人体中发挥了重要的生理作用。

(1) 蛋白质除了像糖和脂类一样能供给能量(16kJ/g)外,在维持组织的生长发育、更新和修补等方面也起重要作用,并且这些作用是蛋白质所特有,而不是糖和脂类所能代替的。如果长期缺乏蛋白质,细胞会受到很大损害,导致机体无法维持正常生长。

(2) 蛋白质作为人体防御体系的重要组成部分,参与免疫系统和对一些有毒物质的解毒作用,以防御致病微生物或病毒侵害而产生的抗体一类高度专一性的蛋白质,可使机体对外来微生物和其他有害因素具有一定的抵抗力。它能识别病毒、细菌以及其他机体细胞,并能相结合起到保护机体的作用。蛋白质还以干扰素形式存在于细胞内,以消灭在抗体作用下"漏网"的入侵病毒。所以人体摄入蛋白质不足,将会使白细胞数目和抗体量减少,造成人体对疾病的抵抗力下降。

(3) 蛋白质担负着运输生命活动所需要的许多小分子物质和离子的任务。人体内蛋白质不足也会影响物质离子的运输。

(4) 蛋白质是人体运动的主要物质。如人体肌肉的主要成分是蛋白质,人体运动表现为肌肉收缩与扩张,收缩就是由肌球蛋白和肌动蛋白的相对滑动来实现的。

(5) 蛋白质也是构成体内许多有重要生理作用的物质。如维持肌肉收缩的肌纤凝蛋白和构成机体支架的胶原蛋白以及对代谢过程中有催化和调节作用的酶和激素、具有运输氧功能的血红蛋白等。

蛋白质的元素组成特点是含有氮,而且各种蛋白质的含氮量很接近,约为16%。人体蛋白质代谢产物含有氮元素,通过测定每日排出氮量(如尿液、粪便、汗液等),可以得到每日人体蛋白质的消耗量。为了维持正常的生长发育,每日必须摄入足量的蛋白质,以维持氮的总平衡。一般认为,成人每日食用30～45g蛋白质即能满足这一需要。但处于不同生理状态时，如生长期儿童，恢复期的病人，重体力劳动者以及孕妇等，还需要增加蛋白质的进食量。

从营养角度看，除了考虑蛋白质的量以外，还要注意蛋白质的质。食物蛋白质所含氨基酸的种类和数量与人体蛋白质不同，各种食物蛋白质的氨基酸组成也各不相同，因此它们的营养价值也就各异。氨基酸的种类和数量是决定蛋白质营养价值的因素。组成蛋白质的 20 种氨基酸在营养上可以分为必需氨基酸和非必需氨基酸两类。必需氨基酸是体内不能合成，必须由食物供给的氨基酸，共有八种，即赖氨酸、苯丙氨酸、色氨酸、蛋氨酸、苏氨酸、亮氨酸、异亮氨酸、缬氨酸。而非必需氨基酸指的是体内能够合成不必由食物供给的氨基酸。衡量食物中蛋白质营养价值通常采用蛋白质生物学价值这一指标，以蛋白质经消化吸收后在体内利用和储存的氮量占吸收氮量的百分率表示，见表 6-6。而营养价值低的食物可以通过混合食用，借以提高其营养价值，这种作用称为蛋白质的互补作用。

表 6-6　一些食物蛋白质的生物学价值

食　物	生物学价值/%	食　物	生物学价值/%
鸡蛋	94	大米	77
牛奶	85	小米	57
牛肉	76	小麦	67
猪肉	74	玉米	60
羊肉	69	花生	59
鱼	83	马铃薯	67
大豆	64	白菜	76

6.2.4 脂类

脂类是食物中的重要营养成分之一，广泛存在于动植物体内，含有不同官能团，结构较为复杂，它包括脂肪和类脂。

1. 脂肪

脂肪即油脂，又称甘油三酯或三酰甘油，我们日常食用的动植物油，如猪油、牛油、豆油、花生油等均属于此类。一般每分子脂肪中含有一分子甘油和三分子脂肪酸，如图 6-17 所示。

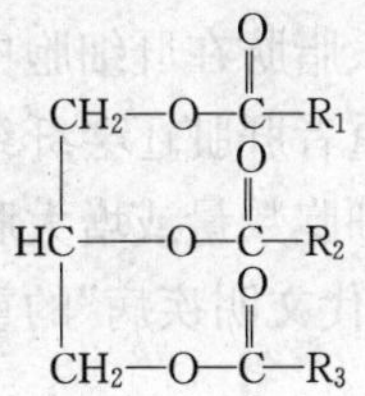

图 6-17　脂肪的结构通式

脂肪中所含的脂肪酸可以是饱和脂肪酸，也可以是不饱和脂肪酸。一般动物脂肪多含饱和脂肪酸，呈固态，称之为脂肪，而植物脂肪多含不饱和脂肪酸，呈液态，称之为油脂。脂肪中常见的脂肪酸见表 6-7。多数脂肪酸在人体内均能合成，只有亚油酸、亚麻酸和花生四烯酸等多双键的高级脂肪酸不能合成,必须由食物提供,称为营养必需脂肪酸。

表 6-7 常见的脂肪酸

类别	名 称	结构式
饱和脂肪酸	月桂酸(十二碳酸)	$CH_3(CH_2)_{10}COOH$
	豆蔻酸(十四碳酸)	$CH_3(CH_2)_{12}COOH$
	软脂酸(十六碳酸)	$CH_3(CH_2)_{14}COOH$
	硬脂酸(十八碳酸)	$CH_3(CH_2)_{16}COOH$
	掬焦油酸(二十四碳酸)	$CH_3(CH_2)_{22}COOH$
不饱和脂肪酸	鳖酸(9-十六碳烯酸)	$CH_3(CH_2)_5CH{=}CH(CH_2)_7COOH$
	油酸(9-十八碳烯酸)	$CH_3(CH_2)_7CH{=}CH(CH_2)_7COOH$
	亚油酸(9,12-十八碳二烯酸)	$CH_3(CH_2)_4CH{=}CHCH_2CH{=}CH(CH_2)_7COOH$
	亚麻酸(9,12,15-十八碳三烯酸)	$CH_3CH_2CH{=}CHCH_2CH{=}CHCH_2CH{=}CH(CH_2)_7COOH$
	γ-亚麻酸(6,9,12-十八碳三烯酸)	$CH_3(CH_2)_4CH{=}CHCH_2CH{=}CHCH_2CH{=}CH(CH_2)_4COOH$
	桐油酸(9,11,13-十八碳三烯酸)	$CH_3(CH_2)_3CH{=}CHCH{=}CHCH{=}CH(CH_2)_7COOH$
	花生四烯酸(5,8,11,14-二十碳四烯酸)	$CH_3(CH_2)_4CH{=}CHCH_2CH{=}CHCH_2CH{=}CHCH_2CH{=}CH(CH_2)_3COOH$
	神经酸(15-二十四碳烯酸)	$CH_3(CH_2)_7CH{=}CH(CH_2)_{13}COOH$

脂肪在人体内的氧化,为人类活动提供大量热能,1g 脂肪所提供的能量可达 38.9kJ,比 1g 糖类化合物和 1g 蛋白质所提供的能量之和还高。因此脂肪可作为能源的储备物。脂肪是热的不良导体,它起到维持适宜体温的作用。脂肪还具有一定弹性,起到了保护内脏器官不受损伤的作用。脂肪又是脂溶性维生素 A、D、E、K 等生物活性物质的良好溶剂,协助人体对脂溶性维生素的吸收。

然而,过量摄入脂类也不利于健康。特别是含饱和脂肪酸较多的动物性脂肪,会加快肝脏合成胆固醇的速度,增高血液中胆固醇的含量,易引起动脉硬化或胆结石。脂肪在肝细胞中大量堆积会形成脂肪肝,影响肝脏正常功能,引发多种疾病,严重者肝脏还会纤维增生,形成肝硬化,进而导致肝癌。过多摄入脂肪还易增加脂肪细胞数量或增大脂肪细胞体积而引起肥胖,而肥胖是高血压、糖尿病以及癌症等"现代文明疾病"的重要危险因素。

2. 类脂

类脂是具有酯的结构或性质类似脂肪,难溶于水而易溶于苯、乙醚、氯仿等有机溶剂,能被生物体所利用的一类重要化合物,包括磷脂、糖脂、固醇等。类脂是构成人体和动物组织器官的重要成分,例如,肝、脑、神经组织等都含有丰富的磷脂和甾醇类化合物,对维持细胞正常功能有重要作用。固醇还是体内制造固醇类激素的必需物质。

6.2.5　维生素

在整个人类历史上,缺乏维生素一直是死亡的重要原因。18 世纪,人们发现少量的柑橘果实可以防止长途航海中的坏血病,这是因为柑橘果实提供了维生素 C。1912 年,科学家把这种人体必需的"食物附加因子"命名为维生素。之后,许多维生素相继被分离鉴定。

虽然维生素在人体中含量很少,不提供热量,也不是肌体的组成部分,但它们却参与维持机体正常的生理功能。维生素本身不是酶,但它对多种酶的作用是必需的。因此,它们被称为"辅酶"或"辅助因子"。

维生素可分为脂溶性和水溶性两大类。已知的部分维生素种类和名称见表 6-8。

表 6-8　部分维生素种类和名称

种　类	字母名称	别　名
脂溶性维生素	A_1	视黄醇、抗干眼醇
	A_2	脱氧视黄醇
	D_2	麦角钙化醇
	D_3	胆钙化醇
	E	生育酚、抗不育维生素
	K_1	叶绿醌、植物甲基萘醌
	K_2	合欢醌、多导戊烯甲基萘醌
	K_3	*Z*-甲基萘醌
水溶性维生素	B_1	硫胺素、抗神经炎素
	B_2	核黄素
	PP	尼克酰胺、烟酰胺、尼克酸、烟酸抗糙皮病因子
	B_6	吡哆醇、吡哆醛、吡哆胺
	B_{12}	钴胺素、氰钴胺素
	$B_{12}B$	羟钴胺素
	$B_{12}C$	亚硝酸钴胺素
	B_5	泛酸、遍多酸
	M	叶酸、乳酸菌酪因子
	H	生物酸
	C	抗坏血酸、抗坏血维生素
	P	柠檬素,包括橙皮素及有关糖苷类物质
	F	必需的不饱和脂肪酸,包括亚麻酸、花生四烯酸等

下面就几种常见的维生素结构和功能做一简单介绍。

维生素 A 又称为视黄醇,其前体是 β-胡萝卜素,在动物体内可以转化为维生素 A。维生素 A 和 β-胡萝卜素的结构如图 6-18 所示。维生素 A 是一切健康上皮组织所必需的,其中包括表皮和呼吸,消化、泌尿系统及腺体等组织。它影响许多细胞内的代谢过程,在视觉形成过程中有特殊的生理作用。此外,它在生长繁殖和维持生命方面也是必不可少的。缺乏维生素 A 的临床的症状表现,主要在眼和皮肤上。眼睛轻者夜盲,严重者发生干眼病,形成角膜软化乃至失明。皮肤主要变化为毛囊角化与皮肤干燥,两者可以单独发生或同时并存。维生素 A 只存在于动物中。人类每日所摄取的维生素 A 大部分来自动物性食物,鱼肝油是最普遍的来源,肝,蛋黄,乳制品,人造黄油中的含量也很丰富。

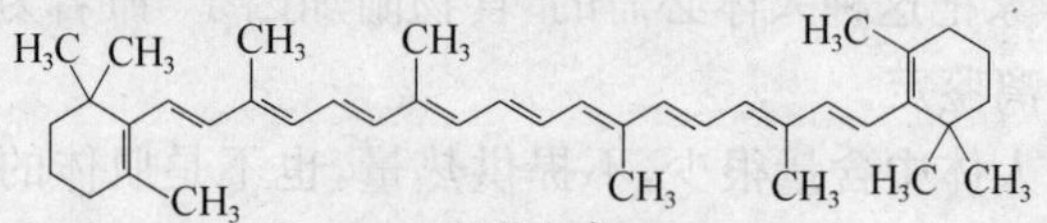

β-胡萝卜素

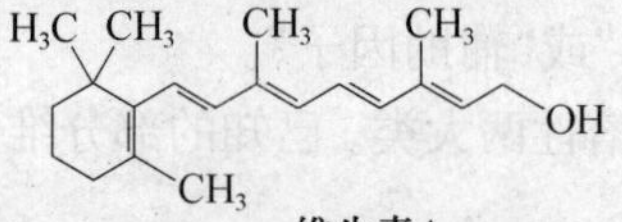

维生素A

图 6-18　β-胡萝卜素和维生素 A 的结构式

维生素 D 是类固醇的衍生物,主要有维生素 D_2 和 D_3,其结构如图 6-19 所示。维生素 D 主要在机体骨骼组织矿质化过程中起着十分重要的作用。它不仅促进钙与磷在肠道内的吸收,而且也作用于骨质组织,促进钙和磷的沉积,最终形成骨质的基本结构。缺乏维生素 D 的症状主要表现为佝偻病和软骨病。维生素 D 在自然界的分布并不很广,仅在动物性食物中存在。含量最多的是在鱼的肝脏和内脏内,蛋黄和奶制品中也有少量存在。但从植物(如酵母及真菌等)中摄取的麦角固醇以及人体内合成的胆固醇经紫外线照射,可分别转化成维生素 D_2 和 D_3。因此日光浴是使机体合成维生素 D 的一个重要途径。

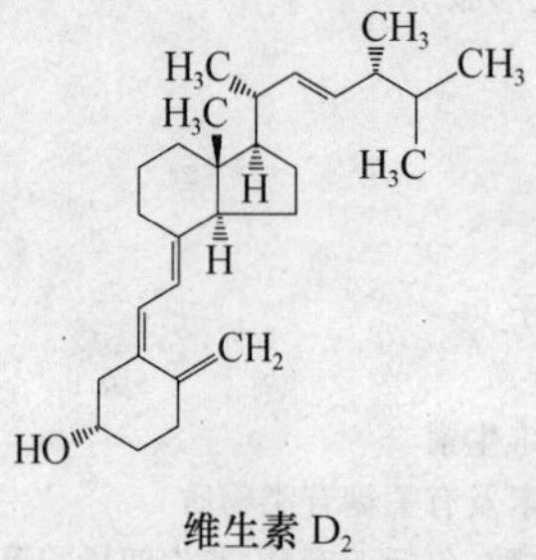

维生素 D_2

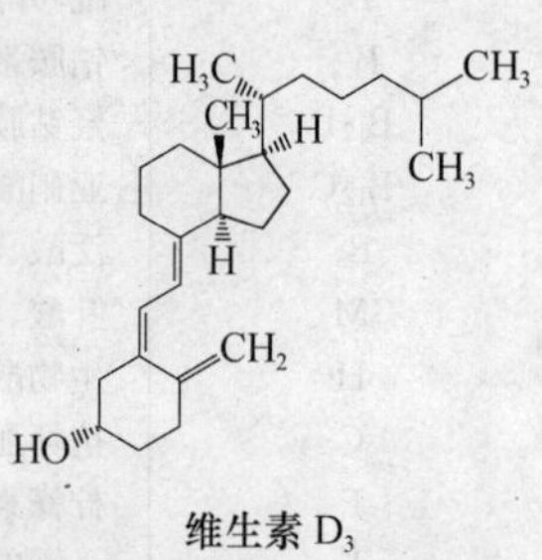

维生素 D_3

图 6-19　维生素 D 的结构式

维生素 E 又称为生育酚,因为过去在临床上主要用于治疗习惯性流产或先兆

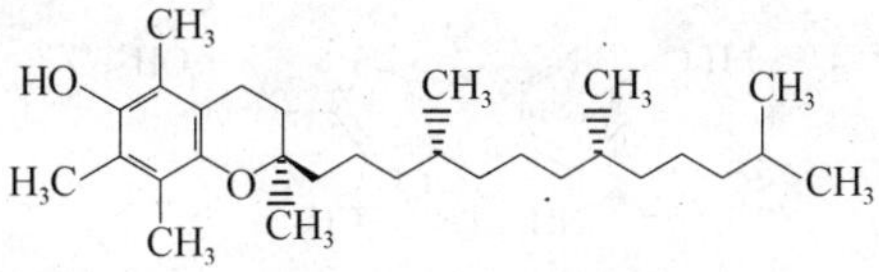

图 6-20　α-生育酚结构式

性流产以及不育症，常作为保胎药物。活性最高的 α-生育酚结构如图 6-20 所示。维生素 E 是动物体内的强抗氧化剂，特别是脂肪的抗氧化剂，能抑制多数不饱和脂肪酸及其他一些不稳定化合物的过度氧化。此外，维生素 E 还能干扰导致衰老叫“游离基”的物质的形成，同时还可保持酶的活性、提高免疫能力，故能延缓人体的衰老。缺乏维生素 E 临床表现是水肿、贫血、血小板增多、皮肤红痊及脱皮、口炎性腹泻、胰脏纤维化病、肌肉萎缩症、生育能力受损等。维生素 E 在动物体内含量很少，但是却广泛存在于植物油中。

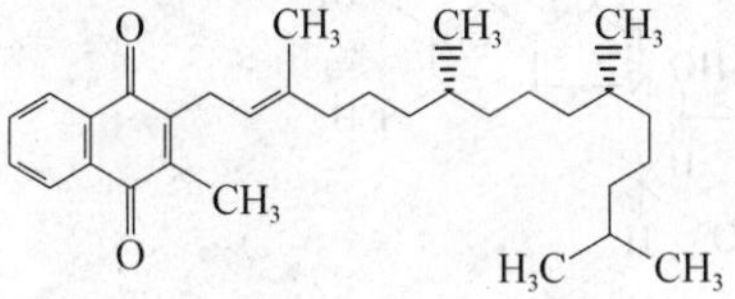

图 6-21　维生素 K_1 的结构式

维生素 K 是一种醌类结构的化合物，维生素 K_1 的结构如图 6-21 所示。维生素 K 最重要的生理功能是有助于某些血浆凝血因子的产生。维生素 K 在自然界的分布非常广泛，它存在于绿色蔬菜如苜蓿、胡萝卜叶、菠菜等和鱼肝中。另外，在人体的肠道内有不少细菌可以在肠道内合成维生素 K，机体可以通过肠壁吸收，与食物无关。在一般情况下，适当的维生素 K，成人可从膳食和肠细胞的合成得到，很少发生缺乏病。新生儿有维生素 K 缺乏的倾向，表现为血浆中凝血酶原复合体中的几种凝血因子的水平降低。

维生素 B 是一个大家族，从 B_1 到 B_{12} 对人体都有重要的作用。其中 B_1、B_2、B_{12} 结构如图 6-22 所示，并且维生素 B_{12} 是目前人们所发现的所有维生素中结构最为复杂的化合物。维生素 B_1 在动植物的组织中分布很广，如谷类、豆类、硬果，动物内脏、肉类、蛋类、酵母等均有较高的含量，而在蔬菜类食物中含量较低。维生素 B_2、B_{12} 在动物性食物中，尤以内脏、肉类、蛋类、乳类和乳制品含量较多，而植物性食物除豆类外，一般含量较低。维生素 B_1 在人体的糖类代谢中起着非常重要的作用。缺乏时则表现出神经系统和心血管系统的症状。前者称干性脚气病，症状是肌肉酸痛和压痛，严重时会肌肉萎缩；后者属湿性脚气病，易产生活动后心悸、气促等症状，严重时出现心脏杂音，并可导致心力衰竭，俗称“脚气冲心”。维生素 B_2 具有氧化还原的特性，在生物体内的氧化还原过程中起着传递电子和氢的作用。缺乏时最突出的症状有阴囊炎、舌炎、唇炎和口角炎，另外还有皮肤及眼的症状。维生素 B_{12} 有促进核酸合成的作用，对正常血细胞的生成和维持中枢神经系统的完整性尤为重要。缺乏时将产生巨红细胞贫血症和神经系统的损害症状。

维生素 C 又名抗坏血酸，其结构如图 6-23 所示。维生素 C 在人体中主要参与羟化反应和还原反应。缺乏维生素 C 时可导致一种多处出血为特征的疾病，称为坏血病。主要表现为毛囊过度角化，且并有毛囊周围出血、齿龈肿胀出血，牙齿松

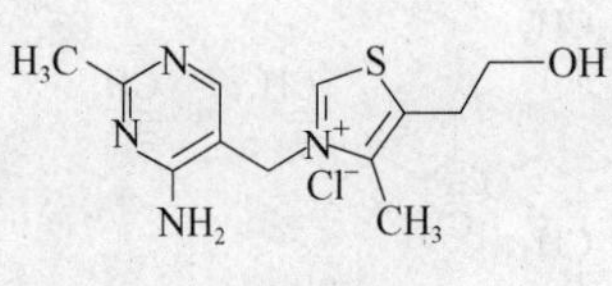

(a) 维生素B_1

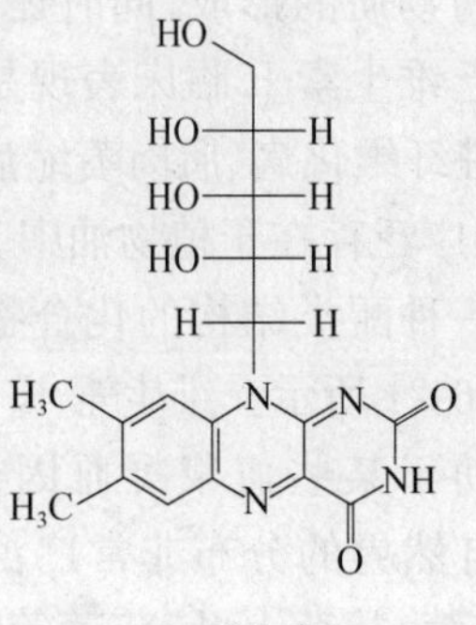

(b) 维生素B_2

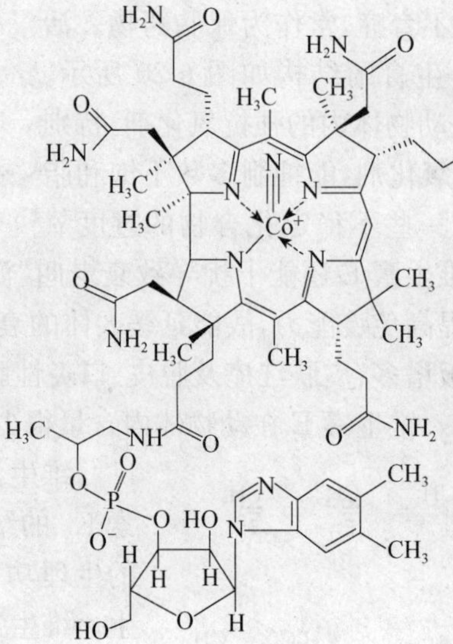

(c) 维生素B_{12}

图 6-22　维生素 B_1、B_2、B_{12}结构式

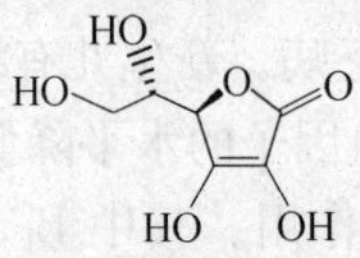

图 6-23　维生素 C 的结构式

动、皮下瘀点微细出血,以致肌内疼痛,严重时,可能有结膜、视网膜或大脑出血。此外,鼻子、消化道、生殖器、泌尿器的管道出血也是常见的。维生素 C 普遍存在于植物性食物中,水果、绿色蔬菜是很好的来源。而且它仅存在于组织中,而不存在于种子中,但豆类种子在发芽后也含有较多的维生素 C。

维生素对于维持人体健康起到了非常重要的作用,缺乏维生素会导致一系列的病症,但是如果维生素过量的话,也可能危及健康,而成为“危生素”。

6.2.6　树立平衡营养的观念

人体主要通过食物来获取生长发育及维持健康的各种营养素的。人类经过漫长的进化过程,通过不断地寻找和选择食物,形成相对稳定的膳食结构,从而保证人体对各种营养物质的需求,建立了营养和膳食的平衡关系。一旦平衡被打破,人体健康就会受到影响,严重的可能导致某些营养性疾病。例如,缺碘可导致“大脖子病”,而碘过量又会导致甲亢;缺少脂肪使人体消瘦,各项功能异常,而摄取过多的脂肪又会导致肥胖,并由此带来心血管类疾病。

所谓平衡营养,就是指通过合理的膳食结构来摄取人体所需的各种营养素,并且要求比例适当,利于营养素的吸收和利用,满足人体正常的生理需要。日常生活中,没有任何一种食物可以提供人体所需的所有营养素,所以必须合理安排膳食,如主副搭配、荤素结合等。如果某种营养素摄入量过多或过少，都会造成营养失调，并且使营养素之间相互补充相互制约的作用被打破，诱发各种疾病。但是，片面的强调高营养、全营养，认为食物营养越高、越全就越好也是错误的。正常情况下人体不可能同时缺乏很多种营养素。而且，根据机体状态的不同，其营养状况也各异，高营养、全营养的食物对婴幼儿及体弱者适用，那么对正常人来说，必然会引起营养过剩。

对于体内缺乏某些营养素的患者，主张还是通过食物进补来满足对营养的需求，必要时可以在医生的指导下用药。总之，维持机体正常的生理功能，必须要树立起平衡营养的观念。

6.3　健康与化学

6.3.1　化学物质的联合作用

在实际生活环境中，往往有多种化学物质同时存在，它们对机体同时产生的生物学作用与任何一种单独化学物质分别作用于机体所产生的生物学作用完全不同。因此，把两种或两种以上的化学物质共同作用于机体所产生的综合生物学效应，称为联合作用，根据生物学效应的差异，多种化学物质的联合作用通常分为协同作用、相加作用、独立作用、拮抗作用四种类型。

协同作用是指两种或两种以上化学物质同时或数分钟内先后与机体接触，其对机体产生的生物学作用强度远远超过它们分别单独与机体接触时所产生的生物学作用的总和。也就是说，其中某一化学物质能促使机体对其他化学物质的吸收加强，降解受阻，排泄延缓，蓄积增多或产生高毒的代谢产物等。例如，四氯化碳与乙醇对肝脏均有毒性，但同时输入机体后所引起肝脏的损害远远大于它们分别单独输入机体时严重。

相加作用是指多种化学物质混合所产生的生物学作用强度等于其中各化学物质分别产生的作用强度的总和，在这种类型中，各化学物质之间均可按比例取代另一种化学物质。因此，当化学物质的化学结构相近、性质相似、靶器官相同或毒性作用机理相同时，其生物学效应往往呈相加作用。例如，一定剂量的化学物质 A 与 B 同时作用于机体，若 A 引起 10％动物死亡，B 引起 40％动物死亡，那么，根据相加作用，在 100 只动物中将死亡 50 只，存活 50 只。

独立作用是指多种化学物质各自对机体产生毒性作用机理各不相同，互不影响；由于各种化学物质对机体的侵入途径、方式、作用的部位是各不相同，因而所产的生物学效应也彼此无关，各化学物质自然不能按比例互相取代，故独立作用产生的总效应低于相加作用，但不低于其中活性最强者。例如，按上述相加作用的例子,化学物质 A 和 B 分别引起动物死亡为 10%和 40%,那么 100 只活的动物,经 A 作用后,尚存活 90 只,经 B 作用后,死亡动物应为 90×40%,即 36 只,故此时存活的动物数应为 54 只。可见,与上述相加作用是不同的。

拮抗作用是指两种或两种以上化学物质同时或数分钟内先后输入机体,其中一种化学物质可干扰另一化学物质原有的生物学作用使其减弱,或两种化学物质相互干扰,使混合物的生物学作用或毒性作用的强度,低于两种化学物质任何一种单独输入机体的强度。也就是说,其中某一化学物质能促使机体对其他化学物质的降解加速,排泄加快、吸收减少或产生低毒代谢产物等,从而使毒性降低。例如,亚硝酸盐和氰化物的联合作用就是拮抗作用。

6.3.2　化学致突变作用、化学致畸作用及化学致癌作用

1. 化学致突变作用

化学致突变作用是指化学物质引起生物遗传物质的可遗传改变。诱发突变的化学物质称为化学致突变物。化学致突变分为两大类:①细胞学意义上的基因突变,或称点突变;②染色体畸变,包括染色体数目和结构的变化。

基因突变是指在化学致突变物的作用下,DNA 中碱基对的化学组成和排列顺序发生变化。化学致突变物的引入可引起 DNA 多核苷酸链上一个或多个碱基的构型和种类发生变化,使其不能按正常规律与其相应碱基配对,因而引起 DNA 链上碱基配对异常。例如,亚硝酸可使碱基脱氨基而代之以羟基,再向酮式转变而引起配对变化,它可使腺嘌呤(A)变成次黄嘌呤(I),从而使胞嘧啶(C)变成尿嘧啶(Y)而引起突变。在 DNA 碱基顺序中,插入或丢失了一个或几个碱基,也会使该部位的基因发生改变。现已表明,多环芳烃、黄曲霉素和吖啶类化合物均具有导致碱基插入或丢失的性质。

人体每个细胞有 23 对染色体,其中 22 对常染色体和一对性染色体(XX 或 XY)。染色体上排列很多基因。染色体数目的改变或结构的改变都能引起遗传信息的改变。如 47 条染色体综合症就是男性的性染色体多了一条 X,成为 XXY。该病患者由于不能产生正常的精子,所以没有生育能力。某些化学致突变物可以引起染色体改变。

2. 化学致畸作用

致畸作用是指由于外来因素引起生育缺陷。人类的生育中约 2%～3%受到生育缺陷的折磨,其中约 25%由遗传引起的,60%～65%起因尚不清楚。可导致畸胎的外部因素主要有病毒、放射性、药物和化学品,约占 5%～10%。而化学致畸作用(直接由于环境中化学品引起生育缺陷)大概占总生育缺陷的 4%～6%。

目前已知对人们有致畸作用的化学品约有数十种，其中最有名的例子是20世纪60年代前后，用于妊娠早期的安眠镇静药物反应停（thalidomide），很快发现有严重致畸作用。在西欧、日本和其他地区曾因服用该药发生约有1万多名婴儿肢体不完善的畸形儿事件。

3. 化学致癌作用

化学致癌作用是指在化学物质的作用下在动物或人体中引起癌细胞的出现和生长。致突变和致癌作用是紧密相连的，实际上所有致癌物都是致突变的。目前确定为人和动物致癌的化学品达数千种，并且每年都有数以百计的新致癌物被发现。

化学致癌物的分类方法相当多，根据化学致癌物对人体和动物致癌作用的研究证据不同进行分类，有利于对人致癌危险性进行综合评价，分类如下：

（1）确认致癌物，此类化学物质在人群流行病学调查及动物试验，已确定具有致癌作用；

（2）可疑致癌物，已确定对实验动物有致癌作用，对人类致癌性证据尚不够充分的化学物质；

（3）潜在致癌物，对实验动物有致癌作用，但无任何资料表明对人类有致癌作用的化学物质。

国际癌症研究中心（IARO）从1971年开始，组织几个专门工作组收集世界各国化学物质致癌危险性资料，然后根据对人类和实验动物致癌的有关资料，分组分级进行评估，表6-9给出确认致癌、可能致癌和潜在致癌的化学致癌物。

表6-9 化学致癌物

确认致癌物	可疑致癌物	潜在致癌物
4-氨基联苯	黄曲霉毒素类	氯霉素
砷和某些砷化合物	镉和某些镉化合物*	氯丹及七氯
石棉	苯丁酸氮芥	氯丁二烯
全胺制造过程*	环磷酰胺	二氯二苯三氯乙烷（滴滴涕）
苯	镍和某些镍化合物*	狄氏剂（氧桥氯甲桥萘）
联苯胺	三乙烯硫代磷酰胺（噻替哌）	环氧氯丙烷（表氯醇）
N-N-双（2-氯乙基）-2-萘胺（氯萘吖嗪）	丙烯腈	赤铁矿
双氯甲醚和工业品级氯甲醚	阿米脱（氨基三唑）	六六六（六氯环己烷）（工业品级六六六/林丹）
铬和某些铬化合物*	金胺	异烟肼
己烯雌酚	铍和某些铍化合物*	异丙油类
地下赤铁矿开采过程*	四氯化碳	铅和某些铅化合物*

续表

确认致癌物	可疑致癌物	潜在致癌物
用强酸制造异丙醇过程*	二甲基氨基甲酰氯	苯巴比妥
左旋苯丙氨酸氨芥(米尔法兰)	硫酸二甲酯	*N*-苯基-2-萘胺
芥子气	环氧乙烷	苯妥因
2-萘胺	右旋糖酐铁	利血平
镍的精炼过程*	康复龙	苯乙烯
烟炱、焦油和矿物油类*	非那西汀	三苯乙烯
氯乙烯	多氯联苯类	三乙氯亚胺-对,苯醌(三胺醌)

注:* 表示尚不能明确。

6.3.3 药物与化学

据世界卫生组织统计,世界人口的平均寿命在 20 世纪初约为 45 岁,而到 20 世纪末已增长到 65 岁。促进人类平均寿命的延长的原因很多,其中各类化学药物的出现对人类健康起到了不可磨灭的重要作用。从 19 世纪发现的解热镇痛药物阿司匹林到现在的各类抗生素、抗肿瘤、抗艾滋病药物,使过去长期危害人类生命和健康的疾病得到了有效的控制和治疗,大大降低了许多重大疑难疾病的死亡率。以下仅以几种药物的发明为例简要说明药物对人类健康的贡献。

1. 从植物到药物——阿司匹林

早在公元前 1500 年,古埃及人已经知道利用白柳的叶子熬成的汤可以治疗发热和抑制伤痛,1829 年,法国人首次从柳树皮中提取出了其中的有效物质——水杨酸。它在治疗发热、风湿以及镇痛方面十分有效。但是由于酸性较强,对肠胃的刺激很大,服用后使胃部产生很强的灼热感。1859 年,德国人把水杨酸与乙酸酐一起反应,合成出了酸性较弱的乙酰水杨酸,如图 6-24 所示,后经临床试验证明同样具有解热镇痛的疗效。1899 年,德国拜尔公司正式冠以商品名阿司匹林推出该药。经过一个世纪,虽然有很多其他的药物出现,但是阿司匹林作为一种有效的解热镇痛药,威力不减,仍广泛的应用于治疗伤风、感冒、头痛、关节炎和风湿病等常见疾病,因此被誉为“世纪神药”。近年来,药物化学家还发现它还具有预防和治疗心脑血管疾病的功效。

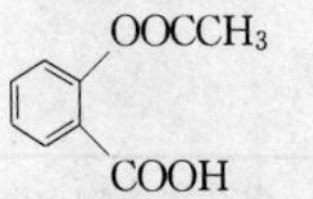

图 6-24 乙酰水杨酸结构式

人们还想方设法从其他一些植物中寻找新型药物。20 世纪 70 年代,人们发现从紫杉树皮中提取出来的紫杉醇是一种天然的抗癌药物,其结构如图 6-25 所示。现已用来治疗卵巢癌和乳腺癌,且效果非常显著。虽然实验室中已经

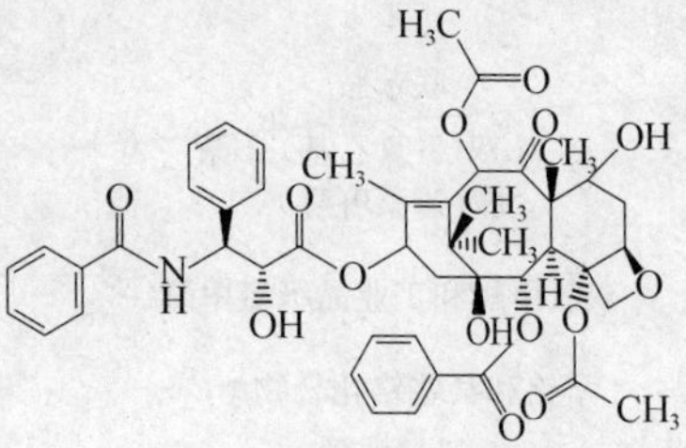

图 6-25 紫杉醇结构式

可以人工合成，但是由于成本过高，实际应用上难以取代天然来源。因此，利用植物组织培养制备结构类似的成分然后再通过简单的化学处理将其转化成紫杉醇，是需要化学家继续探索的一项课题。

我国很早以前就开始利用天然的一些中草药来医治疾病，并积累了丰富的经验，况且我国还有着丰富的药用植物资源，这都为我们从植物中开发出新药奠定了良好的基础。20 世纪 80 年代，我国科学家从天然抗疟疾草药黄花蒿提取出药物黄蒿素，经临床试验表明该化合物对恶性疟疾有显著疗效。后来又经过化学修饰改造，得到了疗效更好的衍生物蒿甲醚，见图 6-26。该药 1994 年正式上市，1995 年被世界卫生组织(WTO)列入国际药典，成为我国第一个被国际公认的创新药物。

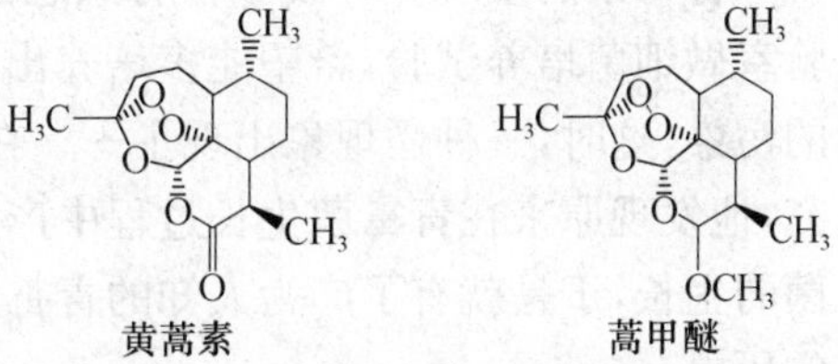

图 6-26　黄蒿素和蒿甲醚结构式

2. 从染料到药物——磺胺药

20 世纪 30 年代以前，细菌是人类健康的最大杀手，一些严重危害人类健康的细菌性传染病长期得不到有效的控制，可怕的瘟疫常常造成大量的死亡。1904 年，德国化学家在对细菌的染色过程中发现，某些染料能够杀死细菌。1932 年，德国病理学家杜马克经过无数次的筛选试验终于找到了有杀菌作用的红色染料——百浪多息，他发现百浪多息对链球菌感染具有很好的疗效。一次，他的女儿因为玩耍割破了手指引发链球菌的感染，在多种治疗方法无效之后，他大胆的在女儿身上试用百浪多息，最后奇迹出现了，女儿得救了，并很快恢复了健康。1935 年，法国巴斯特在研究百浪多息的化学结构基础上，合成了更为有效的对氨基苯磺酰胺，并用此药治好了当时美国总统罗斯福的小儿子和英国首相丘吉尔的细菌感染，成为第二次世界大战前唯一有效的抗菌药物。此后，磺胺噻唑、磺胺嘧啶、磺胺甲基嘧啶等数千种磺胺类的药物被合成。目前常用的磺胺甲噁唑，即 SMZ，是 1962 年首次合成的，其抑菌作用较强。图 6-27 是百浪多息及部分磺胺类药物的结构式。

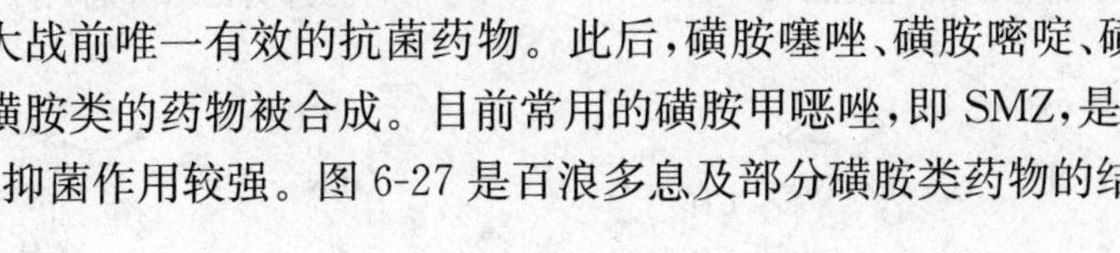

图 6-27　磺胺类药物的结构式

3. 从霉菌到药物——抗生素

提起青霉素,谁都不能否认其在人类与细菌的作战中所发挥的重要作用。在第二次世界大战后期,青霉素开始广泛应用于治疗战场上受伤士兵的细菌感染,并成功挽救了成千上万条生命。因此,美国把青霉素的研制放在与原子弹的研制同等重要的地位。

青霉素的发现有一段非常有意思的过程,1928 年,英国细菌学家弗莱明在实验室做细菌培养试验,希望能多培养出细菌。不料培养细菌的器皿上发生青霉菌的污染,这时,一种怪现象出现了——在霉菌的周围没有细菌生长。通过进一步研究,他发现原来在青霉菌生长过程中产生了一种物质(抗生素),这种物质可抑制细菌的生长,于是就有了广为人知的青霉素。从此,人类开始了利用抗生素治疗疾病的历史。

抗生素是生物体产生的对其他微生物有伤害作用的化学物质或代谢产物。除青霉素之外,从红霉菌、链霉菌和头孢霉菌等菌类中提取的红霉素、链霉素和头孢菌素等抗生素也广泛用于治疗各种细菌感染。而且,化学家通过分析天然抗生素的结构并对其进行“加工”(专业术语称为“结构改造”或“化学修饰”),合成了更多更加有效的合成抗生素。目前,人们发现的天然抗生素和合成抗生素总数已达数万种。抗生素的发现与应用,彻底的扭转了人类在霍乱、伤寒、结核病、细菌性脑膜炎等细菌性疾病及疟疾、梅毒等病毒性疾病面前垂死无助的局面,在人类健康史上书写了一曲胜利的赞歌。图 6-28 是几种常见的抗生素的结构式。

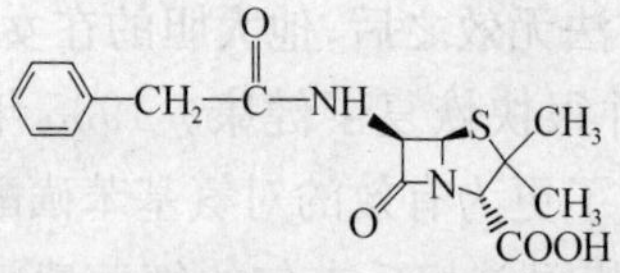

天然青霉素G(盘尼西林)

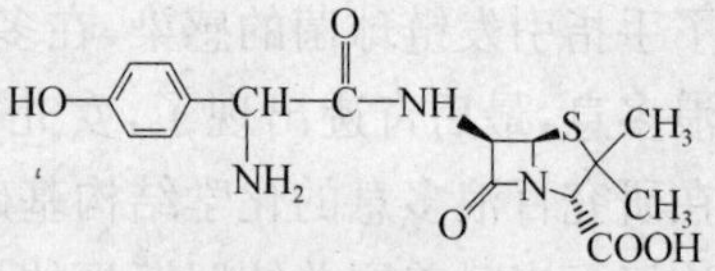

羟氨苄青霉素(阿莫西林)

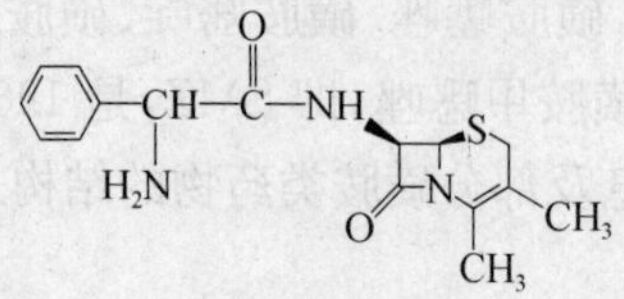

头孢氨苄(先锋Ⅳ)

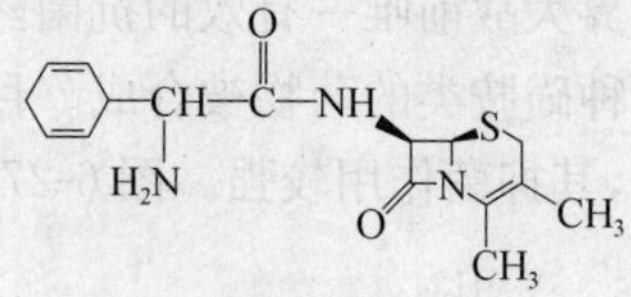

头孢拉定(先锋Ⅵ)

图 6-28　部分抗生素的结构式

需要指出的是,半个多世纪,抗生素的确挽救了无数病人的生命。但是,因为抗生素的广泛使用,也带来了一些严重问题。例如,有的患者因为长期使用链霉素而丧失了听力,变成了聋子;还有的病人因为长期使用抗生素,而抗生素在杀死有害细菌的同时,把人体中有益的细菌也消灭了,于是病人对疾病的抵抗力越来越弱。更为严重的是微生物对抗生素的抵抗力也随着抗生素的频繁使用越来越强，使得许多抗生素对微生物感染已经无能为力了。如金黄色葡萄球菌对青霉素的耐药率，20 世纪 40 年代仅为 1%，到 20 世纪末就超过了 90%。如果不加以限制地长期继续滥用抗生素，病菌的抗药性就会逐渐增强，最终的结果就是，一个小小的创伤或是发炎都将可能是致命的，因为那时任何抗生素都无法发挥自己的作用。所以，对于抗生素的使用必须要慎重。目前，我国已经开始利用行政和法律的手段来控制抗生素的滥用问题。

4. *从炸药到药物——硝酸甘油*

炸药可以作为药物治病吗？毫无疑问，硝酸甘油做到了这一点。19 世纪 50 年代初，意大利一位名叫阿萨尼奥·索伯罗的年轻科学家开发出了一种叫做硝酸甘油的炸药油(如图 6-29 所示)，后经诺贝尔经过多次危险的实验之后，发明了相对安全的黄色固体硝酸甘油炸药，又称黄色炸药。硝酸甘油具有药用价值的发现来自于人们注意到在炸药厂工作的一些老工人常常奇怪的在周末休息时出现猝死事件，法医的鉴定他们死于冠心病和心肌梗塞。但是为什么工作现场没有死亡现象发生呢？1857 年，德国医生布鲁东通过进一步研究，发现原来这些工人在工作过程中吸入了少量的硝酸甘油，可以扩张心肌的冠状血管，因此工作时不会出现猝死现象。这一惊人的发现立即引起了医药专家的重视，硝酸甘油也很快从兵工厂走进了制药厂。直到今天，硝酸甘油仍是治疗冠心病急性发作的主要药物。

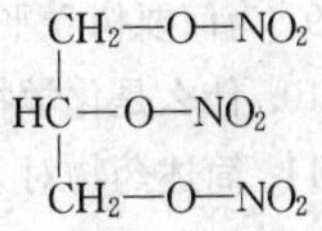

图 6-29　三硝酸甘油结构式

具有讽刺意味的是，在诺贝尔生前的最后三年内，不断发作的心脏病日趋严重，经常出现心绞痛。医生建议他使用硝酸甘油，以扩张冠状动脉来缓解病痛。但是，诺贝尔无法理解要用他自己发明的炸药成分来治疗他的病。他断然拒绝医生给他使用这种药物。诺贝尔曾经在一封信中这样写道：“可笑的是，我的医生现在要我服用硝酸甘油。”最后，他在 1896 年死于心肌梗死。至死，诺贝尔都无法理解炸药也能治疗疾病。

从硝酸甘油作为治疗冠心病的特效药开始后的一百多年间，人们都在不停的寻找其作用机理。一直到 20 世纪 80 年代才由美国的药理学家弗里德·默拉德、罗伯特·弗奇戈特和路易斯·伊格纳罗三人发现其实是硝化甘油在人体内分解生成的一氧化氮在起作用(一氧化氮是心血管系统最关键的信号分子。除此之外，还在神经系统、免疫系统、分泌系统和呼吸系统方面起着重要的作用。因此，一氧化氮曾在 1991 年被《科学》杂志评为明星分子)，并因这一发现，三人共同获得了 1998 年的诺贝尔医学奖。

习　题

1. 组成蛋白质的基本单元是什么？蛋白质的结构层次如何划分？
2. 什么是酶？酶有哪些特点？
3. 简述核酸的构成情况，何谓碱基互补配对原则？
4. 简述核酸指导蛋白质合成过程。
5. 什么是人类基因组计划？有什么意义？
6. 举例说明微量元素对人体的作用。
7. 简要说明糖类、蛋白质、脂类和维生素对人体的营养作用。
8. 为什么膳食纤维素又被称为“第七营养素”？
9. 为何要树立平衡营养的观念？如何做到平衡营养？
10. 什么是化学物质的联合作用？
11. 简述药物对人类健康产生的贡献？如何做到合理用药？

第 7 章 化学与环境

随着科学技术的迅猛发展，人类在不断丰富自身物质文明的同时，也无法回避来自于环境和资源等方面的许多难题。人口的剧增、工业化和城市化进程的加快，使得资源特别是不可再生资源趋于枯竭，大气、水体和土壤遭到严重污染。全球气候变暖、臭氧层破坏、水资源短缺和污染、有毒化学品和固体废弃物的危害等问题像一团乌云压在各国人民的心头。因而，化学工作者们必须解决两个问题，一是如何用化学的技术和方法研究环境中物质间的相互作用，包括物质在环境介质中的存在、化学特性、行为和效应，以及在此基础上研究控制污染的原理和方法；另一是如何利用化学原理从源头上消除污染，即采用无毒、无害的原料和洁净、无污染的化学反应途径与工艺，生产出有利于环境保护与人类安全的环境友好的化学产品。在这些方面的研究逐渐形成了环境化学及绿色化学两个新兴的交叉学科。

7.1 环境与生态平衡

人类赖以生存和发展的环境可分为自然环境和社会环境。自然环境是指环绕于人类周围的自然界，包括大气、水、土壤、生物和各种矿物资源等，是人类赖以生存和发展的物质基础。在自然地理学上，通常把这些构成自然环境总体的因素，分别划分为大气圈、水圈、生物圈、土圈和岩石圈等五个自然圈。而社会环境是指人类在自然环境的基础上，为不断提高物质和精神生活水平，通过长期有计划、有目的的发展，逐步创造和建立起来的人工环境，如城市、农村、工矿区等。社会环境的发展和演替，受自然规律、经济规律以及社会规律的支配和制约，其质量是人类物质文明建设和精神文明建设的标志之一。社会环境的发展既受到自然环境的制约，又影响着自然环境的发展与改变。

生态系统是指一定空间范围内，生物群落与其所处的环境所形成的相互作用的统一体，是生态学的基本功能单位。生态系统的大小可以根据研究需要确定，如一片森林、一片海洋、一个村落或者一座城市，都可以视为一个生态系统，整个地球就是一个巨大的生态系统。任何生态系统都由生物与非生物环境两部分组成。生物部分按照它们在生态系统中的地位和作用可以分为生产者、消费者和分解者。生产者又称自养生物，主要指能通过光合作用将太阳能转为化学能，将无机物转化为有机物的绿色植物，也包括一些利用化学能将无机物转化为有机物的微生物。消费者是指直接或间接利用生产者所制造的有机物质为食物和能量来源的生物，主要指动物,也包括一些寄生的菌类。分解者又称为还原者,主要指具有分解有机物能力的微生物和一些以有机碎屑为食物的动物,如白蚁、蚯蚓等。分解者能把复杂的有机物分解为简单的无机物,供给生产者重新利用。消费者和分解者都是异养生物。非生物环境部分是生态系统中生物赖以生存的物质、能量和生活场所,是除了生物以外所有环境要素的总和,包括阳光、空气、水、无机物等。在生态系统中,能量沿着食物链由一个营养级向下一个营养级流动。食物链上每一营养级都将从前一个营养级获得其所含能量的一部分,用于维持自己的生存和繁殖,然后将剩余的部分传递到下一个营养级。

生态系统中,能量流动与物质循环总是在不断进行,在一定时期内,其生物种类与数量相对稳定,生物物种之间及生物与环境之间的能量流动与物质循环也保持相对稳定,这种动态的平衡状态称为生态平衡。生态平衡能通过自动调节维持生态系统稳定的结构和正常功能。但这种能力是有限的,超过了限度,生态平衡就会被破坏。生态平衡的破坏因素可分为自然因素和人为因素。自然因素主要指自然界发生的异常变化或自然界原本就存在的有害因素,如火山爆发、地震、冰川活动、海陆变迁、雷电和台风等。人为因素则是指引起生态平衡破坏的人类生产生活活动。

7.2 化学与环境污染

由于人类在生产生活活动中,将大量有害物质有意或无意地排放到自然环境,破坏了其原有的正常状态,使环境质量下降的现象称为环境污染。具体指有害物质对大气、水体、土壤和动植物的污染和达到致害的程度,生态系统遭到不适当的干扰和破坏,不可再生资源的滥采滥用,以及固体废弃物、噪声、光、放射线等造成对环境的损害。造成环境污染的因素分为物理、化学和生物等三方面,其中由化学物质引起的约占80%～90%。

7.2.1 大气环境污染

1. 大气圈

通常把覆盖在地球表面的大气层称为大气圈,其总质量约为 5.2×10^{15} 吨,为地球质量的百万分之一。大气圈是由空气、少量水汽、粉尘和其他微量杂质组成的混合物。空气的主要成分按体积之比是:氮为78.09%、氧为20.94%、氩为0.93%、CO_2 为0.03%,其他含量不到0.01%的各种微量气体(如氖、氦、二氧化碳、氪)。大气中的水汽主要来自水体、土壤和植物中水分的蒸发,大部分集中在低层大气中,其含量随地区、季节和气象条件的不同而异。大气中的固体是悬浮颗粒，主要来自岩石风化、工业烟尘、火山喷发、宇宙落物和海浪溅沫等。

根据在垂直方向上的温度分布，将大气圈分为对流层、平流层、中间层、热层和逸散层。其中能影响地球气候的气层称为对流层，它的平均厚度为12km。对流层的大气密度最大，占大气总质量的75%左右。对流层的温度随高度上升而下降，风、云、雨、雪等天气现象均发生在这一层内。在对流层中贴近地球表面1～2km的范围内，更易造成污染。

2. 大气污染物

大气污染是指大气中污染物质的浓度达到了有害程度，以致破坏了生态系统和人类正常生存和发展的条件，对人和物造成危害的现象。大气污染已成为人类当前面临的重要环境污染问题之一。大气污染物主要可以分为两类，即天然污染物和人为污染物，引起公害的往往是人为污染物，它们主要来源于燃料燃烧和大规模的工矿企业。其中直接从各类污染源排出的物质称为一次污染物(原发性污染物)；不稳定的一次污染物与大气中原有成分发生反应，或者污染物之间相互反应而生成一系列新的污染物质称为二次污染物(继发性污染物)。

大气污染物主要有八类：含硫化合物、碳的氧化物、含氮化合物、烃类化合物、卤素及其化合物、颗粒物(煤尘、粉尘及金属微粒)、农药和放射性物质。大气污染物的分类见表7-1。

表7-1　大气中污染物的分类

污染物	一次污染物	二次污染物
含硫化合物	SO_2、H_2S	SO_3、H_2SO_4、MSO_4
碳的氧化物	CO、CO_2	—
含氮化合物	NO、NH_3	NO_2、HNO_3、MNO_3
烃类化合物	C_1～C_3化合物	醛、酮、酸
含卤化合物	卤代烃	—
农药	各种杀虫剂	—
颗粒物	煤尘、粉尘、金属微粒	—
放射性物质	铀、钍、镭等	—

注：表中M为金属元素。

含硫化合物，主要指硫化氢、硫氧化物和硫酸盐等。硫化氢和二氧化硫的天然来源为火山喷发，此外土壤、坑道和湿地厌气性细菌也产生硫化氢。人为排放的硫化物主要形式是二氧化硫，大部分来自含硫煤和石油的燃烧、石油炼制以及有色金属冶炼和硫酸制造等。在高空中，SO_2被氧化为SO_3，后者遇水后造成硫酸烟雾，可以长期停留在大气中，其毒性比SO_2高10倍。硫酸烟雾浓度达到0.8μg/mL时，人就难以承受。

含碳化合物：主要有 CO、CO_2 和碳氢化合物等。CO 主要是由含碳物质不完全燃烧产生的，80%是由汽车排出的。烃类则主要来自于天然源。

含氮化合物：大气中的含氮化合物有 NO_x 和 NH_3 等。N_2O 是土壤细菌活动的产物，NO 和 NO_2 为含氮有机物燃烧时的释放物。NO 和 NO_2 毒性均较大(比 CO 大 5 倍)，它们能刺激呼吸系统，还能与血红素结合形成亚硝基白色素而引起中毒。我国规定，居民区大气中氮氧化物(以 NO_2 计)最大浓度不得超过 0.15mg/m^3。

含卤化合物：大气中的 CH_3Cl、CH_3Br 和 CH_3I 主要来自海洋，其余卤素化合物都来自于人类活动，如氟利昂等。

颗粒物：指空气中分散的液态和固态物质，其粒径为 0.1～200μm。大气中的微粒主要是烧煤产生的，平均每燃烧 1 吨煤会产生 11kg 的粉尘。微粒的危害是遮挡阳光、降低气温并影响气候，同时降低可见度、影响交通。然而，微粒最主要的危害是对人类健康造成威胁。

3. 大气圈中的几个污染问题

(1) 化学烟雾。烟雾是由大气中的颗粒物造成的污染，在大气污染中最为常见的一种，其影响较大，破坏力极强，在世界八大公害事件中就有四次是由烟雾造成的。烟雾可以分为还原型和氧化型两种。还原型烟雾多发生在使用煤炭燃料为主的地区，其污染主要由于产生的 SO_2 及转化出的硫酸雾和硫酸盐颗粒物造成的。伦敦烟雾事件就是还原型烟雾污染的典型代表，故这类污染又称伦敦烟雾型。氧化型烟雾又称为光化学烟雾，主要由大气中的碳氢化合物和氮氧化物在紫外线作用下产生的以氧化剂为主的颗粒物污染。因其 1946 年首次发现于美国洛杉矶，也称洛杉矶烟雾。

光化学烟雾的表观特征是烟雾弥漫，大气能见度降低。一般发生在大气相对湿度较低，气温为 24～32℃的夏季晴天，污染高峰出现在中午或稍后。由各种燃烧设备，特别是汽车尾气排放的碳氢化合物和氮氧化物等一次污染物，在阳光中紫外线的照射下发生一系列光化学反应，生成 O_3(85%以上)、过氧乙酰硝酸酯(PAN，10%以上)、高活性自由基、醛类、酮类和有机酸等多种二次污染物。这类物质具有极强的氧化性，对人的眼睛的黏膜有强烈的刺激作用。近年随着我国机动车数量快速增长，在一些大中城市出现了严重的机动车尾气污染，北京、广州、上海等城市都出现过不同程度的光化学烟雾污染。世界卫生组织和不少国家都把光化学氧化剂浓度作为大气环境质量标准之一，我国的大气质量标准也将其包括在内。

(2) 温室效应与全球气候变暖。地球大气有类似玻璃温室的温室效应，其作用的加剧是当今全球气候变暖的主导因素。大气层中的 CO_2、臭氧、甲烷、氟利昂和水蒸气等能让太阳短波辐射自由透过，同时吸收地表发出的长波辐射。两方面的共同作用维持着地球的热平衡，是地球上生命赖以生存的必要条件。但由于人口数量激增、人类活动频繁和矿物燃料的燃烧量猛增，加上森林面积因滥砍滥伐而急剧减少，导致大气中 CO_2 和各种气体微粒含量不断增加，吸收及反射回地面的长波辐射能增多，引起地球表面气温上升，造成了“温室效应”加剧，全球气候变暖。因此，CO_2 量的增加，被普遍认为是大气污染物对全球气候产生影响的主要原因。

全球气候变暖，会对地球生态环境及人类健康等多方面带来影响。地球表面温度升高会使更多的冰雪融化，反射回宇宙的能量减少，极地更加变暖，海平面慢慢上升，降雨量也会增加。降水量的增加会使草原以及对水敏感的物种出现变化，很多植物将会在与以往不同的时间发芽、开花、结果，植物的生长周期会缩短，甚至打乱植物品种。气候变暖还可引起全球疾病的流行，严重威胁人类的健康。由于世界各国都认识到了温室效应加剧的原因，共同提出了从控制温室气体的排放出发减缓温室效应的途径和措施，如减少矿物燃料的使用量，开发新能源，禁止砍伐森林和控制人口增长等。1997 年 12 月，149 个国家和地区的代表在日本京都共同通过了《京都议定书》，该议定书对各国 CO_2 的排放进行了限制。在陆续得到了各国的批准后，《京都议定书》已于 2005 年 2 月 16 日生效。澳大利亚于 2007 年 12 月 3 日正式批准《京都议定书》，美国成为唯一一个尚未签署该协议的发达国家。

(3) 酸雨。大气中的化学物质随降雨到达地面后，会对地表的物质平衡产生各种影响。正常雨水偏酸性，其 pH 约为 6～7，这是由于大气中的 CO_2 溶于雨水中，形成部分碳酸。水的微弱酸性可使土壤的养分溶解，供生物吸收，这是有利的。酸雨通常是指 pH 小于 5.6 的降水。酸雨的形成是一个复杂的大气化学和大气物理过程，它主要是由大气中的 SO_x 和 NO_x 造成的，所以酸雨也分为硫酸型和硝酸型。

酸雨对环境有多方面的危害：使水域和土壤酸化，损害农作物和林木的生长；危害渔业生产，pH 小于 4.8 时，鱼类就会消失；腐蚀建筑物、工厂设备和文化古迹；危害人类健康。因此，酸雨会破坏生态平衡，造成很大的经济损失。此外，酸雨可随风飘移而降落到几千公里之外，导致更大范围的公害。因此，酸雨已被公认为全球性的重大环境问题之一。

我国的能源结构以煤为主，产生的 SO_2 在大气中通过各种途径快速转化为硫酸和硫酸盐气溶胶，导致降水酸化，造成了近 1/3 的国土面积变成酸雨区。我国的酸雨主要分布在长江以南、青藏高原以东和四川盆地。华中地区酸雨污染最严重，其中心区域酸雨年均 pH 低于 4.0，酸雨出现频率高于 90%，已到了几乎“逢雨必酸”的程度。

(4) 臭氧层破坏。大气中的臭氧主要集中在平流层，平流层中臭氧占大气总量的 91%，在距离地面 20～25km 的范围内浓度较大。氧吸收太阳紫外线辐射而生成数量可观的臭氧(O_3)，其过程可表示如下：

$$O_2 + h\nu \longrightarrow 2O \qquad (\lambda \leqslant 243\text{nm})$$

$$2O + 2O_2 + M \longrightarrow 2O_3 + M$$

臭氧层是非常重要的,它吸收太阳光中的高能量紫外线,从而防止紫外线对地球上包括人在内的所有生物的伤害。近二十多年来的研究结果证实,臭氧层已经开始变薄,乃至出现有点像一个"空洞"的极其稀薄的区域。1985 年,科学家发现南极上方出现了面积与美国大陆相近的臭氧层空洞,此后又发现,空洞并非固定在一个区域内,而是每年在移动,且面积不断扩大。臭氧层变薄和出现空洞,就意味着有更多的紫外线到达地面。紫外线对生物具有破坏性,对人的皮肤、眼睛,甚至免疫系统都会造成伤害;强烈的紫外线还会影响鱼虾类和其他水生生物的正常生存,甚至造成某些生物的灭绝,而且严重阻碍各种农作物和树木的正常生长。

大气化学研究既揭开了臭氧层空洞之迷,也提出了保护臭氧层的途径,其中各国参与签订的《蒙特利尔协定书》就是一项重要成果。联合国环境计划署对臭氧消耗所引起的环境效应做了估计,认为臭氧每减少 1%,具有生理破坏力的紫外线将增加 1.3%,因此,臭氧的减少对动植物尤其是人类生存的危害是公认的事实。保护臭氧层须依靠国际大合作,并采取各种积极、有效的对策。1977 年,联合国通过了《臭氧层行动世界计划》,并成立"国际臭氧层协调委员会"。1985 年和 1987 年分别签署了《保护臭氧层维也纳公约》和《消耗臭氧层物质的蒙特利尔议定书》。1995 年在维也纳公约签署的 10 周年之际,150 多个国家参加的维也纳臭氧层国际会议规定,将发达国家全面停止使用氟氯烃(CT-C)的期限提前到 2000 年;发展中国家则在 2016 年冻结使用,2040 年淘汰。我国也积极参与了国际保护臭氧层合作,并制订了《中国逐步淘汰消耗臭氧层物质国家方案》。

7.2.2 水环境污染

水是构成地球的重要组成部分,是世界上分布最广的资源,也是人类赖以生存的珍贵资源。人类的生产和生活用水基本上都是淡水,但地球上全部地面和地下的淡水量的总和仅占总水量的 0.64%。随着人口增加、社会发展和生活水平的提高,用水量不断上升,水资源日趋短缺,世界各国都越来越重视水资源的利用。我国人均水资源为 $2700m^3$,仅为世界人均占有量的 1/4,居世界第 110 位,已成为水资源严重短缺的国家之一。

1. 自然界中的水循环

自然环境中的水存在于地表(江、河、湖、海)、大气(云、雾、雨、雪)以及地壳中(地下水)。它们彼此之间关系极为密切,在自然界中不断运动,相互转化。在太阳热能的作用下,水从海洋、河流、湖泊等广大的水面、陆地表面以及植物的叶子和茎杆的蒸发和蒸腾中,形成水蒸气而进入大气层,在大气环流——风的推动下,到处传播,遇冷凝结,以雨、雪等形式降落到地面。这种大气降水,一部分流入江河、湖海，一部分透过土壤，渗入沙砾岩层，成为土壤水或地下水。这些水一部分经植物吸收后由枝叶蒸腾作用重新返回到大气圈，一部分从地面直接散失，一部分由江河湖海水面蒸发而入大气圈中，形成了自然界中水的循环(图 7-1)。由此可见，水的自然循环是依靠其气、液、固三态易于转化的特性，借助于太阳辐射和重力作用所提供的转化和运动能量来实现的。

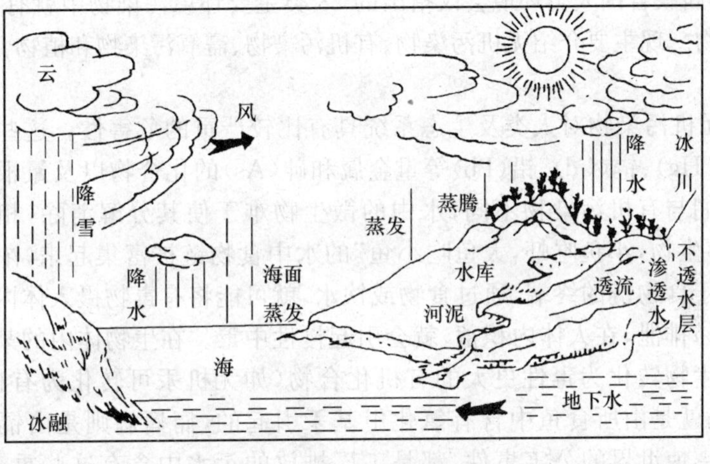

图 7-1　自然界中水的循环

水循环过程既受到气象条件(如温度、湿度、风向、风速)和地理条件(如地形、地质、土壤)等自然因素的影响，也受到人类活动的影响。例如，构筑水库、开凿河道、开发地下水等，都会导致水的流经路线、分布和运动状况的改变；发展农业或砍伐森林会引起水的蒸发、下渗、径流等变化。人类的生产和生活中排出的化学污染物，最终都以各种形式进入水的循环后，通过水循环而迁移和扩散。因而水的循环对生态系统，对人类生存的环境质量都有着显著的影响。

2. 水污染

水污染指水体因某种物质的介入而导致其物理、化学、生物或者放射性等方面特性的改变，从而影响水的有效利用，危害人体健康或破坏生态环境，造成水质恶化的现象。据世界卫生组织报道，约 75%左右的疾病与水有关。水污染主要是由人为污染造成的。人为污染是指人类生活和生产活动中产生的废物对水体的污染，包括生活污水、工业废水、农田排水和矿山排水等。此外，废渣和垃圾倾倒在江河中或岸边，或堆积在土地上，经降雨淋洗流入水体，也会造成污染。

水体的污染源可按其来源分为生活污染源、工业污染源和农业污染源三类。按照造成水污染的方式可分为直接污染或间接污染。直接往江河湖泊及大海排放污水废渣，放射性物质降落或水体底泥中含放射性物质，海难事件中原油的泄漏等,均属直接污染;向天空排放废气,垃圾场的污水,酸雨、酸雾等是通过大气、土壤的转化而污染地表水及地下水,此类属间接污染。

3. 主要的水环境污染物

造成水体污染的各种物质或能量都可称为水体污染物。水体污染物的种类繁多,在第一届联合国人类环境会议指出的28类主要环境污染物中就有19类属于水体污染物。现主要介绍无机污染物、有机污染物、需氧污染物和植物营养物质等几类。

(1) 无机污染物对人类及生态系统具有比较严重的危害性。这些污染物主要包括汞(Hg)、镉(Cd)、铅(Pb)等重金属和砷(As)的化合物以及氰根(CN^-)离子等。它们与有机污染物不同,水中的微生物难于使其分解消除,相反却经过"虾吃浮游生物,小鱼吃虾,大鱼吃小鱼"的水中食物链被富集起来,浓度逐级加大。人处于食物链的终端,通过食物或饮水,就可能将有毒物摄入体内。若这些有毒物不易排泄,在人体内积蓄,就会引起慢性中毒。在生物体内的某些重金属还可被微生物转化为毒性更大的有机化合物(如无机汞可转化为有机汞)。例如,水俣病就是由所食鱼中含有氯化甲基汞引起的,痛痛病则是由镉污染引起的。许多震惊世界的公害事件,都是工厂排放的污水中含有这些重金属所致。重金属污染物的毒害不仅与其摄入机体内的数量有关,而且与其存在形态有密切关系,不同形态的同种重金属化合物其毒性可以有很大差异。例如,有机汞的毒性明显大于二价汞离子的无机盐;砷的化合物中三氧化二砷(As_2O_3,砒霜)毒性最大;钡盐中的$BaSO_4$因其溶解度小而无毒性;$BaCO_3$虽然难溶于水,但能溶于胃酸,所以和$BaCl_2$一样有毒。无机污染物中氰化物的毒性很强,氰化物以各种形式存在于水中,人中毒后,会造成呼吸困难、全身细胞缺氧,最终窒息死亡。氰化物主要来自各种含氰化物的工业废水,如电镀废水、煤气厂废水、炼焦炼油厂和有色金属冶炼厂等的废水。

(2) 水体中有机污染物主要包括农药、石油、酚类等化合物。它们在水中含量不高,但残留时间长,可造成慢性中毒。生活中常用的洗涤剂也属此类。肥皂和洗涤剂是日常生活中不可缺少的洗涤用品。肥皂为脂肪酸的钠、钾或铵盐,而合成洗涤剂的主要成分是表面活性剂。表面活性剂分子中同时具有亲水基团和憎水基团,如烷基苯磺酸钠,它的结构为$R—SO_3^- Na^+$。R通常是一个很长的烃链,是憎水基团,$—SO_3^-$是亲水基团。它和硬水中的离子形成的烷基苯磺酸盐能溶于水,性能优于肥皂。为了改善洗涤剂的功能,在日用洗涤剂中还加有聚磷酸盐、硫酸钠、碳酸钠、羧甲基纤维素钠、荧光增白剂、香料等辅助剂。洗涤剂进入人体的途径主要是饮水、食物污染,是通过消化道进入人体的,其次是皮肤的接触吸收。表面活性剂对人体皮肤有一定的刺激作用,在水中会使鱼类中毒,当其在水体中含量达

到 $10mg \cdot dm^{-3}$ 时，就会引起鱼类死亡和水稻减产。此外合成洗涤剂在其分解的过程中，还要消耗水中的溶解氧，同时由于洗涤剂覆盖水面也降低了水的复氧速度和程度，影响水生生物及鱼类的生存。洗涤剂中含量较高的磷酸盐随着洗涤污水排入水体中后，还会使水体富营养化。如今水体中磷的含量约有一半来自人类生活用的合成洗涤剂，因此减少洗涤剂中的含磷量是防止水体发生富营养化、保护水质的重要措施。

水体污染物中有些来自城市生活污水及食品、造纸、印染等工业废水的有机物，主要为碳氢化合物、蛋白质、脂肪、纤维素等有机物质，本身无毒性，但在分解时需消耗水中的溶解氧，故称为需氧污染物。天然水体中溶解的氧含量一般为 5～$10mg \cdot dm^{-3}$，当大量需氧污染物排入水体后，因水中溶解的氧急剧减少，导致水体出现恶臭，进而破坏水体生态系统，对渔业生产造成严重影响。这类物质对水体的污染程度，可间接地用单位体积水中需氧物质生化分解过程所消耗的氧量，即生化需氧量(BOD)来表示。一般以水温在 20℃时，五天的生化需氧量(BOD_5)作为指标，来反映需氧污染物的含量与水体污染的关系。多数情况下，水体中的 BOD_5 低于 $3mg \cdot dm^{-3}$ 时，水质较好。BOD_5 越高，水质越差；BOD_5 达到 $7.5mg \cdot dm^{-3}$ 时，水质不好；大于 $10mg \cdot dm^{-3}$ 时，水质很差，鱼类已不能存活。此外视污染物的具体情况，还可用化学需氧量(COD)等指标来表示。

(3) 水中植物营养物质主要指氮、磷。除自然因素外，氮磷肥的使用、农业废弃物、城市工业废水和生活废水是污染的主要来源。水中氮以有机氮、NH_4^+、NO_2^- 及 NO_3^- 等几种形式存在。有机氮在生物体内经过代谢，以 NH_4^+、NH_3 的形式排出，在水环境中经亚硝化菌和硝化菌的作用，依次转变为 NO_2^- 和 NO_3^-。水中磷主要以 $H_2PO_4^-$、HPO_4^{2-}、PO_4^{3-} 和有机磷的形式存在。水中磷酸容易与 Ca^{2+}、Fe^{3+} 等生成难溶盐沉积于底泥中，但在一定条件下 PO_4^{3-} 又可重新转移到水中。氮和磷是造成水体中养分过多并达到有害程度的主要因素。从藻类原生质的组成 $C_{106}H_{262}O_{110}N_{16}P$ 可以看出，在自然环境中每生产 1kg 这种藻类，就需要碳 358g、氢 74g、氧 496g、氮 63g、磷 9g。可见氮和磷最容易超过限量，当水中氮超过 $0.2mg \cdot dm^{-3}$、磷过 $0.02mg \cdot dm^{-3}$ 时，就可造成水体富营养化。此时，水面藻类异常增殖，成片覆盖水面，湖面上称为水华，海湾或河口区域则称为赤潮。富营养的水体的透明度下降，溶解氧急剧减少，水质恶化，鱼类生存受到严重威胁。2006 年，太湖蓝藻爆发，导致无锡市民饮水困难，一时形成"无锡水贵"的现象，就是由于太湖水体的富营养化造成的。

7.2.3　固体废弃物

固体废弃物是指人类在生产建设、日常生活和其他活动中产生和排放的污染环境的固态、半固态废弃物质。由于液态废物(排入水体的废水除外)和置于容器中的气态废物(排入大气的废物除外)的污染防治适用于《中华人民共和国固体废物污染环境防治法》,所以有时也把这些废物称为固体废物。固体废弃物是污染环境的重要污染源。目前,我国的整体处理和处置水平还较低,综合利用少,由于固体废弃物占地多、危害严重,已成为我国主要环境问题之一。

1. 固体废弃物种类与来源

在生产、加工、流通、消费以及生活等过程中提取目的组分后,弃去的固体和泥浆状物质,包括从废水、废气中分离出来的固体颗粒物称为固体废弃物。实际上所谓废弃物只是在某个系统内不可能再加以利用的物质,而不是指在一切使用过程中都不可能再加以利用。比如,城市垃圾经过适当处理可作为优质的肥料供植物生长,工业废料同样可以经过挑选加工成为原料来生产产品。所以废弃物被称作"放在错误地点的原料"更加确切。

固体废物可分成有害废物和一般废物,凡是有毒性、腐蚀性、反应性、易燃性、浸出毒性、放射性的废物,都被列为有害废物。固体废弃物主要来源于人类的生产和生活活动,种类极为复杂。见表7-2。

表 7-2 固体废弃物的来源和主要组成

发生源	产生的主要固体废物
矿业	废石、尾矿、金属、废木、砖瓦和水泥、砂石等
冶金、金属结构、交通、机械等工业	金属、渣、砂石、陶瓷、涂料、管道、绝热和绝缘材料、黏结剂、污垢、废木、塑料、橡胶、纸、各种建筑材料、烟尘等
建筑材料工业	金属、水泥、黏土、陶瓷、石膏、石棉、砂、石、纸、纤维等
食品加工业	肉、谷物、蔬菜、硬果壳、水果、烟草等
橡胶、皮革、塑料等工业	橡胶、塑料、皮革、纤维、染料等
石油、化学工业	化学药剂、金属、塑料、橡胶、陶瓷、沥青、石棉、涂料等
电器、仪器、仪表等工业	金属、玻璃、废木、橡胶、塑料、化学药剂、研磨料、陶瓷、绝缘材料等
纺织服装工业	纤维、金属、橡胶、塑料等
造纸、木材、印刷等工业	刨花、锯末、岁暮、化学药剂、金属、塑料等
居民生活	食物、纸、木、布、庭院植物修剪物、金属、玻璃、塑料、陶瓷、燃料灰渣、脏土、碎砖瓦、废器具、粪便等
商业、机关	同上,另有管道、碎砌体、沥青及其他建筑材料,含有易燃、易爆、腐蚀性、放射性废物以及废汽车、废电器、废器具等
市政维护、管理部门	碎砖瓦、树叶、死禽畜、金属、锅炉灰渣、污泥等
农业	秸秆、蔬菜、水果、果树剪枝、人和禽畜粪便、农药等
核工业和放射性医疗单位	金属、含放射性废渣、粉尘、污泥、器具和建筑材料等

引自:中国大百科全书·环境科学卷.北京:大百科全书出版社.1989:132。

2. 固体废弃物的危害

固体废弃物对人类环境的危害是多方面的，从其对各环境要素的影响看，主要表现为以下几个方面：

(1) 侵占土地。固体废弃物不加利用，须占地堆放。堆积量越大，占地越多。据估计，每堆积 10^4 吨废渣，约占地一亩。到 1988 年，我国约已积存的固体废物已达 66 亿吨以上，占地 5300 公顷以上，其中农田达 450 公顷。

(2) 污染土壤。固体废弃物不仅占用了大量的土地，而且废弃物经雨淋湿浸出毒物，使土地毒化、酸化或碱化。其污染面积往往超过所占土地的数倍，从而改变了土壤的性质和土壤结构，影响土壤微生物的活动，妨碍植物根系的生长。有些污染物质在植物机体内积蓄和富集，通过食物链影响到人体健康。此外还能滋生蚊蝇，传播大量的病源体，引起疾病。

(3) 污染水体。含有有毒有害物的固体废弃物直接倾入水体或不适当堆置而受到雨水淋溶或地下水的浸泡，使固体废弃物中的有毒有害成分浸出而引起水体污染。山东胶东湾东岸沿线倾填固体废弃物破坏了滩涂资源和原有的生态环境，而且海水长期冲刷浸泡溶出，造成污染物迁移，使潮间带和近海水域环境受到了严重的污染。锦州某铁合金厂堆存的铬渣，使近 20 平方公里范围内的水质遭受重金属六价铬污染，致使 7 个自然村屯 1800 眼水井的水不能饮用。

(4) 污染大气。固体废弃物对大气的污染也是极为严重的。固体废弃物中的尾矿粉煤灰，干污泥和垃圾中的尘粒将随风飞扬，进而移往远处，如粉煤灰、尾矿堆场遇 4 级以上风力，可剥离 1～1.5cm 厚度，灰尘飞扬高度达 20～50m；有些地区煤矸石因含硫量高而自燃后释放出大量的二氧化硫。化工和石油化工中的多种固体废弃物本身或在焚烧时也能散发毒气和臭味，恶化周围的环境。

7.3　环境污染的治理

7.3.1　大气污染的治理

大气中的污染物主要以颗粒污染物和气态污染物两种存在状态，其治理方法可概括为两大类。

1. 颗粒污染物控制方法

颗粒污染物的控制方法常称除尘法。除尘的方法和设备种类很多，各具不同的性能和特点。在选择具体的方法和设备时，不仅需考虑当地大气环境质量、相关环境标准和排放标准、设备的除尘效率及有关经济技术指标，还需要了解尘的特性及含尘气体的化学组成等。常见的除尘方法和设备主要有以下五类：

(1) 重力沉降法：利用含尘气体中的颗粒受重力作用而自然沉降的原理，从气体中分离颗粒污染物的方法。重力沉降室是空气污染控制装置中最简单的一种，其结构简单，投资少，气流阻力小，可处理高温气体；但其设备庞大，占地面积大，沉降效率低，一般只能除去 50μm 以上的大颗粒。因此，重力沉降主要用于初级除尘。

(2) 旋风除尘法：利用旋转的含尘气流所产生的离心力，将颗粒污染物从气体中分离的方法。旋风除尘器结构简单、占地面积小、投资低、操作维修方便，可用各种材料制造，能用于高温、高压及有腐蚀性气体，并具有可直接回收干颗粒物的优点。

(3) 湿式除尘器：利用含尘气流与水或某种液体密封接触，使尘粒从废气中分离的装置。其优点是除尘时可去除某些气态污染物，效率高，投资低；但能耗大，废液和泥浆需要处理，金属设备易被腐蚀，在寒冷地区使用有可能发生冻结等问题。常用的有冲击式、泡沫式和文氏管除尘器。

(4) 过滤式除尘器：利用多孔过滤介质将尘粒从含尘气体中分离的净化装置，其一次性投资少，运行费用低。

(5) 静电除尘器：利用高压电场使尘粒荷电并从气流中分离出来的除尘装置。

2. 气态污染物治理方法

有害气体种类很多，可根据它们的物理、化学性质分别采用吸收、吸附或化学转化等技术。常用的有冷凝、燃烧、催化、吸收和吸附等，这里只作简要介绍。

(1) 冷凝法：通过降低温度，使有害气体或蒸气态的物质冷凝成液体从废气中去除的方法。设备简单，可回收产品且不会引起二次污染，但有害气体浓度低时则不太经济。

(2) 燃烧法：通过氧化燃烧或高温分解使废气中的有害成分转化为无害物质的方法。对于含可燃气体(含碳氢的气态物质)浓度较高、发热量较大的废气可用直接高温燃烧处理，如炼油厂的废气。对于浓度低的可采用催化燃烧法，在催化剂作用下使可燃有害气体在较低温度下燃烧。

(3) 催化法：在催化剂作用下，将废气中的有害气体发生化学反应转变为无害物质或转化为易于去除物质的方法。催化法分为催化氧化和催化还原两种。催化氧化法是使有害气体在催化剂作用下和氧气发生化学反应，如汽车尾气中的一氧化碳和碳氢化合物在催化剂作用下被转化为水和二氧化碳。催化还原法是使有害气体在催化剂作用下与还原性物质发生化学反应，如用氨将氮氧化物催化还原为氮气和水。

(4) 吸收法：利用溶液或溶剂吸收废气中的有害气体，将有害组分从废气流中分离的方法。如用氨水吸收二氧化硫。

(5) 吸附法:利用多孔性固体吸附剂来吸附废气中的有害气体,大多数有害气体都可用吸附法处理。由于吸附剂具有高的选择性和高的分离效果,所以吸附法常用于用其他方法难以分离的低浓度有害物质和排放标准要求严格的废气处理,例如,用吸附法回收或净化废气中有机污染物。

7.3.2 水污染的治理

水污染的治理是一个大的系统工程,涉及面比较广,这里简要介绍废水在排放前的处理方法。

1. 废水的处理原则

废水的处理原则,首先是从清洁生产的角度出发,改革生产工艺和设备,减少污染物,防止废水外排,进行综合利用和回收。对必须外排的废水,其处理方法随水质和要求而异。废水中存在有各种各样的污染物质,一般不可能用一种处理单元就能够把所有的污染物质去除干净。一种废水往往需要通过由几种方法和几个处理单元组成的处理系统处理后,才能够达到排放要求。采用哪些方法或哪几种方法联合使用,需根据废水的水质和水量、排放标准、处理方法的特点、处理成本和回收经济价值等,通过调查、分析、比较后决定,必要时先进行小试、中试等试验研究。

2. 废水的处理方法

针对废水中的不同污染物质特性,开发了各种废水处理方法,特别是对化工废水的处理,这些方法可分为三大类,即物理法、化学法和生化法。

物理法是利用物理作用来处理、分离和回收废水中污染物(包括油膜和油珠)的废水处理法。例如,应用沉降法除去密度大于水的悬浮颗粒物,应用气浮法则可分离乳状油滴和密度接近于水的悬浮物。

化学法是利用化学反应或物理化学作用处理可溶性或胶状污染物将其转化为无害物质的废水处理法。例如,用中和法处理酸性或碱性废水,用萃取法分离回收酚类和一些有机化合物,用离子交换法处理含氟废水等。

生化法是利用微生物的生化作用降解废水中的有机污染物使其转化为稳定、无害的物质的废水处理方法。根据起作用的微生物不同,又可分为好氧生化处理法和厌氧生化处理法。目前,广泛使用的是好氧法。例如,用生物滤池法、活性污泥法来处理生活污水和食品工业废水,将有机污染物转化为 CO_2,使废水得到净化。

3. 废水处理的分级

废水的处理程度一般可以分为三级。一级处理的任务是从废水中去除漂浮物和部分悬浮状态的污染物(如浮油、重油等),调节 pH、以减轻废水的腐化程度和后续处理的工业负荷。二级处理主要是去除废水中的大量有机物,使废水在一级处理的基础上得到进一步净化。二级处理通常采用生物化学法。经二级处理后,废水的 BOD 和部分 COD 大为减少,BOD 可去除 80%～95%。三级处理是废水的高级处理措施,主要任务是去除二级处理中未能去除的污染物,包括微生物未能降解的有机物、磷、氮和可溶性无机物,使废水质量达到排放的标准。

7.3.3 固体废弃物处理方法

固体废弃物的处理方法包括处理、处置两个方面。废弃物处理是通过物理、化学和生化等不同方法,使废弃物转化成为适于运输、储存、资源化利用以及最终处置的一种过程。此外由于固体废弃物来源和种类的多样化和复杂性,其处理和处置方法还应根据各自的特性和组成进行优化选择。固体废弃物常用的处理方法有以下几种:

(1) 压实:亦称压缩,是用物理方法提高固体废弃物的聚集程度,增大其在松散状态下的容重,减少固体废弃物的容积,以便于利用和最终处置。

(2) 破碎:指用机械方法将废弃物破碎,减小颗粒尺寸,使之适合于进一步加工或能经济地再处理。所以通常不是最终处理,而往往作为运输、储存、焚烧、热分解、熔融、压缩、磁选等的预处理过程。这一技术在固体废弃物的处理和处置过程中,应用已相当普及,技术亦相当成熟。按破碎的机械方法不同分为剪切破碎、冲击破碎、低温破碎、湿式破碎、半湿式破碎等。

(3) 焚烧:是一种高温处理和深度氧化的综合工艺,通过焚烧(温度在 800～1000℃)使其中的化学活性成分被充分氧化分解,留下的无机成分(灰渣)被排出。在此过程中废弃物的容积减少,毒性降低,同时可回收热量及副产品的双重功效。而今城市垃圾的焚烧已成为城市垃圾处理的三大方法之一,在处理垃圾方面的技术地位仅次于填埋。

(4) 热解法:是在氧分压较低的条件下,利用热能使可燃性化合物的化合键断裂,由相对分子质量大的有机物转化成相对分子质量小的燃料,如气体、油、固形碳等。与焚烧不同,焚烧是在氧分压比较高的条件下使有机物在高温下完全氧化,生成稳定的 CO_2 和 H_2O,同时释放能量。

(5) 堆肥法:是依靠自然界广泛分布的细菌、放线菌、真菌等微生物,人为地促进可被生物降解的有机物向稳定的腐殖质转化的生物化学过程。其产物称为堆肥,可作为土壤改良剂和肥料,防止有机肥力减退,维持农作物长期的优质高产。

7.4　绿色化学与可持续发展战略

在传统化学工业中，物质经过化学变化或处理转化成对人类有用的各种产品。目前，世界上的各类化工产品数量已达到 7 万种之多，总产值约 1 万亿美元。毫无疑问，化学品极大地丰富了人类的物质生活，提高了生活质量，并在控制疾病、延长寿命、增加农作物产量、食品储存和防腐等方面起到了重要作用；但与此同时，在生产、使用这些化学品的过程中也产生了大量的废物，污染了环境。据报道，全世界每年生产的危险废物达 3 亿～4 亿吨，给人类带来了严重的灾难。那么，化学工业能否洁净地制造化学产品？化学家能否控制害虫而不危害人类的生存安全？新合成的化学品能否不破坏环境，或不会产生不良的生物效应？答案是肯定的。

7.4.1　清洁生产与绿色化学

20 世纪，科学技术取得了最辉煌的成就，化学是其中一个重要领域。在 20 世纪所合成的化学产品远远超过人类以往历史上的总和。但与此同时，化学工业的发展也带来了不少负面影响，主要表现在对环境的污染和生态的破坏。这已经引起世界各国的重视，提出了控制和治理污染的多种方法和措施。然而单纯依靠开发更有效的污染控制和治理技术来达到改善环境的目的是远远不够的。

要从根本上解决工业污染的问题，须在污染前采取防止对策，而不是在污染后采取措施治理，将污染物消除在生产过程之中，实行工业生产全过程控制。这是 20 世纪 80 年代以来发展起来的一种新的、创造性的保护环境的战略措施。美国首先提出清洁生产的初期思想，这一思想一经出现，便被越来越多的国家接受和实施。为此，联合国环境规划署与环境规划中心（UNEPIE/PAC）综合各种说法，采用了“清洁生产”这一术语，来表征从原料、生产工艺到产品使用全过程的广义的污染防治途径，给出了以下定义：清洁生产是指将综合预防的环境保护策略持续应用于生产过程和产品中，以期减少对人类和环境的风险。清洁生产包含了两个全过程控制：生产全过程和产品整个生命周期全过程。对生产过程而言，清洁生产包括节约原材料和能源，淘汰有毒有害的原材料，并在全部排放物和废物离开生产过程以前，尽最大可能减少它们的排放量和毒性。对产品而言，清洁生产旨在减少产品整个生命周期过程中从原料的提取到产品的最终处置对人类和环境的影响。根据经济可持续发展对资源和环境的要求，清洁生产谋求达到两个目标：①通过资源的综合利用，短缺资源的代用，二次能源的利用，以及节能、降耗、节水，合理利用自然资源，减缓资源的耗竭。②减少废物和污染物的排放，促进工业产品的生产，消耗过程与环境相融，降低工业活动对人类和环境的风险。

从 20 世纪 80 年代，世界各国都相继制定法规来保护环境和推行清洁生产。

1992 年,联合国在巴西召开的“环境与发展大会”提出了全球环境与经济协调发展的新战略,中国政府积极响应,于 1994 年提出了“中国 21 世纪议程”,将清洁生产列为重点项目之一。目前,我国已在纺织、印染、化工、石化、钢铁、造纸等几十个行业的 100 多家企业中进行了清洁生产审核示范,取得了显著的经济效益和环境效益。清洁生产在控制污染和保护环境方面取得了一些进展,但有些生产工艺仍免不了有末端处理的问题,因此发展绿色化学才是治理污染和保护环境最有效的办法。

绿色化学是 20 世纪 90 年代出现的一个多学科交叉的研究领域。绿色化学又称环境友好化学,包括三个方面的内容:①原料的绿色化,即采用无毒、无害原料,利用可再生资源。②化学反应的绿色化,指化学反应以“原子经济性”为基本原则,即在获取新物质的化学反应中,充分利用参与反应的每个原料的原子,实现零排放;反应过程不产生其他副产品;反应采用无毒、无害的溶剂、助剂和催化剂。③产品的绿色化,即生产无毒、无害,有利于保护环境和人类安全的环境友好产品。绿色化学的核心是利用化学原理从源头上减少和消除工业生产对环境的污染。按照绿色化学的原则,在理想的化工生产方式是:反应物的原子全部转化为期望的最终产物。它不仅将为传统化学工业带来革命性的变化,而且将推进绿色能源工业和绿色农业的建立与发展。

绿色化学是彻底消除污染的化学,是 21 世纪化学研究和化学工业生产技术发展的目标。它不仅要求化学家研究化学品生产的可行性和实现途径,还要考虑和设计符合绿色要求、对环境友好的化学过程和产品。绿色化学给化学家提出了一项新的挑战,国际上对此很重视。1996 年,美国设立了“绿色化学挑战奖”,以表彰那些在绿色化学领域中做出杰出成就的企业和科学家,并首次授予了 Monsanto 公司、Dow 化学公司、Robin&Haas 公司、Donlar 公司和 Taxas A&M 大学的 Holtapple 教授。英国创刊了《绿色化学》杂志,日本实施了“新阳光计划”,我国也设立了以绿色化学为主题的国家重大基础研究项目。

在绿色化学领域中,化学家已经做了很多工作。例如,传统的氨基二乙酸钠的合成需用剧毒的氢氰酸、氨和甲醛为原料,美国 Monsanto 公司开发了从无毒无害的二乙醇胺出发,催化脱氢安全生产氨基二乙酸钠的技术。DOW 化学公司用 CO_2 代替对生态环境有害的氟氯烃作为苯乙烯泡沫塑料的发泡剂。在异氰酸酯的生产过程中,过去一直用剧毒的光气为原料,现在化学家发明了用 CO_2 和胺催化合成异氰酸酯的环境友好化学工艺。此外在可降解塑料方面也取得相当大的进展,其成品包括生物降解塑料、光降解塑料、光一生物降解塑料等类型。生物降解塑料是由天然微生物(如细菌、真菌和藻类)的作用而引起降解的一类塑料。在绿色化学产品方面,化学家还研制成功了 CFCs 的替代品——氢碳氟化合物(HFCs)和氯碳氟化合物(HCFCs),它们对降低臭氧层的破坏和减少温室效应有着积极的作用。

经过十多年的研究和探索，绿色化学的研究者们总结出了绿色化学的 12 条原则，这些原则可作为实验化学家开发和评估一条合成路线、一个生产过程、一个化合物是不是绿色的指导方针和标准。在能源、化工、冶金、材料、制药等领域里的绿色化学都是 21 世纪的重大课题。但毫无疑问的是，21 世纪的化学研究和化工生产必将沿着保护生态环境的绿色化学方向前进。

7.4.2　可持续发展

发展是人类社会不断进步的永恒主题。人类在与自然界的长期斗争中已取得了一次又一次的胜利，但同时也吞咽着自然界报复的恶果：全球气候变暖、臭氧层破坏，酸雨污染、土地沙漠化、生物物种锐减、海洋与淡水资源的污染、有毒化学品的危害等等。人类面临着历史性的抉择：一是坚持传统发展思想，继续实施现行的政策，使我们赖以生存的地球生态系统进一步恶化，最后自我毁灭、自我消亡；一是彻底抛弃传统的发展思想，依据可持续发展的科学理论，努力建设一个更为安全与繁荣的良性循环的生存环境。

1972 年 6 月，在瑞典首都斯德哥尔摩召开了联合国人类环境会议，有 113 个国家派代表出席了会议。这次会议提出了响彻世界的环境保护口号："只有一个地球"，唤起了人们的环境意识，会议还公布了著名的《人类环境宣言》等一系列文件，将每年的 6 月 15 日定为世界环境日。1987 年 4 月 27 日，世界环境与发展委员会发表了一份题为《我们共同的未来》的报告，提出了"可持续发展"的战略思想，确定了"可持续发展"的概念。所谓"可持续发展"，就是"既满足当代人的需要，又不对后代人满足其需要能力构成危害的发展。"大会文件指出可持续发展是 20 世纪末，更是 21 世纪所有国家共同的发展战略，是整个人类求得生存与发展的唯一可供选择的途径。1992 年 6 月，在巴西首都里约热内卢召开的联合国环境与发展大会，178 个成员国派出了代表团，大会通过了《里约热内卢环境与发展宣言》以及《21 世纪议程》。大会把环境与经济社会发展结合起来研究，对"协调发展"取得了共识，找到了在发展中解决环境问题的正确道路，即被普遍接受的"可持续发展战略"。这是人类文明进步的历史性的重大转折，是人类诀别传统发展和开拓现代文明的一个重要的里程碑。

可持续发展的含义深刻、内容丰富，主要指的是社会、经济、人口、资源和环境的协调发展。目的是发展，关键在可持续。它主张世界上任何国家、地区的发展不能以损害别的国家、地区的发展能力为代价，当代人的发展不能以损害后代人的发展能力为代价。可持续发展所要解决的核心问题有人口问题、资源问题、环境问题与发展问题，简称 PRED 问题。其核心思想是：人类应协调人口、资源、环境和发展之间的相互关系，在不损害他人和后代利益的前提下追求发展。其目标是保证世界上所有的国家、地区、个人拥有平等的发展机会,保证我们的子孙后代同样拥有发展的条件和机会。为了实现这一目标,就必须做到人与自然和谐相处,认识到对自然、社会和子孙后代的应负的责任,并有与之相应的道德水准。在使用自然资源时必须注意对可再生资源,其利用率必须在再生和自然增长的限度内,使其不会耗竭;对不可再生资源,其消耗的速率应考虑资源的有限性,以确保在得到可接受的替代物之前,资源不会枯竭。

2003 年 10 月召开的中国共产党十六届三中全会提出了科学发展观,并把它的基本内涵概括为"坚持以人为本,树立全面、协调、可持续的发展观,促进经济社会和人的全面发展",坚持"统筹城乡发展、统筹区域发展、统筹经济社会发展、统筹人与自然和谐发展、统筹国内发展和对外开放的要求"。中国共产党第十七次全国代表大会将科学发展观写入党章,也成为我国发展的长期战略。科学发展观的理论核心有两点,一是努力把握人与自然之间关系的平衡,寻求人与自然的和谐发展及其关系的合理性存在。二是努力实现人与人之间关系的协调。有效协同"人与自然"的关系,是保障可持续发展的基础;而正确处理"人与人"之间的关系,则是实现可持续发展的核心。

7.4.3 可参考的文献和相关网站

钱易,唐效炎. 2000. 环境保护与可持续发展. 北京:高等教育出版社
戴树桂. 1997. 环境化学. 北京:高等教育出版社
马光. 2000. 环境保护与可持续发展导论. 北京:科学出版社
刘绮. 2004. 环境化学. 北京:化学工业出版社
中华人民共和国环境保护部网站:http://www.zhb.gov.cn/
中文《环境保护》杂志社网站:http://www.china-hjbh.com/
联合国环境规划署(UNEP)网站:http:/www.unep.org/
美国环境保护署网站:http:www.epa.gov/
欧洲环境保护署网站:http://www.eea.dk/
中华环境保护基金会网站:http://www.cepf.org.cn/
中国环境与发展国际合作委员会网站:http://www.cciced.org/

习　题

1. 简述生态系统的组成和作用。
2. 大气污染物主要有哪些类型?举几个大气污染的具体实例说明保护大气环境的必要性和紧迫性。
3. 简述温室效应的特征以及对环境的影响。

4. 水体污染物主要有哪些类型？
5. 简述固体废弃物的种类和危害。
6. 固体废弃物又称为“放在错误地点的原料”，你是如何看待的？
7. 什么是绿色化学？有何特点和意义？
8. 简述为什么要实行可持续发展。

第 8 章　化学与能源

8.1　能 源 概 述

能源(energy source)是指可以为人类提供能量的资源。它是人类生存和发展的重要物质基础,是从事各种经济活动的原动力,也是社会发展水平的重要标志。每一次能源技术的创新和变革都为人类社会进步带来重大而深远的影响。目前,能源、材料、信息被称为现代社会发展的三大支柱,国际上往往以能源的人均占有量、能源构成、能源使用效率和对环境的影响等因素来衡量一个国家现代化的程度。

8.1.1　能源发展史

根据不同历史阶段所使用的主要能源,可以分为柴草时期、煤炭时期和石油时期。从火的发现到 18 世纪的产业革命间,柴草一直是人类利用的主要能源。18 世纪下半叶,随着蒸汽机的发明与使用,煤炭随之成为世界能源的主力军。到了第二次世界大战以后,随着柴油机的发明和广泛使用,石油的消费很快超过了煤炭,在世界能源消费结构中跃居首位,标志着人类社会进入了石油时期。

8.1.2　能源的分类

能源的种类很多,如我们熟悉的柴草、煤炭、石油、天然气、太阳能、电能、水能、核能以及风能、地热能、潮汐能等。根据其来源,可以将它们分为三大类:第一类来自地球以外的天体,主要是太阳辐射能以及由它转化而来的能源,如化石燃料,风能、水能等;第二类是地球本身蕴藏的能量,如地热能和原子核能;第三类是由于地球和其他天体相互作用而产生的能量,如潮汐能。按其形成条件,我们把从自然界直接取得而不改变其基本形态的能源称为一次能源(primary energy),如煤炭、天然气、石油等;而需依靠其他能源经加工、转换而得到的能源,称为二次能源(secondary energy),如焦碳、电力、汽油、煤气等。根据被利用的程度来分,可以分为常规能源和新能源。常规能源是指已广泛应用的能源,现阶段是指煤、石油、天然气和水能等,新能源是目前尚未大规模利用而有待进一步研究、开发和利用的能源,包括核能(核裂变和核聚变)、太阳能、地热能、风能、海洋能、氢能等。根据能否再生来分,可分为可再生能源和不可再生能源。在一次能源中,像风、水力、潮汐、地热、日光、生物质能等，不会随着人们的使用而减少，称为再生能源，而矿物燃料和核燃料（如铀、钍、钚、氘等）会随使用而减少，称为非再生能源。此外，根据能源消费后是否造成环境污染，又可分为污染型能源和清洁型能源，如煤和石油类能源是污染型能源，水力、电能、太阳能、沼气、氢能和燃料电池等是清洁型能源。

8.1.3　能源储量和消费

到 2001 年末，世界煤炭可供开采总量为 9844.53 亿吨，原油可供开采总量为 3113 亿吨，天然气可开采的储量为 155.08 万亿立方米。目前，在世界一次能源总消费结构中，石油占 39.9%，天然气占 23.6%，煤炭占 26.2%，水电和核电占 10.1%。从能源消费发展趋势来看，国际上以石油为主，再过 20～30 年，天然气将逐渐成为能源的主力，石油将退居第三位。

目前我国能源资源探明的储量：煤 6000 亿吨、石油 34 亿吨、天然气 2 万亿立方米。我国目前年产量：煤 12 亿吨、石油 1.5 亿吨、天然气 150 亿立方米，按此速度计算，我国可供开采的资源是煤约 500 年（也有人说为 300 年）、石油约 23 年、天然气约 130 年。因此必须一方面寻找新能源，另一方面要合理使用现有资源。此外，在我国的能源消费总量中，煤占 70%～80%，所以我国能源以煤炭为主的状况可能还要延续相当长的时间。近年来，我国能源中煤所占的比重有所下降，天然气的比重保持在 2%左右。目前"西气东输"工程已经完工，加快了对天然气的开发利用，预计到 2010 年，我国将年产、输送和转化 600 亿～700 亿立方米天然气，在能源构成中的比例将增加到 8%以上；我国能源的现状和特点是由国内生产力水平决定的，国情决定了我国能源产业结构的发展战略是以煤炭为基础，以电力为中心，积极开发石油、天然气，适当发展核电，因地制宜开发新能源和可再生能源，走优质、高效、低耗的能源可持续发展之路。

8.2　常 规 能 源

8.2.1　煤

煤炭（coal）是储量最丰富的化石燃料。在地球上化石燃料的总储量中，煤炭约占 80%，中国约占世界煤炭总储量的 11%，仅次于俄罗斯和美国，处于第三位。煤炭既是重要的能源，也是重要的化工原料。

1. 煤的形成与主要成分

煤是由远古时代的植物随着地壳变动被埋入地下，经过复杂的的生物化学、物理化学和地球化学作用转变而成的固体可燃物，是由可燃质、灰分及水分组成。其可燃质中的主要化学元素为碳、氢、氧、氮、硫,将其平均组成折算成原子比,一般可用 $C_{135}H_{96}O_9NS$ 代表,灰的成分为各种矿物质,如 SiO_2、Al_2O_3、Fe_2O_3、CaO、MgO、K_2O、Na_2O 等。

现代的成煤理论认为煤化过程是:植物→泥炭(腐蚀泥)→褐煤→烟煤→无烟煤。烟煤和无烟煤是老年煤,形成的时间最长,含碳量高,发热量高;而褐煤和泥煤则比较年轻,含碳量较低,发热量也较低。世界各地虽然都有煤炭资源,但分布并不均匀,绝大部分都埋藏在北纬 30°以上地区。

2. 洁净煤技术(cleaning coal technology)

煤在我国的能源消费结构中位居榜首,煤的年消费量在 10 亿吨标准煤以上,其中 30%用于发电和炼焦,50%用于各种工业锅炉、窑炉,20%用于人民生活。煤直接燃烧时,热效率利用并不高,如煤球的热效率只有 20%~30%,蜂窝煤高一点,可达 50%,而碎煤则不到 20%。直接烧煤对环境污染相当严重,煤中的 S、N 分别变成了 SO_2 和 NO_x 而排放到大气中,造成酸雨,大量的 CO_2 产生会造成温室效应。因此,如何实现煤的高效、清洁燃烧以及煤的化学转化是一个非常重要而实际的课题。现在已有实用价值的办法是煤的焦化、液化和气化等化学转化,使煤转化为洁净的燃料和化学原料,如图 8-1 所示。煤的气化是指在氧气不足的情况下进行部分氧化,使煤中的可燃物转化为 H_2、CO 等可燃性气体的过程。煤的液化是将煤转化为液体燃料或化工原料的技术,该技术又包括直接液化法和间接液化法。由煤得到的液化油,其性状和燃烧特征与石油产品基本相同,故称之为人造石油。煤的焦化也叫煤的干馏,就是把煤置于隔绝空气的密闭炼焦炉里加热而使煤分解的过程,通过煤的干馏,可以得到煤气、煤焦油、焦炭等产品。

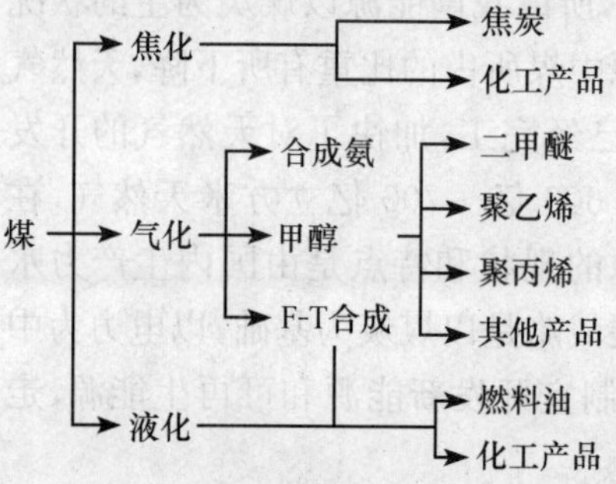

图 8-1　煤化工示意图

8.2.2　石油

石油(petroleum)有“工业的血液”、“黑色的黄金”等美誉。现在认为石油是由远古海洋或湖泊中的动植物遗体在地下经过漫长的复杂变化而形成的棕黑色黏稠液体混合物。未经处理的石油叫原油。它分布很广,世界各地都有石油的开采和炼制。就目前已查明的储量来看,重要的含油带集中在北纬 20°~48°。世界上两个最大的产油带,一个叫长科迪勒地带,北起阿拉斯加和加拿大经美国西海岸到南美委内瑞拉、阿根廷;另一个叫特提斯地带,从地中海经中东到印度尼西亚。这两个地带在地质变化过程中曾都是海槽，因此曾有“海相成油”学说。

石油的组成元素主要是 C 和 H，此外还有 O、N 和 S 等。和煤相比，石油的含氢量较高而含氧量较低，在石油中的碳氢化合物以直链烃为主，而在煤中则以芳烃为主。石油的成分十分复杂，在炼油厂，原油经过蒸馏和分馏，得到不同沸点范围的油品，包括石油气、轻油（溶剂油、汽油、煤油和柴油等）及重油（润滑油、凡士林、石蜡、沥青和渣油等），如图 8-2 所示。将重油经过催化裂化、热裂化或加氢裂化等方法，可生产出轻质油。轻质油在氢气和催化剂（铂系和钯系贵金属）存在下，环烷烃甚至链烃组分进一步转化为芳香烃（称之为重整）。轻质油经加氢精制使含有的杂环化合物脱除硫和氮，可提高油品质量。原油经过一系列炼制和精制，获得了各种半成品和组分，然后再按照用途和质量要求调配得到品种繁多的石油产品。这些产品按用途可分为两类：燃料（如液化石油气、汽油、喷气燃料、煤油和柴油等）和化工原料等。

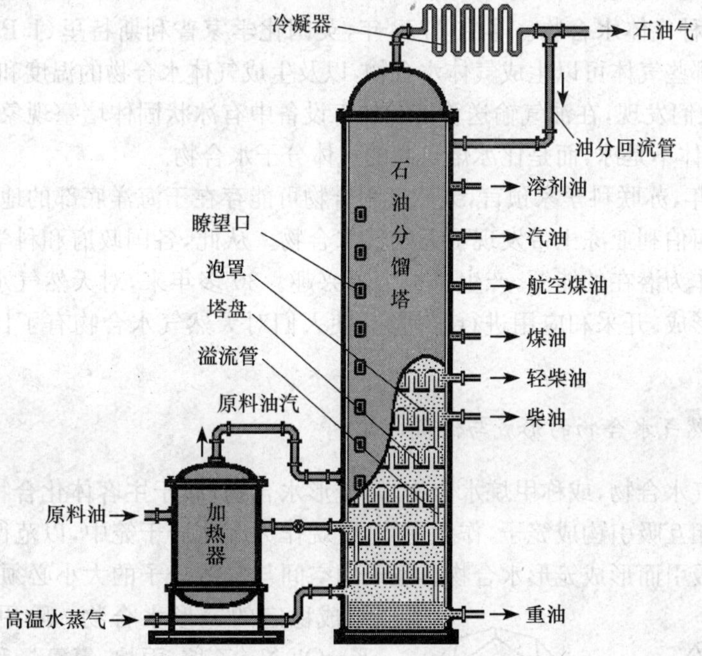

图 8-2　石油化工示意图

8.2.3　天然气与可燃冰

天然气(natural gas)的主要成分是甲烷，也有少量的乙烷和丙烷。天然气是一种优质能源，是相对“清洁”的燃料，燃烧产物 CO_2 和 H_2O 都是无毒物质，其热值也很高(5.6×10^4 kJ · kg^{-1}),管道输送很方便。为了避免燃煤所产生的严重污染,天然气将成为未来发电的首选燃料,天然气的需求量将会不断增加。有专家预测,到2040年,天然气将超过石油和煤炭成为世界第一能源。

21世纪初,我国在内蒙古伊克昭蒙地区发现了一个储量达5000亿立方米以上的天然气田——苏里格气田,天然气储量相当于一个5亿吨的特大油田。2007年,我国又在四川达州发现了可采储量达6000亿立方米以上的特大天然气田。我国的"西气东输"工程就是将西部储存丰富的天然气通过管道运送到东部地区,工程现已完成,为东部许多大城市提供源源不断的优质能源。

另外,据第28届国际地质大会提供的资料显示,海底有大量的天然气水合物,可满足人类1000年的能源需要。据报道,我国南海跟世界上许多海域一样,海底也已探明有极其丰富的甲烷资源,其总量超过已知蕴藏在我国陆地下的天然气总量的一半。这些蕴藏在海底的甲烷是高压下形成的固体,是外观像冰的甲烷水合物,也就是通常所说的"可燃冰(combustible ice)"。可燃冰外观为无色透明冰状晶体,是一种气体水合物。早在1778年,英国化学家普利斯特里(J. Priestley)就着手研究哪些气体可以生成气体水合物,以及生成气体水合物的温度和压力条件。1934年,人们发现,在油气输送管道和加工设备中有冰状固体堵塞现象,经研究证明,这些固体不是冰,而是比冰熔点高的气体分子水合物。

1965年,苏联科学家预言,天然气水合物可能存在于海洋底部的地表层中,后来他们在西伯利亚冻土带发现了天然气水合物。从此,各国政府和科学家对天然气水合物作为潜在的能源,产生了极大的兴趣。30多年来,对天然气水合物的结构、性能、形成、开采和应用进行了研究,使人们对天然气水合物有了比较深入的了解。

1. 天然气水合物的形成与储藏

天然气水合物,或称甲烷水合物,是笼形水合物,属于主客体化合物。水分子间以氢键相互吸引构成笼子,作为主体,甲烷作为客体居于笼中,以范德华力与水分子相互吸引而形成笼形水合物。笼子的空间与气体分子的大小必须匹配,才能形成稳定的笼形水合物。除甲烷外,Ar、Kr、O_2、N_2、乙烷、丙烷、氯氟烃和硫化物等都可作为客体形成笼形水合物。

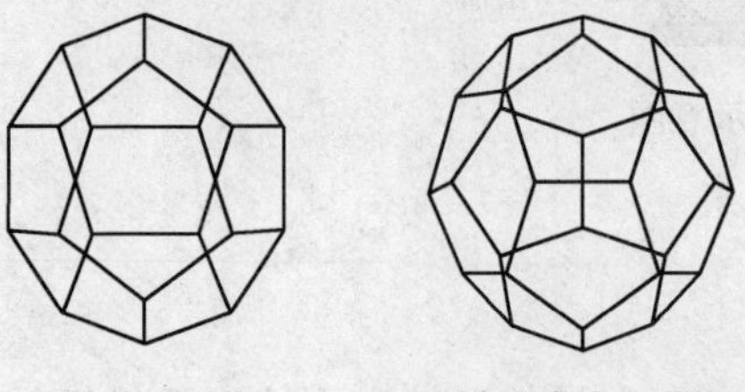

图8-3　笼形水合物结构

应用X射线衍射等技术已确定不同大小笼形水合物的结构,有的呈五角十二面体,有的呈五角六角十六面体等,如图8-3所示。

甲烷水合物形成的条件有:

(1) 温度不能太高。海底的温度是 2～4℃，适合甲烷水合物的形成，高于 20℃就分解。

(2) 压力要足够大。在 0℃时，只需要 3MPa 就可形成甲烷水合物。海深每增加 10m，压力就增大 0.1MPa，因此海深 300m 就可达到 3MPa，越深压力越大，甲烷水合物就越稳定。估计海深 300～2000m 应有甲烷水合物存在。

(3) 要有甲烷气源。一般认为，海底古生物尸体的沉积物，被细菌分解会产生甲烷；还有人认为，石油和天然气是在地球深处（地幔）产生并不断进入地壳的；海底岩层是多孔状介质。

在上述三个条件具备的情况下，可在介质的空隙中生成甲烷水合物。甲烷分子被若干个水分子形成的笼形结构接纳，生成甲烷笼形水合物，分散在海底岩层的空隙中。在常温常压下，甲烷水合物即分解为甲烷和水。$1m^3$ 的"可燃冰"可释放 $164m^3$ 的甲烷，所以，"可燃冰"可看作高度压缩的天然气。

最有可能形成甲烷水合物的区域是：①高纬度的冻土层。如美国的阿拉斯加、俄罗斯的西伯利亚都已有发现，而且俄罗斯已开采近 20 年。②海底大陆架斜坡。如美国和日本的近海海域，加勒比海沿岸及我国南海和东海海底均有储藏，估计我国黄海海域和青藏高原的冻土带也有储藏。估计全世界甲烷水合物的储量达 $1.87\times10^{17}m^3$（按甲烷计），是目前煤、石油和天然气储量的两倍，其中，海底的甲烷水合物储量占 99%。

2. 甲烷水合物的开采

天然气是洁净能源，燃烧后不产生二氧化硫、氢氧化物和颗粒物等污染物。甲烷水合物是继化石燃料之后的潜在能源。

由于甲烷水合物是分散分布在岩石的孔隙中，难以开采。如果开采不当，甲烷气体逸入大气，将会使地球温室效应大大增强，造成灾难。甲烷在大气中占 0.02%，但它造成的温室效应却是 CO_2 温室效应的 20 倍。

目前提出开采的设想有：①热解法；②降压法；③置换法。因 CO_2 比甲烷易形成水合物，如将液态 CO_2 送入海底，就可置换出笼形水合物中的甲烷。

不管用哪种方法开采，都必须保证甲烷水合物中的甲烷不逸散到大气中，否则将引起灾难性后果。目前，世界各国科学家和我国科学家都在加紧研究这一技术课题。

甲烷除了直接作为燃料以外，还可以通过化学转化而成为重要的化工原料和其他形式的能源。如何对甲烷进行有效的化学转化，并且要和石油化工产品相竞争，一直是化学家们急于攻克的难题。

关于天然气化工（又称碳-化学），从化工利用方面来看，石油化工产品的经济成本低于天然气化工产品，因此，目前天然气化工只在合成氨工业和甲醇工业中占主导地位;从化学原理上来看,石油是多碳烷烃,石油化工是将多碳烷烃裂解成低碳烷烃和烯烃,天然气是以甲烷为主,天然气化工是将一个碳的甲烷转化成两个或三个碳及以上的烷烃和烯烃。也就是说,石油化工相当于拆房子,天然气化工是建房子,从能量的角度来说,对生产同一种产品,石油化工的成本要低于天然气化工。

8.3 新 能 源

8.3.1 氢能

氢能(hydrogen energy)是一种理想的、极有前途的清洁二次能源,具有以下优点:

(1) 热值高,其热值可达 $1.43\times10^5 kJ\cdot kg^{-1}$,约为天然气的 2.5 倍,汽油的 3 倍,煤炭的 6 倍。

(2) 易燃烧,燃烧反应速率快,可获得高功率。

(3) 原料是水,且可循环使用。

(4) 燃烧产物是水,是非常干净的燃料。

(5) 应用范围广,适应性强。氢气发动机既可用于飞机和宇宙飞船,也可用于汽车,还可制成氢氧燃料电池来发电。

无论是从地球资源和生产技术来看,还是从环境保护的角度来看,氢能作为 21 世纪的很有前途的理想能源是毫无疑问的。开发和利用氢能需要解决三个问题:廉价易行的制氢工艺,方便、安全的储运,有效的利用。其中前两个问题是当前研究的热点问题。

氢气的制取方法很多。其中从水煤气中制氢和电解法制氢均不够理想,经济上也不合算;比较有前景的是利用高温下循环使用无机盐的热化学法分解水制氢(效率比较高,但安全性、经济性仍需探索)、太阳能光解制氢(寻找和研制合适的催化剂,提高光解制氢的效率)、生物化学法制氢(如微生物发酵、蓝绿色的海藻等,但自然界中存在着的生物制氢机制,至今还未被人们全部揭开)、等离子化学法制氢(是在离子化较弱和不平衡的等离子系统中实现的,能量转换效率最高可达 80%,将是引人注目的工业制氢的重要途径之一)。

氢气密度小,不利于储存。在 15MPa 压力下,$40dm^3$ 的钢瓶只能装 0.5kg 氢气。若将氢气液化,需耗费很大能量,且容器需绝热,还存在着渗漏和爆炸的危险,如供美国宇航规划用的大量液氢则是定期地储存在真空绝热低温罐里(可以装 $3400m^3$ 液氢)。目前研究和开发十分活跃的是固态合金贮氢方法。例如,镧镍合金($LaNi_5$)能吸收氢气形成金属型氢化物,加热该金属型氢化物时,H_2 即放出,

$LaNi_5$ 合金可相当长期地反复进行吸氢和放氢，且贮氢量大(1kg $LaNi_5$ 合金在室温和 250kPa 压力下，可贮 15g 以上氢气)。此外，还有其他许多混合稀土金属等新型贮氢合金。我国具有丰富的稀土资源，发展稀土合金贮氢材料，有十分诱人的前景。

8.3.2　核能

核能(nuclear energy)是 20 世纪出现的新能源。人们习惯上称之为原子能，其实，顾名而思义，原子核能是原子核发生反应产生的能量，而不是原子发生反应产生的能量。

人类自学会用火以来，几乎都是从改变物质的结构状态中获得能量。实际上无论是燃烧动物的粪便(如牛粪等)、木柴，还是烧煤、石油、天然气等获取的能量都只是原子外层电子发生位置变化与运动的结果，它们的原子核并没有起变化。而核能则是原子核核子结合能的转化形式，虽然都是原子形成的能量，但内外有别，能量也大不相同。原子核能所发出的能量比电子的化合能大几百倍。原子能的释放有两种方式：一种是由比较重的核(核子数在 100 以上)分裂成两个轻一些的原子核——称为核裂变反应；另一种是由两个比较轻的核(核子数在 40 以下)聚合成一个比较重的核——称为核聚变反应。

核能作为一种新型的能源，具有得天独厚的优越性。它的和平利用，对于缓解能源紧张、减轻环境污染具有重要的意义。核能是通过原子核发生反应而释放出的巨大能量。它在 50 多年前还是一种幻想中的技术，是实验室里的研究课题，公众只能在科幻小说中知道核能。今天，核能已经走入我们的生活，人类已经利用核能。

1. 核裂变

1) 核裂变的概念

重原子核分裂成两个(少数情况下，可分裂成 3 个或多个)质量相近的碎片的现象称为核裂变，如图 8-4 所示。用一定数量的可分裂(可裂变)的材料(如铀等)激发中子流，当中子撞击铀原子核时，一个铀核吸收了一个中子可以分裂成两个较轻的原子核，在这个过程中质量发生亏损，因而放出很大的能量，并产生两个或三个新的中子。在一定的条件下，新产生的中子会继续引起更多的铀原子核裂变，这样一代代传下去，像链条一样环环相扣，从而形成了被称为链式裂变反应的连锁反应。这一定的条件包括：第一，铀要达到一定的质量，叫做临界质量；第二，中

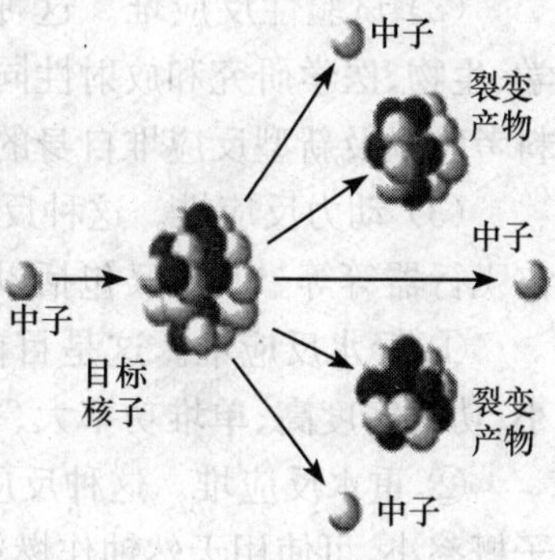

图 8-4　核裂变示意图

子的能量要适当,一般是能量为 0.025eV 的"热中子"。

$$ {}^{235}_{92}U + {}^{1}_{0}n \longrightarrow \begin{cases} {}^{72}_{30}Zn + {}^{160}_{62}Sm + 4{}^{1}_{0}n \\ {}^{87}_{35}Br + {}^{146}_{57}La + 3{}^{1}_{0}n \\ {}^{142}_{56}Ba + {}^{91}_{36}Kr + 3{}^{1}_{0}n \\ {}^{90}_{37}Rb + {}^{144}_{55}Cs + 2{}^{1}_{0}n \end{cases} $$

$$ {}^{239}_{94}Pu + {}^{1}_{0}n \longrightarrow {}^{90}_{38}Sr + {}^{147}_{56}Ba + 3{}^{1}_{0}n $$

链式裂变反应分为自持型、发散型和收敛型三种。如果每次裂变产生的次级中子,平均有一个能够引起下一级的裂变反应,则链式反应即可进行下去。这种情况称做自持链式反应。与此对应的裂变系统的状态就称为临界状态。如果每次裂变产生的次级中子,平均有一个以上能引起下一级的核裂变反应,则裂变反应规模将越来越大,就叫发散型链式反应,与其相对应的裂变系统的状态称为超临界状态。如果每次裂变反应产生的次级中子平均不到一个能引起下一级的核裂变反应,裂变反应的规模就越来越小,直到反应终止。这种链式反应称为收敛型链式反应,与其相对应的裂变系统的状态称为次临界状态。在这里,人们即不希望发散型链式反应,也不希望收敛型链式反应,为此,必须加以人为的控制,在铀的周围放一些强烈吸收中子的"中子毒物"(主要是硼和镉),使一部分中子在还没有被铀核吸收引起裂变之前,就先被"中子毒物"吸收,这样就可以使核能缓慢地释放出来。带动发电机组来发电。人们把实现这种过程的设备叫做核反应堆。

2) 反应堆

核电站是实现核能转变为电能的装置。反应堆是核电站的心脏,是核能发电的关键装置,反应堆的类型很多,根据用途的不同可以分为以下几种型式。

(1) 生产性反应堆。这种反应堆专门用于裂变物质的生产。例如,美国的汉福特石墨水冷反应堆和萨瓦娜天然铀重水反应堆,俄罗斯乌拉尔石墨水冷反应堆和天然铀重水反应堆等,都属于这一类型。

(2) 试验性反应堆。这种反应堆主要用于试验研究。例如,核物理、反射化学、生物、医学研究和放射性同位素的生产等。也可用于反应堆燃料元件或结构材料考验以及新型反应堆自身的静、动特性的研究等。

(3) 动力反应堆。这种反应堆主要用于发电。例如,核电厂、核动力舰船和宇宙飞行器等等。其中又包括以下几种型式。

① 轻水反应堆。这是目前应用最广泛的堆型之一。它具有结构紧凑、体积小、功率密度高、单堆功率大、平均燃耗较深、建造周期短和安全可靠的特点。

② 重水反应堆。这种反应堆的突出优点是重水对中子的慢化性能好,吸收中子概率小,可使用天然铀作燃料,转换比高。若使用同等天然铀作燃料的话,重水堆比轻水堆多生产 20%的能量。同时,它在运行中可以生产钚和氚,为快中子反

应堆积累燃料。缺点是设备比较复杂，投资较大，基建和运行维护费用较高。代表堆型是加拿大的坎杜堆(CANDU)。

③ 气冷堆。这种堆型经历了三个发展阶段。

早期的天然铀石墨气冷堆，燃料装载量大、燃耗浅、比功率低；同时采用了大型的鼓风机，耗电量大、效率低、造价昂贵，已经被淘汰。

中期的改进型气冷堆，采用了 2.5%～3.3%的低浓缩氧化铀作燃料，包壳改为不锈钢，提高了功率密度和堆芯出口温度。

近期的高温气冷堆，这是一种先进的反应堆，它具有燃耗较深、转换比高、热效率较高的特点，但对燃料的要求也较高，燃料的浓缩度要求 90%以上。

④ 快中子增殖反应堆。快中子增殖反应堆也是一种先进的反应堆，简称“快堆”。这种反应堆不用慢化剂，使用铀和钚作燃料，可实现燃料的增殖。众所周知，在现有的核电站中，大多数使用的是轻水堆。轻水堆是以铀-235 为燃料，以水作慢化剂(作用是使高速中子减速和冷却)。发电能力为 100 万千瓦的轻水堆，每天使用约 3kg 铀-235。虽然用量不多，但是由于天然铀储量有限，即使将低品位的铀矿及其副产品铀化物一起计算在内，总量也不会超过 500 万吨。其中铀-235 约只占 0.7%，而 99.3%是铀-238，而铀-238 却不具备铀-235 的独特的裂变方式(铀-235 和铀-238 都是铀的同位素，它们的原子核都会裂变，但是铀-235 是自然界中存在的易于发生核裂变的唯一核素，当中子撞击铀-235 原子核时，原子核会分裂成质量几乎相等的两部分，因此，当今核电站的核燃料中，铀-235 如同“优质煤”，而铀-238 却像“煤矸石”，只能作为核废料堆积在那里，成为污染环境的“公害”)。所以不能用作轻水堆的燃料。按当前铀-235 的消耗量，仅够人类使用几十年。因此，世界各国都在积极研究、开发快中子反应堆。快中子反应堆的堆心核燃料不用铀-235，而用钚-239，不过在堆心燃料钚-239 的外围再生区里放置铀-238。钚-239 产生裂变反应时放出来的快中子，被装在外围再生区的铀-238 吸收，铀-238 就会很快变成钚-239。这样，钚-239 裂变，在产生能量的同时，又不断地将铀-238 变成可用燃料钚-239，而且再生速度高于消耗速度，核燃料越烧越多，快速增殖，所以这种反应堆又称“快速增殖堆”。据计算，如快中子反应堆推广应用，将使铀资源的利用率提高 50～60 倍，大量铀-238 堆积浪费、污染环境问题将能得到解决。虽然在技术上，快堆比轻水堆难度要大得多。但是，它具有其独特的优点。

3) 核裂变能的利与弊

核裂变能作为核能的一种，尽管其能量是全世界煤炭和石油蕴藏量含有的能量总和的 15 倍以上，而且技术已经成熟。不论是在经济上，还是在环保上，较之煤、石油、天然气等，具有非常大的优势，但它的弊端也不容人类忽视。

首先，在链式裂变反应中裂变材料和反应的产物都是放射性的。这意味着它们自身会释放辐射，当出现故障时，也可能会向大气中排放出放射性物质，危害人类及动植物生命安全。1986 年,切尔诺贝利事故就是典型的例子。

其次,核裂变的产物在几百年甚至好几千年都会有放射性。有些放射性废物可以回收;而大部分必须安全存放,否则会因意外排放到大气中而造成对人类和社会的危害(如污染地下水等)。

为此,目前全欧洲的公司和政府都在重新审视使用核能的利弊。德国已做出决定,要在大约 20 年的时间内逐步废除核电厂。瑞典也已决定不使用核能,并率先关闭了它的一座核反应堆。瑞士和西班牙已暂停建设新的核电站。与此同时,比利时制定了一项逐步关闭它的 7 座核电站的长远规划。荷兰政府则要求关闭该国最后一座核电站。虽然英国说,它相信核能今后还将发挥它的作用,但它还是为关闭它的一些使用年代很久的反应堆制定了一个时间表(英国 8%的电力来自核能)。

虽然利用核裂变能进行发电不尽理想,但是至少在二三十年内,人类还必须发展核能。这是因为其他新能源真正大规模应用还要相当时间,"远水解不了近渴",而核裂变能资源相对于其他传统能源,要丰富的多。

重原子核的裂变所能释放的能量已叫人叹为观止,那么轻原子核的聚变又会有什么样的情况呢?

2. 核聚变

1) 核聚变的概念

核聚变听说的很少,因为虽然经过几十年的研究,利用核聚变生产原子能的技术还未开发出来。也没人知道什么时候才能开发出来。但是,核聚变是全宇宙最为广泛的能量来源已是不争的事实。正是核聚变使宇宙恒星持续燃烧,包括我们称为最理想的能源之一的太阳能也是高温核聚变反应所释放的辐射能。与核裂变相反。聚变"黏合"轻原子,特别是最轻的氢原子,而不是分裂重原子(如铀和钚等)。但与分裂重原子同理,聚合轻原子也会损失部分质量,释放出巨大能量。不同的是它不需要大量放射性材料,也不会产生大量放射性持续时间长的废物。当两个较轻的原子核聚合成一个较重的原子核时,由于发生质量亏损而放出的能量被称为核聚变能,而这种反应被称为核聚变反应,也称为"热核聚变反应"(由于原子核间有很强的静电排斥力,因此在一般条件下,发生聚变反应的概率很小。要使轻核有足够的动能去克服静电斥力而发生持续的聚变,必须在极高的压力和温度下进行)。核聚变较之核裂变而言,其释放的能量要大得多。1gU-235,核裂变能为-8.1×10^{7}kJ,相当于 3t 煤燃烧所放出的热量。1g 氘(或氚)聚变比 1g 铀裂变产生的能量大得多。

$$^{2}_{1}\mathrm{H}+^{3}_{1}\mathrm{H}\longrightarrow^{4}_{2}\mathrm{He}+^{1}_{0}\mathrm{n}\qquad \Delta E=-1.698\times10^{9}\,\mathrm{kJ\cdot mol^{-1}}$$

目前,核聚变采用的轻原子核是氢的同位素氘、氚(将来科学技术发展了,还有可能实现其他元素如氦、锂、铍、硼等的核聚变),在一定的条件下,它们的原子核可以相互碰撞聚变成为一种新的原子核——氦核，同时将蕴藏于其中的巨大能量释放出来，能量高达 400 万 eV(图 8-5)。氘在海水中分布甚广，大约每升海水中含有 0.03g 的氘。这个数字看起来有些微不足道。然而，就是这微不足道的一点氘，在核聚变时所产生的能量足可与 300 升汽油相比。更何况，海洋总体积大约为 13.7 亿立方千米，稍做计算，就可以知道，海水中氘的总储量竟达几亿亿千克，数量之大，几乎是取之不尽、用之不竭的。这些氘通过核聚变释放的聚变能可为人类提供上亿年的能源消费。而且，氘没有放射性，提取方法简便，成本也较低，核聚变堆的运行也十分安全。相比较而言，核聚变能是更为清洁的能源。

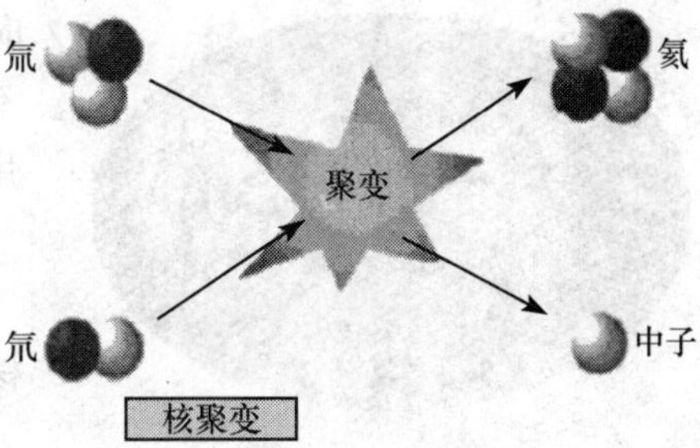

图 8-5 核聚变示意图

当然，同重元素的裂变一样，核聚变也是一项十分复杂的技术。

2) 受控(热)核聚变

与核裂变相同，核聚变也必须通过人工控制来实现能量的释放，这种技术被称为受控(热)核聚变。氢弹爆炸也属于核聚变，但是，它释放能量的过程是不可控制的。为了利用聚变能，人们正在进行“受控(热)核聚变”的试验研究。但实现受控(热)核聚变反应比控制核裂变反应要困难的多(人工的氘核聚变早在 1930 年就在实验室里发现了，而铀的链式反应在 1939 年才被发现，但是 1942 年就建成了世界上第一座验证物理原理的裂变反应堆，1945 年产生了裂变能做的原子弹，1948 年才有利用不可控制的聚变能做的氢弹；20 世纪 50 年代用裂变为能源的核电站已经开始推广，而受控热核聚变从 1950 年前后才开始研究)。因为原子核都是带正电荷的，在裂变反应中，反应是由外部打入铀核的中子引起的，中子不带电，因此很容易进到核内。而聚变则要通过两个氘核互相接近，达到核力范围才能产生反应，当两个带正电的氘核互相接近时，就有静电的排斥力要把他们推开(同性相斥)，为了使它们接近，要使两个氘核以很大的速度对碰，用它们的动能来克服静电势。由实验资料估计，为了使两个氘核能相遇，它们间的相对速度起码要在 700km/s 以上，这时作为燃料的氘早已成为温度在五千万度的等离子体了(我们知道气体越热，其中分子的运动速度就越大。当气体在几万度以上时氘核与外层的电子就会分离，氘成了带正电的氘离子和带同样多负电的电子混在一团的物质第四态——等离子体)。这就是聚变反应又称为热核反应的原因。在地球的自然环境里是没有这么高温的等离子体存在的。因此，要实现核聚变就必须解决如何约束高温等离子体和怎样把它提高到五千万度以上，并使这时聚变反应放出的能量超过高温等离子体损失的能量两大问题。目前，要解决这两个问题只有下面两种方法：磁约束法(如托卡马克装置)和惯性约束法(通过各种猛烈的加热方法，使氘在非常短的

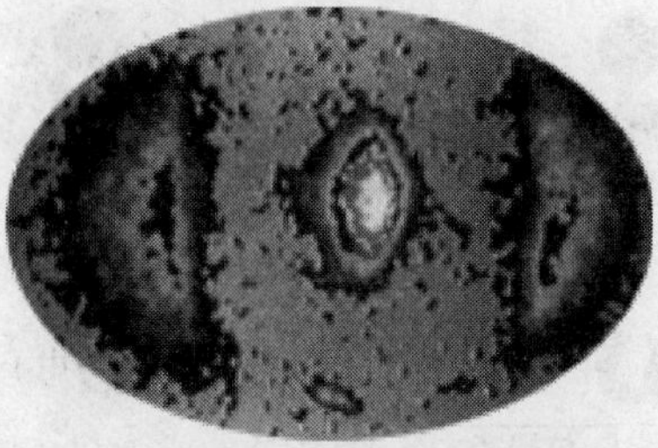

图 8-6 靠惯性约束的氘氚靶丸聚变试验图像

时间内从常温突然升到 5000 万度,趁氘核还来不及飞散就产生聚变反应从而取得热核能,氢弹就是利用这个原理造成的,如图 8-6 所示)。

3) 核聚变的历史、现在与未来

人们利用核能的最终目标是要实现受控核聚变发电。

1934 年,物理学家卢瑟福、奥利芬特和哈尔特克就在静电加速器上用氘-氘反应制取了氚(超重氢),首次实现了聚变反应。特别是 1938 年,H. A. 贝特提出核聚变是太阳巨大能量的来源后,科学家一直在努力研究,希望实现人类利用核聚变能的目标。

进入 20 世纪 90 年代,人们在受控热核聚变研究中取得了突破性的进展。1991 年 11 月 9 日,欧洲 14 个国家联合出资建造的环 JET 装置首次成功地实现了氘-氚受控核聚变反应的实险。反应时,发出 1800kW 电力的聚变能量,持续时间为 2 秒,温度高达 3 亿摄氏度,20 倍于太阳内部的温度。1993 年,美国 TFTR 装置也进行了氘氚受控热核聚变实验。同时,日本的托卡马克 JT-60 上获得等放四舍五入加热功率与输出核聚变功率之比已高达 1.25,并且其等离子体参数已达到或超过受控热核聚变的条件,如峰值离子温度为 4.5 亿摄氏度(要求 1 亿摄氏度)。至此,受控热核聚变的科学可行性得到了证实,具备了开展工程试验研究的科学技术基础。据此,核科学家们认为,若由国际原子能机构组织的国地合作科研工程(如国际受控热核实验反应堆大型装置)的资金问题得到解决,据乐观估计,到 21 世纪 50 年代,第一座用于发电的商用热核聚变反应堆将开始运转。

4) 核聚变的反应方式

核聚变是利用氢的同位素氘、氚在超高温等条件下发生聚变反应而获得巨大能量的技术,它被认为是未来世界能源的希望所在。核聚变的反应方式有多种。日本经过多年努力,目前已研究开发出 5 种核聚变反应方式。

第一种方式是托卡马克型核聚变装置,是被认为最有希望用来率先建成核聚变反应堆。该装置主要依靠等离子体电流和环形线圈产生的强磁场,将等离子体约束在特殊的真空容器里,来实现聚变反应。

第二种方式是螺旋型核聚变方式,它通过螺旋型线圈产生的螺旋状磁力线形成磁场来约束等离子体。

第三种方式是反转磁约束型核聚变方式。它使用与托卡马克装置相同的办法约束等离子体,然后在等离子体的中心部位及其周边改变磁场的方向,以强大的等离子体电流提高约束性能,被认为是一种结构简单而且效率高的核聚变方法。

第四种方式为镜像磁场型核聚变装置。它通过两端封闭的圆桶状磁力线把等离子体约束在磁场内。该装置呈直线形，结构简单，比环形装置能更好地约束等离子体，可以实现稳定运转和直接发电。

第五种方式是使用激光引发核聚变反应的"激光核聚变"。

3. 核能的利用

核能发电(大工业生产的主要是核裂变产生的裂变能的发电)是目前世界上和平利用核能最重要的途径。无论从经济还是从环保角度来说，核能发电都具有明显的优势。据设在鲁塞尔的欧盟委员会公布的材料，在欧盟15国，每生产1kW电力所排放的温室气体平均为444g，在德国则达670g，而在以核电为主的法国只有60g，仅为欧盟平均值的13.5%，尚不及德国排放量的10%。法国1980～1986年间核电总发电量的比例由24%提高到70%。在此期间法国总发电量增加40%，而排放的硫氧化物却减少56%，氮氧化物减少9%，尘埃减少36%，大气质量有明显改善。核能发电在环境保护方面的优势不言而喻。从经济角度上讲，核能发电也是合算的，与常规燃料，特别是燃煤发电相比，核能发电具有相当大的优势。1kg的铀(体积只有火柴盒大小)裂变时所释放出的热量，足可相当于2500t优质煤燃烧释放出的全部热能。而1kg氘燃料，至少可以抵得上4kg铀燃料或者一万吨优质煤燃料。目前，世界第一大电力企业—法国电力公司每生产1千瓦时电力的成本，核电不到0.20法郎，而燃气发电为0.22法郎左右，比核电高出10%。另有统计显示，燃煤发电的成本每千瓦时为0.25法郎，比核电高25%。核电工业每年为法国提供的能源相当于8800万吨原油。自1974年以来，法国因此而节省的石油进口费用达6000亿法郎，以当年汇率计算约合1050亿美元。

此外，核能不仅可以发电，还可以用于供热，可以作为火箭、宇宙飞船、人造卫星等动力能源。由于核动力不需要空气助燃，它还可以作为地下、水中和太空缺乏空气环境下的特殊动力，将是人类开发海底和太空资源的理想动力。

有鉴于此，核能发电受到世界各国的普遍重视。截至2000年底，全世界已有30多个国家和地区建造或计划建造的各类核电站共447座，包括韩国、中国和印度。总装机容量为351千兆瓦，所提供的电力占总电力的16%。目前，我国已投入运转的有秦山核电站30万千瓦，大亚湾核电站2×90万千瓦等。我国的核电站容量已达到330万千瓦，2005年将增加到740万千瓦，2010年将达1500万千瓦，2020年可达3000万～4000万千瓦。即使这样，核能发电也不过占那时总发电量的6%～8%。

8.3.3 太阳能

1. 概述

在漫长的历史进程中，人类在经过不断的寻找和使用各种能源后，提出了作为理想能源应符合的条件：一是蕴藏丰富不会枯竭；二是安全、干净，不会威胁人类和破坏环境。目前找到的理想能源主要有两种,太阳能和燃料电池。其中,太阳能既是一次能源,又是可再生能源。它是各种可再生能源中最重要的基本能源,也是人类可利用的最丰富的能源。

太阳能(solar energy)是指太阳内部高温核聚变反应所释放的辐射能。太阳向宇宙空间发射的辐射功率大约为 3.8×10^{23} kW 的辐射值,其中只有 20 亿分之一到达地球大气层。而到达地球大气层的太阳能,又有 30%被大气层反射,23%被大气层吸收,剩余的 47%到达地球表面,其功率约为 8×10^{18} kW。到达地球表面的太阳能有 70%是照射在海洋上,于是仅剩下约 1.5×10^{17} kW·h,相当于 1.3×10^{5} 亿吨标准煤。每大约 40 分钟照射在地球上的太阳能,足以供全球人类一年能量的消费。每三天向地球辐射的能量,就相当于地球所有矿物燃料能量的总和。按目前太阳的质量消耗速率计,可维持 6×10^{10} 年,所以照射在地球上的太阳能是非常巨大的,完全可以用“取之不尽,用之不竭”来形容。

图 8-7 是地球上的能流图。从图中可以看出,地球上的风能、水能、海洋温差能、波浪能和生物质能以及部分潮汐能都是来源于太阳;即使是地球上的矿物燃料(如煤、石油、天然气等)从根本上说也是通过生物化石的形式保存下来的亿万年以前的太阳能,所以广义的太阳能所包括的范围非常大,狭义的太阳能则限于太阳辐射能的光热、光电和光化学的直接转换。

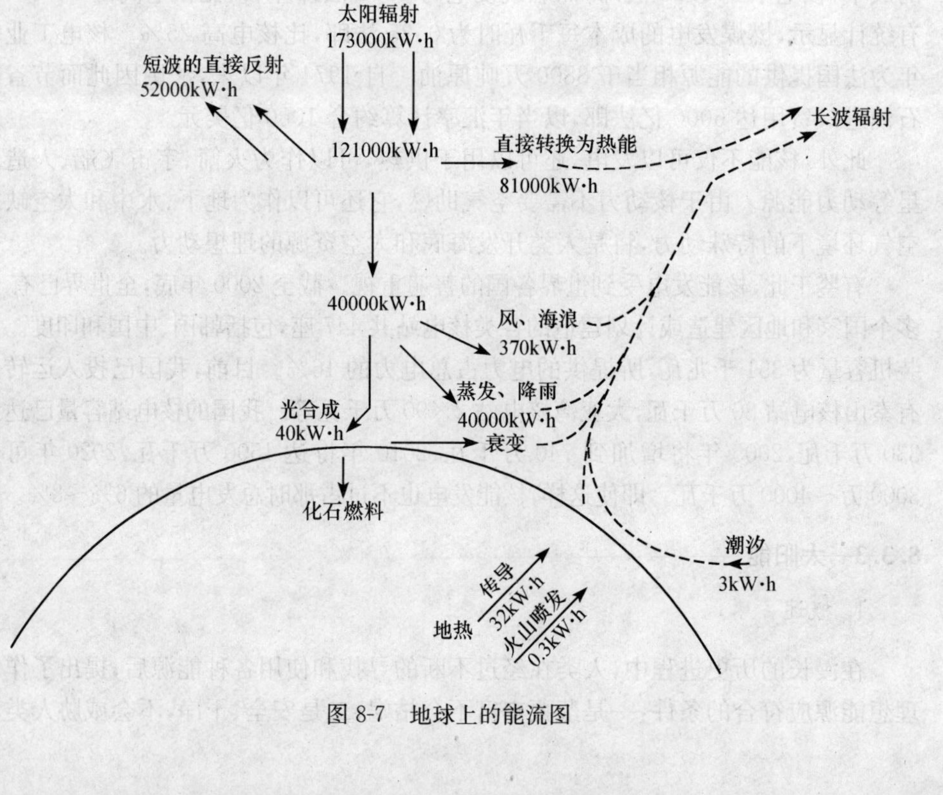

图 8-7 地球上的能流图

太阳能具有许多优点，如绝对干净，不产生公害；不受资源分布和地域的限制；可在用电处就近发电；能源质量高；使用者从感情上容易接受；获取能源花费的时间短。其不足之处是：照射的能量分布密度小，即要占用巨大面积；获得的能源同四季、昼夜及阴晴等气象条件有关。但总的说来，瑕不掩瑜，因此如何合理利用太阳能、降低其开发和转化的成本，是这种能源开发中面临的重要问题，一直受到世界各国的重视。

2. 太阳能的利用

据记载，人类利用太阳能已有 3000 多年的历史。我国早在两千多年前的战国时期就知道利用钢制四面镜聚焦太阳光来点火和利用太阳能来干燥农副产品。而将太阳能作为一种能源和动力加以利用，只有 300 多年的历史。真正将太阳能作为“近期急需的补充能源”和“未来能源结构的基础”，则是近年来的事。

1615 年，法国工程师所罗门·德·考克斯在世界上发明第一台太阳能驱动的发动机（利用太阳能加热空气使其膨胀做功而抽水的机器），而第一款太阳能电池的发现，则是在 1953 年。到了 20 世纪 70 年代以来，太阳能科技突飞猛进，其利用日新月异。主要集中在以下几个方面：

(1) 太阳能热发电。主要是把太阳的能量聚集在一起，加热来驱动汽轮机发电。

(2) 太阳能光伏发电。将太阳能电池组合在一起，大小规模随意，可独立发电，也可并网发电。太阳能光伏发电虽受昼夜、晴雨、季节的影响，但可以分散地进行，所以它适于各家各户分散进行发电，而且要联结到供电网络上，使得各个家庭在电力富裕时可将其卖给电力公司，不足时又可从电力公司买入。

(3) 太阳能水泵。正在取代太阳能热动力水泵。

(4) 太阳能热水器。

(5) 太阳能建筑。太阳能建筑有三种形式。①被动式，结构简单，造价低，以自然热交换方式来获得能量；②主动式，结构较复杂，造价较高，需要电作辅助能源；③“零能建筑”，结构复杂，造价高，全部建筑所需要的能量都由“太阳屋顶”来提供。

(6) 太阳能干燥。尤其在农村，许多农副产品的干燥离不开太阳能。

(7) 太阳灶。太阳灶可分为热箱式和聚光式两类（我国是世界上推广应用太阳灶最多的国家）。

(8) 太阳能制冷与空调。是节能型的绿色空调，无噪声，无污染。

(9) 其他。可淡化海水，利用太阳光催化治理环境，培养能源植物，在通信、运输、农业、防灾、阴极保护、消费、电子产品等诸多方面，都有广泛的应用。

3. 太阳能的转化途径

人类利用太阳能，有三个主要途径：光热转换、光电转换和光化转换。

(1) 光热转换：是用集热器把太阳辐射能转换为热能加以直接利用。集热器有平板式、真空管式、聚焦式等，它可以是直接吸收太阳辐射，也可以是将太阳辐射会聚后集中照射，使传热介质(空气、水或防冻液)升温，用于家庭采暖、供应热水、制冷、烹饪、工业用热、农用温室等。

现今全世界已有数百万个太阳能热水装置。其中美国已兴建100多万个主动式太阳能采暖系统和超过25万个依靠冷热空气自然流动的被动式太阳能住宅。

(2) 光化转换：太阳能光化转换主要是利用光化学反应研制光化学电池。这种电池由半导体材料和电解液组成，当太阳光照射到半导体和电解液界面时，产生化学反应，在电解液内形成电流，并使水电离产生氢，再利用氢来发电(这实际也是一种光-化-电的转换)。光解水制造氢是太阳能光化学转化与储存的最好途径。

(3) 光电转换：是将太阳能转换成电能。目前，有两种基本途径：一是太阳热发电(光热电间接转换)，即采取一种能把太阳能集中并将其变为高温水蒸气的聚热器，再通过汽轮机将热能转变为电能，或采用抛物面型的聚光镜将太阳热集中，使用计算机让聚光镜追随太阳转动。后者的热效率很高，将引擎放置在焦点的技术发展的可能性最大。二是太阳光发电，就是利用太阳能电池的光电效应，将太阳能直接转变为电能(太阳辐射的光子带有能量，当光子照射半导体材料时，光能便转换为电能，这个现象叫"光生伏打效应")。图8-8是一种利用太阳能电池提供动力的太阳能飞机，目前，最先进的太阳能飞机，飞行高度可达2万多米，航程超过4000公里。

图8-8　太阳能飞机

4. 太阳能电池

1) 国内外太阳能光伏发电(电池的发展)概况和趋势

太阳能电池是可直接将光电进行转换的一种光电器件。它与普通的化学电池(干电池、蓄电池)完全不同，太阳能电池没有物质的消耗，仅是能量的转换。只要有光的照射，它就能输出电来。既没有化学腐蚀性，也没有机械转动声，更不会排放烟尘污染，清洁而又静悄悄地发电。1941年，出现了有关硅太阳能电池报道。1953年，美国贝尔实验室研制出世界上第一个硅太阳能电池，转换效率为6%，

1958 年被用作“先锋 1 号”卫星的电源，这一重大的突破为太阳能利用进入现代发展时期奠定了技术基础。此后，很快开发出多种太阳能电池，包括多晶硅电池、非晶硅电池、硫化镉电池、砷化镓电池、光化学电池等，现在的硅太阳能电池光电转换效率已达 20%以上。20 世纪 70 年代以前，由于太阳能电池的能量转换效率比较低，一般为 10%～20%，售价昂贵，主要应用在空间；70 年代以后，对太阳能电池材料、结构和工艺进行了广泛研究，在提高效率和降低成本方面取得较大进展，地面应用规模逐渐扩大，但从大规模利用太阳能而言，与常规发电相比，成本仍然太高。可见，要使太阳能发电真正达到实用水平，一是要提高太阳能光电转换效率并降低其成本；二是要实现太阳能发电同现在的电网联网。

国际光伏工业过去 15 年平均年增长率为 15%。到 20 世纪 90 年代后期发展更加迅速，最近三年平均年增长率超过 30%。各国一直在通过扩大规模、提高自动化程度、改进技术水平、开发市场等措施降低成本，并取得了巨大发展。商业化电池效率从 10%～13%提高到 13%～15%；生产规模从(1～5)兆峰瓦/年发展到(2～25)兆峰瓦/年，并正向 50 兆峰瓦甚至 100 兆峰瓦扩大；光伏组件的生产成本也降到 3 美元/峰瓦。竞争使发达国家的产业化技术几乎以大致相同的水平和速度向前发展。预计到 2010 全世界光伏组件生产将达到 4.6 千兆瓦，总装机容量达到 18 千兆瓦。日本宣布到 2010 年光伏发电总量达到 5000 兆瓦；美国与欧盟分别宣布于 2010 年完成“百万屋顶光伏计划”。在太阳能光伏发电领域，印度在发展中国家处于领先地位。目前共有 80 多家公司从事与光伏发电技术有关的制造业，其中有 6 个太阳能电池制造厂和 12 个组件生产厂，年生产组件约 11 兆瓦，累计装机容量 40～50 兆瓦。总的看，21 世纪光伏发电的发展将具有几大趋势：①产业将继续保持高速增长；②太阳能电池组件成本将大幅度降低(到 2005～2015 年，发电成本降至 0.045～0.091 美元，在相当大的市场上开始具有竞争力；2015 年后，发电成本低于 0.045 美元)；③光伏产业向百兆瓦级规模和更高技术水平发展。

我国的光伏工业在 20 世纪 80 年代以前尚处于雏形，太阳能电池的年产量一直徘徊在 10kW 以下，价格也很昂贵。我国的太阳能光电技术自 20 世纪 70 年代以来，经过“六五”“七五”“八五”三个五年计划攻关，太阳能光电技术取得了很大的发展。到 2001 年，我国太阳能电池的生产能力已经达到 6.5 兆瓦/年，生产实际产量达到 4.5 兆瓦，售价也由“七五”初期 80 元/瓦下降到目前的 40 元/瓦左右，这对于光伏市场的开拓起到了积极的推动作用。

我国在这个领域的总体水平与国外还有相当大的差距。主要表现为：①生产规模小，无法形成经济规模。②技术水平低。电池效率、封装水平与国外存在着一定的差距。③专用原材料性能有待进一步改进。④成本高。目前我国电池组件成本约 30 元/瓦，平均售价 42 元/瓦，成本和售价都高于国外产品。⑤市场培育和发展迟缓。缺乏市场培育和开拓的支持政策、法规、措施。21 世纪我国光伏发电的发展有两种模式,即年增长率约 15%的常规模式和政策驱动下年增长率 25%的快速模式。按两种增速估算,2010 年我国光伏组件年生产量分别达到 11 兆瓦和 27 兆瓦,发电成本分别为 1.14 元和 0.96 元,总装机容量分别达到 80 兆瓦和 140 兆瓦。在 2030 年左右,发展成本降至 0.56 和 0.28 元,开始在电力市场具有竞争力。

2) 太阳能电池在我国的发展前景

进入 20 世纪 70 年代后,由于两次石油危机的影响,光伏发电在世界范围内受到高度重视,发展很快。随着当前世界光电技术及其应用材料的飞速发展,光电材料成本成倍下降,光电转换率不断提高,这将带来太阳能发电成本的大幅度下降。世界光伏界一般认为,到 2010 年太阳能光伏电池成本将降低到可以与常规能源竞争的程度。这为中国大力开发太阳能资源提供了可能。从长期看,光伏发电终将以分散式电源进入电力市场,并部分取代常规能源;从近期看,光伏发电可以作为常规能源的补充,解决特殊应用领域和边远无电地区民用生活用电需求,从环境保护及能源战略上都具有重大的意义。我国是个发展中国家,地域辽阔,有许多边远省份和经济不发达地区。据统计,目前尚有约 700 万户、2800 万人口还没有用上电,60%的有电县严重缺电,这些地区农牧民居住分散,远离电网,而且用电水平很低(人均年用电仅为 120kW · h),在 10 年甚至 20 年内都不可能靠常规电力解决他们的用电问题,光伏发电则是解决分散农牧民用电的理想途径,市场潜力十分巨大。预计到 2015 年,我国将开始大规模发展屏风式屋顶光伏系统。

我国幅员辽阔,拥有丰富的太阳能资源(表 8-1)。据统计,每年中国陆地接收的太阳辐射总量,相当于 24000 亿吨标煤,全国总面积 2/3 地区年日照时间都超过 2000h,特别是西北一些地区超过 3000h。从全国来看,我国是太阳能资源相当丰富的国家,总面积的 2/3 以上属于一、二、三类地区,年平均日辐射量在 4kH · h/(m^2 · d)以上。与同纬度的其他国家相比,和美国类似,比欧洲、日本优越得多,具有利用太阳能的良好条件。

表 8-1 我国的太阳能资源

类区	一类	二类	三类	四类	五类
年辐射总量	6680~8400MJ/m^2	5850~6680MJ/m^2	5000~5850MJ/m^2	4200~5000MJ/m^2	3350~4200MJ/m^2
包含地区	宁夏北部、甘肃北部、新疆东部、青海西部、西藏西部等地	河北西北部、山西北部、内蒙古、宁夏、新疆的南部、甘肃中部、青海东部和西藏东南部	山东、河南、河北、甘肃的东南部、陕西、福建的南部、新疆、山西的北部、吉林、辽宁、云南、台湾西南部	湖南、湖北、广西、江西、浙江、皖南、黑龙江、福建北部、广东北部和台湾东北部	四川、贵州

2008 年奥运会,北京将成为我国在太阳能应用方面的最大展示窗口,“新奥

运”将充分体现“环保奥运、节能奥运”的新概念，计划奥运会场馆周围 80%～90% 的路灯将利用太阳能光伏发电技术；采用全玻璃真空太阳能集热技术，供应奥运会 90%的洗浴热水。届时在整个奥运会期间，我们将看到太阳能路灯、太阳能电话、太阳能手机、太阳能无冲洗卫生间等一系列太阳能技术的应用。

可以相信，通过北京 2008 年的这次“绿色奥运”，我国的太阳能发电产业能够得到一次长足的发展；而且，通过在首都举办的这次世界盛会，太阳能发电技术将成为我国发达地区提倡环保、建设环保，大举采用太阳能电力作为替代能源的良好开端。

3) 太阳能电池的分类

随着材料工业的发展，太阳能电池的品种将越来越多，其分类方法也越来越多。最简单的分类是固体太阳能电池和液体太阳能电池。前者如硅光电池，后者即光电化学电池。固体太阳能电池的转换效率高(单晶硅光电池的转换效率理论值已达 23.5%，我国生产的产品为 12%)。其实可供制造太阳能电池的半导体材料很多，下面仅选几种较常见的太阳能电池作些简单介绍。

(1) 固体太阳能电池。

① 单晶硅太阳能电池：是固体太阳能电池中的一种，是当前开发得最快的一种太阳能电池。目前单晶硅太阳能电池的光电转换效率为 15%左右，实验室成果也有 20%以上的。单晶硅太阳能电池以高纯的单晶硅棒为原料，制造这些材料工艺复杂，电耗很大，在太阳能电池生产总成本中已超过二分之一，加上拉制的单晶硅棒呈圆柱状，切片制作太阳能电池也是圆片，组成太阳能组件平面利用率低(图 8-9)。从而使得该类电池价格昂贵，在美国约为 5～6 美元/瓦，国内为 50 元/瓦，让普通的市民很难接受。

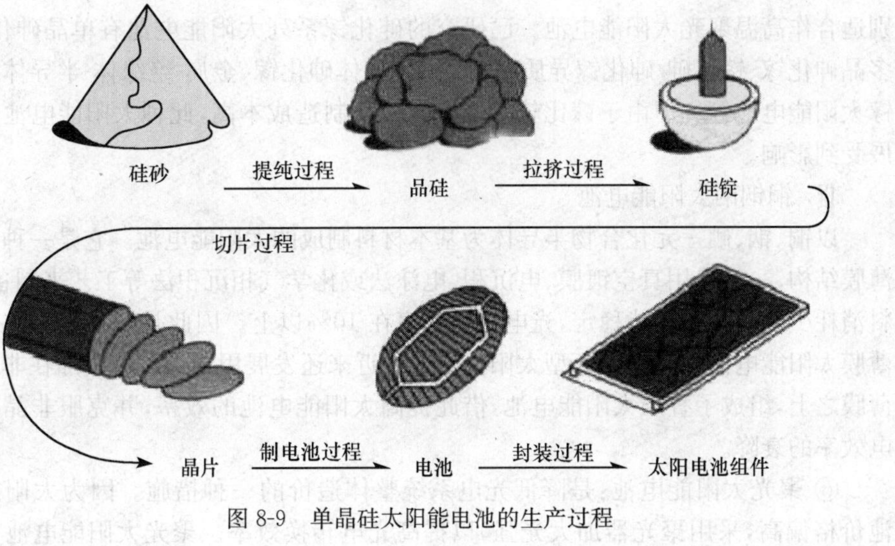

图 8-9　单晶硅太阳能电池的生产过程

② 多晶硅太阳能电池:顾名思义,太阳能电池使用的是多晶硅材料,多半是含有大量单晶颗粒的集合体,或用废次单晶硅料和冶金级硅材料熔化浇铸而成。多晶硅太阳能电池的制作工艺与单晶硅太阳能电池差不多,其光电转换效率约12%左右,稍低于单晶硅太阳能电池,但是材料制造简便,节约电耗,总的生产成本较低,因此得到大量发展。

③ 非晶硅太阳能电池:是1976年出现的新型薄膜式太阳能电池,它与单晶硅和多晶硅太阳能电池的制作方法完全不同,硅材料消耗很少,电耗更低,非常吸引人。

目前非晶硅太阳能电池存在的问题是光电转换效率偏低,国际先进水平为10%左右,且不够稳定,常有转换效率衰降的现象,所以尚未大量用作大型太阳能电源,而多半用于弱光电源,如袖珍式电子计算器、电子钟表及复印机等方面。

④ 多元化合物太阳能电池:指不是用单一元素的半导体材料制成的太阳能电池。现在简要介绍几种:

Ⅰ. 硫化镉太阳能电池

早在1954年雷诺兹就发现了硫化镉具有光生伏打效应。1960年采用真空蒸镀法制得硫化镉太阳能电池,光电转换效率为3.5%。到1964年美国制成的硫化镉太阳能电池,光电转换效率提高到4%～6%。后来欧洲掀起了硫化镉太阳能电池的研制高潮,把光电效率提高到9%,但是仍无法与多晶硅太阳能电池竞争。不过人们始终没有放弃它,尽管非晶硅薄膜电池在国际上有较大影响,但是至今有些国家仍指望发展硫化镉太阳能电池,因为它在制造工艺上比较简单,设备问题容易解决。

Ⅱ. 砷化镓太阳能电池

砷化镓是一种很理想的太阳能电池材料,它与太阳光谱的匹配较适合,且能耐高温,在250℃的条件下,光电转换性能仍很良好,其最高光电转换效率约30%,特别适合作高温聚光太阳能电池。已研究的砷化镓系列太阳能电池有单晶砷化镓、多晶砷化镓、镓铝砷-砷化镓异质结、金属-半导体砷化镓、金属-绝缘体-半导体砷化镓太阳能电池等。但由于镓比较稀缺,砷有毒,制造成本高,此种太阳能电池的发展受到影响。

Ⅲ. 铜铟硒太阳能电池

以铜、铟、硒三元化合物半导体为基本材料制成的太阳能电池。它是一种多晶薄膜结构,一般采用真空镀膜、电沉积、电泳法或化学气相沉积法等工艺来制备,材料消耗少,成本低,性能稳定,光电转换效率在10%以上。因此是一种可与非晶硅薄膜太阳能电池相竞争的新型太阳能电池。近来还发展用铜铟硒薄膜加在非晶硅薄膜之上,组成了叠层太阳能电池,借此提高太阳能电池的效率,并克服非晶硅光电效率的衰降。

⑤ 聚光太阳能电池:是降低光电系统整体造价的一种措施。因为太阳能电池价格偏高,采用聚光器加大光强,以提高光电转换效率。聚光太阳能电池有两

类，但一般是低倍率的聚光，采用晶体硅太阳能电池，适当考虑散热条件即可。如果聚光倍率增加到几十倍以上，则普通晶体硅太阳能电池无法承受，必须选用专门的聚光太阳能电池，如前面讲过的砷化镓太阳能电池最适合。聚光太阳能电池的光电转换效率，一般应大于 20%，它能输出较高的电压。聚光器是聚光太阳能电池系统中的关键部分。

(2) 液体太阳能电池。

液体太阳能电池主要以光电化学电池为主。可以分为三类，电化学光电池、光电解池和光化学电池。

① 光电化学电池：是由一个半导体光电极和以一个催化电极（反电极）或者两个导电类型相反的半导体电极和电解质溶液构成的。在半导体和电解质溶液的界面，是电解质中的某一离子在该界面上发生电化学氧化还原反应，而在反电极上却发生完全逆向的相反过程，构成一个循环，这样就把光能直接转化成电能，所以它是属于一种永久性的光电转化器件。近几年发展较快的染料敏化纳米薄膜太阳能电池就是这类电池中的一种（1991 年瑞士洛桑高等工业学校的 Grätzel 等在国际权威学术刊物 *Nature* 杂志上宣称他们用纳米二氧化钛制成多孔薄膜，并覆盖上一薄层有机染料作为太阳能电池的光阳极，大大提高了光转换效率和使用寿命），尤其是因为对电极的纯度要求比单晶硅电池低，使得其成本降低了许多。Grätzel 电池利用染料吸收可见光，利用禁带宽度大的 n 型 TiO_2 收集激发态染料的电子，并传导出去做电功，因而 Grätzel 型电池是太阳能电池发展的一个革命性的创新，引起了极大的关注。之后，德国和瑞典科学家于 1993 年分别发表文章，研制出的该类型电池可实现 0.5～0.8 美元/瓦的价格，这是太阳能电池研究工作的一个突破。如果这类电池能进入大工业生产，将使清洁能源的利用走入千家万户。

染料敏化纳米薄膜太阳能电池是一种光电化学太阳能电池，但与常规的光电化学太阳能电池相比，在半导体电极与染料上有很大的改进。常规的光电化学电池中，普遍采用的都是致密的半导体膜，只能从膜表面上吸附单层染料，而单层的染料只能吸收小于 1%的太阳光，多层染料又阻碍了电子的传输，染料敏化纳米薄膜太阳能电池的纳米多孔的二氧化钛膜像一个海绵似的，有很大的比表面积，能够吸收更多的染料单分子层，这样即克服了原来电池中只能吸附单分子层而吸收少量太阳光的缺点，又可使太阳光在膜内多次反射，使太阳光被染料反复吸收，可产生更大的光电流，从而大大提高光电转换效率。

② 光电解池：与光电化学电池是相同的，但由于能量转换目的不同，因此，它单独成为一个系统。在光电解池中，由于光子分解水成为氢气和氧气，于是就把光能转化为化学能。

③ 光化学电池：光能转换成电能，但是入射光是被溶液中的分子所吸收，电能

是由于电子被激发的分子迁移到与溶液接触的电极上而产生的。

4) 太阳能电池的工作原理

(1) 固体太阳能电池的工作原理(以单晶硅太阳能电池为例)。

硅太阳能电池的主要成分是 Si,其结构如图 8-10 所示。它的带隙为 1.2eV,可见光即可将它激发,当太阳光照射太阳能电池表面时,其中一部分光子被表面反射掉,剩余部分的光子被硅材料吸收,被吸收的光,有一部分变成热,而另一部分将光子的能量传递给了硅原子,使电子发生了跃迁,成为自由电子在 pn 结两侧集聚形成了电位差,在 pn 结电场作用下产生光电流,当外部接通电路时,在该电压的作用下,将会有电流流过外部电路产生一定的输出功率。这个过程的实质就是光子能量转换成电能的过程。

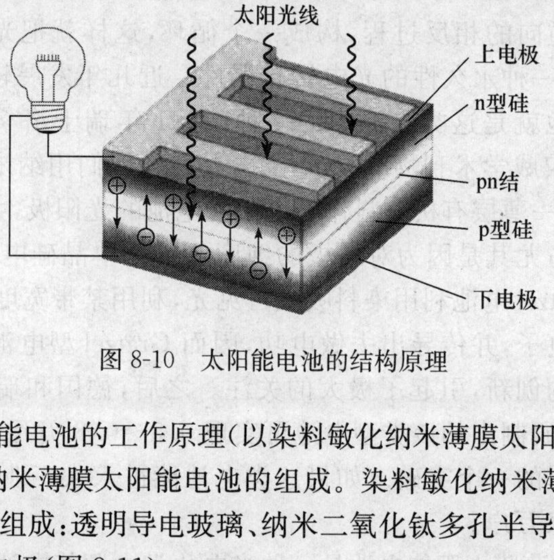

图 8-10 太阳能电池的结构原理

(2) 液体太阳能电池的工作原理(以染料敏化纳米薄膜太阳能电池为例)。

① 染料敏化纳米薄膜太阳能电池的组成。染料敏化纳米薄膜太阳能电池主要有以下几个部分组成:透明导电玻璃、纳米二氧化钛多孔半导体薄膜、染料光敏化剂、电解质和反电极(图 8-11)。

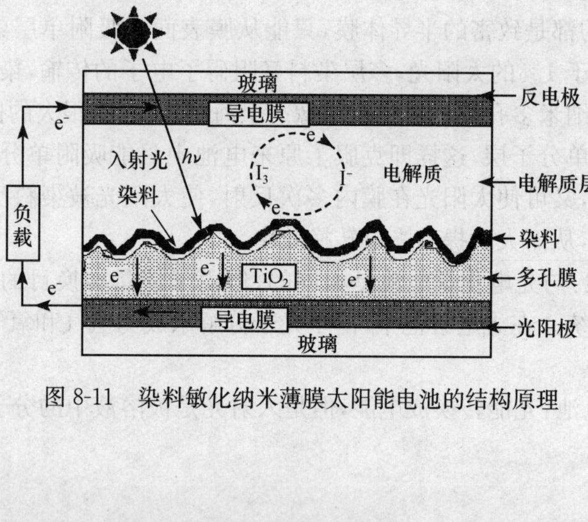

图 8-11 染料敏化纳米薄膜太阳能电池的结构原理

Ⅰ. 透明导电玻璃

透明导电玻璃一般要求方块电阻为(5～20)Ω/口，透光率在 85%以上。正、负电极电子的传输和收集主要是通过导电玻璃膜进行的。

Ⅱ. 光电极

染料敏化纳米薄膜太阳能电池的光阳极主要是由纳米二氧化钛多孔半导体薄膜组成。由于二氧化钛具有半导体特性，又是一种价格便宜、应用广泛、无毒、稳定和抗腐蚀性能好的物质，它的粒子具有很强的光散射效应。采用纳米多孔薄膜，提高了单分子层染料的吸附量，从而大大提高了染料分子对光的吸收效率。

Ⅲ. 染料光敏化剂

染料光敏化剂是影响电池效率至关重要的一部分，染料性能的优劣将直接影响到电池的光电转化效率，直接影响对可见光的吸收、电子产生和电子的注入。虽然许多有机染料都能作为光敏化剂，但其对可见光的吸收特性和稳定性都不尽如人意。应用于染料敏化纳米薄膜太阳能电池的染料必须具备两个基本的条件：具有很宽的可见光谱吸收；具有长期的稳定性，即能经得起无数次激发－氧化－还原，至少要 20 年以上。

大部分的有机染料分子都可以吸收可见光，但吸收域多较窄，经多次循环后性能大大降低。已经证明，过渡金属(如钌等)的配合物可作为染料光敏化剂，它在可见光区内的吸收系数大，对可见光的吸收率高。

Ⅳ. 电解质

电解质中的溶质主要是由具有较强的氧化还原能力的化合物组成，其主要作用是进行氧化还原反应，进行电子传输。到目前为止，发现由 I^-/I_3^-溶质组成的电解质系统在这种电池中具有较好的性能。从电池的观点来看，I_3^-的稳定性对电池的性能非常重要。

Ⅴ. 反电极

反电极主要由透明导电膜构成，用于收集电子，此外还有催化作用，用以加速 I^-/I_3^-以及阴极电子之间的氧化还原。另外，铂层还起着光反射作用。

② 染料敏化纳米薄膜太阳能电池的工作原理：染料敏化纳米薄膜太阳能电池中的二氧化钛的带隙为 3.2eV，比单晶硅的带隙要大得多，可见光不能将它激发，只有在二氧化钛表面吸附一层具有很好吸收可见光特性的染料光敏化剂，染料分子才能在可见光作用下，通过吸收光能而跃迁到激发态(图 8-12)。染料敏化纳米薄膜太阳能电池把光吸收和载流子的作用完全分离开来，光吸收是由吸附在半导体表面的染料光敏化剂来完成的，电子从染料激发态注入半导体完成载流子的分离，并传输出去，如图 8-13 所示。

由于激发态的不稳定性，跃迁到激发态的染料分子，通过与二氧化钛表面的相互作用，电子很快跃迁到较低能级的二氧化钛导带，进入二氧化钛导带的电子最终

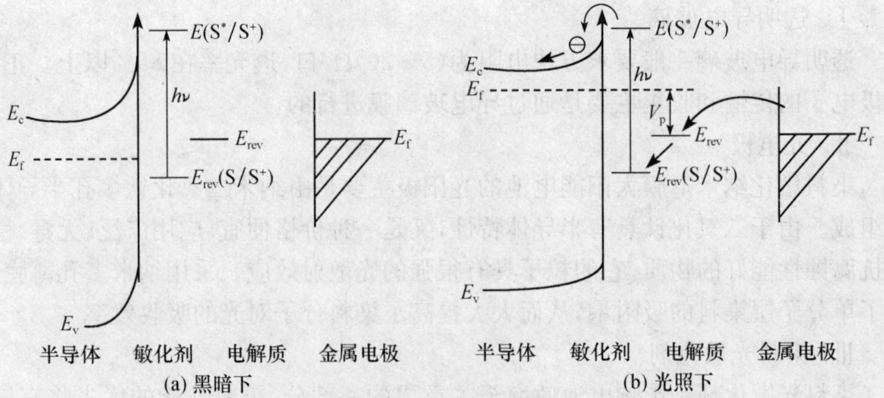

图 8-12　染料敏化太阳能电池原理示意图

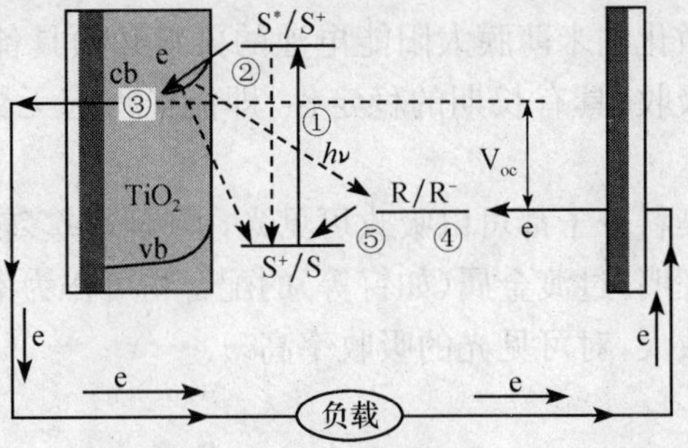

图 8-13　染料敏化太阳能电池的工作原理示意图

将被二氧化锡导电膜收集，然后通过外电路，回到反电极，产生光电流；被氧化了的染料分子被 I^- 还原后回到基态，同时，电解质中产生的 I_3^- 扩散回阴极，又被电子还原成 I^-。实验表明，跃迁到二氧化钛导带上的电子，将很快通过二氧化钛层进入导电玻璃。具体过程可以表示为

$$S \xrightarrow{h\nu} S^* \xrightarrow{-e^-} S^+ \quad \text{(染料激发，产生光电流)}$$

$$2S^+ + 3I^- \longrightarrow 2S + I_3^- \quad \text{(染料还原)}$$

$$I_3^- + 2e^- \longrightarrow 3I^- \quad \text{(电解质还原)}$$

由于二氧化钛导带中的电子可能与 S^+、I_3^- 复合，另外，处于激发态的染料分子也可能通过热辐射回到基态等，这些过程的产生都不利于电流的输出，我们称之为暗电流，暗电流的产生主要有以下几个部分：

$$I_3^- + 2e^- \text{(}TiO_2\text{ 导带)} \longrightarrow 3I^-$$

$$I_3^- + 2e^- \text{(光阳极)} \longrightarrow 3I^-$$

$$S^+ + e^- \text{(}TiO_2\text{ 导带)} \longrightarrow S$$

$$S^* \longrightarrow S + 热$$

从电池的伏安特性曲线(图 8-14)中,我们可以发现在暗光下,当电压高于 0.5V 以上时,电池的暗电流迅速增加。事实上,引起暗电流的一切过程,在光照下也同样存在。若暗电流得到抑制,电池的伏安特性曲线可以大大得到改善。

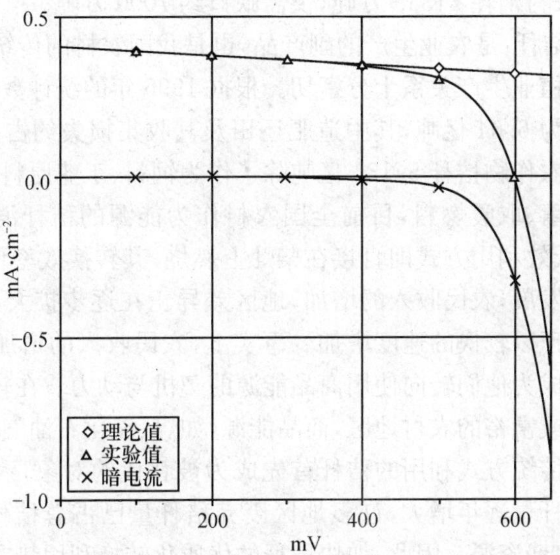

图 8-14　电池的伏安特性理论和实验曲线

8.3.4　生物质能

生物质能(bio-energy)是绿色植物经过光合作用,将太阳能转化为化学能储藏在生物体内的能量。植物的叶绿体在阳光的作用下,把水、二氧化碳、无机盐分等转变为简单的小分子物质,再合成为糖类、蛋白质、脂肪等较复杂的大分子,以 ATP(三磷酸腺甙)的形式,把能量贮存起来。每摩尔 ATP 储存的能量约 50kJ。因此,利用生物质能,就是间接利用太阳能。生物质能一直还是人类赖以生存的重要能源,它是仅次于煤炭、石油和天然气而居于世界能源消费总量第四位的能源,在整个能源系统中占有重要地位。有关专家估计,生物质能极有可能成为未来可持续能源系统的组成部分,到 21 世纪中叶,采用新技术生产的各种生物质替代燃料将占全球总能耗的 40%以上。

1. 生物质能资源状况

(1) 森林能源:是森林生长和林业生产过程提供的生物质能源,主要是薪材,也包括森林工业的一些残留物等。森林能源在我国农村能源中占有重要地位,1980 年前后,全国农村消费森林能源约 1 亿吨标准煤,占农村能源总消费量的

30%以上,而在丘陵、山区、林区,农村生活能源的50%以上靠森林能源。薪材来源于树木生长过程中修剪的枝杈,木材加工的边角余料,以及专门提供薪材的薪炭林。1979年,全国合理提供薪材量8885万吨,实际消耗量18100万吨,薪材过樵1倍以上;1995年,合理可提供森林能源14322.9万吨,其中薪炭林可供薪材2000万吨以上,全国农村消耗21339万吨,供需缺口约7000万吨。

(2) 农作物秸秆:是农业生产的副产品,也是我国农村的传统燃料。秸秆资源与农业主要是种植业生产关系十分密切。根据1995年的统计数据计算,我国农作物秸秆年产出量为6.04亿吨,其中造肥还田及其收集损失约占15%,剩余5.134亿吨。可获得的农作物秸秆5.134亿吨除了作为饲料、工业原料之外,其余大部分还可作为农户炊事、取暖燃料,目前全国农村作为能源的秸秆消费量约2.862亿吨,但大多处于低效利用方式即直接在柴灶上燃烧,其转换效率仅为10%~20%。随着农村经济的发展,农民收入的增加,地区差异正在逐步扩大,农村生活用能中商品能源的比例正以较快的速度增加。事实上,农民收入的增加与商品能源获得的难易程度都能成为他们转向使用商品能源的契机与动力。在较为接近商品能源产区的农村地区或富裕的农村地区,商品能源(如煤、液化石油气等)已成为其主要的炊事用能。以传统方式利用的秸秆首先成为被替代的对象,致使被弃于地头田间直接燃烧的秸秆量逐年增大,许多地区废弃秸秆量已占总秸秆量的60%以上,既危害环境,又浪费资源。因此,加快秸秆的优质化转换利用势在必行。

(3) 禽畜粪便:也是一种重要的生物质能源。除在牧区有少量的直接燃烧外,禽畜粪便主要是作为沼气的发酵原料。中国主要的禽畜是鸡、猪和牛,根据这些禽畜品种、体重、粪便排泄量等因素,可以估算出粪便资源量。根据计算,目前我国禽畜粪便资源总量约8.5亿吨,折合7840多万吨标煤,其中牛粪5.78亿吨,4890万吨标煤,猪粪2.59亿吨,2230万吨标煤,鸡粪0.14亿吨,717万吨标煤。在粪便资源中,大中型养殖场的粪便是更便于集中开发、规模化利用的。我国目前大中型牛、猪、鸡场约6000多家,每天排出粪尿及冲洗污水80多万吨,全国每年粪便污水资源量1.6亿吨,折合1157.5万吨标煤。

(4) 生活垃圾:随着城市规模的扩大和城市化进程的加速,中国城镇垃圾的产生量和堆积量逐年增加。1991和1995年,全国工业固体废物产生量分别为5.88亿吨和6.45亿吨,同期城镇生活垃圾量以每年10%左右的速度递增。1995年,中国城市总数达640座,垃圾清运量10750万吨。城镇生活垃圾主要是由居民生活垃圾,商业、服务业垃圾和少量建筑垃圾等废弃物所构成的混合物,成分比较复杂,其构成主要受居民生活水平、能源结构、城市建设、绿化面积以及季节变化的影响。中国大城市的垃圾构成已呈现向现代化城市过渡的趋势,特点有:一是垃圾中有机物含量接近1/3甚至更高;二是食品类废弃物是有机物的主要组成部分;三是易降解有机物含量高。目前中国城镇垃圾热值在4180kJ/kg左右。

2. 生物质能的特点

(1) 可再生性。生物质属可再生资源,生物质能由于通过植物的光合作用可以再生,与风能、太阳能等同属可再生能源,资源丰富,可保证能源的永续利用;

(2) 低污染性。生物质的硫含量、氮含量低、燃烧过程中生成的 SO_x、NO_x 较少;生物质作为燃料时,由于它在生长时需要的二氧化碳相当于它排放的二氧化碳的量,因而对大气的二氧化碳净排放量近似于零,可有效地减轻温室效应;

(3) 广泛分布性。缺乏煤炭的地域,可充分利用生物质能。

(4) 生物质燃料总量十分丰富。生物质能是世界第四大能源,仅次于煤炭、石油和天然气。根据生物学家估算,地球陆地每年生产 1000～1250 亿吨生物质;海洋年生产 500 亿吨生物质。生物质能源的年生产量远远超过全世界总能源需求量,相当于目前世界总能耗的 10 倍。我国可开发为能源的生物质资源到 2010 年可达 3 亿吨。随着农林业的发展,特别是炭薪林的推广,生物质资源还将越来越多。

3. 生物质能的利用

传统的从生物质取能的方式是直接燃烧法,此法对生物质能的利用率低,且污染环境。因此,必须改变传统的用能方式,利用生物质的转化技术使能量利用率大为提高。目前世界各国正逐步采用如下方法利用生物质能:

(1) 热化学转换法,该方法又按其热加工的方法不同,分为高温干馏、热解、生物质液化等方法。从而获得木炭、焦油和可燃气体等品位高的能源产品。

(2) 生物化学转换法,主要指生物质在微生物的发酵作用下,生成沼气、酒精等能源产品。

(3) 利用油料植物所产生的生物油。

(4) 把生物质压制成成型状燃料(如块型、棒型燃料),以便集中利用和提高热效率。

中国是一个人口大国,又是一个经济迅速发展的国家,21 世纪将面临着经济增长和环境保护的双重压力。因此改变能源生产和消费方式,开发利用生物质能等可再生的清洁能源资源对建立可持续的能源系统,促进国民经济发展和环境保护具有重大意义。

习 题

1. 简述能源的分类和能源的现状,说明解决能源问题的紧迫性。

2. 什么是洁净煤技术?
3. 石油裂解分馏后的产品有哪些?
4. 什么是可燃冰,其结构如何,又是怎样形成的?可燃冰在地球上的分布情况如何?目前可燃冰利用的瓶颈在哪里?充分发挥自己的想像,你有什么办法可以将可燃冰从海底开采出来?
5. 何谓新能源?有哪些种类,各自的优缺点如何?
6. 太阳能是取之不尽的理想能源,有哪些利用方式?还须从哪些方面继续开发利用?
简述核电的利与弊。
7. 如何提高太阳能的利用效率?简述生物质能的特点,如何提高生物质能的利用效率?
8. 什么是生物质能?当前世界利用生物质能的技术有哪些?
9. 美国、日本等国把节约能源列为继煤、石油、天然气、水能之后的“第五常规能源”,这对我们有什么启示?

第9章 化学与材料

材料是指经过某种加工(包括开采和运输),具有一定的组成、结构和性能,适合于一定用途的物质,它是人类生活和生产活动必需的物质基础,与人类文明和技术进步密切相关。每一次新材料的广泛应用,都曾引起生产技术的革命,给社会和人类生活带来巨大的变化。19世纪以后,化学进入了快速发展的时期,也带动了整个材料科学的发展和革命。人们跨越了从利用天然材料到创造和合成材料这一历史性的关键的一大步,成为化学发展史的一个里程碑。随着高精度化学分析和提纯技术的发展,人们已经可以制取纯度相当高的物质。现在,人们已制得纯度高达99.9999999999%的单晶硅,极大地促进了微电子、通信、信息存储等行业的发展。近两个世纪以来,人们通过不断对材料的化学结构和性质功能的研究,已经能够根据要求,设计合成许多具有各种功能的分子,成为制备新材料的基本原料。可见,化学与材料科学有着天然的联系,化学与化工技术的发展对材料科学的深化研究和新材料的发展起着基础和支撑作用。

9.1 金属材料及其合金

9.1.1 金属材料

金属材料(metal material)是人类发现和应用的最古老、最传统的材料之一。早在公元前5000年,人类就开始使用青铜器,公元前1200年前开始使用铁器。18世纪工业革命期间,钢铁材料成为产业革命的主要物质基础。至今,钢铁材料仍在材料工业中占据主导地位。之后,产生了许多新兴的金属材料,如高比强和高比模的铝锂合金、形状记忆合金、钕铁硼永磁合金、贮氢合金等,它们在航空、航天、能源、机电等各个领域的广泛应用,产生了巨大的社会和经济效益。

金属材料是以金属元素为基础的材料。金属单质一般有良好的塑性,但其力学性能往往很难满足工程技术等多方面的需要。因此,金属材料更多以合金的形式使用。由于价电子的离域性,决定了它们具有良好的导电、导热性能和易氧化腐蚀的性质;可塑性变形,可加工成各种复杂形状;高延展性,决定了它们具有高冲击和断裂韧性。下面我们就部分金属的性质和应用做简单介绍。

1. 延展性最强的金属——金(Au)

在人们的印象中,金(gold)是财富的象征。金也能做成各种各样的装饰品和艺术品。我国古代就已利用金箔来装饰佛像及艺术品,封建帝王用金丝编织皇冠。西汉中山靖王的墓中,还发掘出用金丝和玉片串成的金缕玉衣。这都是利用了金的一个重要特性——延展性(ductibility)。金是所有金属中延展性最强的,1g 金可以拉成长达 4000m 的细丝。300g 金拉成的细丝可以沿铁路线从南京一直到北京。金也可以锤成厚度仅为 2×10^{-8} m 的金箔,看上去几乎透明,颜色不再是黄色,而是带点绿色或蓝色。

金的导电性虽然不如银,但是金的耐腐蚀性和稳定性却比银强得多,所以一些精密仪器或者高级音响设备的插头都镀上一层金,这样就不会因为产生的电火花使插头产生电击痕迹而影响仪器的精密度或者音响的效果。

2. 导电性最强的金属——银(Ag)

我国古代银(silver)常与金和铜并列称为"唯金三品",也是财富的象征。早在公元前 23 世纪,即距今 4000 多年前,我国就已发现了银。银的化学性质非常稳定,在空气中不易生锈,即使加热也不和氧作用。银在所有金属中具有最佳导电性(electrical conductivity),所以都是电子和电气工业的重要物资。一些精密仪表常用银丝作导线,电子管的插脚、电器的表面也都镀上银。这样做的目的,不仅为了美观,而且还使它具有更强的导电能力。

3. 地壳中含量最多的金属元素——铝(Al)

各种元素在地壳中的含量相差很大,按照含量从大到小的顺序依次为氧、硅、铝、铁、钙、钠、钾、镁、氢等。铝(aluminum)是地壳中含量最多的金属元素,约占地壳总量的 7.73%,约占全部金属元素的三分之一。地球上铝矿的远景储量,按目前的开采水平至少可用 15 万年。

铝具有良好的延展性和导热、导电性,容易加工。铝虽然是活泼金属,但在空气中其表面很快会覆盖一层致密的氧化膜,使铝不能进一步同氧和水作用因而有很高的稳定性,这就使铝成为一种非常可贵的金属材料。铝的导电性在所有金属中仅次于金和铜,位居第三,但是由于价格便宜密度小,因此广泛应用于输电工业。铝导线与铜导线比较,当导电能力相同时,质量只有铜的一半,价格也低得多。铝箔有着白银般的光泽,并且有着很好的光反射性。因此,铝在包装行业中应用很广泛。据报道,国外曾建成一座别开生面的大型太阳能高温冶金炉,在面积为 2500 平方米,高度达 30 米的抛物面板上,贴上一层铝箔,可以在短时间内产生 4000℃ 的高温进行超纯材料和难熔材料的生产。这就是利用了铝箔反光性好的特点。

纯铝的机械性能差,硬度低,主要用于电气工业中。在铝中加入少量其他合金元素,可以大大提高其机械性质。铝合金密度小,强度高,是重要的轻型结构材料,它广泛应用于航空、机械及造船等工业。

4. 熔点最低的金属——汞(Hg)

在已发现的金属中，常温下绝大部分都是固态，如铁、铜、铝、铅等。唯一例外的是汞(hydrargyrum)，熔点为 -39.3℃，在常温下呈液态。主要的汞矿是辰砂(又名朱砂)HgS。汞在地壳中的含量比较少，为 5.0×10^{-5}%。

汞能溶解许多金属，除铁族元素外，几乎所有金属都能与汞形成汞齐。汞齐的种类很多，在化学上有许多重要用途。汞有着广泛的用途，气压表、压力计、温度计、日光灯管都用到它。由于汞在常温下是液体，在自动化仪表行业也广为应用。

5. 熔点最高的金属——钨(W)

白炽灯、碘钨灯(常用作路灯照明)、真空管、电子发射管中的灯丝，都是用钨丝做成的。这是因为钨(wolfram 或 tungsten)是熔点最高的金属，熔点高达 3140℃。白炽灯点亮的时候，灯丝的温度有 3000℃，在这样高的温度下，其他金属早已熔化，甚至成为蒸气，但是钨却依然如故。

钨不仅熔点高，而且坚硬。把它掺入到钢中，即使温度高达 1000℃，仍然坚硬如故，并保持良好的弹性和机械性能，所以被广泛应用于制作刀具和钢模。国防上可以被用来制作炮筒和枪管。

6. 熔沸点相差最大的金属——镓(Ga)

镓(gallium)的性质很特殊，熔点只有 30℃，人的体温即可使之熔化成液体，但是必须加热到 2070℃才能沸腾，熔点和沸点相差 2040℃。根据这个特性，可以制造高温温度计，来度量从 30℃到 2070℃范围内的温度。这种高温温度计称为镓温度计。

不仅镓易熔，含镓的合金都是易熔的。例如，镓锌合金和镓锡合金，可以用作消防器的保险装置。当起火温度升高时，它就熔化，灭火龙头随即自动打开，喷出水来把火浇灭，不致酿成火灾。镓还是一种优良的半导体材料，将其掺入到硅中形成的材料是制作各种半导体电子元件的必需材料之一。

7. 制造新型高速飞机最重要的金属——钛(Ti)

钛(titanium)——我们时代的金属。钛的应用正在不断扩大，已成为现代工业中最为重要的金属元素。

纯净的钛是银白色的金属，它的主要特点是密度小而强度大。和钢相比，它的密度值相当于钢的 57%，而强度和硬度与钢相近，且不会生锈。和铝相比，钛比铝重不到两倍，强度比铝大三倍，而且耐热性能远优于铝。因此，钛同时具有钢(强度高)和铝(质地轻)的优点，而且钛的韧性超过纯铁的 2 倍，具有良好的可塑性。钛的表面容易形成一层致密的氧化物保护膜,使钛具有优异的抗腐蚀性。

由于钛有这些优点,所以自20世纪50年代以来,一跃成为突出的稀有金属。钛首先用在制造飞机、火箭、导弹、卫星等方面。全世界约有一半以上的钛,是用于制造飞机机体和喷气式发动机的重要零部件,因此有人将其称为“空间金属”。在化学工业中,钛可以用于制造各种容器、反应器、热交换器、管道、泵和阀等。在原子能工业中,钛也是常被用于制造核反应堆的主要零件。

我国钛的储藏量居世界首位。

9.1.2 合金材料

一般来说,纯金属虽然具有良好的塑性,较高的导热、导电性,但它们的强度、硬度等机械性能往往不能满足工程材料的要求。同时,纯金属制备复杂,成本高。为了改善金属的性质或为了获得某些特殊的性能,在工程技术上用的最多的金属材料是合金(alloy)。合金是由一种金属与另一种或几种其他金属或非金属熔合在一起形成的具有金属特性的物质。包括三种结构类型:相互溶解形成固溶体合金(solid solution alloy)——强度提高,延展性和导电导热性能下降,可分为取代固溶体和间歇固溶体两类;相互起化学作用而形成金属化合物合金(intermetallic alloy)——性能随化合物组成、结构而变化;无化学相互作用的混合物合金(alloy mixture)——性能平均,熔点下降。

随着科学技术的发展,工程技术对材料的要求不断提高,已由最初的铜、铁的合金日益开发了许多新品种、新特性的合金。

1. 合金钢

铁是目前应用最广、用量最大的金属。但是纯铁由于质地软、强度低应用有限,因此通常掺入一些其他元素而构成合金,得到性能优越的材料。常说的钢,就是含有碳(0.03%~2%)、锰(1%以下)、硅(0.4%以下)、磷(少量)、硫(0.5%以下)等元素的铁,称之为碳素钢。根据含碳量的不同可以分为低碳钢(含碳0.25%以下)、中碳钢(含碳0.25%~0.6%)和高碳钢(含碳0.6%~2%)。低碳钢和中碳钢常用于制造机械零件和机械设备等,高碳钢常用于制造切削工具、量具和模具等。

如果在碳素钢中掺入各种不同的合金元素,使钢的内部组织和结构发生变化,改善了钢的工艺性能和使用性能,便得到各种合金钢。目前加入钢中的合金元素主要有B、C、N、Al、Si、Ti、V、Cr、Mn、Co、Ni、Zr、Nb、Mo、W、Ta和稀土元素等。根据合金元素含量的不同可分为低合金钢(合金元素4%以下)、中合金钢(合金元素4%~10%)和高合金钢(合金元素10%以上)。

在钢中加入少量的Ti,就能使钢的内部组织结构致密,可以提高钢的强度和硬度,还可提高钢的抗腐蚀性,广泛应用于制造航海设备、耐腐蚀及协和喷气式飞机的某些部件。

加入少量V的钢，结构致密内部没有气泡，可提高钢的高温强度和硬度。含钒量在0.1%～0.2%的钒钢坚韧、富有弹性，具有优良的抗磨损、抗冲击性能，广泛作为结构钢、弹簧钢、工具钢，常用于汽车和飞机的发动机、轴、弹簧等零件设备的制造。含Nb、Ta的合金钢具有很好的高温机械性能，大量用于宇航方面。

含Cr量在12%以上的钢俗称不锈钢。通常使用的不锈钢含18%的Cr和8%的Ni，具有优良的耐腐蚀性，可以抵抗强酸(如浓盐酸、浓硫酸、浓硝酸)以及强碱的腐蚀。其中Cr是使钢获得耐腐蚀性的基本元素，Ni可以提高钢的弹性、塑性、韧性和机械加工性能。由于我国的Cr和Ni的资源较少，而用我国丰产的Mo、W、Mn、Ti等代替，已研制出无Cr、Ni或少Cr、Ni的不锈钢新品种。含W的钢，可以提高钢的强度，尤其是可以提高钢在高温状态下的强度和硬度，广泛应用于高速切削、军火、火箭、导弹等领域。当钢中含Mn量大于1%时，可作弹簧钢使用，含Mn量大于10%的高锰钢是很好的耐磨材料，可用于制造拖拉机和坦克的履带以及破碎机的破碎锤等。

在钢中只要加入极少量的稀土元素，便能够显著提高钢的性能。我国稀土元素资源丰富，居世界第一。目前已应用稀土元素生产出很多新钢种。

2. 轻质合金

轻质合金(light alloy)是以轻金属为主要成分的合金材料。常用的轻金属是镁、铝、钛、锂和铍等。

1) 铝合金

金属铝的强度和弹性模量较低，硬度和耐磨性较差，为了提高铝的硬度，常加入如镁、铜、锌、锰、硅等元素制成铝合金。这些元素与铝形成合金后，不但提高了强度，而且还具有良好的塑性和压力加工性能，如铝镁合金、铝锰合金。常见的Al-Cu-Mg合金称为硬铝(duraluminium)；Al-Zn-Mg-Cu合金称为超硬铝(super duraluminium)。由于铝合金的密度小，强度高，容易成型，是重要的轻型结构材料，它广泛应用于航空、汽车和建筑业。

锂是自然界中密度最小的元素，只有铝的五分之一。在铝合金中加入少量的锂可以使它的密度显著降低。例如，每增加合金质量1%的锂，可使合金密度降低3%，弹性模量增加6%。但是合金的延伸率反而减小，脆性增大。为了提高铝锂合金的韧性，一般可以通过加入少量的Zr或者微量的稀土元素改善。

铝锂合金具有高比强度、高比刚度和相对密度小的特点，因而是航空航天工业的理想结构材料。例如，苏-27和苏-29战斗机为了提高作战性能，其部分承载部件都采用了锂铝合金材料。此外，锂铝合金还具有良好的抗辐射性和低温特性，因而可用作核聚变装置中的真空容器和低温容器的材料。

2) 钛合金

钛合金中钛与铝、钒、铬、钼、铁可形成置换固熔体或金属化合物。钛合金的性能比金属钛更优异,具有强度高、密度小、抗磁性、耐高温、抗腐蚀、高低温力学性能好等优点。

钛合金优异的性能使其成为制造现代超音速飞机、火箭、导弹和航天飞机不可缺少的材料,因此有人将其称为"空间金属"或"航空金属"。例如,在超音速飞机制造方面,由于这类飞机在高速飞行时表面温度高达 500℃以上,此时铝合金或不锈钢已失去原有性能,而钛合金在 550℃以上仍能保持良好的机械性能,因此,可用于制造超过 3 马赫(1 马赫等于音速的 1 倍)的高速飞机。这种飞机上钛的含量要占其结构总量的 95%,故有钛飞机之称。钛合金作为耐热和耐腐蚀材料,在许多情况下可以代替铝合金和镁合金,广泛用于化工、石油、发电等部门。此外,某些钛合金还具有记忆、超导、贮氢等特殊功能,因此,钛合金既是重要的结构材料,又是新兴的功能材料。

3. 硬质合金

硬质合金(hard alloy)是由ⅣB 族、ⅤB 族和ⅥB 族的金属与原子半径比较小的非金属如 B、C、N 等形成的间隙固溶体。

硬质合金有很高的熔点和硬度,难以用常规的铸造或轧制技术制造成型。各种硬质合金工具或刀具常用粉末冶金法制造。即用一种或多种高硬度难熔金属碳化物粉与钴粉(作胶粘剂)一起,经独特的制粉、成型和烧结工艺,制成所需形状的工具,制成的工具只需稍加工即为成品。

硬质合金主要用来制作采矿、钻井和开凿隧道机器的钻头,机械加工中切削金属的工具,冲压和展薄金属的模具等。另外,在航天、航空、舰船和兵器等重要部门也有广泛的应用。硬质合金的多样化是近年来硬质合金发展的一个突出特点。

4. 形状记忆合金

一般金属及合金材料承受作用力超过屈服强度时,会发生永久性的塑性变形。某些特殊合金在较低温度下发生塑性变形后,经过加热,又恢复到受力前的状态,即塑性变形因受热消失。在该变形和温度变化过程中,合金似乎对初始形状有记忆性,故称这种特性为形状记忆效应,或 SME(shape memory effect)。具有形状记忆效应的合金,就称为形状记忆合金,或 SMA(shape memory alloy)。

形状记忆合金为什么能具有形状记忆效应呢?目前的解释是因这类合金具有马氏体相变。凡是具有马氏体相变的合金,将它加热到相变温度时,就能从马氏体结构转变为奥氏体结构,完全恢复原来的形状。

早在 20 世纪 50 年代初,化学家就发现了 Au-Cd、In-Tl 合金有形状记忆效应,但直到 1963 年，发现 Ti-Ni 合金具有形状记忆效应后，形状记忆合金材料才开始实用化。Ti-Ni 合金称为镍钛脑（nitanon），它的优点是可靠性强、功能好，但价格高。铜基形状记忆合金价格只有 Ti-Ni 合金的 10%，但可靠性差。铁基形状记忆合金刚性好，强度高，易加工，价格低，很有开发前途。

形状记忆合金由于具有特殊的形状记忆效应，所以被广泛地用于卫星、航空、生物工程、医药、能源和自动化等方面。表 9-1 列出了形状记忆合金的应用实例。

表 9-1　形状记忆合金的应用实例

工业上形状恢复的一次利用	工业上形状恢复的反复利用	医疗上形状恢复的利用
紧固件	温度传感器	消除凝固血栓过滤器
管接头	调节室内温度用恒温器	管推矫正棍
宇宙飞行器用天线	温室窗开闭器	脑瘤手术用夹子
火灾报警器	汽车散热器风扇的离合器	人造心脏
印刷电路板的结合	热能转变装置	骨折部位固定夹板
集成电路的焊接	热电继电器的控制元件	矫正牙齿用拱形金属线
电器的连接器夹扳	记录器用笔驱动装置	人造牙根
密封环	机器人，机器手	

形状记忆合金问世以来，引起人们极大的兴趣和关注，近年来发现在高分子材料、铁磁材料和超导材料中也存在形状记忆效应。对这类形状记忆材料的研究和开发，将促进机械、电子、自动控制、仪器仪表和机器人等相关学科的发展。

5. 非晶态合金

将某些金属或者合金熔融后，以极快的速度急剧冷却（$>10^6$ K/s），则可以得到一种崭新的金属或合金材料。由于冷却速度极快，高温下各原子无序的运动状态被迅速“冻结”，原子来不及有序排列，不能形成晶态金属或晶态合金，得到与玻璃的结构极为相似的非晶态合金（amorphous alloy），又称为金属玻璃（metal glass）。

金属玻璃具有的性能特点：强度韧性兼具，耐蚀性优异，低损耗、高磁导，具有一定的催化性能和贮氢能力。

在一般材料中，强度和塑性是互相矛盾的。强度高硬度大的材料一般延展性较差，脆性高，而延展性好的材料强度和硬度一般都较低。金属玻璃则两者兼而有之。它的强度一般都大于高强度钢，硬度则超过超高硬度的工具钢，并且其塑性变形可高达 50%。

众所周知，不锈钢的耐腐蚀性很好，可以经得起强酸和强碱的侵蚀，但是它在食盐水中却会被强烈的腐蚀。如果把铁铬合金制成金属玻璃，在同样浓度的食盐水中基本上不受腐蚀。研究表明，这是由于在金属玻璃的表面上形成一层致密耐蚀的钝化膜,同时表面的电化学均匀性提高,不存在金属晶体中各种晶界和缺陷,不易产生电化学腐蚀。

金属玻璃磁性材料具有高导磁率、高磁感和低铁损等特性,如非晶态合金的电阻率一般要比晶态合金高 2～3 倍,可以用于变压器、磁芯材料、磁头、磁分离、磁屏蔽等方面。

目前,典型的金属玻璃有两大类。一类是过渡金属与某些非金属(如 Pd-Si、Fe-C)形成的合金;另一类是过渡金属之间(如 Cu-Zr)组成的合金。生产金属玻璃,大部分是直接由液态急冷而成的,操作温度低(一般＜1200℃),杂质影响小,工艺简单,成本低,因此金属玻璃是一种有广阔应用前景的新型材料。

6. 贮氢合金

氢能高效、环保。但氢气的储存和运输却是个难题。贮氢技术是氢能利用走向实用化、规模化的关键。

贮氢合金(hydrogen storage alloy)是利用金属或合金与氢形成氢化物而把氢贮存起来。某些过渡金属、合金和金属间化合物,由于其特殊的晶体结构,使氢原子容易进入其晶格的间隙中并形成金属氢化物,参与这些金属的结合力很弱,但储氢量很大,可以储存比其本身体积大 1000～1300 倍的氢,加热时氢又能从金属中释放出来。

1968 年,美国布鲁海文国家实验室首先发现 Mg-Ni 合金具有吸氢特性,1969 年,荷兰菲利普实验室发现钐-钴($SmCo_5$)合金能大量吸氢,随后又发现镧-镍($LaNi_5$)合金在常温下具有良好的可逆吸放氢性能,从此贮氢材料作为一种新型贮能成材料引起了人们极大的关注。

理想的贮氢合金具有吸氢能力大、金属氢化物的生成热适当、平衡氢气压不太高、吸氢与放氢过程容易进行且速度快、传热性好、质量轻、性能稳定、安全、价廉等特点。目前正在研究开发的贮氢合金主要有三大系列:镁系合金,如 MgH_2、Mg_2Ni 等;稀土系合金,如 $LaNi_5$;钛系合金,如 TiH_2、$TiMn_{1.5}$。

贮氢合金用于氢动力汽车已试制成功。贮氢合金还可将工业氢气提纯至 99.9999%,这种超纯氢是电子工业的重要原料。贮氢合金也应用于氢同位素的吸收和分离。根据贮氢合金吸氢放热、放氢吸热的性质,现已研制成功利用贮氢合金的空调器并已商品化。利用贮氢合金还可以制成超低温制冷设备。用贮氢合金制造镍氢电池是贮氢合金的又一个重要应用领域。

除了以上介绍的几种合金外,重要的合金材料种类还有高温合金、低温合金、磁性合金、耐腐蚀合金等。

9.2 无机非金属材料

无机非金属材料(inorganic non-metallic material)又称陶瓷材料(ceramic material)，是人类在征服自然中最早经化学反应而制成的材料，是我国劳动人民的重要发明之一。陶瓷材料可分为传统陶瓷(traditional ceramic)和现代陶瓷(又称精细陶瓷，fine ceramic)。传统陶瓷主要成分是各种氧化物，产品如陶瓷器(chinaware)、玻璃(glass)、水泥(cement)、耐火材料(antifire material)、建筑材料(architectural material)和搪瓷(porcelain enamel)等，主要是烧结体。现代陶瓷的成分除了氧化物(oxide)外，还有氮化物(nitride)、碳化物(carbide)、硅化物(silicide)和硼化物(boride)等，产品可以是烧结体，还可以做成单晶、纤维、薄膜和粉末，可分为结构陶瓷和功能陶瓷两类，前者具有高硬度、高强度、耐磨耐蚀、耐高温和润滑性好等特点，用作机械结构零部件；后者具有声、光、电、磁、热特性及化学、生物功能等特点。

9.2.1　传统陶瓷

陶瓷在我国有悠久的历史，是中华民族古老文明的象征。从西安地区出土的秦始皇陵中大批陶兵马俑，气势宏伟，形象逼真，被认为是世界文化奇迹，人类的文明宝库。唐代的唐三彩，明清景德镇的瓷器均久负盛名。迄今在许多拉丁语国家仍以中国(China)一词作为瓷器的同义词。

传统陶瓷的主要成分是硅酸盐或者硅铝酸盐。自然界存在大量天然的硅酸盐，如岩石、砂子、黏土、土壤等，还有许多矿物如云母、滑石、石棉、高岭土、锆英石、绿柱石、石英等，它们都属于天然的硅酸盐。此外，人民为了满足生产和生活的需要，生产了大量人造硅酸盐，主要有玻璃、水泥、各种陶瓷、砖瓦、耐火砖、水玻璃以及某些分子筛等。硅酸盐制品性质稳定、熔点较高，难溶于水，有很广泛的用途。

传统陶瓷一般都是用烧结的方法生产。把黏土加水成型，晾干后再加热失水，就形成了陶瓷。温度低时，形成结构疏松的陶，温度高时，形成结构致密的瓷。把碳酸钠、碳酸钙和石英砂按比例混合共熔，形成透明熔体，把熔体冷却成型就制成了玻璃。把黏土和石灰石共热到 1723K 左右，使之成为烧结块，再经磨碎就得到了水泥。

9.2.2　精细陶瓷

精细陶瓷是适应社会经济和科学技术发展而发展起来的，信息科学、能源技术、宇航技术、生物工程、超导技术、海洋技术等现代科学技术需要大量特殊性能的新材料，促使人们研制精细陶瓷，并在高温结构陶瓷(hidh temperature structural ceramic)、超硬陶瓷(super hard ceramic)、电子陶瓷(electronic ceramic)、磁性陶瓷(magnetic ceramic)、光学陶瓷(optical ceramic)、超导陶瓷(superconducting ceramic)和生物陶瓷(bioceramic)等各方面取得了很好的进展，下面选择一些实例做简要介绍。

1. 高温结构陶瓷

随着宇航、航空、原子能和先进能源等近代科学技术的发展,对高温、高强度材料提出了越来越苛刻的要求,金属基高温合金最高可耐 1100℃高温,难以完全满足要求。高温结构陶瓷的熔点和硬度比金属材料高得多,且化学稳定性及其他性能优良,适合各种场合使用的高温结构陶瓷越来越多。

常用的高温结构陶瓷有:高熔点氧化物(如 Al_2O_3、ZrO_2、MgO、BeO 等,熔点常达 2000℃以上)、碳化物(如 SiC、WC、TiC、HfC、NbC、TaC、B_4C、ZrC 等)、硼化物(如 HfB_2、ZrB_2 等具有很强的抗氧化能力)、氮化物(如 Si_3N_4、BN、AlN、ZrN、HfN 等,以及 Si_3N_4 和 Al_2O_3 复合而成的陶瓷,常具有很高的硬度)和硅化物(如 $MoSi_2$、ZrSi 等高温下使用时,易生成保护膜,抗氧化能力强)。

氧化锆陶瓷的耐磨性、耐腐蚀性、高密度,极适合于用作油田深井泵中的阀座,可使使用寿命大幅度提高;碳化硅、氮化硅、二氧化锆等陶瓷因具有耐高温和高导热性能,是高温热交换器的理想材料。

2. 电子陶瓷

传统陶瓷一般都具有很好的绝缘性能,而新型的电子陶瓷却可以表现出良好的电学性能。电子陶瓷可分为导电陶瓷、光电陶瓷、电介质陶瓷、热电陶瓷等。

导电陶瓷有 C 和 SiC 系陶瓷、$BaTiO_3$ 系半导体陶瓷等。可用作电阻器、高温用电热电阻器、热敏电阻器、湿敏电阻器、具有开关和存储功能的非线性电阻器等。

3. 生物陶瓷

生物陶瓷主要分为医用生物陶瓷和生物工程用生物陶瓷。这里介绍几种医用生物陶瓷。医用生物陶瓷包括:氧化铝陶瓷、羟基磷灰石、生物活性玻璃、磷酸钙陶瓷等。

医用生物陶瓷与人体相容性好,对肌体没有排异反应,无溶血、凝血反应,对人体无毒,不会致癌。例如,不锈钢做成的人工关节植入人体几年后,会出现腐蚀斑,并且还会有微量的重金属离子析出;用高分子材料做成的关节或人工骨时间长了会老化和释放出微量的单体,影响人的健康。而用医用生物陶瓷则不会出现这些情况。

医用生物陶瓷是用于人体器官替换、修补和外科矫形的陶瓷材料,它已用于人体近四十年,近年来发展相当迅速。氧化铝陶瓷做成的假牙与天然齿十分接近,它还可以做人工关节用于很多部位,如膝关节、肘关节、肩关节、指关节、髋关节等。ZrO_2 陶瓷的强度、断裂韧性和耐磨性比氧化铝陶瓷好,也可用以制造牙根、骨和股关节等。羟基磷灰石是骨组织的主要成分,人工合成的与骨的生物相容性非常好,可用于颌骨、耳听骨修复和人工牙种植等。

9.2.3　纳米陶瓷

从陶瓷材料发展的历史来看，经历了三次飞跃。由陶器进入瓷器是第一次飞跃；由传统陶瓷发展到精细陶瓷是第二次飞跃。最近由于纳米结晶复合材料的迅速发展，出现了纳米陶瓷（nano-ceramic）。纳米陶瓷的出现实现了第三次飞跃。所谓纳米陶瓷，是指显微结构中的物相具有纳米级尺度的陶瓷材料。纳米陶瓷粉制成的陶瓷有一定的塑性、高硬度并耐高温，能使发动机在更高的温度下工作，汽车跑得更快，飞机飞得更高。例如，TiO_2 纳米陶瓷的断裂韧性比普通多晶陶瓷增高了 1 倍，其塑性变形高达 100%，韧性极好。虽然纳米陶瓷还有许多关键技术需要解决，但其优良的室温和高温力学性能、抗弯强度、断裂韧性，使其在切削刀具、轴承、汽车发动机部件等诸多方面都有广泛的应用，并在许多超高温、强腐蚀等苛刻的环境下起着其他材料不可替代的作用。纳米陶瓷被称为 21 世纪陶瓷，是 21 世纪最有强突的新型材料之一。

9.2.4　玻璃

玻璃是另一类传统的、历史悠久的无机非金属材料。广义上说，凡熔融体通过一定方式冷却，因黏度逐渐增加并硬化而具有固体性质和结构特征的非晶态物质，都称为玻璃。玻璃具有一般材料难于具备的透明性，且机械强度高，热导率小，耐久性好，原料来源丰富，价格低廉，备受人们青睐。近代又发展了各种具有特殊性能的玻璃。玻璃的种类繁多，我们仅就部分玻璃材料做简单介绍。

1. 钢化玻璃

钢化玻璃（toughened glass）又称淬火玻璃（quenched glass）。它是将预先裁切好的玻璃均匀的加热到一定的温度然后取出，用风快速均匀吹冷，这时玻璃表面形成一均匀致密的压缩层，产生强大的应力，提高了玻璃的强度。钢化玻璃的抗弯强度比普通玻璃大 5～7 倍，甚至被压成弧形也不会断裂。它的抗冲击强度也很大。一个 800g 重的钢球从 1 米高的地方砸在 6mm 的钢化玻璃上，也不会被砸碎。钢化玻璃不碎则已，一碎则成黄豆大小的碎粒，而且没有尖锐的棱角，不伤人。所以钢化玻璃被广泛用于汽车、拖拉机、采矿机等振动较大的机器设备上的挡风玻璃。

2. 微晶玻璃

一般玻璃为非晶体，而微晶玻璃（microlite glass）是由微细的晶体组成，又称玻璃陶瓷（glass ceramic）。制造微晶玻璃时，在玻璃组分中事先将微量的金属（如

Au、Ag、Cu、Pt 等)或化合物作为晶种,玻璃熔炼成型后用紫外线照射,在一定条件下这些晶种便能萌发长出许多微晶体,叫做光敏性微晶玻璃。用热处理的方法使其微晶化,则可得到热敏性微晶玻璃。

光敏性微晶玻璃质地轻,不怕火,不怕酸碱的腐蚀,机械强度大,硬度大(近似玛瑙),可以用于制作耐磨、耐腐蚀的机械零件(如汽轮机叶片、高速切削刀具等)及航天器材的结构材料等。

3. *生物玻璃*

自 20 世纪 70 年代发明生物玻璃(biological glass)以来,人们发现许多玻璃和微晶玻璃能与生物骨形成键合,其中一些已应用于临床,如用作牙周种植、人造中耳骨等。目前正利用玻璃、微晶玻璃制备高韧性生物活性金属和生物活性聚合物等。微晶玻璃尤其是多孔微晶玻璃可用作生物工程中的载体,用在固定床反应器、固定床循环反应器和流化床反应器上。

4. *石英玻璃*

石英玻璃(quartz glass)是由各种纯净的天然石英(如水晶、石英砂等)熔化制成。线膨胀系数极小,是普通玻璃的 1/10～1/20,有很好的抗热震性。它的耐热性很高,经常使用温度为 1100～1200℃,短期使用温度可达 1400℃。石英玻璃主要用于实验室设备和特殊高纯产品的提炼设备。由于它具有高的光谱透射,不会因辐射线损伤,因此也是用于宇宙飞船、风洞窗和分光光度计光学系统的理想玻璃。

此外,还有激光玻璃、光纤玻璃、导电玻璃、隔音玻璃、真空玻璃、自洁玻璃、抗菌玻璃等功能各异的新型玻璃,广泛应用于通信、航空、造船、汽车、化工、建筑等各行各业中。

9.2.5　半导体材料

半导体材料(semiconductor material)是 20 世纪最重要、最有影响的功能材料之一,它不仅在微电子领域内具有独占的地位,同时又是光电子领域的主要材料,空间技术、能源开发、电子计算机、红外勘测技术等都离不开半导体材料的应用。凡具有电阻率在$(10^{-3}\sim10^{9})\Omega\cdot cm$,电阻率随温度的升高而增大的特征的材料都可归入半导体材料。半导体材料的种类很多,从单质到化合物,从无机物到有机物,从晶态到非晶态等。归纳起来大致可分为:元素半导体(element semiconductor),化合物半导体(compound semiconductor),固溶体(solid solution),非晶半导体(non-crystalline semiconductor)和有机半导体(organic semiconductor)等。当今微电子和光电子工业中最重要的半导体材料是半导体单晶材料,人工设计半导体超晶格材料以及大面积非晶半导体薄膜材料等。

1. 半导体单晶材料

硅、锗、砷化镓等半导体材料是当今发展微电子、光电子工业的核心材料。它包括电子级硅、锗单晶微电子材料，砷化镓化合物单晶光电子材料。此外，还有用于不同光波长响应的锑化铟、硫化铝、硒化镉、磷化镓和硫化镉等光电材料，用作半导体温差电材料的碲化铋、碲化铝、锑化锌等。

2. 半导体超晶格材料

随着半导体超薄层制备技术的提高，半导体超晶格材料已由原来的砷化镓-镓-铝-砷扩展到铟-砷-镓-锑、铟-铝-砷-铟-镓-砷、碲-镉-碲-汞、锑-铁-锑-锡-碲等多种。半导体超晶格结构不仅给材料物理带来了新面貌，而且促进了新一代半导体器件的产生。除可制备高电子迁移率晶体管、高频激光器、红外探测器外，还可制备调制掺杂的场效应管、先进的雪崩型光电探测器和实空间的电子转移器件，并正在设计微分负阻效应器件、隧道热电子效应器件等，它们将被广泛应用于雷达、电子对抗、空间技术等领域。

3. 非晶半导体材料

半导体器件技术的发展，一方面是不断提高芯片上元件的集成度；另一方面是向薄膜器件的新领域开拓，从近十几年国际电子材料及器件发展趋势中已看到非晶硅薄膜及其大面积器件具有很强的生命力。非晶硅太阳能电池已开始在许多民用产品中取代单晶硅光电池，与此同时，用于静电复印的光感受鼓、具有极高信息密度的光存储盘等相继问世。非晶半导体易于大面积生产的优点，使常规的微电子器件有可能向大面积发展，产生大面积微电子器的新领域。

9.2.6　超导材料

随着温度的降低，金属的导电性逐渐增加。当温度降到接近热力学温度 0K 的极低温度时，某些金属及合金的电阻急剧下降变为零，这种现象称为超导电现象。具有超导电性的物质称为超导电材料，简称超导材料(superconducting material)。

1911 年，当荷兰物理学家 Onnes 在观察低温下水银电阻变化的时候，突然发现在 4.2K 附近水银的电阻消失了。对这种具有特殊电性质的物质状态，他定名为超导态(superconductive state)，而把电阻发生突然变化的温度 T_c 称为超导临界温度(superconducting critical temperature)。凡是具有超导电性的金属、合金和化合物都称为超导体。

超导电性可被外加磁场所破坏。对于温度低于临界温度的超导体，当外加磁场超过某一数值 H_c 时超导性就被破坏而变为正常状态。把 H_c 称为临界磁场(critical magnetic field)。对一定的超导物质，H_c 是随温度而变化的。实验还表明，当通过超导体的电流超过一定数值 I_c 后，超导性同样也被破坏。把 I_c 称为临界电流(critical electric current)，I_c 同样也随温度而变化。

上述三个临界条件称为超导体的三大临界条件。

经研究发现，在元素周期表中共有 26 种金属具有超导电性，但它们的 T_c 都比较低，最高 T_c 也仅仅 10K 左右，没有实用价值。进一步的研究发现，合金的 T_c 比单个金属高，如铌三锡(Nb_3Sn)的 T_c 为 18.3K，钒三镓(V_3Ga)为 16.5K，铌三锗(Nb_3Ge)为 23.3K。1993 年 4 月，中国和瑞士科学家合作，800℃高温加热 5h 而制得汞钡铜氧化物，其 T_c 为 133.5K，这是一种创世界纪录的超导材料，被认为是当时超导研究领域的重大突破。后来，还有消息称 Bi-Sr-Ca-Cu-O 族超导体的临界温度高达 250K。表 9-2 列出了常见超导材料的临界温度 T_c 和临界磁场强度 H_c。

表 9-2　一些超导材料的临界温度 T_c 与临界磁场强度 H_c

	超导材料	T_c/K	H_c/(kA·m^{-1})		超导材料	T_c/K	H_c/(kA·m^{-1})
纯金属	Al	1.19	7.9	合金	Mo-Re(25%)	10.0	1276
	Cd	0.52	23.9		Nb-Zr(78%)	10.0	7660(4.2K 时)
	In	3.41	22.6	化合物	Nb_3Al	17.5	
	Pb	7.18	64.1(0K 时)		Nb_3Ge	23.2	16700 (4.21K 时)
	Os	0.65	5.2～6.5		Nb_3Sn	18.3	
	Re	1.7	16.0		V_3Si	17.0	
	Ta	4.48	66.1		V_3Ga	16.5	
	Sn	3.72	24.4				
	Zn	0.6	～159.6				

利用超导体所具有的完全导电性、抗磁性以及超导体与正常态之间性质的差异等，至今已在许多领域中得到实际应用。列车和轨道安装适当的磁体，利用同性磁场相斥，使列车悬浮起来，成为超导磁体的磁悬浮列车。我国是继日本、德国、英国、俄罗斯、韩国之后，第六个研制成功这种列车的国家。上海在 2002 年建成一条长 35km 的磁悬浮列车，最高时速 505km，这是世界上最早的超导磁悬浮列车之一。

9.3　高分子材料

广泛应用于国民经济各个领域的高分子材料(macromolecule material)是以天然和人工合成的高分子化合物(macromolecular compound)为基础的一类非金

属材料，直接关系到人类的衣、食、住、行，特别是高科技蓬勃发展的今天，人造卫星、航天飞机、巨型喷气客机、电子计算机、大规模集成电路、光纤通信、激光光盘等都离不开高分子材料。因此，没有高分子材料，现代的物质文明是无法想象的。

9.3.1　高分子化合物概述

高分子化合物，简称高分子，是由成百上千个原子通过共价键结合形成的大分子结构。高分子与小分子并无严格的界限，一般来说，相对分子质量大于 10000 的化合物称为高分子。一个大分子往往是小分子通过聚合反应以共价键重复连接而成，所以高分子化合物通常也称为高聚物(polymer)或聚合物。例如，聚氯乙烯大分子是由氯乙烯结构单元重复连接而成：

$$\cdots CH_2CH_2ClCH_2CH_2ClCH_2CH_2ClCH_2CH_2Cl\cdots,$$

为方便起见，可缩写成

$$\left[CH_2—CH_2Cl \right]_n$$

上式可表示聚氯乙烯大分子的结构。在高分子中，像氯乙烯这种能聚合成高分子化合物的小分子化合物称为单体(monomer)，CH_2CH_2Cl 这样特定的重复结构单元称为链节(chain)，“n”表示链节重复的次数，称为聚合度(degree of polymerization)，是衡量分子大小的重要指标。

由于高分子化合物种类繁多，结构复杂，因此从不同的角度加以分类，见表 9-3。

表 9-3　高分子化合物常见的分类方法

分类的原则	类　别	举例与特征
按聚合物的来源	天然聚合物	如天然橡胶、纤维素、蛋白质等
	人造聚合物	经人工改性的天然聚合物，如
	合成聚合物	完全由小分子物质合成的，如聚乙烯、聚酰胺等
按生成聚合物的化学反应	加聚物	由加成聚合反应得到的，如聚烯烃
	缩聚物	由缩合聚合反应得到的，如酚醛树脂
按聚合物的性质	塑料	有固定形状、热稳定性与机械强度，如工程塑料
	橡胶	具有高弹性，可做弹性材料与密封材料
	纤维	单丝强度高，可做纺织材料
按聚合物的热行为	热塑性聚合物	线型结构加热后仍不变
	热固性聚合物	线型结构加热后变体型
按聚合物分子的结构	碳(均)链聚合物	一般为加聚物
	杂键聚合物	一般为缩聚物
	元素有机聚合物	一般为缩聚物

高分子化合物的命名通常以单体或者假想单体名称为基础,并在单体前冠以“聚”字,作为该聚合物的名称,如聚氯乙烯(单体为氯乙烯),聚丙烯腈(单体为丙烯腈),聚乙烯醇(假想单体为乙烯醇,事实上乙烯醇不能稳定存在)。

重要的杂链聚合物,常以该材料中的所有品种共有的特征化学单元为基础作为化学分类名称,如聚酯(均含有酯基),环氧树脂(均含有环氧基),至于具体产品则有更详细的名称。

树脂类和橡胶类聚合物命名则取其原料的简称,后附“树脂”或“橡胶”二字作为名称。如酚醛树脂(苯酚和甲醛),脲醛树脂(尿素和甲醛),丁苯橡胶(丁二烯和苯乙烯),乙丙橡胶(乙烯和丙烯)等。

商品名称或专利名称是由材料制造商命名的,突出的是商品或品种,其商品很少是纯的聚合物,但是其名称简单、容易上口,因而习惯用商品名来命名其中的基本聚合物。比如聚酰胺类的聚合物习惯称为尼龙,聚酯类的习惯称为涤纶等。

国际纯粹与应用化学联合会(IUPAC)曾提出以大分子链结构为基础的系统命名方法,但因繁琐未被普遍采用,目前仅见于学术研究文献中。

表 9-4 列举了一些常见的聚合物的名称、缩写、单体、化学式、商品名。

表 9-4 一些常见的聚合物

名 称	缩 写	单 体	化学式	商品名
聚乙烯	PE	$CH_2=CH_2$	$\left[CH_2-CH_2\right]_n$	乙纶
聚丙烯	PP	$CH_3CH=CH_2$	$\left[CH(CH_3)-CH_2\right]_n$	丙纶
聚氯乙烯	PVC	$CHCl=CH_2$	$\left[CH(Cl)-CH_2\right]_n$	氯纶
聚苯乙烯	PS	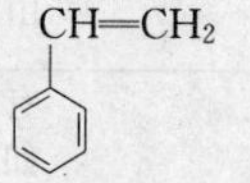	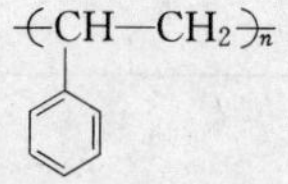	
聚四氟乙烯	PTFE	$CF_2=CF_2$	$\left[CF_2-CF_2\right]_n$	氟纶
聚异戊二烯	PIP	$CH_2=C(CH_3)-CH=CH_2$	$\left[CH_2-C(CH_3)=CH-CH_2\right]_n$	
聚酰胺	PA	$NH_2(CH_2)_6NH_2$ $HOOC(CH_2)_4COOH$	$\left[C(=O)(CH_2)_4C(=O)NH(CH_2)_6NH\right]_n$	尼龙,锦纶

续表

名　称	缩　写	单　体	化学式	商品名
聚己基丙烯酸甲酯	PMMA	$CH_2{=}C(CH_3){—}COOCH_3$	$\text{-}\!\!\left[CH_2{—}C(CH_3)(COOCH_3)\right]_n\!\!\text{-}$	有机玻璃
聚环氧乙烷	PEO	$CH_2{—}CH_2$（O 桥接环氧）	$\text{-}\!\!\left[O{—}CH_2{—}CH_2\right]_n\!\!\text{-}$	
聚丙烯腈	PAN	$CH_2{=}CH(CN)$	$\text{-}\!\!\left[CH_2{—}CH(CN)\right]_n\!\!\text{-}$	腈纶

高分子材料主要包括塑料（plastic）、橡胶（rubber）、合成纤维（synthetic fiber）、涂料（coating）、胶粘剂（adhesive）、功能高分子材料（functional macromolecule material）等。其中前三项年产量已达 1 亿多吨，在整个材料工业中占据极其重要的地位，被称为“三大合成材料”。

9.3.2　塑料

塑料是以聚合物为主要成分，在一定温度和压力条件下可塑成一定形状并且在常温下能保持基本形状的材料。根据塑料的物理性能可分为热塑性塑料（thermoplastic plastic）和热固性塑料（thermoset plastic）两类。热塑性塑料通常是线型高分子聚合物，受热后软化，冷却后又变硬，并且可重复循环，反复成型，这对塑料制品的再生很有意义。热塑性塑料占塑料总产品的 70％以上，大吨位的产品有聚乙烯（polyethylene，PE）、聚氯乙烯（poltvinyl chloride，PVC）、聚苯乙烯（polystyrene，PS）、聚丙烯（polypropylene，PP）等。热固性塑料则是由单体直接形成网状或者通过交联线性预聚体形成的立体状结构，一旦成型，受热后不能变软并回到可塑状态，这对保持塑料制品的尺寸稳定性、耐高温性以及耐溶剂性有重要意义。热固性塑料产品主要有酚醛塑料（bakelite）、氨基塑料（aminoplast）、环氧塑料（epoxy plastic）、不饱和聚酯塑料（unsaturated polyester plastic）等。热塑性塑料和热固性塑料的性质，与其大分子结构密切相关。

若将塑料按性能和用途来分类，可分为通用塑料（general purpose plastic）、工程塑料（engineering plastic）、特种塑料（specialty plastic）和增强塑料（reinforced plastic）。

塑料普遍具有密度小、电绝缘、传热系数低、耐化学腐蚀、容易成型加工等特点，因此广泛应用于各种薄膜、电绝缘材料、模型、绝热材料、管材、容器、机械、装饰等行业。表 9-5 列出一些常见塑料的性能及应用。

表 9-5　一些常见塑料的性能及应用

类　型	品　种	性　能	应　用
应用热塑性塑料	聚乙烯	良好的柔性和弹性;常温耐酸、碱的腐蚀,耐氨和胺等;耐候性差,紫外光下易光降解	电线绝缘、管材、薄膜、容器、板材等
	聚丙烯	力学性能优于聚乙烯,耐磨、耐弯曲疲劳;耐腐蚀性优于聚乙烯;耐候性差,易降解和老化	薄膜、食品包装袋、电绝缘体、容器、机械零件如法兰、接头、管道等
	聚氯乙烯	优良的力学性能;耐酸碱、耐溶剂;耐候性较好	软制品:薄膜、人造革、电线电缆绝缘层硬制品:硬管、瓦楞板、门窗、地板、家具、装饰物等
	聚苯乙烯	价廉、透明、刚性大;电绝缘性好、印刷性能好	装饰材料、照明指示、电绝缘材料、透明模型、玩具、日用品等;制造泡沫塑料
	聚甲基丙烯酸甲酯	透明性最好;加工性能好,可车、钻、铣、磨、刨等	汽车玻璃窗和飞机的罩盖;光学仪器透光部件;建筑、电气、装饰等
热固性塑料	酚醛塑料	价格便宜、尺寸稳定性好、耐热性优良	电绝缘材料(有“电木”之称);宇航中用作烧蚀材料
	氨基塑料	耐电弧性好;易着色	绝缘材料、电器设备;色彩鲜艳的日用品和装饰品
	环氧塑料	坚韧、耐水、耐化学腐蚀以及优良的介电性能	制造泡沫塑料用于绝热、防震、吸音方面;制造玻璃纤维增强塑料(俗称“环氧玻璃钢”)
	不饱和聚酯塑料	坚硬半透明,易燃,易氧化,不耐腐蚀	制造玻璃纤维增强塑料(俗称“玻璃钢”),用于建筑、造船、航空、汽车、化工等行业

工程塑料通常系指具有优异力学性能、电性能、化学性能及耐热、耐磨性、尺寸稳定性等一系列特点的新型塑料。其主要品种有聚酰胺、聚碳酸酯、聚甲醛、改性聚苯醚、聚酯、聚砜、聚苯硫醚等。工程塑料的发展只有四十多年的历史,但是其增长速度远远超过通用塑料,使用价值也远远超过通用塑料。工程塑料通常具有优良的力学性能,如聚甲醛性能接近于金属材料,在许多领域中可以代替钢、铜、铝以

及铸铁等，还可代替玻璃、木材和合金等。工程塑料广泛应用于机械、汽车、化工、电气、齿轮、轴承、垫圈、法兰、仪表外壳、容器等制造行业。

特种塑料是指在高温、高腐蚀或高辐射等特殊条件下使用的塑料，它们具有优良的耐高温、耐磨、耐疲劳特性、耐酸耐碱、耐溶剂性等，主要用在尖端技术设备上。例如，聚四氟乙烯塑料可耐王水及沸腾的氢氟酸，能耐高温和低温，可在－200～250℃范围内长期使用，有“塑料王”之称。

9.3.3　橡胶

橡胶是有机高分子弹性化合物，其可在很宽的温度范围内（－50～150℃）具有优异的高弹性，同时又具有良好的耐疲劳性、电绝缘性、不透气、不透水、抗冲击、吸震及阻尼性，有些特种橡胶还具有耐化学腐蚀性、耐高温、耐低温、耐油等特点，是国民经济中不可缺少的重要材料。

橡胶开始是从天然含胶植物中提取的，称为天然橡胶。但是天然橡胶的产量较低，远远不能满足需要。在第二次世界大战中，德国首先发明了合成橡胶，从此各种类型的合成橡胶相继问世，产量已经大大超过天然橡胶。

天然橡胶的成分主要是聚异戊二烯：

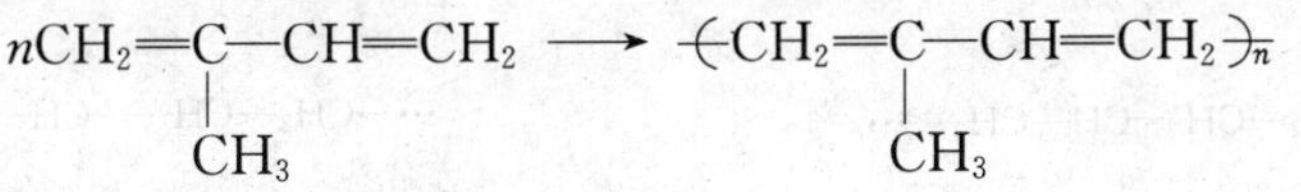

用异戊二烯单体合成的异戊橡胶的结构和性能基本上与天然橡胶相同。但是异戊二烯的来源有限，因此开发出一系列基于来源丰富的丁二烯类的合成橡胶，如顺-丁橡胶、丁苯橡胶、丁腈橡胶、氯丁橡胶等二烯类橡胶。

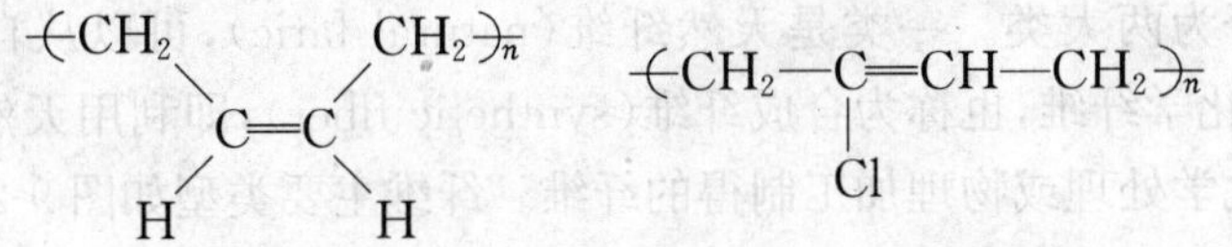

顺-丁橡胶　　　　氯丁橡胶

除二烯类橡胶外，还有以乙烯为基础的橡胶，如乙丙橡胶、氯磺化聚乙烯橡胶等。

橡胶主要应用于轮胎的制造，约占橡胶总量的 50%～60%，此外还用于制造胶带、胶管、胶鞋、胶辊、胶布、胶板、氧气袋、橡皮船、密封垫圈等。

另外还有一些特殊的合成橡胶，它们的物理机械性能一般较差，但是却具有某些方面的独特性能，可满足某些特殊的需要。如氟橡胶（用于航空、航天、导弹方面）、聚硫橡胶（用于耐油制品）、氯醚橡胶（用于耐油密封件）等。

硅橡胶的结构式如下：

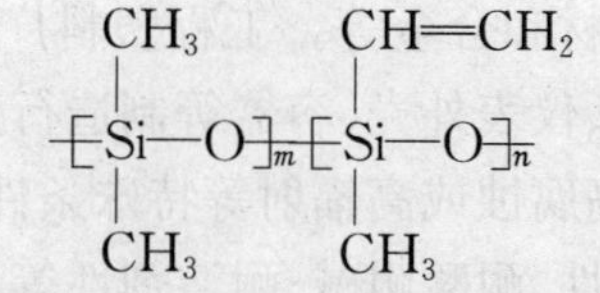

硅橡胶的分子特别,主链上没有碳原子,因此叫做元素有机聚合物。硅橡胶既耐高温又耐低温,能在－65～250℃保持弹性,耐油、防水、电绝缘性能也很好。因此,可用来制作高温、高压设备的衬垫、油管衬里、密封件和各种高温电线、电缆的绝缘层。由于硅橡胶无毒、无味、柔软、光滑、生理惰性及血液相溶性均优良,因此常用作医用高分子材料,如人工器官、人工关节、整形修复材料、药液载物等。

天然橡胶和许多合成橡胶都是线性高分子化合物,具有可塑性,但是强度低,回弹性差,容易产生永久性变形,不耐磨。如果在橡胶中掺入硫磺,在一定条件下使硫原子把高分子链交联起来形成体型网状结构,可以提高橡胶的强度,并且具有高弹性,不会产生永久性变形,才有实用价值。这个过程称为橡胶的硫化,如图 9-1 所示。

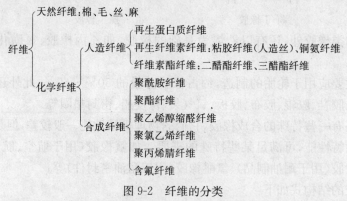

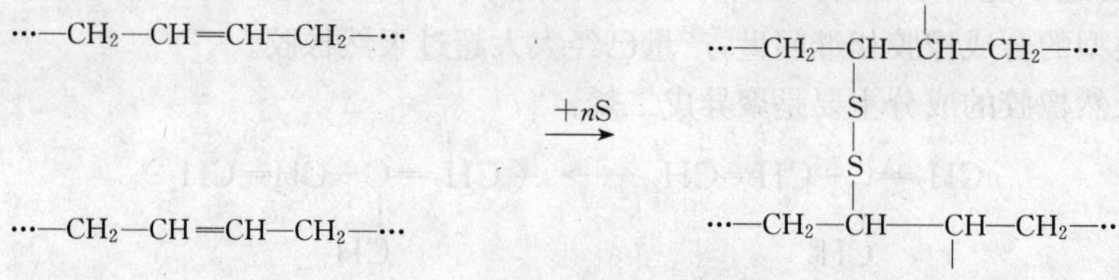

图 9-1　橡胶的硫化反应式

9.3.4　纤维

纤维是指长度与直径之比大于 1000,并且具有一定柔韧性和强度的纤细物质。纤维可分为两大类。一类是天然纤维(natural faric),可以从自然界直接获得;另一类是化学纤维,也称为合成纤维(synthetic fiber),即利用天然或合成高分子化合物经化学处理或物理加工制得的纤维。纤维主要类型如图 9-2 所示。

- 纤维
  - 天然纤维:棉、毛、丝、麻
  - 化学纤维
    - 人造纤维
      - 再生蛋白质纤维
      - 再生纤维素纤维:粘胶纤维(人造丝)、铜氨纤维
      - 纤维素酯纤维:二醋酯纤维、三醋酯纤维
    - 合成纤维
      - 聚酰胺纤维
      - 聚酯纤维
      - 聚乙烯醇缩醛纤维
      - 聚氯乙烯纤维
      - 聚丙烯腈纤维
      - 含氟纤维

图 9-2　纤维的分类

合成纤维通常采用线性高分子聚合物在溶液或者熔融状态下利用纺丝技术制得。一般具有优良的物理机械性能和化学性能。如质地轻、强度高、弹性好、保暖性好、吸水率低、耐磨、耐酸碱腐蚀、耐溶剂性能好等优点。某些特种纤维还具有高强度、高模量、耐高温、耐辐射等特殊性能。见表 9-6。

表 9-6　常见合成纤维的性能及应用

纤维名称	我国商品名	国外商品名	性　能	应　用
聚酰胺纤维	锦纶	尼龙、耐纶、卡普隆	耐磨性最好、强度高、耐冲击性好、弹性高、耐疲劳性好、耐腐蚀、染色性好	衣料及针织品、弹力丝袜、渔网、运输带、绳索、降落伞、轮胎帘子线
聚酯纤维	涤纶、的确良	达柯纶、底特纶、特丽纶、拉芙桑	弹性好、抗皱性好、强度大、吸水率低、耐热性好、耐磨性、耐腐蚀性好、染色性差	服装及针织品、运输带、绳索、渔网、人造血管、轮胎帘子线
聚丙烯腈纤维	腈纶	奥纶、开司米纶	弹性模量高、保型性好、耐光耐气候性仅次于含氟纤维、化学稳定性很高、耐热性较好	羊毛代替品、毛织物、帆布、窗帘、帐篷等
聚乙烯醇缩醛纤维	维纶	维尼纶、维纳纶	与棉相近、吸湿性好、强度高、耐化学腐蚀耐气候性均很好、弹性差、染色性差、耐水性不好	与棉混纺、针织品、人力车轮胎帘子线
聚氯乙烯纤维	氯纶	天美纶、罗维尔	耐化学腐蚀性好、保暖性好、耐气候性好、不易燃、耐磨和弹性都较好、耐热性差、染色困难	针织品、衣料、毛毯、地毯、滤布、工作服等
聚丙烯纤维	丙纶	帕纶、梅克丽纶	质地最轻、强度高、回弹性好、耐磨性仅次于聚酰胺、耐光性和染色性差、耐腐蚀性较好	与棉、毛、粘纤混纺、渔网、绳索、滤布、工作服等
含氟纤维	氟纶		突出的耐化学腐蚀性、高度耐磨性、电绝缘性好、耐高温耐低温性好	过滤材料、电绝缘材料、耐高温耐低温材料
聚酰亚胺纤维		PRD-14	高强度、高弹性、高韧性、高度绝缘性、高度耐原子辐射	宇航服、核动力防护织物、涂层织物等
聚氨酯弹性纤维	氨纶		高弹性、高回弹力	紧身衣、运动衣、游泳衣、各种弹性织物
芳香族聚酰胺纤维	芳纶		高强度、高模量、耐高温、耐辐射	宇航服、飞机轮胎帘子线等

今天,在人们尽情享用三大合成材料所带来的文明时应当铭记那些发明者和开拓者以及使之工业化的公司。他们是开创高分子化学领域的 Staudinger 和 Flory;第一个合成纤维——尼龙-66 的发明者 Carothers 及使之工业化的美国杜邦公司;1940 年,首先合成涤纶纤维的英国 Winfield 和 Dickson 及使之工业化的英国卜内门公司;第一种橡胶——氯丁橡胶的发明者美国的 Nieuwland 和 Collins 及在 1931 年使之工业化的杜邦公司;塑料中最大品种聚乙烯和聚丙烯则是在 Zeigler-Natta 催化剂诞生后获得高产率、高结晶度、耐高温的新品种,并在 1957 年由意大利 Montecatini 公司工业化的。

9.3.5　胶粘剂

胶粘剂又称粘合剂或粘结剂,是一种靠界面作用力(如机械结合力、物理吸附力或化学键合力)把两种或多种不同材料紧密结合在一起,并且具有一定粘接强度的物质。具体分类如图 9-3 所示。

- 胶粘剂
  - 有机胶粘剂
    - 天然胶粘剂
      - 动物胶:鱼胶、骨胶、虫胶等
      - 植物胶:淀粉、松香、阿拉伯树胶等
    - 合成胶粘剂
      - 热塑性树脂胶粘剂:聚乙酸乙烯酯、聚醛胺等
      - 热固性树脂胶粘剂:环氧树脂、酚醛树脂等
      - 橡胶性胶粘剂:氯丁胶、丁腈胶等
      - 混合型胶粘剂:环氧-酚醛、酚醛-丁腈、环氧-尼龙等
  - 无机胶粘剂
    - 硅酸盐型
    - 磷酸盐型
    - 硼酸盐型
    - 玻璃陶瓷及其他低熔点物质

图 9-3　胶粘剂的分类

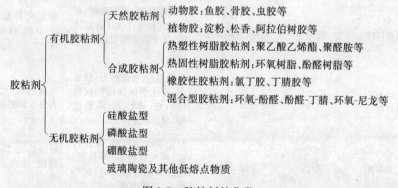

人类使用胶粘剂已有悠久的历史,像黏土、骨胶、淀粉、树脂等天然胶粘剂人类已使用了上千年。随着高分子材料的发展,出现了以合成高分子为基材的合成胶粘剂。合成胶粘剂主要成分一般是高分子化合物,另外配以溶剂、增塑剂、固化剂、稳定剂等辅料。合成胶粘剂的应用范围很广,可用于金属、玻璃、陶瓷、木材、塑料、皮革、橡胶等几乎所有材料的黏合。例如,环氧树脂胶就有“万能胶”之称。

近年来随着高分子化学、航空工业的发展,粘结剂的使用和发展发生了飞跃性的变化。其应用范围从建筑、交通、机械、电子行业到飞机、卫星等尖端部门,几乎遍及国民经济所有领域。电子或仪器仪表用胶粘剂胶结定位;机械生产中用粘结剂代替铆、焊、螺栓;制造洲际导弹、人造卫星应用的大量高强度、低密度的复合材料都采用胶粘剂胶接;宇宙飞船仪器舱的密封、油箱堵漏也用上胶粘剂;近年来发展的一类以丙烯酸双脂为主体的胶粘剂在机械制造中广泛用于固定衬套、轴承、紧固螺栓、填充隙缝,可见胶接技术和胶粘剂已渗透到生产和生活的各方面。

9.3.6　涂料

涂料是指涂装于物体表面，并能与表面基材很好粘合，形成完整薄膜的材料。涂料不仅可以使物体表面美观，更主要的是可以保护物体，延长使用寿命。有些涂料有防火、防水等特殊功能。钢铁、木材、水泥墙面都常使用涂料来达到装饰、防锈、防腐、防水等目的。

涂料由多种物质经混合而成，多为多组分体系，其主要成分是成膜物质，再配以颜料、溶剂、催干剂、增塑剂、固化剂等辅料。涂料有天然涂料（如清漆、大漆等）和合成涂料之分。合成涂料成膜物质为合成树脂。由于合成树脂的耐碱性、耐水性、耐候性都比较好，且成膜硬度较高，光泽较好，因此现在的涂料多使用合成树脂作为成膜物质。

涂料的品种繁多，有多种分类方法。根据涂料的形态可分为溶剂型涂料、水性涂料、无溶剂型涂料（固体涂料）和粉末涂料等。

值得一提的是，大部分溶剂型的涂料中都含有挥发性的溶剂，有机溶剂涂装成膜后挥发到大气中，既浪费了资源和能源，又对环境、人体都有害。随着人们环境意识的提高，人们对溶剂型涂料的使用有所抵制，特别是家居环境用涂料方面。所以，水性涂料、固体涂料以及粉末涂料等新型涂料的发展很迅速。例如，目前广泛用于空调换热片的亲水涂料就是以水作为溶剂。

9.3.7　功能高分子材料

某些高分子除机械特性外还具有一些特定的功能，如导电性、生物活性、光敏性、催化性等。这些在普通高分子的主链上或者支链上接上某种特定官能团的一类新型高分子材料就称为功能高分子材料。功能高分子材料始于 20 世纪 60 年代。当前，这类材料甚受瞩目，发展极为迅速。下面择其主要品种做一简单介绍。

1. 导电高分子

前面所介绍的高分子大多具有优良的电绝缘性，这是由高分子的结构决定的。但如果在高分子中加入各种导电物质，如银粉、铜粉、石墨粉等，就可制成导电高分子（conductive macromolecule）如导电塑料、导电橡胶、导电涂料、导电胶粘剂等。这种导电材料通电时因产生热量而使体积膨胀，因此有可能使加入的导电微粒相互分离而断电。根据这一特性，可制成恒温、保温材料，用于石油管道、机场跑道的保温，农业温室土壤的加热、恒温地毯、恒温床垫等。

另一类导电高分子由于分子中存在 π 键共轭体系，电子可以在整个共轭体系中自由流动，因此可以导电。20 世纪 70 年代，合成的聚乙炔就具有导电性，聚吡咯、聚噻吩、聚噻唑、聚苯硫醚等亦具有一定的导电性。聚乙炔具有的导电性并不高,但如果把 I_2 或 AsF_5 掺入其中,顺式聚乙炔的导电率可以提高 11 个数量级。无缺陷的聚乙烯的导电率已达到或超过金属铜。

虽然绝大部分导电高分子的导电性能仍不如金属,但是由于其属于高分子材料,具有容易成型、可以制成薄膜、涂料使用等优点,使得导电高分子的应用前景十分看好。目前已用于电解反应中的耐腐蚀性电极、制造塑料电池、大功率蓄电池、太阳能电池中的光电转化材料、电磁波屏蔽材料等领域。随着科技的发展,导电高分子的应用范围将会越来越广。

2. 感光高分子

感光高分子,也称为光敏性高分子(photo-sensitive macromolecule)。某些高分子在引入感光基团后,吸收了光能,分子内会产生诸如降解、交联、重排等反应,从而产生结构的变化。根据这一性质,人们将其应用于照相、印刷、光固化、光降解等领域。此外,在光电导摄影材料、光信息记录材料、光-能转换材料等领域也有应用。

当前,感官高分子主要作为光致抗蚀材料应用于制造大规模集成电路板上,工业上称之为光刻胶。首先将感官高分子材料涂在电路板上,然后通过曝光,使光刻胶发生交联或降解反应,洗去可溶部分后,不溶的部分可以经得起腐蚀。最后再除去不溶部分,就可得到集成电路板。

3. 医用高分子

医用材料,如人造心脏瓣膜、人造肺、人造肾、人造血管、人造骨骼、人造血液等,要求具有良好的化学稳定性、无毒、无副作用、耐老化、耐疲劳,特别是要具有生物相容性。而某些高分子材料与人体器官组织的天然高分子有极其相似的化学结构和物理性质,而且与人体也有很好的相容性,不会排斥反应和其他副作用,因此可以用来制造人工替代品。这些高分子材料便称为医用高分子(biomedical macromolecule)。目前,除了脑、胃和部分内分泌器官外,人体的几乎所有的器官都可以用高分子材料制造。

可用于制造人造器官的合成高分子材料主要有:尼龙、环氧树脂、聚乙烯、聚乙烯醇、聚甲醛、聚甲基丙烯酸甲酯、聚四氟乙烯、聚乙酸乙烯酯、硅橡胶、聚氨酯、聚碳酸酯等。

4. 高吸水(保水)高分子

通常的吸水材料如棉、海绵、纸张等,其吸水能力只有自身质量的 20 倍左右,并且在受到挤压时,大部分水将被挤出。而利用高分子材料制得的高吸水材料不仅可以吸收自身质量数百倍甚至上千倍的水,而且还能经受一定的挤压作用。

高吸水性高分子(super absorbent macromolecule)材料应用十分广泛,例如,卫生材料("尿不湿"、卫生巾等)、建筑材料、防静电材料、保鲜材料、人造皮肤等。高保水材料施加到农田中,可以保持水分,特别适用于干旱地区。还有人建议用高保水材料来防治土地沙漠化。

这类奇特的高分子材料可用淀粉、纤维素等天然高分子与丙烯酸、苯乙烯磺酸共聚得到,或者用聚乙烯醇与聚丙烯酸盐交联得到。

5. 离子交换树脂

离子交换树脂(ion exchanger resin)是指在高分子骨架上通过化学方法接上特殊的官能团,能够与溶液中相应的离子进行交换反应的一类改性高分子材料。根据离子交换功能基的特性可以分为阳离子交换树脂、阴离子交换树脂以及高度选择性离子交换树脂等。离子交换树脂的一大特点是可以再生。再生时可用稀盐酸、稀硫酸处理阳离子交换树脂,用稀的氢氧化钠溶液处理阴离子交换树脂。

离子交换树脂的应用已遍及各个工业领域,是发展比较完善的一类功能高分子材料。其主要用途有水处理(包括软化、海水淡化、废水中贵金属的回收等)、铀的提取及其他贵金属的分离回收、高分子催化剂、医药领域、化学分析、环境保护等领域。

9.4 复合材料

由两种或两种以上物理和化学性质不同的物质组合而成的一种多相固体材料,称为复合材料(composite material)。复合材料是人们运用先进的材料制备技术将不同性质的材料组分优化组合而成的新材料,它的性能取决于所选用的组成材料的性能、相互的比例、分布的方式和界面结构性能。复合材料的组成分为两大部分:基体材料(matrix material,构成复合材料连续相),如聚合物基体、金属基体、无机非金属基体;增强材料(reinforceing material,不构成连续相),如纤维、颗粒、晶须等。不同的基体和增强材料可组合成品种繁多的复合材料。复合材料按基体材料的不同可分为聚合物基复合材料、金属基复合材料、无机非金属基复合材料三大类;按性能高低分为常用复合材料和先进复合材料;按用途可分为结构复合材料和功能复合材料。先进复合材料是以碳、芳纶、陶瓷等纤维和晶须等高性能增强体与耐高温的高聚物、金属、陶瓷和碳(石墨)等构成的复合材料。这类材料往往用于各种高技术领域中用量少而性能要求高的场合。目前结构复合材料占绝大多数,而功能材料有广阔的发展前途。预计 21 世纪会出现结构复合材料与功能复合材料并重的局面,而且功能复合材料更具有与其他功能材料竞争的优势。

9.4.1 增强材料

增强材料按形态可分为纤维增强材料和粒子增强材料两大类。前者是复合材料的支柱,它决定复合材料的各种力学性能。常用的有玻璃纤维(glass fiber)、碳纤维(carbon fiber 或石墨纤维 graphite fiber)、陶瓷纤维(ceramic fiber)、晶须纤维(whisker fiber)等。粒子增强材料除一般作为填料以降低成本外,同时也改变材料的某些性能,起到功能增强作用。

1. 碳纤维(或石墨纤维)

碳纤维(或石墨纤维)是一种新型的高强度材料,是先进复合材料最常用的也是最重要的增强材料。碳纤维是由不完全石墨结晶沿纤维轴向排列的材料,化学组成中碳元素的含量达 95%以上。

碳纤维的发明可以追溯到爱迪生时代,他在发明电灯过程中用各种材料作灯丝都失败了,后来他将竹子烘烤后制成碳丝,终于使电灯亮了。碳丝可以说是当今碳纤维的前身。碳纤维制造工艺有有机先驱体纤维法和气相生长法两种。有机先驱体纤维法(organic precursor fiber method)就是使有机纤维经高温固相反应转变而成,常用的有机纤维主要有聚丙烯腈(PAN)纤维、粘胶纤维(人造丝)和沥青纤维等。如将聚丙烯腈合成纤维在 200～300℃的空气中加热使其氧化,然后在 1000～1500℃的惰性气体中碳化,即可得到强度很高的碳纤维,碳化温度超过 2000℃时则得到石墨纤维。气相生长碳纤维(vapor growth carbon fiber,VGCF)由碳氢化合物的蒸气和氢气与催化剂(金属铁、钴、镍、或硫及其氧化物或盐类等微颗粒)在 1100℃的石墨基板上分解产生碳,生成的碳吸附在催化剂颗粒上引起原始纤维的生长,然后通过碳的沉积不断增长增粗得到碳纤维。

总的来说,碳纤维和石墨纤维具有低密度、高强度、高模量、耐高温、抗化学腐蚀、低电阻、高热导、低膨胀、耐辐射等特性,此外还具有纤维的柔曲性和可编织性,因此广泛应用于复合材料。

2. 特种玻璃纤维

特种玻璃纤维(specialty glass fiber)强度高,综合性能好,广泛用于复合材料的增强体。近年来发展的玻璃纤维新品种包括 Al-Mg-Si 高强度高模量纤维、Si-Al-Ca-Mg 纤维、高硅氧纤维、石英纤维等。

AlMgSi 系玻璃纤维主要成分是 MgO、Al_2O_3、SiO_2,此种纤维在强度、电绝缘性、耐热性等方面有独特的优点,因此可用于电子技术和特种工程。例如,该纤维与树脂复合制造的层压板具有低的热膨胀系数,可用作印刷电路板。

SiAlCaMg 系玻璃纤维主要成分是 SiO_2、Al_2O_3、MgO、CaO,具有很好的耐腐

蚀性，可用于制造耐腐蚀构件，也可用于水泥、树脂的增强纤维。

3. 硼纤维

1959 年，美国在进行陶瓷纤维的开发研究中，发现了硼纤维（boron fiber），这便是最早出现的用于尖端复合材料的增强纤维。硼纤维的特点在于，它不仅可作为纤维使用，而且还可作为塑料和金属的增强材料来开发研究。硼纤维是用化学气相沉积法使硼沉积在钨丝或者其他纤维芯材上制得的连续单丝。硼纤维突出的优点是密度低、力学性能好。

4. 碳化硅纤维

碳化硅纤维（carborundum fiber）是陶瓷基复合材料最重要的增强全之一。它最突出的优点是高温抗氧化性能优异。碳化硅纤维复合材料还具有吸波性能。

除了以上四种外，作为纤维增强材料还有氧化铝纤维、芳香族聚酰胺纤维（芳纶纤维）、石棉纤维、聚酯纤维等。

9.4.2 基体材料

基体材料一般有合成高分子、金属、陶瓷等，主要作用是把增强材料粘结成整体，传递载荷并使载荷均匀。

常用的高分子有酚醛树脂、环氧树脂、不饱和聚酯及多种热塑性聚合物。这类树脂工艺性好，如室温下黏度低并在室温下可固化。固化后综合性能好，价格低廉。其主要缺点是树脂固化时体积收缩比较大、有毒（由于加入引发剂）、耐热强度较低、易变形。如果与纤维增强材料复合可得到性能较好的复合材料。目前主要用于与玻璃纤维复合。

基体金属大体都是纯金属及其合金。常用的纯金属有铝、铜、银、铅等；常用的合金有铝合金、镁合金、钛合金、镍合金等。

用作复合材料基体的陶瓷主要有 Al_2O_3、Si_3N_4、SiC 以及 Li_2O、Al_2O_3 和 SiO_2 组成的复合氧化物（$Li_2O \cdot Al_2O_3 \cdot nSiO_2$）。陶瓷具有耐高温、耐氧化性、抗压强大等特点。但陶瓷的脆性大，受冲击性能差，为了提高陶瓷的抗冲击性能，故一般使其与纤维复合成纤维增强材料。

9.4.3 重要复合材料及其应用

1. 纤维增强树脂基复合材料

纤维增强树脂基复合材料是以合成高分子为基体，以各种纤维为增强材料的复合材料。常用的有玻璃纤维增强塑料、碳纤维增强塑料等。这类复合材料是出现最早,应用最广的现代复合材料之一。

1) 玻璃纤维增强塑料

玻璃纤维增强塑料是以树脂为基体,玻璃纤维为增强材料制成的一类复合材料。用玻璃纤维增强热固性树脂得到的复合材料一般称为玻璃钢(glass fibre reinforced plastic)。常用的热固性树脂早期有酚醛树脂,随后有不饱和聚酯树脂和环氧树脂,近来又发展了性能更好的双马树脂和聚酰亚胺树脂。玻璃钢的主要特点是质轻、耐热、耐老化、耐腐蚀性好、优良的电绝缘性和成型工艺简单。但其刚度尚不及金属,长时间受力时有蠕变现象。热塑性树脂品种很多,包括各种通用塑料(如聚丙烯、聚氯乙烯等)、工程塑料(如尼龙、聚碳酸酯等)以及特种耐高温的聚合物(如聚醚、聚酮、聚醚砜和杂环类聚合物)。

20 世纪 60 年代初,玻璃纤维增强塑料就已经成为火箭发动机机壳、高压容器、雷达天线罩以及飞机和火箭上的承力构件。玻璃钢作为结构材料得到广泛应用,范围几乎涉及所有的工业部门。用热塑性树脂为基体的玻璃纤维增强塑料由于其质轻、强度高、优良的电绝缘性,常用于航空、车辆、农业机械等的结构零件以及电机电器的绝缘材料。

2) 碳纤维增强塑料

以树脂为基体,碳纤维为增强剂制成的复合材料称为碳纤维增强塑料。基体材料以环氧树脂、酚醛树脂和聚四氟乙烯最多。可以根据使用温度的不同选择不同的树脂基体。如环氧树脂使用温度为 150～200℃,聚双马来酰亚胺为 200～250℃,而聚酰亚胺在 300℃以上。碳纤维增强塑料具有质轻、耐热、导热系数大、抗冲击性好、强度高等特点。它的强度高于钛和高强度钢,因此在工程上应用越来越广泛。由碳纤维增强的复合材料已广泛用于制作火箭喷管、导弹头部鼻锥、飞机和卫星结构件、文体用品(各种球拍和球杆、自行车、赛艇等),也可用作医用材料、密封材料、制动材料、电磁屏蔽材料和防热材料。

3) 尼龙纤维增强复合材料

轮胎是一种增强复合制品,用尼龙或涤纶纤维作帘子线增强的橡胶轮胎,其强度比天然纤维要大得多。尼龙纤维增强塑料常用的聚芳酰胺(芳纶 144)是一种强度高。密度小的特种纤维,具有高达 $280kg/mm^2$ 的抗张强度和 $13000kg/mm^2$ 的高模量。芳纶增强塑料可用作火箭发动机壳体、耐高压容器、航天器、飞机机翼和机身等。

2. 纤维增强金属基复合材料

金属基复合材料是 20 世纪 60 年代末才发展起来的。金属基复合材料的出现弥补了合成高分子为基体复合材料的不足,如耐温性能较差(一般不能超过 300℃),在高真空条件下(如太空)容易释放小分子而污染周围的器件,不能满足材料导电和导热需要等。金属基复合材料是金属用陶瓷、碳纤维、晶须或颗粒增强的材料，从而大幅度提高比强度和比刚度。金属基复合材料一般都在高温下成形，因此要求作为增强材料的耐热性要高。在纤维增强金属中不能选用耐热性低的玻璃纤维和有机纤维，主要使用硼纤维、碳纤维、碳化硅纤维和氧化铝纤维。基体金属用得较多的是铝、镁、钛及某些合金。

碳纤维是金属基复合材料中应用最广泛的增强材料。碳纤维增强铝具有耐高温、耐热疲劳、耐紫外线和耐潮湿等性能，适合于在航空、航天领域中飞机的结构材料。在航空、航天技术领域中，以硼纤维增强的铝合金基体和硼铝合金基体复合材料有明显的减重效果，是制造高推重比涡轮喷气式发动机冷端叶片和卫星、飞机构件的理想材料。美国已在航天飞机上正式使用硼铝管材制造机身框架，取得了20%～60%的减重效果。碳化硅纤维增强铝比铝轻10%，强度高10%，刚性高一倍，具有更好的化学稳定性、耐热性和高温抗氧化性。它们主要用于汽车工业和飞机制造业。用碳化硅纤维增强钛做成的板材和管材已用来制造飞机尾翼、导弹壳体和空间部件。

3. 纤维增强陶瓷基复合材料

随着对高温高强材料的要求越来越高，人们开发了陶瓷基复合材料。纤维增强陶瓷可以增加陶瓷的韧性，这是解决陶瓷脆性等途径之一。常用的增强纤维有碳纤维、碳化硅纤维和碳化硅晶须。由纤维增强陶瓷做成的陶瓷瓦片，用粘结剂贴在航天飞机身上，使航天飞机能安全地穿越大气层回到地球上。纤维增强陶瓷还被用于各种气轮机和内燃机的部分零部件。

4. 金属包层复合材料

金属包层复合材料是以物理、化学方法(如电镀)将不同金属组合在一起的一种材料。被包覆的金属称母材，包覆金属称被覆材料。母材一般有铜、铝、钢、不锈钢等；包覆金属一般有铝、铜、银、金、锌、锡镍等。

以铜、银等包覆钢丝，普遍用作导线，以节约铜、银等贵金属；包钛钢是钛和钢的复合材料。由于钛抗蚀性好，常用于化工设备，以钛为设备的衬里起了抗腐蚀作用。

金属包层复合材料的制法有：电镀、浸镀、喷涂、电铸、冷压、热压等。

5. 功能复合材料

功能复合材料目前正处于发展的起步阶段，从复合材料的特点来看，它具备非常优越的发展基础。功能复合材料，是指除力学性能以外还提供其他物理性能的复合材料，一般由功能体(提供物理性能的基本组成单元)和基体组成。基体除了起定形的作用外，某些情况下还能起到协同和辅助的作用。功能复合材料品种繁多,包括具有电、磁、光、热、声、机械(指阻尼、摩擦)等功能作用的各种材料,目前已有不少功能复合材料付之应用。

9.5 纳米材料

9.5.1 概述

纳米材料(nanomaterial)是近年来受到人们极大重视的新型材料。“纳米”是一个长度单位,1974年,日本最早把这个术语应用到技术上,但是以“纳米”来命名材料是在20世纪80年代。纳米材料的基本定义是该材料的基本单元至少有一维的尺寸在1～100nm范围内。

纳米材料的基本单元按维数可以分为四类:

(1) 零维——指空间三维尺度均在纳米尺度,如纳米尺度颗粒、原子团簇等;

(2) 一维——在空间有两维处于纳米尺度,如纳米丝、纳米棒、纳米管等;

(3) 二维——在三维空间中有一维处于纳米尺度,如超薄膜、多层膜、超晶格材料等;

(4) 三维——在三维空间中含有上述纳米材料的块体,如纳米陶瓷等。

因为这些单元往往具有量子性质,所以,对零维、一维和二维的基本单元分别又有量子点、量子线和量子阱之称。

随着纳米科学技术和制备技术以及实际需求的发展,人们已不满足于单一的纳米材料,许多纳米材料的复合体和具有纳米结构的材料应运而生。因此也不妨称它们为继上述四类之后的第五类和第六类纳米材料。

9.5.2 纳米效应

纳米世界介于宏观世界与微观世界之间,因此有人把它称为介观世界。纳米固体中的原子排列既不同于长程有序的晶体,也不同于长程无序、短程有序“气体状”固体结构,是一种介于固体和分子间的亚稳中间态物质。因此,一些研究人员还把纳米材料称之为晶态、非晶态之外的“第三态晶体材料”。正是由于纳米材料这种特殊的结构,使之产生四大效应,从而具有传统材料所不具备的物理、化学性能,表现出独特的光、电、磁和化学特性。

1. 量子尺寸效应

当材料颗粒尺寸下降到某一值时,金属的费米能级附近的电子能级由准连续变为离散能级,纳米半导体微粒存在不连续的最高被占据分子轨道和最低未被占据的分子轨道能级,以及能隙变宽的现象,这些现象均称为量子尺寸效应(quantum dimension effect)。

日本科学家 Kubo 曾对金属超细微粒的量子尺寸进行了理论分析，提出了著名的 Kubo 理论（久保理论），该理论是量子尺寸效应的典型例子。Kubo 认为相邻电子能级间距 δ 与颗粒的自由电子总数 N 成反比：

$$\delta = \frac{4}{3}\frac{E_F}{N} \propto V^{-1}$$

式中：N 为一个金属粒子的总导电电子数；V 为纳米颗粒的体积；E_F 为费米能级。宏观物体包含无限个原子（导电电子数 $N \to \infty$），由式可得能级间距 $\delta \to 0$，即对大粒子或宏观物体能级间距几乎为零；而对纳米微粒，所包含原子数有限，N 值很小，这就导致 δ 有一定的值，即能级间距发生分裂。当能级间距能量大于热能、磁能、静电能、光子能量或超导态的凝聚能时，就会出现量子尺寸效应，导致纳米微粒磁、光、声、电、热以及超导电性等性质与宏观特性有着显著的差异，影响到纳米微粒的比热容、磁化率、光谱线的频移、物质的催化性质，导体的电导性质也被改变为绝缘体等。如温度为 1K 时，直径小于 14nm 的银纳米颗粒变成绝缘体。

2. 小尺寸效应

当纳米微粒的尺寸与光波波长、德布罗意波长以及超导态的相干长度或透射深度等物理特性尺寸相当或更小时，晶体周期性的边界条件将被破坏；无论是否是非晶态的纳米颗粒，其颗粒表面层附近的原子密度减小，导致声、光、电、磁、热、力学等特性呈现与普通非纳米材料不同的新的效应，此称为小尺寸效应（small dimension effect），也称为小体积效应（small volume effect）。例如，光吸收显著增加，并产生吸收峰等离子共振频移；磁有序态向磁无序态转变、超导相向正常相转变，金属熔点降低，增强微波吸收等。如 2nm 的金熔点为 600K，块状金为 1337K；纳米银的熔点低于 373K，而常规银的熔点则高于 1173K。

3. 表面效应

纳米颗粒尺寸小，位于表面的原子或分子所占的比例非常大，并随颗粒尺寸的减小而急剧增大，在单位体积中的比表面积也非常巨大，最高可达上千，巨大的比表面积使得表面能极高。表 9-7 列出了纳米颗粒的尺寸与表面原子数的关系。

表 9-7　纳米颗粒尺寸与表面原子数的关系

纳米颗粒大小/nm	粒子中的原子数	表面原子比例/%
20	2.5×10^5	10
10	3.5×10^4	20
5	4.0×10^3	40
2	2.5×10^2	80
1	3.0×10	90

表面原子数的增加导致了性质的急剧变化。这种表面原子数随纳米粒子尺寸减小而急剧增大后引起的性质显著变化称为表面效应(surface effect)。由于表面原子数增多,原子配位不足及高的表面能,必然导致纳米结构表面存在许多缺陷。从化学角度来看,表面原子所处的键合状态或键合环境与内部原子有很大的差异,有许多悬空键,常处于不饱和状态,导致纳米材料具有极高的表面活性,极不稳定,容易与其他原子结合。纳米颗粒表现出来的高催化活性和高反应性、纳米粒子易于团聚等均与此有关。

4. 宏观量子隧道效应

在半导体物理中,微观粒子具有贯穿势垒的能力称为隧道效应(tunneling effect)。人们发现一些宏观物理量,例如,微粒的磁化强度,量子相干器件中的磁通量等也具有隧道效应,称为宏观的量子隧道效应。宏观量子隧道效应对基础研究及实用都有重要意义。它限制了磁带、磁盘进行信息储存的时间极限。量子尺寸效应、隧道效应将是未来微电子器件的基础,或者说它确定了现存微电子器件进一步微型化的极限。

9.5.3 纳米材料的应用

由于纳米材料的表面效应、小尺寸效应、量子尺寸效应、宏观量子隧道效应和介电限域效应等使得他们在磁、光、电、敏感等方面呈现出常规材料不具备的特性。因此,纳米材料在电子材料、光学材料、催化、磁性材料、生物医学材料、涂料等方面有着广阔的应用前景。

1. 微电子和光电子领域

纳米电子学立足于最新的物理学理论和最先进的工艺手段,按照全新的理念来构造电子系统,并开发物质潜在的储存和处理信息的能力,实现信息采集和处理能力的革命性突破,纳米电子学将成为本世纪信息时代的核心。随着纳米技术的发展,微电子和光电子的结合更加紧密,在光电信息传输、存储、处理、运算和显示等方面,使光电器件的性能大大提高。将纳米技术用于现有雷达信息处理上,可使其能力提高几十倍至几百倍,甚至可以将超高分辨率纳米孔径雷达放到卫星上进行高精度的对地侦察。

2. 催化剂领域

纳米微粒由于尺寸小,表面所占的体积百分数大,表面的键态和电子态与颗粒内部不同,表面原子配位不全等导致表面的活性位置增加,这就使它具备了作为催化剂的基本条件。最近,有关纳米微粒表面形态的研究指出,随着粒径的减小,表面光滑程度变差，形成了凸凹不平的原子台阶，从而增加了化学反应的接触面。目前，关于纳米粒子的催化剂有以下几种。第一种为金属纳米粒子催化剂，主要以贵金属为主，如 Pt、Rh、Ag、Pd，非贵金属有 Ni、Fe、Co 等。第二种以氧化物为载体，把粒径为 1～10nm 的金属粒子分散到多孔的氧化物衬底上。衬底的种类有氧化铝、氧化硅、氧化镁、氧化钛、沸石等。第三种是碳化钨、γ-Al_2O_3、γ-Fe_2O_3 等纳米粒子聚合体或其分散在载体上。

3. 磁学领域

磁性纳米微粒由于尺寸小，具有单磁畴结构、矫顽力很高的特性，用它制作磁记录材料可以提高信噪比，改善图像质量。此外，还可用作光快门、光调节器、复印机墨粉材料以及磁墨水和磁印刷等。用铁基纳米晶巨磁阻材料研制的磁敏开关具有灵敏度高、体积小、响应快等优点，可广泛用于自动控制、防盗报警系统和汽车导航、点火装置等。此外，具有奇异性质的磁性液体为若干新颖的磁性器件的发展奠定了基础。例如，0.6nm 的直径意味着信息存储的密度可达 10^{14} bt/cm^2（信息存储基本单位），其信息容量比现有的光盘高 100 万倍。按照这一密度运用纳米技术设计的一块方糖大小的磁盘，能存放美国国会图书馆的所有信息。

4. 生物和医学领域

纳米微粒的尺寸一般比生物体内的细胞、红血球小得多，这就为生物学提供了一个新的研究途经，即利用纳米微粒进行细胞分离、细胞染色及利用纳米微粒制成药物或新型抗体进行局部定向治疗等。例如，利用纳米微粒进行细胞分离技术很可能在肿瘤早期的血液中检查出癌细胞，实现癌症的早期诊断和治疗。

5. 陶瓷领域

随着纳米技术的广泛应用，纳米陶瓷随之产生，希望以此来克服传统陶瓷材料的脆性，使陶瓷具有像金属一样的柔韧性和可加工性。许多专家认为，如能解决单相纳米陶瓷的烧结过程中抑制晶粒长大的技术问题，则它将具有高硬度、高韧性、低温超塑性、易加工等优点。

习　题

1. 为什么钛被人们称为“空间金属”？钛及钛合金具有哪些重要性质？
2. 合金主要有哪些种类？各有什么样的性能？
3. 形状记忆合金记忆功能指的是什么？它的形状记忆是如何产生的？

4. 金属玻璃是玻璃的一种吗？它有什么样的性能？
5. 传统陶瓷与结构陶瓷在含义上有何区别？它们在性质、应用领域上有何差别？
6. 举例说明随着科技的发展陶瓷领域中涌现的一些精细陶瓷类型及其特点和用途。
7. 何谓超导现象？实现超导需要突破哪几个临界条件？
8. 什么是半导体？可以怎样进行分类？
9. 请写出聚苯乙烯和尼龙-66 两个聚合物的单体和结构单元。
10. 什么是高分子材料的热塑性和热固性，各举出几种常见的热塑性和热固性高分子材料。
11. 什么是硫化剂？橡胶为什么要进行硫化处理？
12. 写出以下几种商品纤维的主要成分

    (1) 锦纶 (2) 涤纶(的确良) (3) 腈纶 (4) 维纶 (5) 丙纶 (6) 氨纶
13. 你接触过一些功能性高分子材料吗？举例说明。
14. 高分子材料具有导电性要满足什么条件？请举出导电高分子的几种用途。
15. 什么是复合材料？其基本结构如何？
16. 聚合物基复合材料目前有哪些问题存在？
17. 纳米材料有哪些独特的物理化学效应？纳米材料有哪些应用前景？

参考文献

北京大学《大学基础化学》编写组. 2003. 大学基础化学. 北京:高等教育出版社
北京师范大学等. 1992. 无机化学. 第3版. 北京:高等教育出版社
陈杰瑢. 2001. 低温等离子体化学及其应用. 北京:科学出版社
陈军等. 2004. 能源化学. 北京:化学工业出版社
陈林根. 1999. 工程化学基础. 北京:高等教育出版社
戴树桂. 2006. 环境化学. 第2版. 北京:高等教育出版社
戴松元. 2000. 燃料敏化纳米薄膜太阳电池的研究(博士论文). 合肥:中国科学院等离子体物理研究所
傅献彩等. 1990. 物理化学. 第4版. 北京:高等教育出版社
高荫榆等. 2006. 生物质能转化利用技术及其研究进展. 江西科学,24(6):529~533
古国榜. 2004. 大学化学教程. 第2版. 北京:化学工业出版社
何天白等. 1997. 海外高分子科学的新进展. 北京:化学工业出版社
黄春辉等. 2001. 光电功能超薄膜. 北京:北京大学出版社
黄素逸等. 2004. 能源概论. 北京:高等教育出版社
江棂. 2006. 工科化学. 第2版. 北京:化学工业出版社
刘旦初等. 2000. 化学与人类. 上海:复旦大学出版社
刘绮. 2004. 环境化学. 北京:化学工业出版社
马光等. 2000. 环境保护与可持续发展导论. 北京:科学出版社
孟庆珍,胡鼎文,程泉寿等. 1988. 无机化学. 北京:北京师范大学出版社
倪星元等. 2007. 纳米材料制备技术. 北京:化学工业出版社
欧阳自远. 2005. 月球科学概论. 北京:中国宇航出版社
钱易等. 2000. 环境保护与可持续发展. 北京:高等教育出版社
曲保中等. 2007. 新大学化学. 第2版. 北京:科学出版社
四川大学. 2006. 近代化学基础. 第2版. 北京:高等教育出版社
唐小真. 1997. 材料化学导论. 北京:高等教育出版社
唐有琪等. 1997. 化学与社会. 北京:高等教育出版社
王佛松等. 2000. 展望21世纪的化学. 北京:化学工业出版社
王明华等. 1998. 化学与现代文明. 杭州:浙江大学出版社
王彦广等. 2001. 化学与人类文明. 杭州:浙江大学出版社
徐如人等. 2001. 无机合成与制备化学. 北京:高等教育出版社
徐瑛等. 2007. 工科化学概论. 北京:化学工业出版社
杨玉良等. 2001. 高分子物理. 北京:化学工业出版社
游效曾等. 2000. 配位化学进展. 北京:高等教育出版社
约翰·麦克默里. 2003. 有机化学基础. 北京:机械工业出版社

曾政权等.2001.大学化学.第2版.重庆:重庆大学出版社
浙江大学普通化学教研组.2002.普通化学.第5版.北京:高等教育出版社
周其凤等.2001.高分子化学.北京:化学工业出版社

附　　录

附录 1　SI 单位制的词头

表示的因数	词头名称	词头符号	表示的因数	词头名称	词头符号
10^{18}	艾[可萨]	E(exa)	10^{-1}	分	d(deci)
10^{15}	拍[它]	P(peta)	10^{-2}	厘	c(centi)
10^{12}	太[拉]	T(tera)	10^{-3}	毫	m(milli)
10^{9}	吉[咖]	G(giga)	10^{-6}	微	μ(micro)
10^{6}	兆	M(mega)	10^{-9}	纳[诺]	n(nano)
10^{3}	千	k(kilo)	10^{-12}	皮[可]	p(pico)
10^{2}	百	h(hecto)	10^{-15}	飞[母托]	f(femto)
10^{1}	十	da(deca)	10^{-18}	阿(托)	a(atto)

附录 2　一些非推荐单位、导出单位与 SI 单位的换算

物理量	换算单位
长度	$1\text{Å}=10^{-10}\text{m}$，$1\text{in}=2.54\times10^{-2}\text{m}$
质量	1(市)斤=0.5kg，1(市)两=50g，1b(磅)=0.54×0.54kg，1oz(盎司)=28.3×10^{-3}kg
压力	$1\text{atm}=760\text{mmHg}=1.013\times10^{5}\text{Pa}$，$1\text{mmHg}=1\text{Torr}=133.3\text{Pa}$ $1\text{bar}=10^{5}\text{Pa}$，$1\text{Pa}=1\text{N}\cdot\text{m}^{-2}$
温度	$T/\text{K}=t/℃+273.15$ $F/℉=\frac{9}{5}T/\text{K}-459.67=\frac{9}{5}t/℃+32$
能量	$1\text{cal}=4.184\text{J}$，$1\text{eV}=1.602\times10^{-19}\text{J}$，$1\text{erg}=10^{-7}\text{J}$
电量	1esu(静电单位库仑)=3.335×10^{-10}C
其他	R(摩尔气体常量)=$1.96\text{cal}\cdot\text{K}^{-1}\cdot\text{mol}^{-1}=0.08206\text{dm}^{-3}\cdot\text{atm}\cdot\text{K}^{-1}\cdot\text{mol}^{-1}$ $=8.314\text{J}\cdot\text{K}^{-1}\cdot\text{mol}^{-1}=8.314\text{kPa}\cdot\text{dm}^{3}\cdot\text{K}^{-1}\cdot\text{mol}^{-1}$ 1eV 粒子相当于 $96.5\text{kJ}\cdot\text{mol}^{-1}$，$1\text{C}\cdot\text{m}^{-1}=12.0\text{J}\cdot\text{mol}^{-1}$ 1D(Debye)=$3.336\times10^{-30}\text{C}\cdot\text{m}$

附录3 一些常用的物理化学常数

(IUPAC 1998 推荐值)

名 称	符 号	数值和单位
理想气体摩尔体积	V_m	$22.41410\pm0.00019dm^3\cdot mol^{-1}$(273.15K,101.3kPa) $22.71108\pm0.00019dm^3\cdot mol^{-1}$(273.15K,1bar)
标准压力	$p^\ominus$	$1bar=10^5Pa$
摩尔气体常量	R	$8.314510(70)J\cdot mol^{-1}\cdot K^{-1}$
玻耳兹曼常量	k	$1.380658(12)\times10^{-23}J\cdot K^{-1}$
阿伏伽德罗常量	N_A	$6.0221367(36)\times10^{23}mol^{-1}$
水的三相点	$T_{tp}(H_2O)$	273.16K
水的沸点	$t_b(H_2O)$	99.975℃
法拉第常量	F	$9.6485309(29)\times10^4C\cdot mol^{-1}$
普朗克常量	h	$6.6260755(40)\times10^{-34}J\cdot s$
真空光速	c_0	$299792458m\cdot s^{-1}$
电子电荷	e	$1.60217733(49)\times10^{-19}C$
电子质量	m_e	$9.1093897(54)\times10^{-31}kg$
里德堡常量	R_∞	$10973731.534(13)m^{-1}$
玻尔半径	a_0	$5.29177249(24)\times10^{-11}m$
玻尔磁子	μ_B	$9.2740154(31)\times10^{-24}J\cdot T^{-1}$
真空电容率	ε_0	$8.854187815\times10^{-12}F\cdot m^{-1}$
原子质量常数$\frac{1}{12}m(^{12}C)$	u	$1.6605402(10)\times10^{-27}kg$

附录 4 标准热力学函数

($p^{\ominus}$=100kPa, T=298.15K)

物质(状态)	$\frac{\Delta_f H_m^{\ominus}}{kJ \cdot mol^{-1}}$	$\frac{\Delta_f G_m^{\ominus}}{kJ \cdot mol^{-1}}$	$\frac{S_m^{\ominus}}{J \cdot mol^{-1} \cdot K^{-1}}$
$Ag(s)$	0	0	42.55
$Ag^{+}(aq)$	105.579	77.107	72.68
$AgBr(s)$	−100.37	−96.90	170.1
$AgCl(s)$	−127.068	−109.789	96.2
$AgI(s)$	−61.68	−66.19	115.5
$Ag_2O(s)$	−30.05	−11.20	121.3
$Ag_2CO_3(s)$	−505.8	−436.8	167.4
$Al^{3+}(aq)$	−531	−485	−321.7
$AlCl_3(s)$	−704.2	−628.8	110.67
Al_2O_3(s,α,刚玉)	−1675.7	−1582.3	50.92
$AlO_2^-(aq)$	−918.8	−823.0	−21
$Ba^{2+}(aq)$	−537.64	−560.77	9.6
$BaCO_3(s)$	−1216.3	−1137.6	112.1
$BaO(s)$	−553.5	−525.1	70.42
$BaTiO_3(s)$	−1659.8	−1572.3	107.9
$Br_2(l)$	0	0	152.231
$Br_2(g)$	30.907	3.110	245.463
$Br^-(aq)$	−121.55	−103.96	82.4
C(s,石墨)	0	0	5.740
C(s,金刚石)	1.8966	2.8995	2.377
$CCl_4(l)$	−135.44	−65.21	216.40
$CO(g)$	−110.525	−137.168	197.674
$CO_2(g)$	−393.509	−394.359	213.74
$CO_3^{2-}(aq)$	−677.14	−527.81	−56.9
$HCO_3^-(aq)$	−691.99	−586.77	91.2
$Ca(s)$	0	0	41.42
$Ca^{2+}(aq)$	−542.83	−553.58	−53.1
$CaCO_3$(s,方解石)	−1206.92	−1128.79	92.9
$CaO(s)$	−635.09	−604.03	39.75
$Ca(OH)_2(s)$	−986.09	−898.49	83.39
$CaSO_4$(s,不溶解的)	−1434.11	−1321.79	106.7
$CaSO_4 \cdot 2H_2O$(s,石膏)	−2022.63	−1797.28	194.1
$Cl_2(g)$	0	0	223.006
$Cl^-(aq)$	−167.16	−131.26	56.5
Co(s,α)	0	0	30.04

续表

物质(状态)	$\frac{\Delta_f H_m^\ominus}{kJ \cdot mol^{-1}}$	$\frac{\Delta_f G_m^\ominus}{kJ \cdot mol^{-1}}$	$\frac{S_m^\ominus}{J \cdot mol^{-1} \cdot K^{-1}}$
$CoCl_2$(s)	−312.5	−269.8	109.16
Cr(s)	0	0	23.77
Cr^{3+}(aq)	−1999.1	—	—
Cr_2O_3(s)	−1139.7	−1058.1	81.2
$Cr_2O_7^{2-}$(aq)	−1490.3	−1301.1	261.9
Cu(s)	0	0	33.150
Cu^{2+}(aq)	64.77	65.249	−99.6
$CuCl_2$(s)	−220.1	−175.7	108.07
CuO(s)	−157.3	−129.7	42.63
Cu_2O(s)	−168.6	−146.0	93.14
CuS(s)	−53.1	−53.6	66.5
F_2(g)	0	0	202.78
Fe(s,α)	0	0	27.28
Fe^{2+}(aq)	−89.1	−78.90	−137.7
Fe^{3+}(aq)	−48.5	−4.7	−315.9
$Fe_{0.947}O$(s,方铁矿)	−266.27	−245.12	57.49
FeO(s)	−272.0	—	—
Fe_2O_3(s,赤铁矿)	−824.2	−742.2	87.40
Fe_3O_4(s,磁铁矿)	−1118.4	−1015.4	146.4
$Fe(OH)_2$(s,磁铁矿)	−569.0	−486.5	88
$Fe(OH)_3$(s,磁铁矿)	−823.0	−696.5	106.7
H_2(g)	0	0	130.684
H^+(aq)	0	0	0
H_2CO_3(aq)	−699.65	−623.16	187.4
HCl(g)	−92.307	−95.299	186.80
HF(g)	−271.1	−273.2	173.79
HNO_3(l)	−174.10	−80.79	155.60
H_2O(g)	−241.818	−228.572	188.825
H_2O(l)	−285.83	−237.19	69.91
H_2O_2(l)	−187.78	−120.35	109.6
H_2O_2(aq)	−191.17	−134.03	143.9
H_2S(g)	−20.63	−33.56	205.79
HS^-(aq)	−17.6	12.08	62.8
S^{2-}(aq)	33.1	85.8	−14.6
Hg(g)	61.317	31.820	174.96
Hg(l)	0	0	76.02
HgO(s,红)	−90.83	−58.539	70.29

续表

物质(状态)	$\frac{\Delta_f H_m^\ominus}{kJ \cdot mol^{-1}}$	$\frac{\Delta_f G_m^\ominus}{kJ \cdot mol^{-1}}$	$\frac{S_m^\ominus}{J \cdot mol^{-1} \cdot K^{-1}}$
I_2(g)	62.438	19.327	260.65
I_2(s)	0	0	116.135
I^-(aq)	−55.19	−51.59	111.3
K(s)	0	0	64.18
K^+(aq)	−252.38	−283.27	102.5
KCl(s)	−436.747	−409.14	82.59
Mg(s)	0	0	32.68
Mg^{2+}(aq)	−466.85	−454.8	−138.1
$MgCl_2$(s)	−641.32	−591.79	89.62
MgO(s,粗粒的)	−601.70	−569.44	26.94
$Mg(OH)_2$(s)	−924.54	−833.51	63.18
Mn(s,α)	0	0	32.01
Mn^{2+}(aq)	−220.75	−228.1	−73.6
MnO(s)	−385.22	−362.90	59.71
N_2(g)	0	0	191.50
NH_3(g)	−46.11	−16.45	192.45
NH_3(aq)	−80.29	−26.50	111.3
NH_4^+(aq)	−132.43	−79.31	113.4
N_2H_4(l)	50.63	149.34	121.21
NH_4Cl(s)	−314.43	−202.87	94.6
NO(g)	90.25	86.55	210.761
NO_2(g)	33.18	51.31	240.06
N_2O_4(g)	9.16	304.29	97.89
NO_3^-(aq)	−205.0	−108.74	146.4
Na(s)	0	0	51.21
Na^+(aq)	−240.12	−261.95	59.0
Na(s)	0	0	51.21
NaCl(s)	−411.15	−384.15	72.13
Na_2O(s)	−414.22	−375.47	75.06
NaOH(s)	−425.609	−379.526	64.45
Ni(s)	0	0	29.87
NiO(s)	−239.7	−211.7	37.99
O_2(g)	0	0	205.138
O_3(g)	142.7	163.2	238.93
OH^-(aq)	−229.994	−157.244	−14.75
P(s,白)	0	0	41.09
Pb(s)	0	0	64.81

续表

物质(状态)	$\frac{\Delta_f H_m^\ominus}{kJ \cdot mol^{-1}}$	$\frac{\Delta_f G_m^\ominus}{kJ \cdot mol^{-1}}$	$\frac{S_m^\ominus}{J \cdot mol^{-1} \cdot K^{-1}}$
Pb^{2+}(aq)	−1.7	−24.43	10.5
$PbCl_2$(s)	−359.41	−314.1	136.0
PbO(s,黄)	−217.32	−187.89	68.70
S(s,正交)	0	0	31.80
SO_2(g)	−296.83	−300.19	248.22
SO_3(aq)	−395.72	−371.06	256.76
SO_4^{2-}(aq)	−909.27	−744.53	20.1
Si(s)	0	0	18.83
SiO_2(s,α,石英)	−910.94	−856.64	41.84
Sn(s,白)	0	0	51.55
SnO_2(s)	−580.7	−519.7	52.3
Ti(s)	0	0	30.63
$TiCl_4$(l)	−804.2	−737.2	252.34
$TiCl_4$(g)	−763.2	−726.7	354.34
TiN(s)	−722.2	—	—
TiO_2(s,金红石)	−944.7	−889.5	50.33
Zn(s)	0	0	41.63
Zn^{2+}(aq)	−153.89	−147.06	−112.1
CH_4(g)	−74.81	−50.72	186.264
C_2H_2(g)	226.73	209.20	200.94
C_2H_4(g)	52.26	68.15	219.56
C_2H_6(g)	−84.68	−32.82	229.20
C_6H_6(g)	82.93	129.66	269.20
C_6H_6(l)	48.99	124.35	173.26
CH_3OH(l)	−238.66	−166.27	126.8
C_2H_5OH(l)	−277.69	−174.78	160.07
CH_3COOH(l)	−484.5	−389.9	159.8
C_6H_5COOH(s)	−385.05	−245.27	167.57
$C_{12}H_{22}O_{11}$(s)	−2225.5	−1544.6	360.2

附录 5　弱酸、弱碱的解离平衡常数

弱电解质	t/℃	解离常数	弱电解质	t/℃	解离常数
H_3AsO_4	18	$K_1=5.62\times10^{-3}$	H_2S	18	$K_1=9.1\times10^{-8}$
	18	$K_2=1.70\times10^{-7}$		18	$K_2=1.1\times10^{-12}$
	18	$K_3=3.95\times10^{-12}$	HSO_4^-	25	1.2×10^{-2}
H_3BO_3	20	7.3×10^{-10}	H_2SO_3	18	$K_1=1.54\times10^{-2}$
HBrO	25	2.06×10^{-9}		18	$K_2=1.02\times10^{-7}$
H_2CO_3	25	$K_1=4.30\times10^{-7}$	H_2SiO_3	25	2.2×10^{-10}
	25	$K_2=5.61\times10^{-11}$		30	$K_2=2\times10^{-12}$
$H_2C_2O_4$	25	$K_1=5.90\times10^{-2}$	HCOOH	25	1.77×10^{-4}
	25	$K_2=6.40\times10^{-3}$	CH_3COOH	25	1.76×10^{-5}
HCN	25	4.93×10^{-10}	$CH_2ClCOOH$	25	1.4×10^{-3}
HClO	18	2.95×10^{-5}	$CHCl_2COOH$	25	3.32×10^{-2}
H_2CrO_4	25	$K_1=1.8\times10^{-1}$	$H_3C_6H_3O_7$	20	$K_1=7.1\times10^{-4}$
	25	$K_2=3.20\times10^{-7}$	(柠檬酸)	20	$K_2=1.68\times10^{-5}$
HF	25	3.53×10^{-4}		20	$K_3=4.1\times10^{-7}$
HIO_3	25	1.69×10^{-1}	$NH_3\cdot H_2O$	25	1.77×10^{-5}
HIO	25	2.3×10^{-11}	AgOH	25	1×10^{-2}
HNO_3	12.5	4.6×10^{-4}	$Al(OH)_3$	25	$K_1=5\times10^{-9}$
NH_4^+	25	5.64×10^{-10}		25	$K_2=2\times10^{-10}$
H_2O_2	25	2.4×10^{-12}	$Be(OH)_2$	25	$K_1=1.78\times10^{-6}$
H_3PO_4	25	$K_1=7.52\times10^{-3}$		25	$K_2=2.5\times10^{-9}$
	25	$K_2=6.23\times10^{-8}$	$Ca(OH)_2$	25	$K_3=6\times10^{-2}$
	25	$K_3=2.2\times10^{-13}$	$Zn(OH)_2$	25	$K_1=8\times10^{-7}$

附录 6　常见配(络)离子的稳定常数 $K^{\ominus}_{稳}$

配离子	$K_{稳}$	配离子	$K_{稳}$
$[Ag(CN)_2]^-$	1.3×10^{21}	$[FeCl_3]$	98
$[Ag(NH_3)_2]^+$	1.1×10^{7}	$[Fe(CN)_6]^{4-}$	1.0×10^{35}
$[Ag(SCN)_2]^-$	3.7×10^{7}	$[Fe(CN)_6]^{3-}$	1.0×10^{42}
$[Ag(S_2O_3)_2]^{3-}$	2.9×10^{13}	$[Fe(C_2O_4)_3]^{3-}$	2×10^{20}
$[Al(C_2O_4)_3]^{3-}$	2.0×10^{16}	$[Fe(NCS)]^{2+}$	2.2×10^{3}
$[AlF_6]^{3-}$	6.9×10^{19}	$[FeF_3]$	1.13×10^{12}
$[Cd(CN)_4]^{2-}$	6.0×10^{18}	$[HgCl_4]^{2-}$	1.2×10^{15}
$[CdCl_4]^{2-}$	6.3×10^{2}	$[Hg(CN)_4]^{2-}$	2.5×10^{41}
$[Cd(NH_3)_4]^{2+}$	1.3×10^{7}	$[HgI_4]^{2-}$	6.8×10^{29}
$[Cd(SCN)_4]^{2-}$	4.0×10^{3}	$[Hg(NH_3)_4]^{2+}$	1.9×10^{19}
$[Co(NH_3)_6]^{2+}$	1.3×10^{5}	$[Ni(CN)_4]^{2-}$	2.0×10^{31}
$[Co(NH_3)_6]^{3+}$	1.4×10^{35}	$[Ni(NH_3)_4]^{2+}$	9.1×10^{7}
$[Cu(CN)_2]^-$	1.0×10^{3}	$[Pb(CH_3COO)_4]^{2-}$	3×10^{8}
$[Cu(CN)_4]^{3-}$	2.0×10^{30}	$[Zn(CN)_4]^{2-}$	5×10^{16}
$[Cu(NH_3)_2]^+$	7.2×10^{10}	$[Zn(C_2O_4)_2]^{2-}$	4.0×10^{7}
$[Cu(NH_3)_4]^{2+}$	2.1×10^{13}	$[Zn(OH)_4]^{2-}$	4.6×10^{17}
$[Cu(en)_2]^{2+}$	1.0×10^{20}	$[Zn(NH_3)_4]^{2+}$	2.9×10^{9}

附录 7　常见难溶电解质的溶度积

难溶电解质	$K_s^\ominus$	难溶电解质	$K_s^\ominus$
AgCl	1.77×10^{-10}	$Fe(OH)_2$	4.87×10^{-17}
AgBr	5.35×10^{-13}	$Fe(OH)_3$	2.64×10^{-39}
AgI	8.51×10^{-17}	FeS	1.59×10^{-19}
Ag_2CO_3	8.45×10^{-12}	Hg_2Cl_2	1.45×10^{-18}
Ag_2CrO_4	1.12×10^{-12}	HgS(黑)	6.44×10^{-53}
Ag_2SO_4	1.20×10^{-5}	$MgCO_3$	6.82×10^{-6}
$Ag_2S(\alpha)$	6.69×10^{-50}	$Mg(OH)_2$	5.61×10^{-12}
$Ag_2S(\beta)$	1.09×10^{-49}	$Mn(OH)_2$	2.06×10^{-13}
$Al(OH)_3$	2×10^{-33}	MnS	4.65×10^{-14}
$BaCO_3$	2.58×10^{-9}	$Ni(OH)_2$	5.47×10^{-16}
$BaSO_4$	1.07×10^{-10}	NiS	1.07×10^{-21}
$BaCrO_4$	1.17×10^{-10}	$PbCl_2$	1.17×10^{-5}
$CaCO_3$	4.96×10^{-9}	$PbCO_3$	1.46×10^{-13}
$CaC_2O_4\cdot H_2O$	2.34×10^{-9}	$PbCrO_4$	1.77×10^{-14}
CaF_2	1.46×10^{-10}	PbF_2	7.12×10^{-7}
$Ca_3(PO_4)_2$	2.07×10^{-33}	$PbSO_4$	1.82×10^{-8}
$CaSO_4$	7.10×10^{-5}	PbS	9.04×10^{-29}
$Cd(OH)_2$	5.27×10^{-15}	PbI_2	8.49×10^{-9}
CdS	1.40×10^{-29}	$Pb(OH)_2$	1.42×10^{-20}
$Co(OH)_2$(桃红)	1.09×10^{-15}	$SrCO_3$	5.60×10^{-10}
$Co(OH)_2$(蓝)	5.92×10^{-15}	$SrSO_4$	3.44×10^{-7}
$CoS(\alpha)$	4.0×10^{-21}	$ZnCO_3$	1.19×10^{-10}
$CoS(\beta)$	2.0×10^{-25}	$Zn(OH)_2(\gamma)$	6.68×10^{-17}
$Cr(OH)_3$	7.0×10^{-31}	$Zn(OH)_2(\beta)$	7.71×10^{-17}
CuI	1.27×10^{-12}	$Zn(OH)_2(\in)$	4.12×10^{-17}
CuS	1.27×10^{-36}	ZnS	2.98×10^{-25}

附录 8 一些氧化还原电对的标准电极电势

电对(氧化态/还原态)	电极反应(氧化态+ne^-⇌还原态)	电极电势/V
Li^+/Li	$Li^+ + e^- \rightleftharpoons Li$	−3.0401
K^+/K	$K^+ + e^- \rightleftharpoons K$	−2.931
Na^+/Na	$Na^+ + e^- \rightleftharpoons Na$	−2.71
Mg^{2+}/Mg	$Mg^{2+} + 2e^- \rightleftharpoons Mg$	−2.372
Al^{3+}/Al	$Al^{3+} + 3e^- \rightleftharpoons Al$(0.1mol·$L^{-1}$NaOH)	−1.662
Mn^{2+}/Mn	$Mn^{2+} + 2e^- \rightleftharpoons Mn$	−1.185
H_2O/H_2	$2H_2O + 2e^- \rightleftharpoons H_2 + 2OH^-$	−0.8277
Zn^{2+}/Zn	$Zn^{2+} + 2e^- \rightleftharpoons Zn$	−0.7618
Fe^{2+}/Fe	$Fe^{2+} + 2e^- \rightleftharpoons Fe$	−0.447
Cd^{2+}/Cd	$Cd^{2+} + 2e^- \rightleftharpoons Cd$	−0.4030
$PbSO_4/Pb$	$PbSO_4 + 2e^- \rightleftharpoons Pb^{2+} + SO_4^{2-}$	−0.3588
Co^{2+}/Co	$Co^{2+} + 2e^- \rightleftharpoons Co$	−0.28
Ni^{2+}/Ni	$Ni^{2+} + 2e^- \rightleftharpoons Ni$	−0.257
Sn^{2+}/Sn	$Sn^{2+} + 2e^- \rightleftharpoons Sn$	−0.1375
Pb^{2+}/Pb	$Pb^{2+} + 2e^- \rightleftharpoons Pb$	−0.1262
H^+/H_2	$H^+ + e^- \rightleftharpoons \frac{1}{2}H_2$	0.0000
S/H_2S	$S + 2H^+ + 2e^- \rightleftharpoons H_2S$(水溶液)	+0.142
Sn^{4+}/Sn^{2+}	$Sn^{4+} + 2e^- \rightleftharpoons Sn^{2+}$	+0.151
SO_4^{2-}/H_2SO_3	$SO_4^{2-} + 4H^+ + 2e^- \rightleftharpoons H_2SO_3 + H_2O$	+0.172
Hg_2Cl_2/Hg	$Hg_2Cl_2 + 2e^- \rightleftharpoons 2Hg + 2Cl^-$	+0.26808
Cu^{2+}/Cu	$Cu^{2+} + 2e^- \rightleftharpoons Cu$	+0.3419
O_2/OH^-	$\frac{1}{2}O_2 + H_2O + 2e^- \rightleftharpoons 2OH^-$	+0.401
Cu^+/Cu	$Cu^+ + e^- \rightleftharpoons Cu$	+0.521
I_2/I^-	$I_2 + 2e^- \rightleftharpoons 2I^-$	+0.5355
O_2/H_2O_2	$O_2 + 2H^+ + 2e^- \rightleftharpoons H_2O_2$	+0.695
Fe^{3+}/Fe^{2+}	$Fe^{3+} + e^- \rightleftharpoons Fe^{2+}$	+0.771
Ag^+/Ag	$Ag^+ + e^- \rightleftharpoons Ag$	+0.7996
Hg^{2+}/Hg	$Hg^{2+} + 2e^- \rightleftharpoons Hg$	+0.851
NO_3^-/NO	$NO_3^- + 4H^+ + 3e^- \rightleftharpoons NO + 2H_2O$	+0.957
Br_2/Br^-	$Br_2 + 2e^- \rightleftharpoons 2Br^-$	+1.066
MnO_2/Mn^{2+}	$MnO_2 + 4H^+ + 2e^- \rightleftharpoons Mn^{2+} + 2H_2O$	+1.224
O_2/H_2O	$O_2 + 4H^+ + 4e^- \rightleftharpoons 2H_2O$	+1.229
$Cr_2O_7^{2-}/Cr^{3+}$	$Cr_2O_7^{2-} + 14H^+ + 6e^- \rightleftharpoons 2Cr^{3+} + 7H_2O$	+1.332
Cl_2/Cl^-	$Cl_2 + 2e^- \rightleftharpoons 2Cl^-$	+1.35827
PbO_2/Pb^{2+}	$PbO_2 + 4H^+ + 2e^- \rightleftharpoons Pb^{2+} + 2H_2O$	+1.455
MnO_4^-/Mn^{2+}	$MnO_4^- + 8H^+ + 5e^- \rightleftharpoons Mn^{2+} + 4H_2O$	+1.507
$PbO_2/PbCl_2$	$PbO_2 + 4H^+ + 2Cl^- + 2e^- \rightleftharpoons PbCl_2 + 2H_2$	+1.601
$PbO_2/PbSO_4$	$PbO_2 + 4H^+ + SO_4^{2-} + 2e^- \rightleftharpoons PbSO_4 + 2H_2O$	+1.691
H_2O_2/H_2O	$H_2O_2 + 2H^+ + 2e^- \rightleftharpoons 2H_2O$	+1.776
$S_2O_8^{2-}/SO_4^{2-}$	$S_2O_8^{2-} + 2e^- \rightleftharpoons 2SO_4^{2-}$	+2.010
F_2/F^-	$F_2 + 2e^- \rightleftharpoons 2F^-$	+2.866

教学支持说明

科学出版社高等教育出版中心为了对教师的教学提供支持，特对教师免费提供本教材的电子课件或习题解答，以方便教师教学。

获取电子课件或习题解答的教师需要填写如下情况的调查表，以确保本电子课件或习题解答仅为任课教师获得，并保证只能用于教学，不得复制传播用于商业用途。否则，科学出版社保留诉诸法律的权利。

地址：北京市东黄城根北街 16 号，100717
科学出版社　高等教育出版中心　教材推广部（收）
电话：010-64033787，64015178
传真：010-64033787，64034725
E-mail：market. edu@mail. sciencep. com

（登陆科学出版社网站：www. sciencep. com“教材天地”栏目可下载本表。）

请将本证明签字盖章后，传真或者邮寄到我社，我们再确认销售记录后立即赠送。

如果您对本书有任何意见和建议，也欢迎您告诉我们。意见经采纳，我们将赠送书目，教师可以免费赠书一本。

证　明

兹证明____________大学____________学院/______系第______学年□上/□下学期开设的课程，采用科学出版社出版的____________/__________（书名/作者）作为上课教材。任课老师为____________共______人，学生______个班共______人。

任课教师需要与本教材配套的教学资源支持。

电　话：____________________
传　真：____________________
E-mail：____________________
地　址：____________________
邮　编：____________

院长/系主任：__________（签字）
（盖章）

_____年_____月_____日